# 自动检测与转换技术

（第2版）

主　编　叶明超
副主编　李荣芳　张兴旺

北京理工大学出版社
BEIJING INSTITUTE OF TECHNOLOGY PRESS

## 内容简介

本课程在介绍检测技术基本知识的前提下，重点介绍传感器的原理及应用，包括：检测的基本知识；测量误差及数据处理；常用传感器的工作原理、特性、测量与转换电路和应用实例；智能检测技术概论、检测技术中的抗干扰技术等。本书在撰写和内容选取上力求针对高职机电和数控类专业学生的特点，侧重于应用知识的介绍，并注意反映近年来该领域中的新器件、新技术和发展趋势。

本书可作为五年制高职机电和数控类学生的教学用书，也可作为工程技术人员的参考书。

**版权专有　侵权必究**

## 图书在版编目（CIP）数据

自动检测与转换技术／叶明超主编. —2版. —北京：北京理工大学出版社，2017.1
（2020.7重印）

ISBN 978-7-5682-0407-1

Ⅰ. ①自… Ⅱ. ①叶… Ⅲ. ①自动检测 ②传感器 Ⅳ. ①TP274 ②TP212

中国版本图书馆 CIP 数据核字（2017）第 003645 号

出版发行 ／ 北京理工大学出版社有限责任公司
社　　址 ／ 北京市海淀区中关村南大街5号
邮　　编 ／ 100081
电　　话 ／ （010）68914775（总编室）
　　　　　　（010）82562903（教材售后服务热线）
　　　　　　（010）68948351（其他图书服务热线）
网　　址 ／ http：//www.bitpress.com.cn
经　　销 ／ 全国各地新华书店
印　　刷 ／ 涿州市新华印刷有限公司
开　　本 ／ 787毫米×1092毫米　1/16
印　　张 ／ 20
字　　数 ／ 470千字
版　　次 ／ 2017年1月第2版　2020年7月第3次印刷
定　　价 ／ 48.00元

责任编辑 ／ 封　雪
文案编辑 ／ 张鑫星
责任校对 ／ 周瑞红
责任印制 ／ 李志强

图书出现印装质量问题，请拨打售后服务热线，本社负责调换

# 前　言

　　本书是根据国家教育部机电和数控技术应用专业技能紧缺人才培养方案与劳动和社会保障部制定的有关国家职业标准及相关的职业技能鉴定规范，结合编者多年的教学和实践经验编写而成的。

　　本书着重介绍工业中常用传感器的工作原理、转换电路（或测量电路）及其应用。同时简单介绍了检测技术的基本概念、智能检测技术、抗干扰技术及检测技术的综合应用。为了适应检测技术日新月异的发展趋势，反映本学科在近几年里的技术进步及最新成果，本书在编写过程中参考了大量近年来检测技术领域中最新科技论著及技术资料，目的是使学生能及时了解该领域的最新技术应用动态。

　　为了体现21世纪现代教育所要求的先进性、科学性和教育、教学适用性，本书降低了知识难度，压缩了公式推导及烦琐的计算，突出了应用，力图使学生学完本书后能获得作为生产第一线的技术、管理、维护和运行人员所必需掌握的检测基本知识和基本测试技能。

　　本教材共15章，分成五大部分。第一部分（1章）为检测技术的基础知识，介绍测量的基本概念、测量误差及传感器的基本特性。第二部分（2、3、4、5、6、7、8、9、10、11、12章）介绍了工业中常用传感器的工作原理、特性、测量电路及应用举例；基本的中间转换电路原理；传感器的选择与标定。第三部分（13章）介绍智能检测技术中智能传感器和虚拟仪器的基本知识等。第四部分（14章）介绍检测系统的抗干扰技术。第五部分（15章）介绍检测技术综合应用实例。

　　本书第1~3、5、6、9~11、12、14、15章由江苏联合职业技术学院无锡交通分院叶明超编写，第4、7、8章由江苏联合职业技术学院无锡交通分院李荣芳编写，江苏联合职业技术学院无锡交通分院张兴旺编写了第13章。全书由叶明超统稿。

　　本书可作为五年制高职机电及数控类等专业的教材，亦可作为其他有关专业的师生及相关工程技术人员的参考书。

　　本书部分内容参考了有关院、校、所等编写的材料及文献资料，在此致以谢意。

　　由于检测技术发展较快，而作者学识有限，书中内容难免存在遗漏和不妥之处，敬请读者批评指正。

编　者

# 目 录

## 第1章 检测技术的基础知识 (1)

1.1 概述 (1)
    1.1.1 自动检测与转换技术的作用 (1)
    1.1.2 自动检测系统的组成 (2)
    1.1.3 本课程的主要教学任务 (4)

1.2 测量的基本概念 (4)
    1.2.1 测量与检测 (4)
    1.2.2 测量方法 (5)

1.3 测量误差及其分类 (6)
    1.3.1 测量误差的基本概念 (6)
    1.3.2 测量误差的分类 (7)
    1.3.3 测量过程中的相关数据处理 (11)

1.4 传感器及其基本特性 (11)
    1.4.1 传感器的定义及组成 (11)
    1.4.2 传感器的分类 (12)
    1.4.3 传感器的基本特性 (14)
    1.4.4 传感器技术的发展趋势 (18)

本章小结 (19)

思考题与习题 (20)

## 第2章 电阻式传感器 (21)

2.1 电位器式传感器 (21)
    2.1.1 绕线电位器式电阻传感器工作原理 (22)
    2.1.2 绕线电位器式电阻传感器结构、特点及应用范围 (22)
    2.1.3 绕线电位器式压力传感器的应用 (24)

2.2 电阻应变式传感器 (25)

2.2.1　应变片的工作原理 ……………………………………………………(26)
　　2.2.2　电阻应变片的种类与粘贴 ……………………………………………(27)
　　2.2.3　测量电路 ………………………………………………………………(29)
　　2.2.4　电阻应变式传感器的应用 ……………………………………………(32)
2.3　测温热电阻传感器 …………………………………………………………(34)
　　2.3.1　热电阻 ……………………………………………………………………(34)
　　2.3.2　热敏电阻 …………………………………………………………………(38)
　　2.3.3　热电阻传感器的应用 ……………………………………………………(41)
2.4　气敏电阻、湿敏电阻传感器 ………………………………………………(43)
　　2.4.1　气敏电阻传感器的原理及结构 …………………………………………(43)
　　2.4.2　气敏电阻传感器的应用 …………………………………………………(44)
　　2.4.3　湿敏电阻传感器的原理及结构 …………………………………………(47)
　　2.4.4　湿敏电阻传感器的应用 …………………………………………………(48)
本章小结 ……………………………………………………………………………(50)
思考题与习题 ………………………………………………………………………(51)

## 第3章　电感式传感器 ………………………………………………………(52)

3.1　自感式电感传感器 …………………………………………………………(53)
　　3.1.1　自感式电感传感器的工作原理 …………………………………………(53)
　　3.1.2　测量转换电路 ……………………………………………………………(56)
　　3.1.3　自感式电感传感器的应用 ………………………………………………(58)
3.2　差动变压器式传感器 ………………………………………………………(60)
　　3.2.1　结构与工作原理 …………………………………………………………(60)
　　3.2.2　测量电路 …………………………………………………………………(62)
　　3.2.3　差动变压器式传感器的应用 ……………………………………………(64)
本章小结 ……………………………………………………………………………(66)
思考题与习题 ………………………………………………………………………(67)

## 第4章　电涡流传感器 ………………………………………………………(68)

4.1　电涡流传感器的原理及结构 ………………………………………………(69)
　　4.1.1　电涡流的产生方式 ………………………………………………………(69)
　　4.1.2　电涡流传感器的基本原理 ………………………………………………(69)
　　4.1.3　高频反射式电涡流传感器的结构形式 …………………………………(71)
4.2　电涡流传感器转换电路简介 ………………………………………………(72)

## 目　录

　　　4.2.1　电桥电路 ……………………………………………………… (72)
　　　4.2.2　谐振调幅式电路 ………………………………………………… (72)
　　　4.2.3　调频电路 ……………………………………………………… (74)
　4.3　电涡流传感器的应用 ………………………………………………… (74)
　　　4.3.1　位移的测量 …………………………………………………… (75)
　　　4.3.2　振幅的测量 …………………………………………………… (75)
　　　4.3.3　转速的测量 …………………………………………………… (76)
　　　4.3.4　镀层厚度的测量 ……………………………………………… (77)
　　　4.3.5　电涡流表面探伤 ……………………………………………… (77)
　　　4.3.6　生产工件加工定位 …………………………………………… (79)
　本章小结 ………………………………………………………………… (82)
　思考题与习题 …………………………………………………………… (83)

## 第5章　电容式传感器 ……………………………………………………… (85)

　5.1　电容式传感器的原理及结构 …………………………………………… (86)
　　　5.1.1　电容式传感器的工作原理 …………………………………… (86)
　　　5.1.2　电容式传感器的结构分类 …………………………………… (87)
　5.2　电容式传感器的测量电路 …………………………………………… (90)
　　　5.2.1　桥式电路 ……………………………………………………… (91)
　　　5.2.2　调频电路 ……………………………………………………… (92)
　　　5.2.3　脉冲宽度调制电路 …………………………………………… (93)
　　　5.2.4　运算放大器式测量电路 ……………………………………… (95)
　5.3　电容式传感器的应用 ………………………………………………… (96)
　　　5.3.1　差动式电容差压传感器 ……………………………………… (96)
　　　5.3.2　电容测厚仪 …………………………………………………… (97)
　　　5.3.3　电容式加速度传感器 ………………………………………… (97)
　　　5.3.4　电容式接近开关 ……………………………………………… (98)
　　　5.3.5　利用电容量变化效应的温度传感器 ………………………… (100)
　本章小结 ………………………………………………………………… (101)
　思考题与习题 …………………………………………………………… (101)

## 第6章　压电式传感器 ……………………………………………………… (103)

　6.1　压电式传感器的工作原理 …………………………………………… (104)
　　　6.1.1　压电效应 ……………………………………………………… (104)

· 3 ·

6.1.2　压电材料 ·········································································· (104)
　6.2　压电式传感器的等效电路和测量电路 ·············································· (108)
　　　6.2.1　压电晶片的连接方式 ······················································· (108)
　　　6.2.2　压电式传感器的等效电路 ················································· (109)
　　　6.2.3　压电式传感器的测量电路 ················································· (110)
　6.3　压电式传感器的应用 ······································································ (111)
　　　6.3.1　压电式加速度传感器 ······················································· (112)
　　　6.3.2　压电式压力传感器 ··························································· (113)
　本章小结 ···························································································· (116)
　思考题与习题 ······················································································ (117)

## 第7章　超声波传感器 ········································································· (118)

　7.1　超声波传感器的原理 ······································································ (119)
　　　7.1.1　超声波的物理基础 ··························································· (119)
　　　7.1.2　超声波的发生 ·································································· (120)
　　　7.1.3　超声波的接收 ·································································· (122)
　7.2　超声波传感器的应用 ······································································ (122)
　　　7.2.1　超声波探伤 ····································································· (122)
　　　7.2.2　超声波测液位 ·································································· (123)
　　　7.2.3　超声波测厚度 ·································································· (124)
　本章小结 ···························································································· (127)
　思考题与习题 ······················································································ (127)

## 第8章　霍尔传感器 ············································································· (129)

　8.1　霍尔元件的工作原理及结构 ····························································· (130)
　　　8.1.1　霍尔效应 ········································································· (130)
　　　8.1.2　霍尔元件的材料及结构特点 ················································ (130)
　　　8.1.3　霍尔元件的基本参数 ························································· (131)
　8.2　霍尔传感器测量电路 ······································································ (132)
　　　8.2.1　基本电路及原理 ······························································· (132)
　　　8.2.2　温度误差及其补偿 ··························································· (132)
　　　8.2.3　集成霍尔元件 ·································································· (133)
　8.3　霍尔传感器的应用 ········································································· (134)
　　　8.3.1　应用类型 ········································································· (134)

        8.3.2 应用举例 ……………………………………………………… (135)
        8.3.3 霍尔元件的其他应用 ………………………………………… (136)
   本章小结 ……………………………………………………………………… (140)
   思考题与习题 ………………………………………………………………… (140)

## 第9章 热电偶传感器 …………………………………………………………… (142)

   9.1 温度测量的基本概念 ………………………………………………… (143)
        9.1.1 温度的基本概念 ……………………………………………… (143)
        9.1.2 温标 …………………………………………………………… (143)
        9.1.3 温度测量及传感器分类 ……………………………………… (145)
   9.2 热电偶传感器的工作原理 …………………………………………… (146)
        9.2.1 热电效应 ……………………………………………………… (146)
        9.2.2 热电偶的基本定律 …………………………………………… (148)
   9.3 热电偶的材料、结构及种类 ………………………………………… (150)
        9.3.1 热电偶材料 …………………………………………………… (150)
        9.3.2 热电偶的结构 ………………………………………………… (151)
        9.3.3 热电偶的种类及分度表 ……………………………………… (152)
   9.4 热电偶冷端的延长 …………………………………………………… (157)
   9.5 热电偶的冷端温度补偿 ……………………………………………… (158)
        9.5.1 冷端恒温法 …………………………………………………… (159)
        9.5.2 计算修正法 …………………………………………………… (159)
        9.5.3 仪表机械零点调整法 ………………………………………… (160)
        9.5.4 电桥补偿法 …………………………………………………… (160)
        9.5.5 热电偶的其他主要误差 ……………………………………… (161)
   9.6 热电偶测温线路 ……………………………………………………… (162)
        9.6.1 测量某一点的温度 …………………………………………… (162)
        9.6.2 测量两点之间的温度差 ……………………………………… (162)
        9.6.3 热电偶并联线路 ……………………………………………… (162)
        9.6.4 热电偶串联线路 ……………………………………………… (163)
   9.7 热电偶的应用及配套仪表 …………………………………………… (163)
        9.7.1 与热电偶配套的仪表 ………………………………………… (163)
        9.7.2 热电偶的应用 ………………………………………………… (165)
   本章小结 ……………………………………………………………………… (170)
   思考题与习题 ………………………………………………………………… (171)

## 第10章 光电传感器 (173)

### 10.1 光电效应及光电元件 (174)
- 10.1.1 基于外光电效应的光电元件 (174)
- 10.1.2 基于内光电效应的光电元件 (175)
- 10.1.3 基于光生伏特效应的光电元件 (178)

### 10.2 光电传感器的类型及应用 (181)
- 10.2.1 光电传感器的类型 (181)
- 10.2.2 光电传感器的应用实例 (183)

本章小结 (191)

思考题与习题 (191)

## 第11章 数字式传感器 (193)

### 11.1 数字编码器 (194)
- 11.1.1 数字式编码器的输出形式 (194)
- 11.1.2 数字式编码器的工作原理及应用 (195)

### 11.2 光栅式传感器 (200)
- 11.2.1 光栅的结构和类型 (200)
- 11.2.2 光栅的基本工作原理 (201)
- 11.2.3 光栅式传感器的应用 (206)

### 11.3 感应同步器 (207)
- 11.3.1 感应同步器的结构和类型 (207)
- 11.3.2 感应同步器的基本工作原理与信号处理方式 (208)
- 11.3.3 感应同步器在数控机床闭环系统中的应用 (211)

### 11.4 频率输出式数字传感器 (212)

本章小结 (215)

思考题与习题 (216)

## 第12章 传感器的选用与标定 (217)

### 12.1 传感器选用原则 (217)
- 12.1.1 传感器类型的确定 (217)
- 12.1.2 传感器性能指标选择 (218)

### 12.2 传感器的标定 (220)
- 12.2.1 标定的概念 (220)
- 12.2.2 传感器的标定方法 (220)

12.2.3　传感器的静态标定 ·················································· (220)
　　　12.2.4　传感器的动态标定 ·················································· (221)
　本章小结 ········································································· (223)
　思考题与习题 ···································································· (223)

## 第13章　智能传感器 ···································································· (224)

　13.1　概述 ········································································ (224)
　　　13.1.1　智能传感器的概念 ·················································· (224)
　　　13.1.2　智能传感器的功能 ·················································· (226)
　　　13.1.3　智能传感器的特点 ·················································· (226)
　13.2　智能传感器实现的途径 ················································· (233)
　　　13.2.1　非集成化的实现 ····················································· (233)
　　　13.2.2　集成化的实现 ························································ (235)
　　　13.2.3　混合实现 ······························································ (237)
　　　13.2.4　集成化智能传感器的几种形式 ··································· (238)
　13.3　智能传感器输出信号的预处理 ········································· (239)
　　　13.3.1　传感器输出信号的分类 ············································ (239)
　　　13.3.2　开关信号的预处理 ·················································· (240)
　　　13.3.3　模拟信号的预处理 ·················································· (240)
　13.4　数据采集 ·································································· (242)
　　　13.4.1　数据采集的配置 ····················································· (242)
　　　13.4.2　取样周期的选择 ····················································· (243)
　　　13.4.3　A/D 转换器的选择 ·················································· (243)
　13.5　智能传感器的数据处理技术 ············································ (244)
　　　13.5.1　数据处理包含的内容 ··············································· (245)
　　　13.5.2　标度变换技术 ························································ (245)
　　　13.5.3　非线性补偿技术 ····················································· (245)
　　　13.5.4　传感器的温度误差补偿 ············································ (245)
　　　13.5.5　数字滤波技术 ························································ (246)
　13.6　智能传感器的硬件设计 ················································· (246)
　　　13.6.1　正确选择微处理器 ·················································· (246)
　　　13.6.2　智能传感器的输入输出技术 ······································ (247)
　　　13.6.3　智能传感器实例 ····················································· (249)
　本章小结 ········································································· (251)
　思考题与习题 ···································································· (251)

## 第 14 章　检测系统的抗干扰技术 (252)

### 14.1　干扰的类型及产生 (253)
- 14.1.1　干扰的类型 (253)
- 14.1.2　干扰的产生 (254)
- 14.1.3　信噪比和干扰叠加 (255)
- 14.1.4　干扰的途径与作用方式 (255)

### 14.2　检测系统的抗干扰技术 (257)
- 14.2.1　抑制干扰的基本措施 (257)
- 14.2.2　抗干扰技术 (257)
- 14.2.3　抗干扰的特殊对策 (263)

### 14.3　自动检测系统的可靠性 (265)
- 14.3.1　可靠性的基本概念 (265)
- 14.3.2　提高可靠性的措施 (266)

本章小结 (270)

思考题与习题 (270)

## 第 15 章　自动检测与转换技术的综合应用 (271)

### 15.1　传感器在模糊控制洗衣机中的应用 (272)

### 15.2　传感器在 CNC 机床与加工中心中的应用 (273)
- 15.2.1　传感器在位置反馈系统中的应用 (273)
- 15.2.2　传感器在速度反馈系统中的应用 (274)

### 15.3　传感器在三坐标测量仪中的应用 (275)
- 15.3.1　三坐标测量仪的传感检测系统 (275)
- 15.3.2　三坐标测量仪的测量测头 (276)

### 15.4　传感器在汽车机电一体化中的应用 (279)
- 15.4.1　汽车用传感器 (279)
- 15.4.2　传感器在发动机中的典型应用 (284)
- 15.4.3　传感器在汽车空调系统中的应用 (288)
- 15.4.4　公路交通用传感器 (290)

本章小结 (291)

思考题与习题 (292)

## 附录 (293)

## 主要参考文献 (302)

# 第1章 检测技术的基础知识

**本章知识点**

1. 检测、自动检测与转换技术的概念；
2. 自动检测与转换技术的作用；
3. 自动检测系统的组成；
4. 测量的基本概念；
5. 测量误差及其分类；
6. 传感器的定义、组成及基本特性。

## 1.1 概　述

检测是利用各种物理、化学效应，选择合适的方法与装置，将生产、科研、生活等各方面的有关信息通过检查与测量的方法赋予定性或定量结果的过程。能够自动地完成整个检测处理过程的技术称为自动检测与转换技术。

在信息社会的一切活动领域中，检测是科学地认识各种现象的基础性方法和手段。现代化的检测手段在很大程度上决定了生产、科学技术的发展水平，而科学技术的发展又为检测技术提供了新的理论基础和制造工艺，同时对检测技术提出了更高的要求。检测技术是所有科学技术的基础，是自动化技术的支柱之一。

### 1.1.1 自动检测与转换技术的作用

自动检测与转换技术的发展非常迅速，应用日益广泛，现已渗透到信息社会的一切活动领域。

自动检测与转换技术是科学实验中必不可少的手段。任何一项现代自然科学成就或技术发明，总是离不开通过自动检测与转换技术获取的大量的准确的数据。自动检测与转换技术能够涉及的测量范围与能够达到的测量精度，在很大程度上，决定着现代科技进步的广度与深度。例如国防科技中，没有自动检测与转换技术，导弹发射与卫星上天是不可能的。

自动检测与转换技术是工业生产中的一项重要的基础技术。利用自动检测与转换技术处理获取的数据信息，能为产品的质量和性能做出客观的评价，能为设计人员进行最佳设计或改进制造工艺提供依据。在现代大工业生产中，没有自动检测与转换技术，新设备的研制以及复杂工艺流程的具体实现也是不可能的。

自动检测与转换技术是自动控制系统中一个十分重要的环节。利用自动检测与转换技术可以对生产过程中的一些非电参数及其变化及时进行检测，最终可作为反馈信号对自动控制系统进行调节控制，使系统运行在最佳工作状态。

自动检测与转换技术也为生活水平的提高注入了新的活力。家电业中的冰箱、空调可以说就是自动检测与转换技术带来的高科技产品，它们能够自动测试与控制温度。

自动检测与转换技术在纺织业中的作用也是十分重要的。纺织业从劳动密集型生产向技术密集型生产跨越的过程中，工艺的实施，新设备、新产品的研制、开发、维修都离不开自动检测与转换技术。

### 1.1.2 自动检测系统的组成

自动检测系统是帮助完成整个检测处理过程的系统。目前，非电量的检测常常采用电测法，即先将采集到的各种非电量转换为电量，然后再进行处理，最后将非电量值显示出来或记录下来，系统的原理框图如图1-1所示。

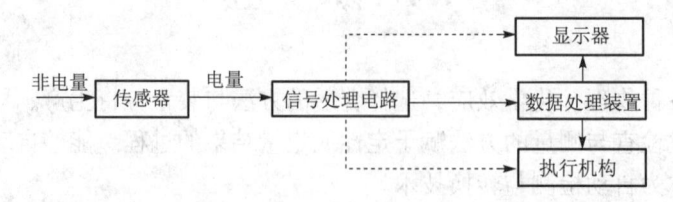

图1-1 自动检测系统的原理框图

**1. 系统框图**

所谓系统框图，就是将系统中的主要功能块或电路的名称画在方框内，按信号的流程，将几个方框用箭头联系起来，有时还可以在箭头上方标出信号的名称。在产品说明书、科技论文中，利用框图可以较简洁、清晰地说明系统的构成及工作原理。

对具体的检测系统或传感器而言，必须将框图中的各项赋予具体的内容。

**2. 传感器**

传感器在本教材中是指一个能将被测的非电量变换成电量的器件（传感器的确切定义

见1.4.1传感器的定义及组成中的内容）。信号处理电路的作用是把传感器输出的电量变成具有一定驱动和传输能力的电压、电流或频率信号等，以推动后级的显示器、数据处理装置及执行机构。

**3. 显示器**

目前常用的显示器有四类：模拟显示、数字显示、图像显示及记录仪。模拟量是指连续变化量。模拟显示是利用指针对标尺的相对位置来表示读数的，常见的有毫伏表、微安表、模拟光柱等。

数字显示目前多采用发光二极管（LED）和液晶（LCD）等，以数字的形式来显示读数。前者亮度高、耐振动，可适应较宽的温度范围；后者耗电低、集成度高。

图像显示是用CRT或点阵LCD来显示读数或被测参数的变化曲线，有时还可用图表或彩色图等形式来反映整个生产线上的多组数据。

记录仪主要用来记录被检测对象的动态变化过程，常用的记录仪有笔式记录仪、绘图仪、数字存储示波器、磁带记录仪、无纸记录仪等。

**4. 数据处理装置**

数据处理装置用来对测试所得的实验数据进行处理、运算、逻辑判断、线性变换，对动态测试结果做频谱分析（幅值谱分析、功率谱分析），相关分析等，完成这些工作必须采用计算机技术。

数据处理的结果通常送到显示器和执行机构中去，以显示运算处理的各种数据或控制各种被控对象。在不带数据处理装置的自动检测系统中，显示器和执行机构由信号处理电路直接驱动，如图1-1中的虚线所示。

**5. 执行机构**

所谓执行机构通常是指各种继电器、电磁铁、电磁阀门、电磁调节阀、伺服电动机等，它们在电路中起通断、控制、调节、保护等作用。许多检测系统能输出与被测量有关的电流或电压信号，作为自动控制系统的控制信号，去驱动这些执行机构。

**6. 自动检测系统举例**

当代检测系统越来越多地使用计算机或微处理器来控制执行机构的动作。检测技术、计算机技术与执行机构等配合就能构成某些工业控制系统。图1-2所示为自动磨削控制系统，图中的传感器快速检测出工件的直径参数$D$，计算机一方面对该参数做一系列的运算、比较、判断等工作，然后将有关参数送到显示器显示出来，另一方面发出控制信号，控制研磨盘的径向位移$x$，直到工件加工到规定要求为止。很

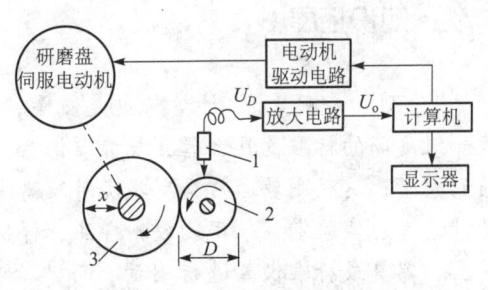

图1-2 自动磨削控制系统
1—传感器；2—被研磨工件；3—研磨盘

显然，该系统是一个自动检测和控制的闭环系统。

### 1.1.3 本课程的主要教学任务

作为机电类或电类专业的一门非常重要的课程，本课程的主要教学任务是：在阐明测量的基本理论的基础上，重点介绍常用传感器的结构特点、工作原理、转换电路及其在工业中的应用等内容，以对新型传感器与微机控制的自动检测与转换技术进行简单介绍，培养学生选用、使用与维护传感器的实际能力。

本课程是一门综合性的技术学科，涉及的知识面广，实践性又较强，因此在教学过程中，应理论联系实际，重视实验环节，加强现场教学，以自动检测与转换技术的应用为出发点和归宿。

## 1.2 测量的基本概念

### 1.2.1 测量与检测

测量是人们借助专门的技术和设备，通过实验的方法，把被测量与作为单位的标准量进行比较，以判断出被测量是标准量的多少倍数的过程，所得的倍数就是测量值。测量结果包括数值大小和测量单位两部分，数值大小可以用数字、曲线或图形表示。测量的目的是为了精确获取表征被测量对象特征的某些参数的定量信息。

检测是意义更为广泛的测量。在自动化领域中，检测的任务不仅是对成品或半成品的检验和测量，也是为了检查、监督和控制某个生产过程或运动对象并使之处于给定的最佳状态，需要随时检查和测量各种参量的大小和变化等情况。在不强调它们之间细微差别的一般工程技术应用领域中，测量和检测可以相互替代。

### 知识拓展 1

"检测"是测量，"计量"也是测量，两者有什么区别？一般说来，"计量"是指用精度等级更高的标准量具、器具或标准仪器，对送检量具、仪器或被测样品、样机进行考核性质的测量；这种测量通常具有非实时及离线和标定的性质，一般在规定的具有良好环境条件的计量室、实验室，采用比被测样品、样机更高精度的并按有关计量法规经定期校准的标准量具、器具或标准仪器进行测量。而"检测"通常是指在生产、实验等现场，利用某种合适的检测仪器或综合测试系统对被测对象进行在线、连续的测量。

## 1.2.2 测量方法

为了获得精确可靠的数据，选择合理的测量方法非常重要。测量的方法多种多样，从不同角度有不同的分类方法。

**1. 电测法和非电测法**

在现代测量中，人们广泛采用电测法测量非电量。电测法是指在检测回路中含有测量信息的电信号转换环节，可以将被测的非电量转换为电信号输出。例如，电容传感器（详见第5章电容式传感器）中的交流电桥，将被测参数所引起的电容变化量转换为电压信号输出。除电测法以外的测量方法都属于非电测法。

**2. 直接测量、间接测量与组合测量**

使用仪表和传感器对被测量对象测量时，对仪表读数不需要任何运算而直接表示测量结果的测量方法称为直接测量。例如，用钳形表测量某一相交流电流、用弹簧秤测量质量、用弹簧压力表测量压力等，都属于直接测量。直接测量具有测量过程简单、快捷等优点，其缺点是测量精度低。

使用仪表和传感器对被测量对象测量时，对于测量有确定函数关系的若干量进行测量，将被测量值代入函数关系式，经过运算得到所需结果，这种测量方法称为间接测量。间接测量过程烦琐，花费时间、精力较多，一般用于直接测量不能完成或者缺乏直接测量手段的场合。

若被测量必须经过求解方程组，才能得到测量结果，这种测量方法称为组合测量。组合测量虽然可以得到较精确的测量结果，但测量过程复杂，花费时间、精力多。组合测量多用于科学实验和一些特殊场合。

**3. 静态测量和动态测量**

静态测量是测量那些不随时间变化或变化很缓慢的物理量；动态测量则是测量那些随时间变化而变化的物理量。

**4. 等精度测量与不等精度测量**

使用相同的仪表和测量方法对同一被测量进行多次重复测量，称为等精度测量。

使用不同精度的仪表或不同的测量方法，或在环境条件相差很大时对同一被测量进行多次重复测量，称为不等精度测量。

**5. 偏差式测量、零位式测量与微差式测量**

用仪表指针位移（即偏差）确定被测量的量值的测量方法称为偏差式测量。采用偏差式测量方法时，必须预先用标准仪表或器具对使用仪表刻度进行标定。偏差式测量是根据仪表指针在刻度上指示的值，决定被测量的数值。这种测量虽然简单、快捷、直观，但测量精度不高。

用指零仪表的零位指示检测测量系统的平衡状态，当测量系统平衡时，用已知的标准量决定被测量的数值，这种测量方法称为零位式测量。具体地讲，采用这种测量方法时，是将已知标准量直接与被测量相比较，连续调节已知标准量，当指零仪表指零时，被测量与已知标准量相等。例如，天平称重、电位差计测量电位都是采用这种测量方法。采用零位式测量方法可以获得较高的测量精度，但测量过程比较复杂、费时，不适用于测量迅速变化的信号。应用这种方法测量时，必须预先进行指针零位校准。

微差式测量方法是将被测量与已知的标准量相比较，取得差值后，再用偏差法测得该差值。显然，微差式测量是综合了偏差式测量与零位式测量的优点而提出的一种测量方法。采用这种方法测量时，不需要调整已知的标准量，而只需测量两者的差值即可。微差式测量具有响应快、测量精度高的优点，特别适用于在线控制参数的测量。

**6. 接触式测量和非接触式测量**

根据测量时是否与被测对象相互接触而划分为接触式测量和非接触式测量。

**7. 模拟式测量和数字式测量**

模拟式测量是指测量结果可根据仪表指针在标尺上的定位进行连续读取的方法；数字式测量是指测量结果以数字的形式直接给出的方法。一般要求精密测量时多采用数字式测量。

在选择测量方法时，应综合考虑被测量本身的特点，所要求的精确度、灵敏度以及测量的环境要求，力求测量科学、简单可靠。

## 1.3 测量误差及其分类

### 1.3.1 测量误差的基本概念

各种物理量都需要经过测量和试验才能得出结果。测量的目的就是希望通过测量求取被测量的真值。任何测量结果与被测量的真值之间都不可避免地出现测量误差。掌握误差理论可以正确地处理测量数据，合理计算出所得结果，得到更接近真值的结果；可以正确认识误差性质，分析误差产生的原因，以便很好地消除和减小误差；还可以依据理论合理选用检测设备、测量方法和环境条件。

所谓真值即为真实值，是指在一定条件下，被测量的客观存在的实际值。实际值是指满足规定准确度的可用来代替真值使用的量值。一般来说，在测量前真值是不知道的。我们常说的真值是理论真值、约定真值（也称规定真值）和相对真值。

理论真值，如平面四边形的内角和为360°。

约定真值是指按规定在特定条件下保存在国际计量局的基准量值。例如国际千克基准，可认为是真值1 kg。又如1982年国际计量局召开的"米定义咨询委员会"提出新的"米"定义为"米等于光在真空中1/299 792 458 s时间间隔内所经路径的长度"。这个米基准就是计量长度的约定真值。又如标准条件下水的冰点和沸点分别是0 ℃和100 ℃。

相对真值，凡是精度高一级或几级的仪表的误差与精度低的仪表的误差相比，前者优于后者的两倍以上时，则高一级仪表的测量值可以认为是相对真值。相对真值在误差测量中应用最为广泛。

测量结果与真值之间的差值称为测量误差。由于测量值可能大于真值，也可能小于真值，因此，测量误差可能是正值或负值。测量误差绝对值的大小决定了测量的精确度。误差的绝对值越大，精确度越低；反之越高。因此要提高测量的精确度，只有从各个方面寻找有效措施来减少测量误差。因而进一步了解误差的性质及其规律就成为计量技术的重要问题之一。

### 1.3.2 测量误差的分类

**1. 根据测量误差出现的规律分类**

根据测量误差出现的规律可分成三种基本类型：粗大误差、系统误差和随机误差。

（1）粗大误差

由于测量不正确等原因引起的数值上大大超出正常条件下预计误差限的误差，称为粗大误差。它明显偏离了真值，也称过失误差。粗大误差主要是由于测量人员工作上的疏忽、经验不足、过度疲劳以及电子测量仪器等受到突然而强大的干扰所引起的误差。一个正确的测量，不应包含粗大误差，所以在进行误差分析时，发现主要分析系统误差和随机误差，并应剔除粗大误差。

（2）系统误差

在同一条件下，多次测量同一量值时，误差的绝对值和符号保持恒定，或者当条件改变时，其值按某一确定的规律变化的误差，称为系统误差，又称装置误差。所谓规律，是指这种误差可以归结为某一个因素或某几个因素的函数，这种函数一般可用解析公式、曲线或数表来表示。系统误差按其出现的规律又可分为恒值系统误差和变值系统误差。

① 恒值系统误差（又称定值系统误差），指在相同测量条件下，多次测量同一量值时，其大小和方向均不变的误差。基准件误差、仪器的原理误差和制造误差等都属于该类误差。

② 变值系统误差（又称变动系统误差），指在相同测量条件下，多次测量同一量值时，其大小和方向按一定规律变化的误差。例如，温度均匀变化引起的测量误差（按线性变化）、刻度盘偏心引起的角度测量误差（按正弦规律变化）等。

当测量条件一定时系统误差就获得一个客观上的定值，采用多次测量的平均值是不能减弱它的影响的。

从理论上讲，系统误差是可以消除的，特别是对恒值系统误差，易于发现并能够消除或减小。但在实际测量中，系统误差不一定能完全消除，且消除系统误差也没有统一的方法，特别是对变值系统误差。只能针对具体情况采用不同的处理方法，对于那些未能消除的系统误差,在规定允许的测量误差时,予以考虑。

(3) 随机误差

所谓随机误差,又称偶然误差,是指在相同条件下多次测量同一量值时,绝对值和符号以不可预定的方式变化着的误差。在单次测量中,随机误差出现是无规律可循的。但若进行多次重复测量时,随机误差服从正态分布规律,如图 1-3 所示,因此常用概率论和统计原理对它进行处理。随机误差主要是由一些随机因素所引起的。

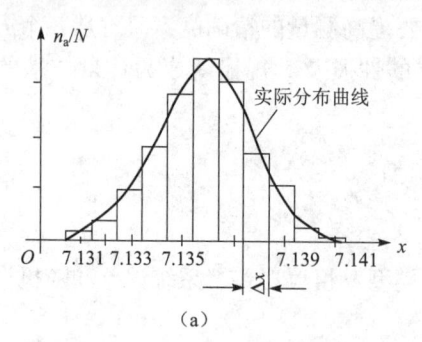

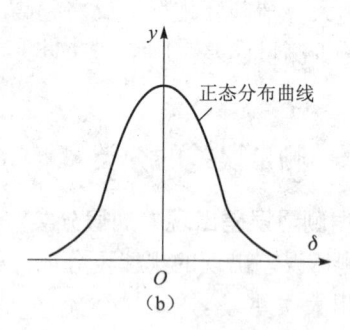

图 1-3 正态分布规律
(a) 统计直方图;(b) 正态分布曲线

随机误差具有以下四个基本特性:
① 绝对值相等的正、负误差出现的次数大致相等,即对称性;
② 绝对值小的误差比绝对值大的误差出现的次数多,即单峰性(又称集中性);
③ 在一定条件下,误差的绝对值不会超过一定界限,即有界性;
④ 当测量次数 N 无限增加时,随机误差的算术平均值趋于零,即抵偿性。

根据以上的数理统计概率理论可知,当存在随机误差的情况时,是有办法得到测量值的近似结果的。当某一误差超过一定的界限后,这个误差就不属于随机误差,可认为是粗大误差了。系统误差和随机误差也不是绝对的,它们在一定条件下可以互相转化。例如,线纹尺的刻度误差,对线纹尺制造厂来说是随机误差,但如果以某一根线纹尺为基准成批地测量零件时,则该线纹尺的刻度误差就成为被测零件的系统误差。

**2. 根据测量误差表示的方法分类**

根据测量误差表示的方法不同,分为绝对误差和相对误差两类。

(1) 绝对误差 $\Delta$

绝对误差是指测量值与真值之间的差值,表示为

$$\Delta = A_x - A_0 \tag{1.1}$$

式中 $A_x$——测量值;
$A_0$——真值。

对于同等大小的测量值,测量结果的绝对误差越小,说明其测量精度越高。而对于不同大小的测量值,不能只凭绝对误差来评定其测量的精确度。在这种情况下,需要采用相对误差的形式来说明测量精确度的高低。

(2) 相对误差 $\gamma$

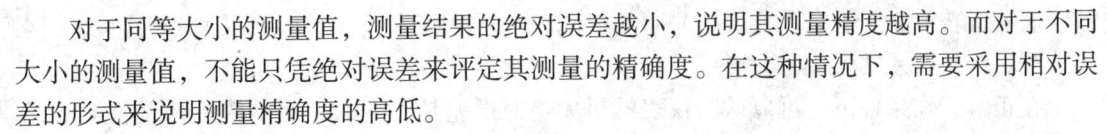

相对误差是指绝对误差与被测真值之间的比值,通常用百分比的形式表示,一般多取正值。相对误差可表示为:

① 实际相对误差 $\gamma_A$。用绝对误差 $\Delta$ 与被测量的真值 $A_0$ 的百分比表示为

$$\gamma_A = \frac{\Delta}{A_0} \times 100\% \tag{1.2}$$

② 示值相对误差 $\gamma_x$。用绝对误差 $\Delta$ 与被测量 $A_x$ 的百分比表示为

$$\gamma_x = \frac{\Delta}{A_x} \times 100\% \tag{1.3}$$

③ 满度相对误差 $\gamma_m$。用绝对误差 $\Delta$ 与仪器满度值 $A_m$ 的百分比表示为

$$\gamma_m = \frac{\Delta}{A_m} \times 100\% \tag{1.4}$$

对测量下限不为零的仪表而言,在式 (1.4) 中,可用量程 ($A_{max} - A_{min}$) 来代替分母中的 $A_m$。式 (1.4) 中,当 $\Delta$ 取最大值 $\Delta_m$ 时,满度相对误差常被用来确定仪表的准确度等级 $S$,即

$$S = \left|\frac{\Delta_m}{A_m}\right| \times 100 \tag{1.5}$$

根据准确度等级 $S$ 及量程范围,可以推算出该仪表可能出现的最大绝对误差 $\Delta_m$。根据准确度等级 $S$ 规定取一系列标准值。我国模拟仪表有下列七种等级:0.1、0.2、0.5、1.0、1.5、2.5、5.0。它们分别表示对应仪表的满度相对误差所不应超过的百分比。从仪表面板上的标识可以判断出仪表的等级。仪表在正常工作条件下使用时,各等级仪表的基本误差不超过表 1-1 所规定的值。等级的数值越小,仪表的价格就越贵。

表 1-1  仪表的准确度等级和基本误差

| 等级 | 0.1 | 0.2 | 0.5 | 1.0 | 1.5 | 2.5 | 5.0 |
| --- | --- | --- | --- | --- | --- | --- | --- |
| 基本误差/% | ±0.1 | ±0.2 | ±0.5 | ±1.0 | ±1.5 | ±2.5 | ±5.0 |

仪表的准确度习惯上称为精度,准确度等级习惯上称为精度等级。根据仪表的等级可以确定测量的满度相对误差和最大绝对误差。例如,在正常情况下,用 0.5 级、量程为 100 ℃ 的温度表来测量温度时,可能产生的最大绝对误差为

$$\Delta_m = (\pm 0.5\%) \times A_m = \pm 0.5\% \times 100\ \text{℃} = \pm 0.5\ \text{℃}$$

在测量领域中,还经常使用正确度、精密度、准确度等名词来评价测量结果。这些术语

的叫法非常普遍，但有时也比较容易引起混乱。本教材则采用工程中常用的精度这个名词来表达测量结果误差的大小。

在正常工作条件下，可以认为仪表的最大绝对误差是不变的，而示值相对误差 $\gamma_x$ 随示值的减小而增大。例如用上述温度表来测量 80 ℃ 温度时，相对误差为

$$\gamma_x = (\pm 0.5/80) \times 100\% = \pm 0.625\%$$

而用它来测量 10 ℃ 温度时，相对误差为

$$\gamma_x = (\pm 0.5/10) \times 100\% = \pm 5\%$$

**例 1.1** 某压力表精度为 2.5 级，量程为 0~1.5 MPa，测量结果显示为 0.70 MPa，试求：(1) 可能出现的最大满度相对误差 $\gamma_m$；(2) 可能出现的最大绝对误差 $\Delta_m$；(3) 可能出现的最大示值相对误差 $\gamma_x$。

**解** (1) 可能出现的最大满度相对误差可以从精度等级直接得到，即 $\gamma_m = 2.5\%$。

(2) $\Delta_m = \gamma_m \times A_m = 2.5\% \times 1.5 \text{ MPa} = 0.0375 \text{ MPa} = 37.5 \text{ kPa}$

(3) $\gamma_x = \dfrac{\Delta_m}{A_x} \times 100\% = \dfrac{0.0375}{0.70} \times 100\% = 5.36\%$

由例 1.1 可知，$\gamma_x$ 总是大于（满度时等于）$\gamma_m$。

**例 1.2** 现有 0.5 级的 0 ℃~300 ℃ 的和 1.0 级的 0 ℃~100 ℃ 的两个温度计，要测量 80 ℃ 的温度，试问采用哪一个温度计好？

**解** 用 0.5 级温度计测量时，可能出现的最大示值相对误差为

$$\gamma_{x1} = \dfrac{\Delta_{m1}}{A_x} \times 100\% = \dfrac{A_{m1} \cdot S_1\%}{A_x} \times 100\% = \dfrac{300 \times 0.5\%}{80} \times 100\% = 1.875\%$$

若用 1.0 级温度计测量时，可能出现的最大示值相对误差为

$$\gamma_{x2} = \dfrac{\Delta_{m2}}{A_x} \times 100\% = \dfrac{A_{m2} \cdot S_2\%}{A_x} \times 100\% = \dfrac{100 \times 1.0\%}{80} \times 100\% = 1.25\%$$

计算结果表明，用 1.0 级表比用 0.5 级表的示值相对误差反而小，所以更合适。

由例 1.2 可知，在选用仪表时应兼顾精度等级和量程，通常希望示值落在仪表满度值的 2/3 以上。

### 3. 根据被测量是否随时间变化分类

根据被测量是否随时间变化，可分为静态误差和动态误差两类。

（1）静态误差

静态误差是指在被测量不随时间变化时所得的误差。

（2）动态误差

当被测量随时间迅速变化时，系统的输出量在时间上不能与被测量的变化精确吻合，这种误差称为动态误差。比如，用放大器放大正弦信号，由于放大器的频响及电压上升率偏低，造成高频段的放大倍数小于低频段，这样的误差就是属于动态误差。

### 1.3.3 测量过程中的相关数据处理

在实际测量过程中，得到的测量数据中通常含有系统误差和随机误差，有时还会含有粗大误差。由于这些误差的性质不同，对测量结果的影响及其处理方法也不同。通常，在测量中对测量数据进行处理时，首先，应判断测量数据中是否含有粗大误差，如果含有粗大误差，应加以剔除。其次，再判断数据中是否含有系统误差，如有应设法消除或加以修正。排除了系统误差和粗大误差的测量数据后，再利用随机误差性质对测量数据进行处理。

总之，根据不同情况得到测量数据，应该具体问题具体分析研究，判断情况，分别处理，再经过综合整理便可得到被测信号真实变化的测量结果。

## 1.4 传感器及其基本特性

### 1.4.1 传感器的定义及组成

现代信息技术包括计算机技术、通信技术和传感器技术等，计算机相当于人的大脑，通信相当于人的神经，而传感器则相当于人的感觉器官。如果没有各种精确可靠的传感器去检测原始数据并提供真实的信息，即使是性能非常优越的计算机，也无法发挥其应有的作用。

**1. 传感器**

从广义上讲，传感器就是能够感觉外界信息，并能按一定规律将这些信息转换成可用的输出信号的器件或装置。这一概念包含了下面三方面的含义：

① 传感器是一种能够完成提取外界信息任务的装置。

② 传感器的输入量通常指非电量，如物理量、化学量、生物量等；而输出量是便于传输、转换、处理、显示等的物理量，主要是电量信号。例如，电容传感器的输入量可以是力、压力、位移、速度等非电量信号，输出则是电压信号。

③ 传感器的输出量与输入量之间精确地保持一定规律。

**2. 传感器的组成**

传感器一般由敏感元件、传感元件和测量转换电路三部分组成，如图 1-4 所示。

非电量 → 敏感元件 → 非电量 → 传感元件 → 电参量 → 测量转换电路 → 电量
（输入量或被测量）　　　　　　　　　　　　　　　　　　　　　　　（输出量）

图 1-4　传感器组成框图

（1）敏感元件

敏感元件是传感器中能直接感受被测量的部分，即直接感受被测量，并输出与被测量成确定关系的某一物理量。例如，弹性敏感元件将压力转换为位移，且压力与位移之间保持一定的函数关系。

（2）传感元件

传感元件是传感器中将敏感元件输出量转换为适于传输和测量的电信号部分。例如，应变式压力传感器中的电阻应变片将应变转换成电阻的变化。

（3）测量转换电路

测量转换电路将电量参数转换成便于测量的电压、电流、频率等电量信号。例如：交、直流电桥，放大器，振荡器，电荷放大器等。

应该注意，并不是所有的传感器都有敏感元件和传感元件之分，有些传感器是将二者合二为一的。

图1-5所示为一台测量压力用的电位器式压力传感器的结构。当被测压力 $p$ 增大时，弹簧管撑直，通过齿条带动齿轮转动，从而带动电位器的电刷产生角位移。电位器电阻的变化量反映了被测压力 $p$ 值的变化。在这个传感器中，弹簧管为敏感元件，它将压力转换为角位移 $\alpha$。电位器为传感元件，它将角位移转换为电参量——电阻的变化（$\Delta R$）。当电位器的两端加上电源后，电位器就组成分压比电路，它的输出量是与压力成一定关系的电压 $U_o$。因此在这个例子中，电位器又属于分压比式测量转换电路。

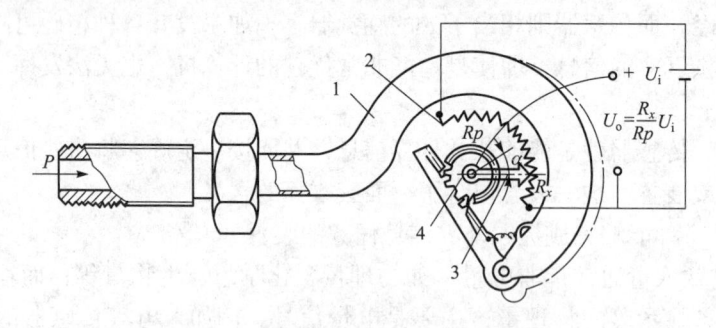

图1-5 电位器式压力传感器的结构

1—弹簧管（敏感元件）；2—电位器（传感元件、测量转换电路）；3—电刷；4—传动机构（齿轮、齿条）

### 1.4.2 传感器的分类

传感器千差万别，种类繁多，分类方法也不尽相同，常用的分类方法有下面几种。

**1. 按被测物理量分类**

按被测物理量，可分为温度、压力、流量、物位、位移、加速度、磁场、光通量等传感器。这种分类方法明确表明了传感器的用途，便于使用者选用，如压力传感器用于测量压力信号。

**2. 按传感器工作原理分类**

按工作原理，可分为电阻传感器、热敏传感器、光敏传感器、电容传感器、自感传感器、磁电传感器等,这种方法表明了传感器的工作原理,有利于传感器的设计和应用。例如,电容传感器就是将被测量转换成电容值的变化。表1-2列出了这种分类方法中各类型传感器的名称及典型应用。

表1-2 传感器分类表

| 转换形式 | 中间参数 | 转换原理 | 传感器名称 | 典型应用 |
| --- | --- | --- | --- | --- |
| 电参数 | 电阻 | 移动电位器触点改变电阻 | 电位器式传感器 | 位移 |
| | | 改变电阻丝或电阻片的尺寸 | 电阻丝应变传感器、半导体应变传感器 | 微应变、力、负荷 |
| | | 利用电阻的温度效应（电阻温度系数） | 热丝传感器 | 气流速度、液体流量 |
| | | | 电阻温度传感器 | 温度、辐射热 |
| | | | 热敏电阻传感器 | 温度 |
| | | 利用电阻的光敏效应 | 光敏电阻传感器 | 光强 |
| | | 利用电阻的湿度效应 | 湿敏电阻传感器 | 湿度 |
| | 电容 | 改变电容的几何尺寸 | 电容传感器 | 力、压力、负荷、位移 |
| | | 改变电容的介电常数 | | 液位、厚度、含水量 |
| | 电感 | 改变磁路的几何尺寸、导磁体位置 | 自感传感器 | 位移 |
| | | 涡流去磁效应 | 涡流传感器 | 位移、厚度、硬度 |
| | | 利用压磁效应 | 压磁传感器 | 力、压力 |
| | | 改变互感 | 差动变压器 | 位移 |
| | | | 自整角机 | |
| | | | 旋转变压器 | |
| | 频率 | 改变谐振回路中的固有参数 | 振弦式传感器 | 压力、力 |
| | | | 振筒式传感器 | 气压 |
| | | | 石英谐振传感器 | 力、温度等 |
| | 计数 | 利用莫尔条纹 | 光栅 | 大角位移、大直线位移 |
| | | 改变互感 | 感应同步器 | |
| | | 利用数字编码 | 角度编码器 | |
| | 数字 | 利用数字编码 | 角度编码器 | 大角位移 |

13

续表

| 转换形式 | 中间参量 | 转换原理 | 传感器名称 | 典型应用 |
|---|---|---|---|---|
| 电量 | 电动势 | 温差电动势 | 热电偶 | 温度、热流 |
|  |  | 霍尔效应 | 霍尔传感器 | 磁通、电流 |
|  |  | 电磁感应 | 磁电传感器 | 速度、加速度 |
|  |  | 光电效应 | 光电池 | 光强 |
|  | 电荷 | 辐射电离 | 电离室 | 离子计数、放射性强度 |
|  |  | 压电效应 | 压电传感器 | 动态力、加速度 |

**3. 按传感器转换能量供给形式分类**

按转换能量供给形式，分为能量变换型（发电型）和能量控制型（参量型）两种。能量变换型传感器在进行信号转换时不需另外提供能量，就可将输入信号能量变换为另一种形式能量输出，如热电偶传感器、压电式传感器等；能量控制型传感器工作时必须有外加电源，如电阻、电感、电容、霍尔式传感器等。

**4. 按传感器工作机理分类**

按工作机理，可分为结构型传感器和物性型传感器。结构型传感器是指被测量变化时引起了传感器结构发生改变，从而引起输出电量变化。例如，电容式压力传感器就属于这种传感器，外加压力变化时，电容极板发生位移，结构改变引起电容值变化，输出电压也发生变化。物性型传感器是利用物质的物理或化学特性随被测参数变化的原理构成，一般没有可动结构部分，易小型化，如各种半导体传感器。

习惯上常把工作原理和用途结合起来命名传感器，如电容式压力传感器、电感式位移传感器等。

### 知识拓展2

关于传感器，在不同的学科领域曾出现过多种名称，如发送器、变送器、发信器、探头等，这些提法，反映了在不同的技术领域中，根据期间的用途，使用不同术语而已，它们的内涵是相同或相近的。

## 1.4.3 传感器的基本特性

传感器的基本特性是指传感器的输出与输入之间的关系。由于传感器测量的参数一般有两种形式：一种是不随时间的变化而变化（或变化极其缓慢）的稳态信号；另一种是随时间的变化而变化的动态信号。因此传感器的基本特性分为静态特性和动态特性。

传感器的静态特性与指标如下：

传感器的静态特性是指传感器输入信号处于稳定状态时，其输出与输入之间呈现的关系。表示为

$$y = k_0 + k_1 x + k_2 x^2 + \cdots + k_n x^n \tag{1.6}$$

式中 $y$——传感器的输出量；

$x$——传感器的输入量；

$k_0$——传感器的零位输出；

$k_1$——传感器的灵敏度，$k_2, k_3, \cdots, k_n$ 为非线性项系数。

衡量静态特性的主要指标有精确度、稳定性、灵敏度、线性度、迟滞和可靠性等。

**1. 精确度**

精确度是反映测量系统中系统误差和随机误差的综合评定指标。与精确度有关的指标有精密度、准确度和精确度。

① 精密度说明测量系统指示值的分散程度。精密度反映了随机误差的大小，精密度高则随机误差小。

② 准确度说明测量系统的输出值偏离真值的程度。准确度是系统误差大小的标志，准确度高则系统误差小。

③ 精确度是准确度与精密度两者的总和，常用仪表的基本误差表示。精确度高表示精密度和准确度都高。

图1-6所示的射击例子有助于对准确度、精密度和精确度三个概念的理解。图1-6（a）所示准确度高而精密度低；图1-6（b）所示精密度高而准确度低；图1-6（c）所示准确度和精密度都高，即它的精确度高。

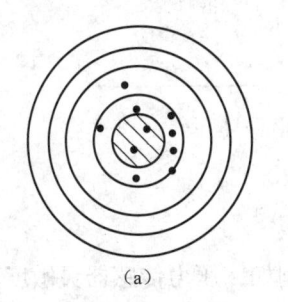

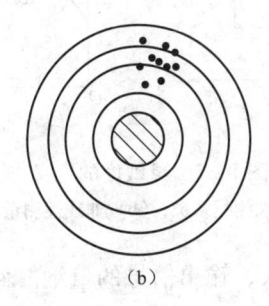

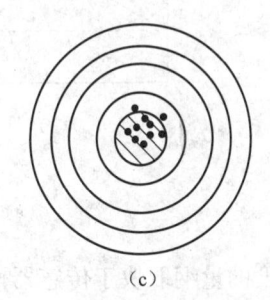

图1-6 射击例子

（a）准确度高而精密度低；（b）精密度高而准确度低；（c）准确度和精密度都高

**2. 稳定性**

传感器的稳定性常用稳定度和影响系数表示。

① 稳定度是指在规定工作条件范围和规定时间内，传感器性能保持不变的能力。传感

器在工作时,内部随机变动的因素很多,例如发生周期性变动、漂移或机械部分的摩擦等都会引起输出值的变化。

稳定度一般用重复性的数值和观测时间的长短表示。例如,某传感器输出电压值每小时变化 1.5 mV,可写成稳定度为 1.5 mV/h。

② 影响系数是指由于外界环境变化引起传感器输出值变化的量。一般传感器都有给定的标准工作条件,如环境温度 20 ℃、相对湿度 60%、大气压力 101.33 kPa、电源电压 220 V 等。而实际工作时的条件通常会偏离标准工作条件,这时传感器的输出也会发生变化。

影响系数常用输出值的变化量与影响量变化量的比值表示,如某压力表的温度影响系数为 200 Pa/℃,即表示环境温度每变化 1 ℃,压力表的示值变化 200 Pa。

**3. 灵敏度**

灵敏度 $K$ 是指传感器在稳态下输出变化量 $\Delta y$ 与输入变化量 $\Delta x$ 的比值,即

$$K = \frac{\mathrm{d}y}{\mathrm{d}x} \approx \frac{\Delta x}{\Delta y} \tag{1.7}$$

显然灵敏度表示静态特性曲线上相应点的斜率。对线性传感器,灵敏度为一个常数;对于非线性传感器,灵敏度则为一个变量,随着输入量的变化而变化,灵敏度的定义如图 1-7 所示。

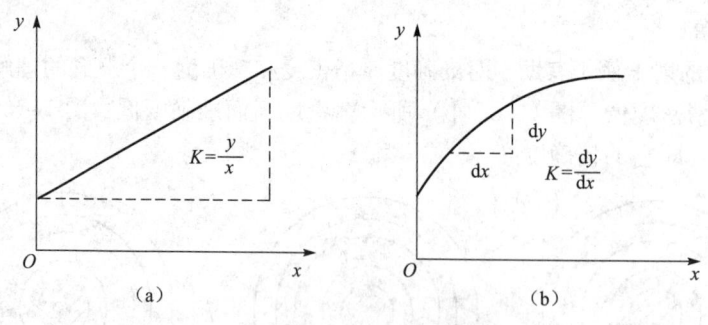

图 1-7 灵敏度的定义
(a) 线性测量系统;(b) 非线性测量系统

灵敏度的量纲取决于传感器输入、输出信号的量纲。例如,压力传感器灵敏度的量纲可表示为 mV/Pa。对于数字式仪表,灵敏度以分辨力表示。所谓分辨力,是指数字式仪表最后一位数字所代表的值。一般地,分辨力数值小于仪表的最大绝对误差。

在实际中,一般希望传感器的灵敏度高,且在满量程范围内保持恒定值,即传感器的静态特性曲线为直线。

**4. 线性度**

线性度 $\gamma_L$ 又称非线性误差,是指传感器实际特性曲线与其理论拟合直线之间的最大偏

差 $\Delta_{Lmax}$ 与传感器满量程输出 $y_{FS}$ 的百分比，即

$$\gamma_L = \frac{\Delta_{Lmax}}{y_{FS}} \times 100\% \tag{1.8}$$

理论拟合直线选取方法不同，线性度的数值就不同。图 1-8 所示为传感器线性度示意图，图中的拟合直线是一条将传感器的零点与对应于最大输入量的最大输出值点（满量程点）连接起来的直线，这条直线叫端基直线，由此得到的线性度称为端基线性度。

实际上，人们总是希望线性度越小越好，即传感器的静态特性接近于拟合直线，这时传感器的刻度是均匀的，读数方便且不易引起误差，容易标定。检测系统的非线性误差多采用计算机来纠正。

**5. 迟滞**

迟滞是指传感器在正（输入量增大）、反（输入量减小）行程中输出曲线不重合的现象，如图 1-9 所示。

迟滞 $\gamma_H$ 用正、反行程输出值间的最大差值 $\Delta_{Hmax}$ 与满量程输出 $y_{FS}$ 的百分比表示，即

$$\gamma_H = \frac{\Delta_{Hmax}}{y_{FS}} \times 100\% \tag{1.9}$$

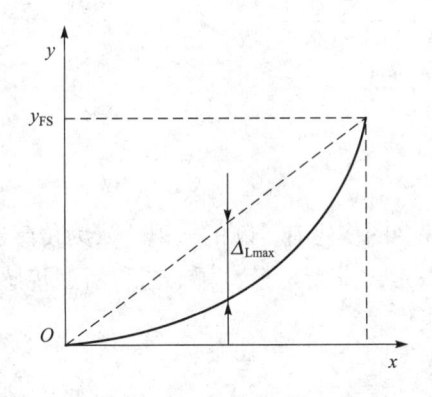

图 1-8 传感器线性度示意图

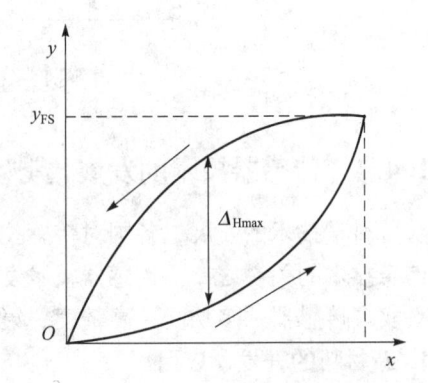

图 1-9 传感器迟滞示意图

造成迟滞的原因很多，如轴承摩擦、间隙、螺钉松动、电路元件老化、工作点漂移、积尘等。迟滞会引起分辨力变差或造成测量盲区，因此一般希望迟滞越小越好。

**6. 可靠性**

可靠性是指传感器或检测系统在规定的工作条件和规定的时间内，具有正常工作性能的能力。它是一种综合性的质量指标，包括可靠度、平均无故障工作时间（MTBF）、平均修复时间（MTTR）和失效率。

① 可靠度即传感器在规定的使用条件和工作周期内，达到所规定性能的概率。

② 平均无故障工作时间（MTBF）是指相邻两次故障期间传感器正常工作时间的平

均值。

③ 平均修复时间（MTTR）是指排除故障所花费时间的平均值。

④ 失效率是指在规定的条件下工作到某个时刻，检测系统在连续单位时间内发生失效的概率。对可修复性的产品，又叫故障率。

失效率是时间的函数，如图 1-10 所示。一般分为三个阶段：早期失效期、偶然失效期和衰老失效期。

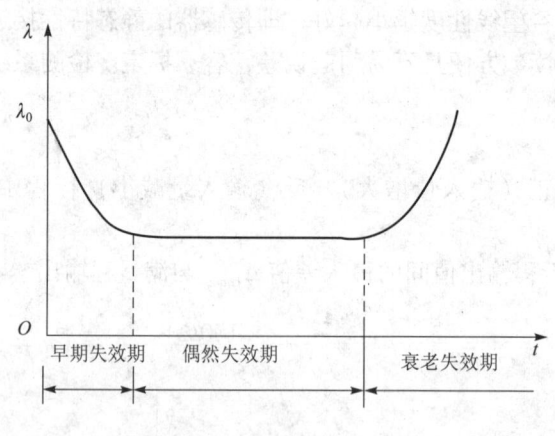

图 1-10　失效率变化曲线

### 1.4.4　传感器技术的发展趋势

随着科学技术的发展，各国对传感技术在信息社会的作用有了新的认识，认为传感器技术是信息技术的关键之一。传感器技术发展趋势之一是开发新材料、新工艺和新型传感器；其二是实现传感器的多功能、高精度、集成化和智能化。

**1. 新材料的开发、应用**

半导体材料在敏感技术中占有较大的技术优势，半导体传感器不仅灵敏度高，响应速度快，体积小、质量轻，且便于实现集成化，在今后的一定时期，仍占有主要地位。以一定化学成分组成、经过成型及烧结的功能陶瓷材料，其最大的特点是耐热性，在敏感技术发展中具有很大的潜力。此外，采用功能金属、功能有机聚合物、非晶态材料、固体材料、薄膜材料等，都可进一步提高传感器的产品质量及降低生产成本。

**2. 新工艺、新技术的应用**

将半导体的精密细微加工技术应用在传感器的制造中，可极大地提高传感器的性能指标，并为传感器的集成化、超小型化提供了技术支撑。

**3. 利用新的效应开发新型传感器**

随着人们对自然的认识深化，会不断发现一些新的物理效应、化学效应、生物效应等。

利用这些新的效应可开发出相应的新型传感器,从而为提高传感器性能和拓展传感器的应用范围提供新的可能。

**4. 传感器的集成化**

利用集成加工技术,将敏感元件、测量电路、放大电路、补偿电路、运算电路等制作在同一芯片上,从而使传感器具有质量轻、生产自动化程度高、制造成本低、稳定性和可靠性高、电路设计简单、安装调试时间短等优点。

**5. 传感器的多维化**

一般的传感器只限于对某一点物理量的测量,而利用电子扫描方法,把多个传感器单元做在一起,就可以研究一维、二维以至三维空间的测量问题,甚至向包含时间系的四维空间发展。X 射线的 CT 就是多维传感器的实例。

**6. 传感器的多功能化**

一般一个传感器只能测量一种参数,但在许多应用领域中,为了能够完美而准确地反映客观事物和环境,往往需要同时测量大量的参数。多功能化则意味着一个传感器具有多种参数的检测功能,如可以将一个温度探测器和一个湿度探测器配置在一起制成一种新的传感器——同时测量温度和湿度等。从实用的角度考虑,在多功能传感器中应用较多的是各种类型的多功能触觉传感器,如人造皮肤触觉传感器就是其一。据悉,美国 MERRITT 公司研制开发的无触点皮肤敏感系统获得了较大成功。

**7. 传感器的智能化**

智能化传感器将数据的采集、存储、处理等一体化,显然,它自身必须带有微型计算机,从而还具备自诊断、远距离通信、自动调节零点和量程等功能。基于模糊理论的新型智能化传感器和神经网络技术在智能化传感器系统和发展的重要作用,也日益受到了相关研究人员的极大重视。

以上所介绍的传感器"三新四化"的发展趋势是相互交叉、渗透和相辅相成的。事实上,这远不能完全描绘传感器的前景。虽然传感器只是一个小小的装置,但它涉及的学科非常广泛,如物理、化学、生物、医学、电子、材料、工艺等。相信在任何一个领域中研究的深入,都会对传感器的发展起到推进作用。这里只是传感器目前的一些主流发展方向而已。

# 本章小结

检测技术是以研究自动检测系统中的信息提取、信息转换以及信息处理的理论和技术为主要内容的一门应用技术学科。自动检测系统是自动测量、自动计量、自动保护、自动诊断、自动信号处理等诸系统的总称。

测量是检测技术的主要组成部分,测量得到的是定量的结果。现代社会要求测量必须达到更高的准确度、更小的误差、更快的速度、更高的可靠性,测量的方法也日新月异。测量的基本概念、测量方法、误差分类、测量结果的数据统计处理以及传感器的基本特性等内容，是检测技术的理论基础。

## 思考题与习题

1. 什么是自动检测与转换技术？它在工业生产等方面有何作用？
2. 自动检测系统由几部分组成？各部分的作用是什么？
3. 什么是测量误差？测量误差有几种表示方法？各有什么用途？
4. 误差按其出现规律可分为几种？
5. 产生系统误差的常见原因有哪些？常用的减少系统误差的方法有哪些？
6. 某量程为 300 V、1.0 级的电压表，当测量值分别为 300 V、200 V、100 V 时，求测量值的最大绝对误差和示值相对误差。
7. 现有精度为 0.5 级的温度表，量程有 150 ℃ 和 300 ℃ 两挡，若测量 100 ℃ 的温度，应选用哪个量程？为什么？
8. 欲测 240 V 左右的电压，要求测量示值相对误差的绝对值不大于 0.6%，问：若选用量程为 250 V 的电压表，其精度应选哪一级？若选用量程为 300 V 和 500 V 的电压表，其精度又应分别为哪一级？
9. 已知待测拉力约为 70 N。现有两只测力仪表，一只为 0.5 级，测量范围为 0～500 N；另一只为 1.0 级，测量范围为 0～100 N。问选用哪一只测力仪表较好？为什么？
10. 什么是传感器？传感器一般是由哪几部分组成？传感器有哪些分类方法？
11. 什么是传感器的静态特性？传感器静态特性的技术指标及各自的定义是什么？

# 第 2 章　电阻式传感器

**本章知识点**

1. 绕线电位器式传感器的原理与应用；
2. 电阻应变效应、电阻应变式传感器的原理、测量转换电路及应用；
3. 金属热电阻和半导体热电阻的特性及应用；
4. 气敏电阻和湿敏电阻的原理、特性及应用。

电阻式传感器的种类繁多，应用广泛，其基本原理是将被测物理量的变化转换成电阻值的变化，再经相应的测量电路而最后显示被测量值的变化。

电阻式传感器与相应的测量电路组成的测力、测压、称重、测位移、测加速度、测扭矩、测温度等测试系统，目前已成为生产过程检测以及实现生产自动化不可缺少的手段之一。

## 2.1　电位器式传感器

电位器是一种常用的机电元件，广泛应用于各种电器和电子设备中。它主要是一种把机械的线位移或角位移输入量转换为与它成一定函数关系的电阻或电压输出的传感元件来使用。主要用于测量压力、高度、加速度、航面角等各种参数。

电位器式传感器具有一系列优点，如结构简单、尺寸小、质量轻、精度高、输出信号大、性能稳定并容易实现任意函数。其缺点是要求输入能量大，电刷与电阻元件之间容易磨损。

电位器的种类很多，按其结构形式不同，可分为线绕式、薄膜式、光电式等；按特性不同，可分为线性电位器和非线性电位器。目前常用的以单圈线绕电位器居多。以下仅介绍绕线电位器式电阻传感器工作原理、结构、特点及应用范围。

### 2.1.1 绕线电位器式电阻传感器工作原理

绕线电位器式电阻传感器的工作原理,可用图2-1来说明。图2-1中$U_i$是电位器工作电压,$R$是电位器电阻,$R_L$是负载电阻(例如表头的内阻),$R_x$是对应于电位器滑臂移动到某位置时的电阻值,$U_o$是负载两端的电压,即电阻传感器的输出电压。

被测量的变化通过机械结构,使电位器的滑臂产生相应的位移,改变了电路的电阻值,引起输出电压的改变,从而达到测量被测量的目的。

在均匀绕制的线性电位器(单位长度上的电阻是常数)中,设$m = R/R_L$,$x = R_x/R$,有

$$U_o = \frac{x}{1 + mx(1-x)} U_i \qquad (2.1)$$

由式(2.1)可见,电位器的输出电压$U_o$与滑臂的相对位移量$x$是非线性关系,只有当$m = 0$,即$R_L \to \infty$时,$U_o$与$x$才满足线性关系,所以这里的非线性关系完全是由负载电阻$R_L$的接入而引起的。

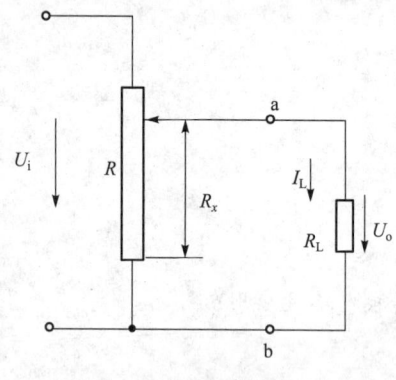

图2-1 绕线电位器式电阻传感器的工作原理

### 2.1.2 绕线电位器式电阻传感器结构、特点及应用范围

常见的绕线电位器式电阻传感器有直线位移型、角位移型等,如图2-2所示。由图2-2可知,绕线电位器式电阻传感器由骨架、绕在骨架上的电阻丝及在电阻丝上移动的滑动触点(电刷)组成,调节滑动触点位置可将被测位移等变换为电阻变化。

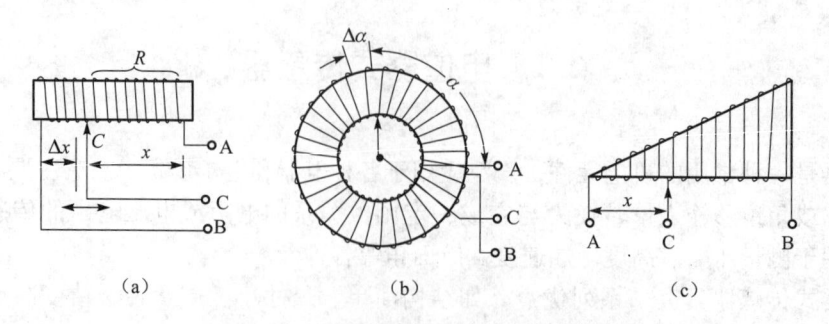

图2-2 绕线电位器式电阻传感器
(a)直线位移型;(b)角位移型;(c)非线性型

图2-2(b)所示为角位移型绕线电位器式电阻传感器,其电阻阻值随转角变化。其灵

敏度为

$$K = \frac{\mathrm{d}R}{\mathrm{d}\alpha} \tag{2.2}$$

式中 α——转角，rad；

　　K——传感器的灵敏度，即单位弧度对应的电阻值，当导线分布均匀时，K 为常数。

图 2-2（c）所示为一种非线性绕线电位器式传感器。当被测量与变阻器触点位移形成某种函数关系，若要获得与被测量呈线性关系的输出，则要应用这种非线性的绕线电位器式传感器。这种传感器的骨架形状需根据所要求的输出函数确定。例如被测量为 $f(x) = Kx^2$，为了使输出电阻 $R(x)$ 与 $f(x)$ 为线性的关系，则变阻器骨架应采用直角三角形。如 $f(x) = Kx^3$，则应采用抛物线形的骨架。

绕线电位器式传感器结构简单，性能稳定，使用方便。因受电阻丝直径的限制，分辨力很难优于 20 μm。触点和电阻丝接触表面磨损、尘埃附着等将使触点移动中的接触电阻发生不规则的变化，产生噪声。因此，人们研制了一些其他形式的电位器，如膜式电位器（碳膜和金属膜）、导电塑料电位器，但它们和绕线电位器一样，都是接触式电位器，其共同的缺点是不耐磨、寿命较短。光电电位器是一种非接触式电位器，克服了上述几种普通电位器的共同缺点。它的工作原理是利用可移动的窄光束照射在其内部的光电导层和导电电极之间的间隙上时，使光电导层下面沉积的电阻带和导电电极接通，于是随着光束位置不同而改变电阻值。它分辨力高，可靠性好，阻值范围宽（500 Ω ~ 15 MΩ），但结构复杂，输出电流小，输出阻抗较高。

绕线电位器式电阻传感器在多数情况下均采用直流电源，但有时因测量电路的需要也采用交流电源，此时需要考虑由于集肤效应而使绕线的交流电阻大于直流电阻的变化。当频率较高时，还要考虑绕线的自感 L 和绕线分布电容 C 的影响。

普通绕线电位器式电阻传感器结构简单，价格便宜，输出功率大，一般情况下可直接接指示仪表，简化了测量电路。但由于分辨力有限，所以一般精度不高。另外动态响应差，不适宜测量快速变化量。通常可用于测量压力、位移、加速度等。

### 知识拓展 1

电位器的结构与材料

由于测量领域的不同，电位器结构及材料选择有所不同。但是其基本结构是相近的。电位器通常都是由骨架、电阻元件及活动电刷组成。常用的线绕式电位器的电阻元件由金属电阻丝绕成。

**1. 电阻丝**

要求电阻系数高、电阻温度系数小，强度高和延展性好，对铜的热电势小，耐磨耐腐蚀，焊接性好等。常用的材料有康铜丝、铂铱合金及卡玛丝等。

**2. 电刷**

活动电刷由电刷触头、电刷臂、导向和轴承装置等构成。其质量好坏将影响噪声电平及工作可靠性。

电刷触头材料常用银、铂铱、铂铑等金属，电刷臂用磷青铜等弹性较好的材料。电刷上通常要保持一定的接触压力，为 50~100 mN。过大的接触压力会使仪器产生误差，并且加速磨损。压力过小则可能产生接触不可靠，电刷的结构如图 2-3 所示。

电刷材料与电路导线材料要配合选择，以提高电位器工作可靠性，减少噪声并延长工作寿命。通常是使电刷材料的硬度与电阻丝材料的硬度相近或稍高些。

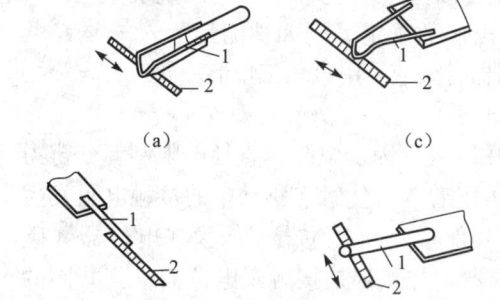

图 2-3 电刷的结构
1—电刷；2—电阻元件

**3. 骨架**

对骨架材料的要求是与电阻丝材料具有相同的膨胀系数，电气绝缘好，有足够的强度和刚度，散热性好，耐潮湿、易加工。常用材料有陶瓷、酚醛树脂及工程塑料等绝缘材料。对于精密电位器，广泛采用经绝缘处理的金属骨架，其导热性好，可提高电位器允许电流，而且强度大，加工尺寸精度高。

骨架的形状很多，有矩形、环形、柱形、棒形及其他形状的骨架。常用的骨架截面多为矩形，其厚度 $b$ 应大于直径 $d$ 的 4 倍，圆角半径 $R$ 不应小于 $2d$。

电位器绕制完成后要用电木漆或其他绝缘漆浸渍，以提高机械强度。与电刷接触的工作面的绝缘漆要刮掉，并进行机械抛光。

### 2.1.3 绕线电位器式压力传感器的应用

绕线电位器式压力传感器是利用弹性元件（如弹簧管、膜片或膜盒）把被测的压力变换为弹性元件的位移，并使此位移变为电刷触点的移动。从而引起输出电压或电流相应的变化。图 2-4 所示为 YCD-150 型远程压力传感器的结构。它是由一个弹簧管和绕线电位器组成的压力传感器。绕线电位器固定在壳体上，而电刷与弹簧管的传动机构相连接。当被测压力变化时，弹簧管的自由端移动，通过传动机构，一面带动压力表指针转动，一面带动电刷在绕线电位器上滑动，从而将被测压力值转换为电阻变化，因而输出一与被测压力成正比的电压信号。

图 2-5 所示为膜盒电位器式压力传感器的结构。弹性敏感元件膜盒的内腔，通入被测流体压力，在此压力作用下，膜盒硬中心产生位移，推动连杆上移，使曲柄轴带动电刷在电

位器电阻丝上滑动,同样输出一与被测压力成正比的电压信号。

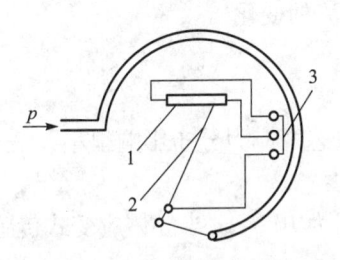

图 2-4　YCD-150 型远程压力传感器的结构
1—绕线电位器；2—电刷；3—输出端子

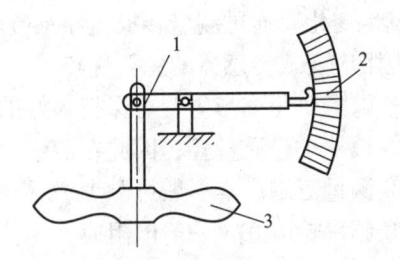

图 2-5　膜盒电位器式压力传感器的结构
1—杠杆；2—电位器；3—膜盒

### 先导案例

电阻应变式传感器应用十分广泛,主要应用可分两大类,其一是将应变片直接粘贴在被测试件上,测量应力或应变；其二是与弹性元件连用,测量力、压力、位移、速度、加速度等物理量。

电阻应变仪是专门用于测量电阻应变片应变量的仪器。当被测量是被测试件的应变、应力等物理量时,可以将应变片粘贴在被测物的被测点上,然后用引线将其接到应变仪的接线端子上。读取应变仪的读数,就可以直接得到被测点的应变,经适当换算,还可以得到应力等参数。

#### 本案例要解决的问题

(1) 如何应用电阻应变仪进行显像管的热应力测试？
(2) 如何应用电阻应变仪进行人体骨骼和下肢受力、应力测试？

## 2.2　电阻应变式传感器

电阻应变式传感器是利用导体或半导体材料的应变效应制成的一种测量器件,用于测量微小的机械变化量,在结构强度实验中,它是测量应变的最主要手段,也是目前测量应力、应变、力矩、压力、加速度等物理量应用最广泛的传感器之一。

电阻应变式传感器主要由电阻应变片及测量转换电路等组成。用应变片测量应变时,将应变片粘贴在试件表面。当试件受力变形后,应变片上的电阻也随之变形,从而使应变片电阻值发生变化,通过测量转换电路最终转换成电压或电流的变化。

电阻应变式传感器的主要优点是:

① 电阻变化率与应变可保持很好的线性关系;
② 尺寸小,质量轻,因此在测量时对试件的工作状态及应力分布影响很小;
③ 测量范围广,一般可测 1~2 微应变到数千微应变;
④ 频率响应好,一般电阻应变式传感器的响应时间为 $10^{-7}$ s,半导体应变式传感器可达 $10^{-11}$ s,所以可进行几十赫兹甚至上百赫兹的动态测量;
⑤ 采用适当措施后,可在一些恶劣环境下正常工作,如可从真空状态到数千大气压;可从接近绝对零度到 1 000 ℃;也可在有强烈振动、强磁场、化学腐蚀及放射性的场合工作。

其缺点是在大应变状态下,具有较大的非线性,输出信号较小,故抗干扰问题突出等。

### 2.2.1 应变片的工作原理

导体或半导体材料在外界作用下(如压力等),会产生机械变形,其电阻值也将随着发生变化,这种现象称为应变效应。

如图 2-6 所示,以金属丝应变片为例分析这种应变效应。

金属丝应变片的电阻 R 可表示为

$$R = \rho \frac{l}{A} = \rho \frac{l}{\pi r^2} \tag{2.3}$$

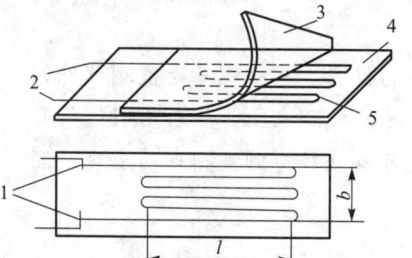

图 2-6 金属丝电阻应变片的结构
1—焊接点;2—引出线;3—覆盖层;
4—基片;5—电阻丝

式中 R——金属丝电阻值,Ω;
$\rho$——金属丝的电阻率,$\dfrac{\Omega \cdot mm^2}{m}$;
$l$——金属丝的长度,m;
$A$——金属丝的截面积,$mm^2$。

如果对整条金属丝长度方向作用均匀力时,由于 $\rho$、$l$、$A$ 的变化会引起电阻的变化。

实验证明,电阻丝及应变片的电阻相对变化量 $\Delta R/R$ 与材料力学中的轴向应变 $\varepsilon_x$ 的关系在很大范围内是线性的,即

$$\frac{\Delta R}{R} \approx K\varepsilon_x \tag{2.4}$$

式中 K——电阻应变片的灵敏度。

对于不同的金属材料,K 略微不同,一般为 2 左右。而对半导体而言,由于其感受应变

时，电阻率 $\rho$ 会产生很大的变化，所以灵敏度比金属材料大几十倍。

在材料力学中，$\varepsilon_x = \Delta l/l$ 称为电阻丝的轴向应变，也称为纵向应变；$\varepsilon_y = \Delta r/r$ 称为电阻丝的径向应变，且 $\varepsilon_y = -\mu\varepsilon_x$，$\mu$ 为金属材料的泊松比。$\varepsilon_x$ 是量纲为 1 的数，通常很小，常用 $10^{-6}$ 表示之。例如，当 $\varepsilon_x$ 为 0.000 001 时，在工程中常表示为 $1 \times 10^{-6}$ 或 μm/m。在应变测量中，也常将之称为微应变（$\mu\varepsilon$）。

对金属材料而言，当它受力之后所产生的轴向应变最好不要大于 $1 \times 10^{-3}$，即 1 000 μm/m，否则有可能超过材料的极限强度而导致断裂。

由材料力学可知，$\varepsilon_x = \dfrac{F}{AE}$，所以 $\Delta R/R$ 又可表示为 $\dfrac{\Delta R}{R} \approx K\dfrac{F}{AE}$。

如果应变片的灵敏度 $K$ 和试件的横截面积 $A$ 以及弹性模量 $E$ 均为已知，则只要设法测出 $\Delta R/R$ 的数值，即可获知试件受力 $F$ 的大小。

### 2.2.2 电阻应变片的种类与粘贴

**1. 应变片的类型**

常用的应变片有两大类：一类是金属电阻应变片，另一类是半导体应变片。

（1）金属电阻应变片

金属电阻应变片有丝式应变片和箔式应变片等。丝式应变片结构如图 2-6 所示。它是用一根金属细丝按图 2-6 所示形状弯曲后用胶黏剂贴于衬底（用纸或有机聚合物薄膜等材料制成），电阻丝两端焊有引出线，电阻丝直径为 0.012~0.050 mm。

箔式电阻应变片的结构如图 2-7 所示，是用光刻、腐蚀等工艺方法制成的一种很薄的金属箔栅，箔的厚度一般在 0.003~0.010 mm，它的优点是表面积和截面积之比大，散热条件好，故允许通过较大的电流，并可做成任意形状，便于大量生产。由于上述一系列优点，所以使用范围日益广泛，有逐渐取代丝式应变片的趋势。

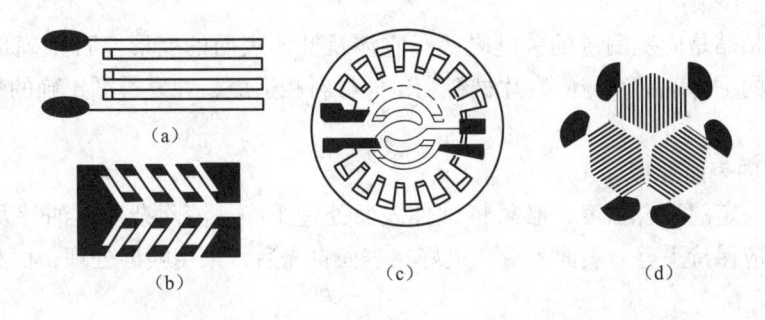

图 2-7 箔式电阻应变片的结构

（2）半导体应变片

半导体应变片的结构如图2-8所示。它的使用方法与电阻丝式相同，即粘贴在被测物上，随被测物的应变，其电阻发生相应变化。

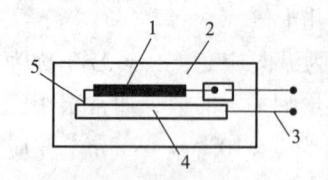

图2-8 半导体应变片的结构
1—半导体敏感条；2—基底；3—引线；
4—引线连接片；5—内引线

半导体应变片的工作原理是基于半导体材料的压阻效应。所谓压阻效应是指单晶半导体材料，沿某一轴向受到外力作用时，其电阻率发生变化的现象。半导体应变片的主要优点是灵敏度高（灵敏度比金属丝式、箔式大几十倍），主要缺点是灵敏度的一致性差、温漂大，电阻与应变间非线性严重。在使用时，需采用温度补偿及非线性补偿措施。表2-1给出了电阻应变片几种常用金属材料的性能。

表2-1 电阻应变片几种常用金属材料的性能

| 材料名称 | 成分质量分数 || 灵敏度 $K$ | 电阻率/ $(\Omega \cdot mm^2 \cdot m^{-1})$ | 电阻温度系数 $(10^{-5}/℃)$ | 线膨胀系数 $(10^{-6}/℃)$ |
|---|---|---|---|---|---|---|
| | 元素 | % | | | | |
| 康铜 | Cu | 60 | 1.9~2.1 | 0.45~0.54 | ±20 | 12.2 |
| | Ni | 40 | | | | |
| 镍铬合金 | Ni | 80 | 2.1~2.3 | 1.0~1.1 | 110~130 | 12.3 |
| | Cr | 20 | | | | |
| 镍铬铝合金（卡玛合金） | Ni | 74 | 2.4~2.6 | 1.24~1.42 | ±20 | 10.0 |
| | Cr | 20 | | | | |
| | Al | 3 | | | | |
| | Fe | 3 | | | | |

**2. 应变片的粘贴**

应变片的粘贴是应变测量的关键之一，它涉及被测表面的变形能否正确地传递给应变片。粘贴所用的黏合剂必须与应变片材料和试件材料相适应，并要遵循正确的粘贴工艺。粘贴工艺如下：

（1）试件的表面处理

为了保证一定的黏合强度，必须将试件表面处理干净，清除杂质、油污及表面氧化层等。粘贴表面应保持平整，表面光滑，最好在表面打光后，采用喷砂处理，面积为应变片的3~5倍。

（2）确定贴片位置

在应变片上标出敏感栅的纵、横向中心线，在试件上按照测量要求画出中心线。精密的可以用光学投影方法来确定贴片位置。

(3) 粘贴

首先用甲苯、四氢化碳等溶剂清洗试件表面。如果条件允许，也可采用超声波清洗。应变片的底面也要用溶剂清洗干净，然后在试件表面和应变片的底面各涂一层薄而均匀的胶水等。贴片后，在应变片上盖上一张聚乙烯塑料薄膜并加压，将多余的胶水和气泡排出。加压时要注意防止应变片错位。

(4) 固化

贴好后，根据所使用的黏合剂的固化工艺要求进行固化处理和时效处理。

(5) 粘贴质量检查

检查粘贴位置是否正确，黏合层是否有气泡和漏贴，敏感栅是否有短路或断路现象，以及敏感栅的绝缘性能等。

(6) 引出线的焊接与防护

检查合格后即可焊接引出线。引出线要用柔软、不易老化的胶合物适当地加以固定，以防止导线摆动时折断应变片的引出线。然后在应变片上涂一层柔软的防护层，以防止大气对应变片的侵蚀，保证应变片长期工作的稳定性。

### 2.2.3 测量电路

由于机械应变范围一般在 $10^{-6} \sim 10^{-3}$，而常规电阻应变片的灵敏度很小（$K \approx 2$），所以其电阻变化范围小，为 $10^{-4} \sim 10^{-1}$ 数量级，因此要求测量电路能精确地测量出这些微小的电阻变化。最常用的测量电路是电桥电路，即把电阻的相对变化 $\Delta R/R$ 转化为电压或电流的变化。

用于检测应变片电阻变化的电桥电路，通常有直流电桥和交流电桥两种。下面介绍直流电桥电路的工作原理。

**1. 平衡条件**

直流电桥的测量转换电路如图 2-9 所示。

在 a 与 c 之间接直流电源 $U_i$，另一对角线 b 与 d 之间为输出电压 $U_o$。为了使电桥在测量前的输出电压为零，应该选择四个桥臂电阻，使 $R_1 R_3 = R_2 R_4$ 或 $R_1/R_2 = R_4/R_3$，这就是电桥平衡条件。

**2. 工作原理**

当每个桥臂电阻变化值远小于其本身的初始值，电桥输出端的负载电阻为无限大，且为全等臂形式工作，即 $R_1 = R_2 = R_3 = R_4$（初始值）时，电桥输出电压可用下式近似表示（误差小于 5%）为

$$U_o = \frac{U_i}{4}\left(\frac{\Delta R_1}{R_1} - \frac{\Delta R_2}{R_2} + \frac{\Delta R_3}{R_3} - \frac{\Delta R_4}{R_4}\right) \tag{2.5}$$

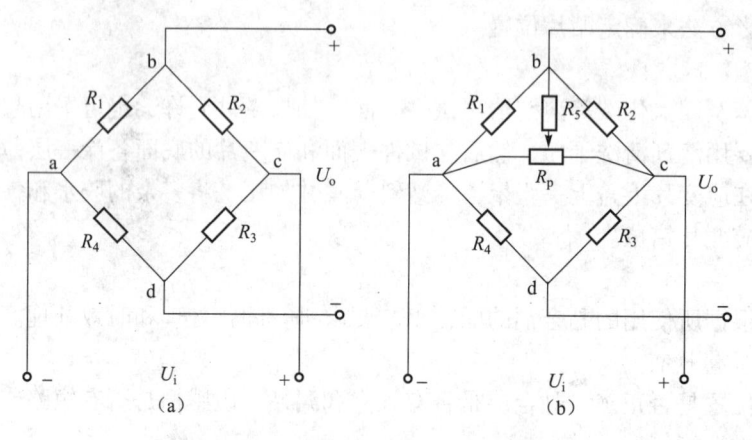

图 2-9 直流电桥的测量转换电路
（a）基本电路；（b）调零电路

由于 $\Delta R/R = K\varepsilon_x$，当各桥臂应变片的灵敏度 $K$ 都相同时有

$$U_o = \frac{U_i}{4}K(\varepsilon_1 - \varepsilon_2 + \varepsilon_3 - \varepsilon_4) \tag{2.6}$$

根据不同的要求，应变电桥有不同的工作方式：

（1）单臂半桥工作方式

即 $R_1$ 为应变片，其余各臂为固定电阻，则式（2.5）和式（2.6）变为

$$U_o = \frac{U_i}{4} \cdot \frac{\Delta R}{R} = \frac{U_i}{4}K\varepsilon_1 \tag{2.7}$$

（2）双臂半桥工作方式

即 $R_1$、$R_2$ 为应变片，$R_3$、$R_4$ 为固定电阻，则式（2.5）和式（2.6）变为

$$U_o = \frac{U_i}{4}\left(\frac{\Delta R_1}{R_1} - \frac{\Delta R_2}{R_2}\right) = \frac{U_i}{4}K(\varepsilon_1 - \varepsilon_2) \tag{2.8}$$

（3）全桥工作方式

即电桥的四个桥臂都为应变片，此时电桥的输出电压公式就是式（2.5）或式（2.6）。

上面讨论的三种工作方式中的 $\varepsilon_1$、$\varepsilon_2$、$\varepsilon_3$、$\varepsilon_4$ 可以是试件的拉应变，也可以是试件的压应变，这取决于应变片的粘贴方向及受力方向。若是拉应变，应以正值代入；若是压应变，应以负值代入。

上述三种工作方式中，全桥四臂工作方式的灵敏度最高，单臂半桥工作方式的灵敏度最低。

在实际应用时，应尽量采用双臂半桥或全桥的工作方式，这不仅是因为这两种工作方式的灵敏度较高，还因为它们都具有实现温度自补偿的功能。当环境温度升高时，桥臂上的应变片温度同时升高，温度引起的电阻值漂移大小一致，代入式（2.5）中可以相互抵消，从

而减小因桥路的温漂而带来的测量误差。

实际使用中，$R_1 \sim R_4$ 不可能严格成比例关系，所以即使在未受力时，桥路的输出也不一定为零，因此必须设置调零电路，如图 2-9（b）所示。调节 $R_P$，最终可以使 $R'_1/R'_2 = R_4/R_3$，电桥趋于平衡，$U_0$ 被预调到零位。图 2-9（b）中 $R_5$ 是用于减小调节范围的限流电阻。

### 知识拓展 2

#### 电阻—频率转换电路

随着数字测量系统和微型计算机在测量技术中的广泛应用，要求传感器及测量电路的输出物理量能实现数字化，从而与之相适应，但传统的测量电路必须加一级模数转换装置才能实现这一要求，这就增加了测量系统的复杂程序。下面介绍一种新型的电阻—频率转换电路，它可直接把电阻式传感器的中间转换物理量电阻值 $R$ 转换为频率量 $f$，从而方便地应用于数字测量系统或微型计算机测量技术中。

$R/F$ 转换的电路如图 2-10 所示。它是由直流电桥（桥臂为 $R_1$、$R_2$、$R_3$、$R_4$，供桥直流电压为 $E$），差分积分器（DI），过零检测器（ZCD）和单稳态触发器（D）组成。D 的输出直接控制一个双向电子开关（S），此开关与参考电阻 $R_0$ 相连。开关 S 在两个不同位置时，分别使 $R_0$ 与 $R_3$ 或 $R_4$ 并联，而开关的位置取决于 D 的输出，它是一个固定宽度 $\tau_0$ 的脉冲。

图 2-11 所示为电路工作时各电压的波形。在 $\tau_0$ 期间，假定 $R_0$ 先与 $R_3$ 并联，电桥不

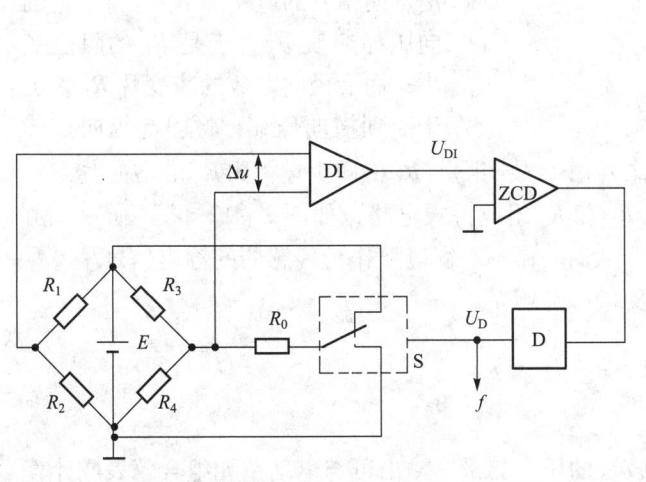

图 2-10　$R/F$ 转换的电路

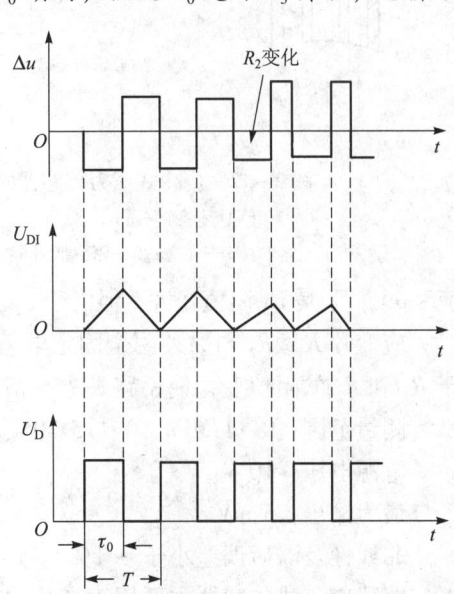

图 2-11　电路工作时各电压的波形

平衡,输出电压 $\Delta u$ 送至积分器 DI,在固定的时间间隔 $\tau_0$ 内积分,产生一个线性增长电压 $U_{DI}$,该电压送至过零检测器 ZCD,当单稳态触发器 D 输出的脉冲消失后,$R_0$ 就与 $R_4$ 相并联,电桥产生一个极性相反的不平衡电压,该电压经积分器后,产生一个线性减小的电压,此电压在 $T-\tau_0$ 时过零,将被过零检测器检测出来,然后去触发 D,产生下一个脉宽为 $\tau_0$ 的脉冲,依此不断重复。电路输出频率为 $f=\dfrac{1}{T}$。

R/F 转换电路具有良好的灵敏度和分辨力,若采用高质量的运算放大器和其他元器件,其性能可望进一步改善。

### 2.2.4 电阻应变式传感器的应用

下面介绍应用于压力测量的电阻应变式传感器——应变式压力传感器,它是把压力转换成电阻值的变化来进行测量的。

现以国产 BPR-2 型压力变送器为例讲述其原理,其结构如图 2-12 所示。

在图 2-12(a)中,应变筒的上端与外壳 1 固定在一起,下边与密封膜片 2 紧密接触,两片康铜丝应变片 $R_1$ 和 $R_2$ 用特殊黏合剂贴在应变筒的外壁上。$R_1$ 沿应变筒的轴向粘贴,作为测量片,$R_2$ 沿径向粘贴,作为温度补偿片。当被测压力 $p$ 作用于膜片而使应变筒做轴向受压变形时,沿轴向贴放的应变片 $R_1$ 也将产生轴向压缩应变 $\varepsilon_1$,于是 $R_1$ 的阻值变小;而沿径向贴放的应变片 $R_2$,由于受到横向压缩,将引起纵向拉伸

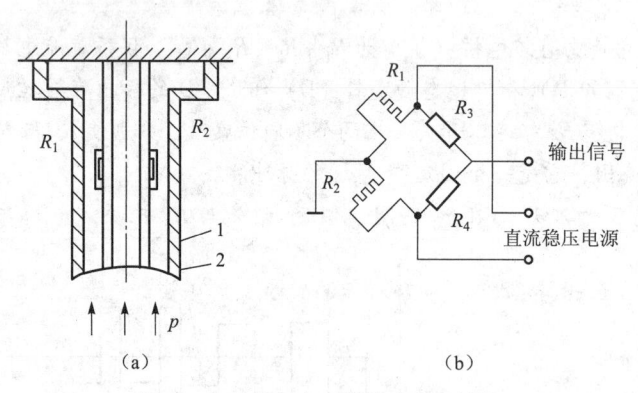

图 2-12 应变式压力传感器的结构
(a)应变筒;(b)检测电桥
1—外壳;2—密封膜片

应变 $\varepsilon_2$,于是 $R_2$ 阻值变大。但由于 $\varepsilon_2$ 比 $\varepsilon_1$ 小,故实际上 $R_1$ 的减少量将比 $R_2$ 的增量大。

应变片 $R_1$、$R_2$ 与另外两个固定电阻 $R_3$ 和 $R_4$ 组成桥式电路,如图 2-12(b)所示,由于 $R_1$ 和 $R_2$ 的阻值变化使桥路失去平衡,从而获得不平衡电压作为传感器的输出信号。

测量范围:0~1 MPa,0~15 MPa 及 0~25 MPa。

电源电压:10 V。

最大输出:5 mV。

非线性及滞后误差小于 ±1%。

电阻应变式传感器主要用于变化比较快的压力测量,输出可与电动单元组合仪表或计算机接口。

### 先导案例解决

① 图2-13所示为显像管玻壳的应力测量示意图。显像管在制造过程中需多次经历加热、降温过程。如果工艺掌握不准确，将造成显像管曲面上某些点的应力集中，有可能引起玻壳爆裂。高温应力测试试验是将高温应变片粘贴在玻壳表面各测试点上。在升温、降温过程中，用带微机的应变仪对这些应变片的应变值快速轮流测试（称为巡回测试），从而改进加热工艺，提高产品的可靠性。

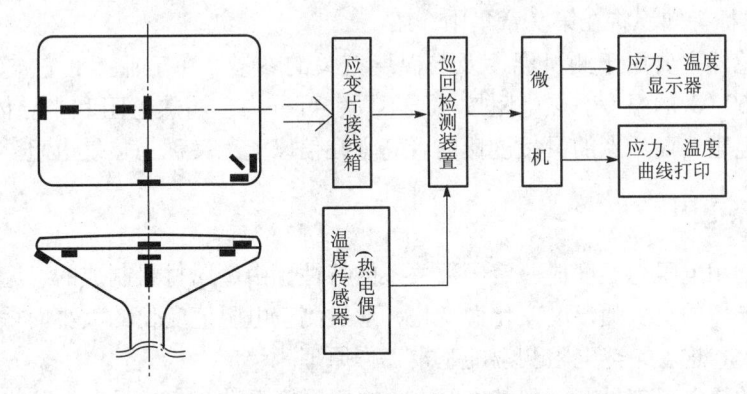

图2-13　显像管玻壳的应力测量示意图

② 图2-14所示为骨盆受力分布试验。它的研究为运动员训练、骨折预防和治疗提供了科学依据。试验前，将冷冻状态的正常成年人新鲜尸体骨骼去掉肌肉，清洗并用砂纸打磨之后，按图2-14所示的测试点粘贴应变片，并接入应变仪。试验时，将骨盆下端两股骨垂

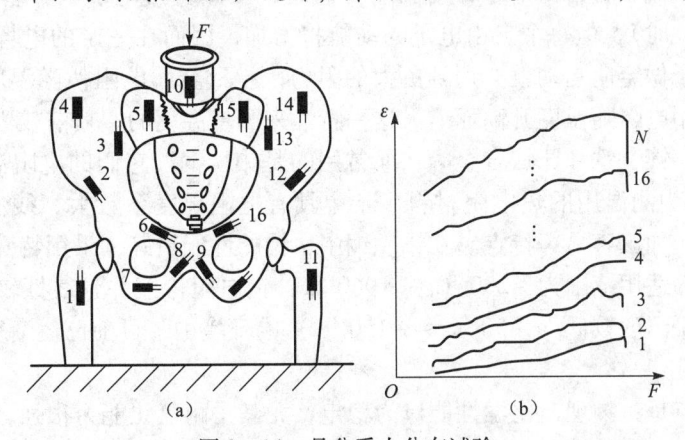

图2-14　骨盆受力分布试验
（a）贴片位置；（b）多点实时应变曲线

直置于试验机工作台上，压力施加于腰椎上。从应变仪的显示器上逐点、快速读出其应变值，并自动描出应变曲线，直至骨盆或关节破坏为止。

## 2.3 测温热电阻传感器

测量温度的传感器很多，常用的有热电偶、PN 结测温集成电路、红外辐射温度计等。本节简要介绍测温热电阻传感器（以下简称热电阻传感器），关于温度的基本概念以及 ITS-90 国际温标等知识将在第 9 章集中介绍。

热电阻传感器主要用于测量温度及与温度有关的参量。在工业上，它被广泛用来测量 -200 ℃～+960 ℃ 的温度。热电阻按性质不同，可分为金属热电阻和半导体热电阻两类。前者仍称为热电阻，而后者的灵敏度比前者高十几倍以上，又称为热敏电阻。

### 2.3.1 热电阻

热电阻是利用电阻与温度成一定函数关系的特性，由金属材料制成的感温元件。当被测温度变化时，导体的电阻随温度变化而变化，通过测量电阻值变化的大小而得出温度变化的情况及数值大小，这就是热电阻测温的基本工作原理。

作为测温的热电阻应具有下列基本要求：电阻温度系数（$\alpha$）要大，以获得较高的灵敏度；电阻率（$\rho$）要高，以便制作小尺寸元件；电阻值随温度变化尽量呈线性关系，以减小非线性误差；在测量范围内，物理、化学性能稳定；材料工艺性好、价格便宜等。

**1. 常用热电阻**

在金属中，载流子为自由电子，当温度升高时，虽然自由电子数目基本不变（当温度变化范围不是很大时），但每个自由电子的动能将增加，因而在一定的电场作用下，要使这些杂乱无章的电子做定向运动就会遇到更大的阻力，导致金属电阻值随温度的升高而增加。热电阻主要是利用电阻随温度升高而增大这一特性来测量温度的。目前较为广泛应用的热电阻材料是铂、铜、镍、铁和铑铁合金等，而常用的是铂、铜，它们的电阻温度系数在 $(3\sim 6)\times 10^{-3}/℃$。作为测温用的热电阻材料，希望具有电阻温度系数大、线性好、性能稳定、使用温度范围宽、加工容易等特点。在铂、铜中，铂的性能最好，采用特殊的结构可以制成标准温度计，它的适用范围为 -200 ℃～+960 ℃；铜电阻价廉并且线性较好，但温度高易氧化，故只适用于温度较低（-50 ℃～+150 ℃）的环境中，目前已逐渐被铂电阻所取代。

（1）铂热电阻

铂材料的优点是：物理、化学性能极为稳定，尤其是耐氧化能力很强，并且在很宽的温度范围内（1 200 ℃以下）均可保持上述特性；易于提纯，复制性好，有良好的工艺性，可以制成极细的铂丝或极薄的铂箔；电阻率较高。缺点是：电阻温度系数较小；在还原介质中工作时易被污染而变脆;价格较高。

铂热电阻的阻值与温度的关系近似线性,其特性方程为:

当 $-200\ ℃ \leq t \leq 0\ ℃$ 时

$$R_t = R_0[1 + At + Bt^2 + C(t-100)t^3] \tag{2.9}$$

当 $0\ ℃ \leq t \leq 960\ ℃$ 时

$$R_t = R_0(1 + At + Bt^2) \tag{2.10}$$

式中 $R_0$ ——温度为 0 ℃ 时铂热电阻的阻值,Ω;
$R_t$ ——温度为 $t$ ℃ 时铂热电阻的阻值,Ω;
$A$、$B$、$C$ ——温度系数,$A = 3.908\ 02 \times 10^{-3}$ (1/℃),$B = -5.802 \times 10^{-7}$ (1/℃)$^2$,$C = -4.273\ 50 \times 10^{-12}$ (1/℃)$^4$。

(2)铜热电阻

铂金属贵重,因此在一些测量精度要求不高且温度较低的场合,普遍采用铜热电阻来测量 $-50\ ℃ \sim +150\ ℃$ 的温度。铜热电阻有以下特点:

① 在上述使用的温度范围内,阻值与温度的关系几乎呈线性关系,即可近似表示为

$$R_t = R_0(1 + \alpha t) \tag{2.11}$$

式中 $\alpha$ ——电阻温度系数,$\alpha = (4.25 \sim 4.28) \times 10^{-3}/℃$。

② 电阻温度系数比铂高,而电阻率则比铂低。

③ 容易提纯,加工性能好,可拉成细丝,价格便宜。

④ 易氧化,不宜在腐蚀性介质或高温下工作。

鉴于上述特点,在介质温度不高、腐蚀性不强、测温元件体积不受限制的条件下大都采用铜热电阻。表 2-2 列出了热电阻的主要技术性能。

表 2-2 热电阻的主要技术性能

| 材　料 | 铂(WZP) | 铜(WZC) |
| --- | --- | --- |
| 使用温度范围/℃ | -200 ~ +960 | -50 ~ +150 |
| 电阻率/(Ω·mm$^2$·m$^{-1}$) | 0.098 1 ~ 0.106 | 0.017 |
| 电阻温度系数 $\alpha$(0 ℃ ~100 ℃ 平均值)/℃$^{-1}$ | 0.003 85 | 0.004 28 |
| 化学稳定性 | 在氧化介质中较稳定,不能在还原介质中使用,尤其在高温情况下 | 超过 100 ℃ 易氧化 |
| 特性 | 特性近于线性、性能稳定、精度高 | 线性较好、价格低廉、体积大 |
| 应用 | 适于较高温度的测量,可作标准测温装置 | 适于测量低温、无水分、无腐蚀性介质的温度 |

**2. 热电阻的结构和类型**

按其结构类型来分,热电阻有普通型、铠装型、薄膜型等。普通型热电阻由感温元件(金属电阻丝)、支架、引线、保护套管及接线盒等基本部分组成。为避免电感分量,热电阻丝常采用双线并绕,制成无感电阻。

(1) 感温元件(金属电阻丝)

由于铂的电阻率较大,而且相对机械强度较大,通常铂丝的直径在 $[(0.03 \sim 0.07) \pm 0.005]$ mm。可单层绕制,若铂丝太细,电阻体可做得小,但强度低;若铂丝粗,虽强度大,但电阻体积大了,热惯性也大,成本高。由于铜的机械强度较低,电阻丝的直径需较大,一般为 $(0.1 \pm 0.005)$ mm 的漆包铜线或丝包线分层绕在骨架上,并涂上绝缘漆而成。由于铜电阻的温度低,故可以重叠多层绕制,一般多用双绕法,即两根丝平行绕制,在末端把两个头焊接起来,这样工作电流从一根热电阻丝进入,从另一根热电阻丝反向出来,形成两个电流方向相反的线圈,其磁场方向相反,产生的电感就互相抵消,故又称无感绕法。这种双绕法也有利于引线的引出。

(2) 骨架

热电阻是绕制在骨架上的,骨架是用来支持和固定电阻丝的。骨架应使用电绝缘性能好,高温下机械强度高,体膨胀系数小,物理化学性能稳定,对热电阻丝无污染的材料制造,常用的是云母、石英、陶瓷、玻璃及塑料等。

(3) 引线

引线的直径应当比热电阻丝大几倍,尽量减少引线的电阻,增加引线的机械强度和连接的可靠性,对于工业用的铂热电阻,一般采用 1 mm 的银丝作为引线;对于标准的铂热电阻则可采用 0.3 mm 的铂丝作为引线;对于铜热电阻则常用 0.5 mm 的铜线。

在骨架上绕制好热电阻丝,并焊好引线之后,在其外面加上云母片进行保护,再装入外保护套管,并和接线盒或外部导线相连接,即得到热电阻传感器。

铂、铜热电阻的外形如图 2-15 所示,其结构分别如图 2-16、图 2-17 所示。

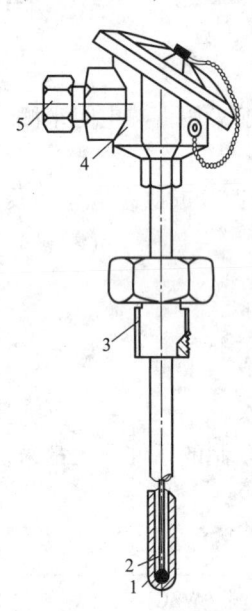

图 2-15 铂、铜热电阻的外形
1—保护套管;2—测温元件;3—紧固螺栓;4—接线盒;5—引出线密封套管

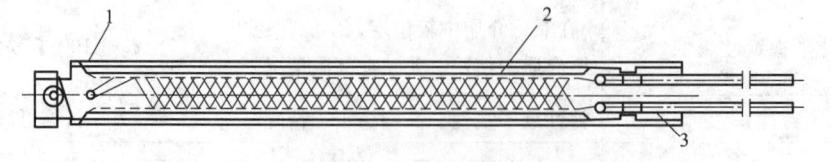

图 2-16 铂电阻的结构
1—铆钉;2—铂热电阻;3—银质引脚

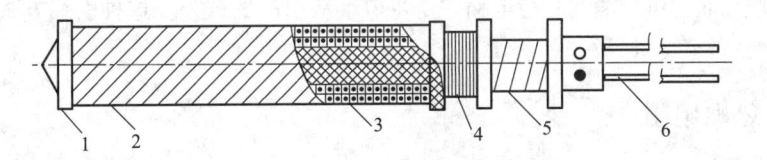

图 2-17 铜电阻的结构

1—线圈骨架；2—保护层；3—铜电阻丝；4—扎线；5—补偿绕组；6—铜质引脚

目前还研制生产了薄膜型热电阻，如图 2-18 所示。它是利用真空镀膜法或糊浆印刷烧结法使金属薄膜附着在耐高温基底上。其尺寸可以小到几平方毫米，可将其粘贴在被测高温物体上，测量局部温度，具有热容量小、反应快的特点。

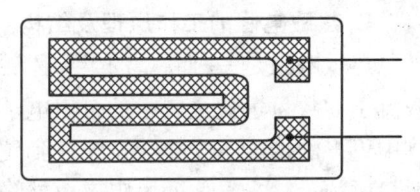

图 2-18 薄膜型热电阻

目前我国全面施行"1990 国际温标"。按照 ITS-90 标准，国内统一设计的工业用铂热电阻在 0 ℃时的阻值有 25 Ω、100 Ω 等，分度号分别用 Pt25、Pt100 等表示。薄膜型铂热电阻有 100 Ω、1 000 Ω 等。同样，铜电阻在 0 ℃时的阻值为 50 Ω、100 Ω 两种，分度号用 Cu50、Cu100 表示。

**3. 热电阻测温线路**

热电阻传感器的测量转换电路常用类似于电阻应变片所使用的电桥电路，由于工业用热电阻安装在生产现场，离控制室较远，因此热电阻的引线对测量结果有较大影响。为了减小或消除引线电阻的影响，目前，热电阻两线的连接方式经常采用三线制和四线制，如图 2-19 所示。同时，为了减小环境电场、磁场的干扰，最好采用屏蔽线，并将屏蔽线的金属网状屏蔽层接大地。

（1）三线制

在电阻体的一端连接两根引线，另一端连接一根引线，此种引线方式称为三线制。当热电阻和电桥配合使用时，这种引线方式可以较好地消除引线电阻的影响，提高测量精度，所以工业热电阻多半采取这种方法。

（2）四线制

在电阻体的两端各连接两根引线称为四线制。这种引线方式不仅可以消除

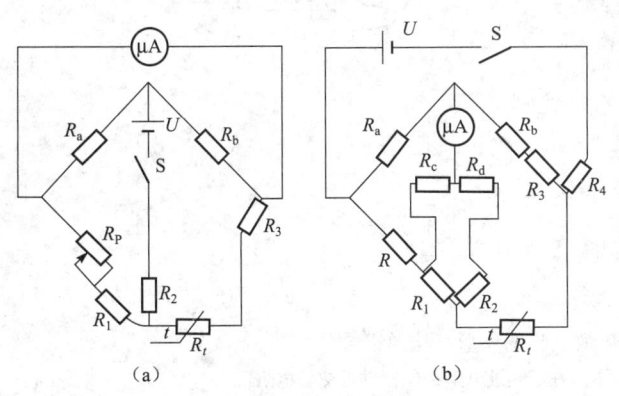

图 2-19 热电阻传感器的测量电路
（a）三线制；（b）四线制

连接电阻的影响，而且可以消除测量电路中寄生电动势引起的误差。这种引线方式主要用于高精度温度测量。

### 2.3.2 热敏电阻

热敏电阻是用半导体材料制成的热敏器件。相对于一般的金属热电阻而言，它主要具备如下特点：电阻温度系数大，灵敏度高，比一般金属电阻大 10～100 倍；结构简单，体积小，可以测量点温度；电阻率高，热惯性小，适宜动态测量；阻值与温度变化呈非线性关系；稳定性和互换性较差。

**1. 热敏电阻的工作原理及结构**

热敏电阻是一种新型的半导体测温元件。半导体中参加导电的是载流子，由于半导体中载流子的数目远比金属中的自由电子数目少得多，所以它的电阻率大。随温度的升高，半导体中更多的价电子受热激发跃迁到较高能级而产生新的电子空穴对，因而参加导电的载流子数目增加了，半导体的电阻率也就降低了（电导率增加）。因为载流子数目随温度上升按指数规律增加，所以半导体的电阻率也就随温度上升按指数规律下降。热敏电阻正是利用半导体这种载流子数目随温度变化而变化的特性制成的一种温度敏感元件。当温度变化 1 ℃时，某些半导体热敏电阻的阻值变化将达到 3%～6%。在一定条件下，根据测量热敏电阻值的变化得到温度的变化。

热敏电阻可根据使用要求封装加工成各种不同的形状如圆片形、柱形、珠形、铠装型、薄膜型、厚膜型等，如图 2 - 20 所示。

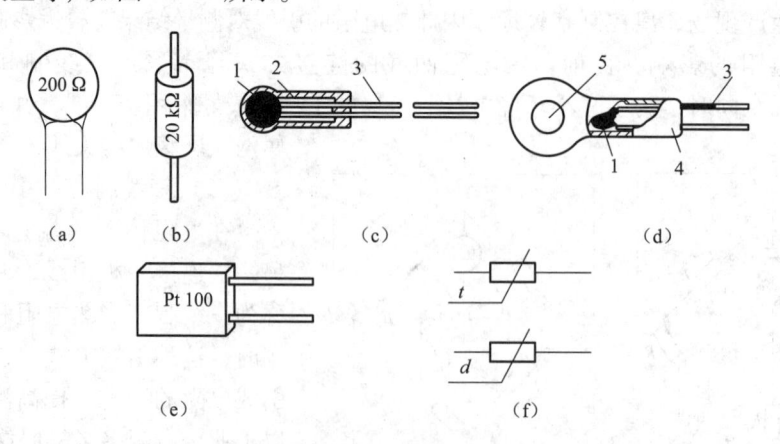

图 2 - 20 热敏电阻的外形结构及符号
（a）圆片形热敏电阻；（b）柱形热敏电阻；（c）珠形热敏电阻；
（d）铠装型热敏电阻；（e）厚膜型热敏电阻；（f）图形符号
1—热敏电阻；2—玻璃外壳；3—引线；4—紫铜外壳；5—传感安装孔

**2. 热敏电阻的温度特性**

按照其温度系数,热敏电阻可分为负温度系数(NTC)热敏电阻和正温度系数(PTC)热敏电阻两大类。所谓负温度系数,是指温度上升时,电阻值反而下降的变化特性;所谓正温度系数,是指电阻的变化趋势与温度的变化趋势相同。

(1) NTC 热敏电阻

NTC 热敏电阻研制得较早,也较成熟。最常见的是由金属氧化物组成的。如锰、钴、铁、镍、铜等多种氧化物混合烧结而成,其标称阻值(25 ℃)视氧化物的比例,可以在 0.1 Ω 至几兆欧范围内选择。

根据不同的用途,NTC 热敏电阻又可分为两大类:第一类用于测量温度。它的阻值与温度之间呈严格的负指数关系,如图 2-21 中的曲线 2 所示。指数型 NTC 热敏电阻的灵敏度由制造工艺、氧化物含量决定。用户可根据需要选择,其精度和一致性可达 0.1%。因此,NTC 热敏电阻的离散性较小,测量精度较高。例如,在 25 ℃ 时的标称阻值为 10 Ω 的 NTC 热敏电阻,在 -30 ℃ 时阻值高达 130 kΩ;而在 100 ℃ 时只有 850 Ω,相差两个数量级,灵敏度很高,多用于空调、电热水器等,在 0 ℃~100 ℃ 作测温元件。第二类为突变型,又称临界温度型(CTR)。当温度上升到某临界点时,其电阻值突然下降,多用于各种电子电路中抑制浪涌电流。例如,显像管的灯丝回路中串联一只突变型

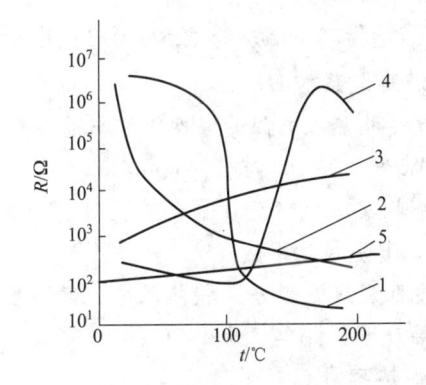

图 2-21 各种热电阻的特性曲线
1—突变型 NTC 热敏电阻;2—负指数型 NTC 热敏电阻;
3—线性型 PTC 热敏电阻;4—突变型 PTC
热敏电阻;5—铂热电阻

NTC 热敏电阻,可减小上电时的冲击电流。负突变型热敏电阻的温度电阻特性如图 2-21 中的曲线 1 所示。

(2) PTC 热敏电阻

典型的 PTC 热敏电阻通常是在钛酸钡中掺入其他金属离子,以改变其温度系数和临界点温度。它的温度—电阻特性呈非线性,如图 2-21 中的曲线 4 所示。它在电子线路中多起限流、保护作用。当流过 PTC 热敏电阻的电流超过一定限度或 PTC 热敏电阻的温度超过一定限度时,其电阻值突然增大。例如,电视机显像管的消磁线圈上就串联了一只 PTC 热敏电阻。大功率的 PTC 型陶瓷热敏电阻还可以用于电热暖风机。当 PTC 热敏电阻的体温达到设定值(例如 210 ℃)时,PTC 热敏电阻的阻值急剧上升,流过 PTC 热敏电阻的电流减小,使暖风机的温度基本恒定于设定值,从而提高了安全性。

近年来,还研制出掺有大量杂质的 Si 单晶 PTC 热敏电阻。它的电阻变化接近线性,如

图 2-21 中的曲线 3 所示,其最高工作温度上限约为 140 ℃。

### 知识拓展 3

#### 热敏电阻的主要参数

选用热敏电阻除要考虑其特性、结构形式、尺寸、工作温度以及一些特殊要求外,还要重点考虑热敏电阻的主要参数,它不仅是设计的主要依据,同时对热敏电阻的正确使用有很强的指导意义。

**1. 标称电阻值 $R_H$**

$R_H$ 是指环境温度为 (25±0.2) ℃ 时测得的电阻值,又称冷电阻,单位为 Ω。

**2. 耗散系数 H**

H 是指热敏电阻的温度变化与周围介质的温度相差 1 ℃ 时,热敏电阻所耗散的功率,单位为 W/℃。在工作范围内,当环境温度变化时,H 随之而变,此外 H 大小还和电阻体的结构、形状及所处环境(如介质、密度、状态)有关,因为这些会影响电阻体的热传导。

**3. 电阻温度系数 α**

电阻温度系数 α 是指热敏电阻的温度变化 1 ℃ 时,阻值的变化率。通常指温标为 20 ℃ 时的温度系数,单位为 %/℃。

**4. 热容量 C**

热容量 C 是热敏电阻的温度变化 1 ℃ 时,所需吸收或释放的能量,单位为 J/℃。

**5. 能量灵敏度 G**

G 是指热敏电阻的阻值变化 1% 时所需耗散的功率,单位为 W,与耗散系数 H,电阻温度系数 α 之间的关系如下

$$G = \frac{H}{\alpha} \times 100$$

**6. 时间常数 τ**

τ 是指温度为 $T_0$ 的热敏电阻,在忽略其通过电流所产生热量的作用下,突然置于温度为 T 的介质中,热敏电阻的温度增量达到 $\Delta T = 0.63(T - T_0)$ 时所需的时间,它与电容 C 和耗散系数 H 之间的关系如下

$$\tau = \frac{C}{H}$$

**7. 额定功率 P**

热敏电阻在规定的条件下,长期连续负荷所允许的消耗功率,在此功率下,电阻体自身温度不会超过其连续工作时所允许的最高温度,单位为 W。

### 2.3.3 热电阻传感器的应用

**1. 金属热电阻传感器的应用**

热电阻式流量计是金属热电阻传感器的典型应用之一。

热电阻式流量计是根据物理学中关于介质内部热传导现象制成的。如果温度为 $t_a$ 的热电阻放入温度为 $t_c$ 介质内，设热电阻与介质相接触的表面面积为 $A$，则热电阻耗散的热量 $Q$ 可表示为

$$Q = KA(t_a - t_c) \tag{2.12}$$

式中　$K$——热传导系数，或称传热系数。

实验证明，$K$ 与介质的密度、黏度、平均流速等参数有关。当其他参数为定值时，$K$ 仅与介质的平均流速 $v$ 成正比，即

$$Q \propto v \tag{2.13}$$

式（2.13）说明通过测量热电阻耗散的热量 $Q$ 即可测量介质的平均流速或流量。图 2-22 所示为热电阻式流量计的电路原理图。由图 2-22 可知，它采用两个铂热电阻探头 $R_{t1}$ 和 $R_{t2}$，分别接在电桥的两个相邻桥臂上。$R_{t1}$ 放在被测介质的流通管道的中心，它所耗散的热量与被测介质的平均流速成正比，$R_{t2}$ 放在温度与被测介质相同，但不受介质流速影响的连通小室中。当被测介质处于静止状态时，将电桥调到平衡状态，检流计 P 指零；当介质以平均流速流动时，由于介质流动要带走热量，因而 $R_{t1}$ 温度下降，引起其阻值下降，电桥失去平衡，检流计 P 有相应指示。可以将检流计 P 按平均流速或流量标定，这样就构成了直读式热电阻流速表或流量计。

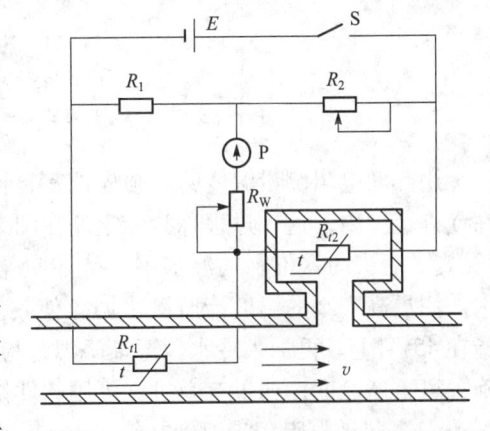

图 2-22　热电阻式流量计的电路原理图

**2. 热敏电阻的应用**

热敏电阻具有尺寸小、响应速度快、灵敏度高等优点，因此它在很多领域得到广泛应用。热敏电阻在工业上的用途很广，根据产品型号的不同，其适用范围也各不相同，具体有以下几个方面：

（1）热敏电阻测温

作为测量温度的热敏电阻一般结构较简单，价格较低廉。没有外面保护层的热敏电阻只能应用在干燥的地方；密封的热敏电阻不怕湿气的侵蚀，可以使用在较恶劣的环境下。由于热敏电阻的阻值较大，故其连接导线的电阻和接触电阻可以忽略，因此热敏电阻可以在长达几千米的远距离测量温度中应用，测量电路多采用桥路。图 2-23 所示为热敏电阻体温表的

原理。利用其原理还可以用作其他测温、控温电路。

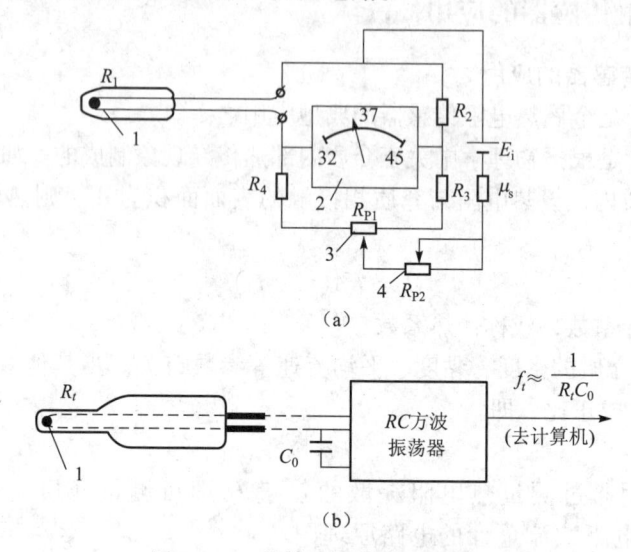

图 2-23 热敏电阻体温表的原理
（a）桥式电路；（b）调频式电路
1—热敏电阻；2—指针式显示器；3—调零电位器；4—调满度电位器

用热敏电阻测量温度时必须先调零，再调满度，最后再验证刻度盘中其他各点温差是否在允许范围内，这一过程称为标定。在图 2-23 中，具体做法如下：将绝缘的热敏电阻放入 32 ℃（表头的零位）的温水中，待热量平衡后，调节 $R_{P1}$，使指针指在 32 ℃ 上，再加热水，用更高一级的温度计监测水温，使其上升到 45 ℃。待热量平衡后，调节 $R_{P2}$，使指针指在 45 ℃ 上。再加入冷水，逐渐降温，检查 32 ℃ ~ 45 ℃ 范围内分度的准确性。如果不准确，可重新标度；如果有微机，可用软件修正。

（2）热敏电阻用于温度补偿

热敏电阻可在一定的温度范围内对某些元器件温度进行补偿。例如，动圈式仪表表头中的动圈由铜线绕制而成。温度升高，电阻增大，引起温度的误差。因而可以在动圈的回路中将负温度系数的热敏电阻与锰铜丝电阻并联后再与被补偿元器件串联，从而抵消由于温度变化所产生的误差，如图 2-24 所示。

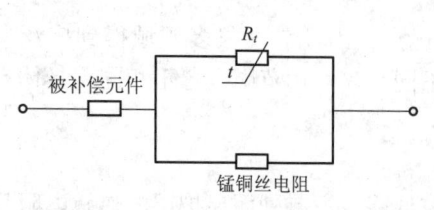

图 2-24 仪表中的温度补偿

在晶体管电路、对数放大器中，也常用热敏电阻组成补偿电路，补偿由于温度引起的漂移误差。

（3）过热保护

过热保护分直接保护和间接保护。对小电流场合，可把热敏电阻直接串入负载中，防止过热损坏以保护器件；对大电流场合，可用于对继电器、晶体管电路等的保护。不论哪种情况，热敏电阻都与被保护器件紧密结合在一起，从而使两者之间充分进行热交换，一旦过热，热敏电阻则起保护作用。例如，在电动机的定子绕组中嵌入突变型热敏电阻并与继电器串联。当电动机过载时，定子电流增大，引起发热。当温度大于突变点时，电路中的电流可以由十分之几毫安突变为几十毫安，因此继电器动作，从而实现过热保护。热敏电阻过热保护电路如图 2-25 所示。

图 2-25 热敏电阻过热保护电路

(4) 热敏电阻用于液面的测量

给 NTC 热敏电阻施加一定的加热电流，它的表面温度将高于周围的空气温度，此时它的阻值较小。当液面高于它的安装高度时，液体将带走它的热量，使之温度下降、阻值升高。判断它的阻值变化，就可以知道液面是否低于设定值。汽车油箱中的油位报警传感器就是利用以上原理制作的。热敏电阻在汽车中还用于测量油温、冷却水温等。

## 2.4 气敏电阻、湿敏电阻传感器

### 2.4.1 气敏电阻传感器的原理及结构

工业、科研、生活、医疗、农业等许多领域都需要测量环境中某些气体的成分、浓度。例如，煤矿中瓦斯气体浓度超过极限值时，有可能发生爆炸；家庭发生煤气泄漏时，会导致煤气中毒事件；农业塑料大棚中 $CO_2$ 浓度不足时，农作物将减产；锅炉和汽车发动机气缸燃烧过程中氧气含量不正确时，效率将降低并造成环境污染。

使用气敏电阻传感器（以下简称气敏电阻），可以把某种气体的成分、浓度等参数转换成电阻变化量，再转换成电流、电压信号。

**1. 气敏电阻的构成**

气敏电阻的材料是金属氧化物，金属氧化物半导体分为 N 型半导体（如 $SnO_2$、$Fe_2O_3$ 等）和 P 型半导体（如 CoO、PbO 等）。为了提高某种气敏电阻对某些气体成分的选择性和灵敏度，合成这些材料时，还掺入催化剂，如钯(Pd)、铂(Pt)等。

**2. 气敏电阻的原理及特性**

金属氧化物在常温下是绝缘体，制成半导体后却显示气敏特性，其机理是比较复杂的。

但是，这种气敏元件接触气体时，由于表面吸附气体，致使它的电阻率发生明显的变化却是肯定的。这种对气体的吸附可分为物理吸附和化学吸附。在常温下主要是物理吸附，是气体与气敏材料表面上分子的吸附，它们之间没有电子交换，不形成化学键。若气敏电阻温度升高，化学吸附就增加，并在某一温度时达到最大值。化学吸附是气体与气敏材料表面建立离子吸附，它们之间有电子的交换，存在化学键力。若气敏电阻的温度再升高，由于解吸作用，两种吸附同时减小。例如，用氧化锡（$SnO_2$）制成的气敏电阻，在常温下吸附某种气体后其电阻率变化不大，表明此时是物理吸附。若保持这种气体浓度不变，该元件的电导率随元件本身温度的升高而增加，尤其在 100 ℃~300 ℃电导率变化很大，表明此温度范围内化学吸附作用大。

气敏元件工作时需要本身的温度比环境温度高很多。为此，气敏元件在结构上要有加热器，通常用电阻丝加热，如图 2-26 所示。

氧化锡（$SnO_2$）、氧化锌（ZnO）材料气敏元件输出电压与温度的关系曲线如图 2-27 所示。

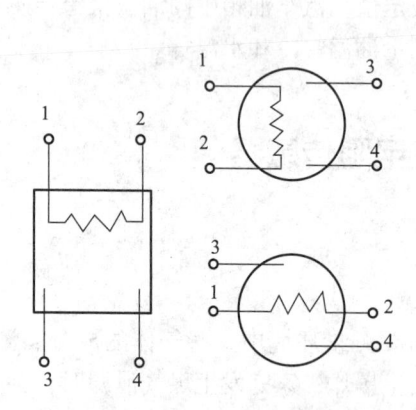

图 2-26 气敏元件两对电极
1，2—加热电极；3，4—气敏电阻的一对电极

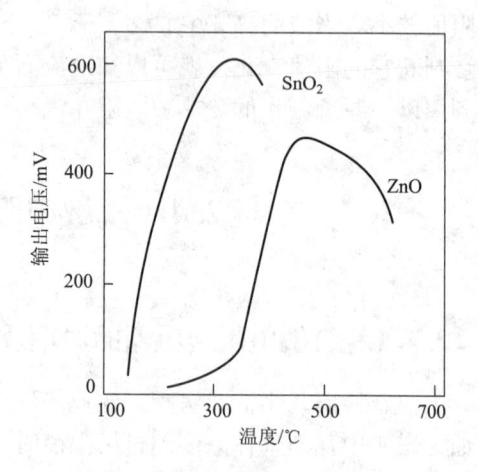

图 2-27 输出电压与温度的关系

### 2.4.2 气敏电阻传感器的应用

**1. MQN 型气敏电阻**

所谓还原性气体，就是在化学反应中能给出电子，化学价升高的气体。还原性气体多数属于可燃性气体，如石油蒸气、酒精蒸气、甲烷、乙烷、煤气、天然气、氢气等。

测量还原性气体的气敏电阻一般由 $SnO_2$、ZnO 或 $Fe_2O_3$ 等金属氧化物粉料添加少量铂催化剂、激活剂及其他添加剂，按一定比例烧结而成。表 2-3 所示为几种国产气敏电阻的主要特性。图 2-28 所示为 MQN 型气敏电阻的结构及测量转换电路。

表 2-3  几种国产气敏电阻的主要特性

| 型号 | UL-206 | UL-282 | UL-281 | MQN-10 |
|---|---|---|---|---|
| 检测对象 | 烟雾 | 酒精蒸气 | 煤气 | 各种可燃气体 |
| 测量回路电压/V | 15±1.5 | 15±1.5 | 10±1 | 10±1 |
| 加热回路电压/V | 5±0.5 | 5±0.5 | 清洗 5.5±0.5<br>工作 0.8±0.1 | 5±0.5 |
| 加热电流/mA | 160~180 | 160~180 | 清洗 170~190<br>工作 25~35 | 160~180 |
| 环境温度/℃ | -10~+50 | -10~+50 | -10~+50 | -20~+50 |
| 环境湿度（RH） | <0.95 | <0.95 | <0.95 | <0.95 |

MQN 型气敏半导体器件是由塑料底座、电极引线、不锈钢网罩、气敏烧结体以及包裹在烧结体中的两组铂丝组成。一组铂丝为工作电极，另一组为加热电极兼工作电极。

气敏电阻工作时必须加热到 200 ℃~300 ℃，其目的是加速被测气体的化学吸附和电离的过程，并烧去气敏电阻表面的污物（起清洁作用）。

气敏电阻的基本测量转换电路如图 2-28（c）所示，$E$ 为加热电源，$E_i$ 为测量电源。电路中气敏电阻值的变化引起电路中电流 $I_0$ 的变化，输出电压（信号电压）由 $R_L$ 上得出。

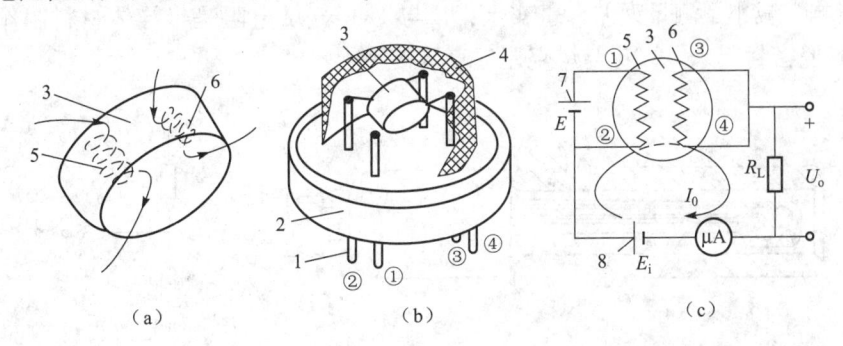

图 2-28  MQN 型气敏电阻的结构及测量转换电路
（a）气敏烧结体；（b）气敏电阻外形；（c）基本测量转换电路
1—引脚；2—塑料底座；3—烧结体；4—不锈钢网罩；5—加热电极；
6—工作电极；7—加热回路电源；8—测量回路电源

气敏半导体的灵敏度较高，在被测气体浓度较低时有较大的电阻变化，而当被测气体的浓度较大时，其电阻率的变化逐渐趋缓，有较大的非线性。这种特性较适用于气体的微量检漏、浓度检测或超限报警。控制烧结体的化学成分及加热温度，可以改变它对不同气体的选择性。例如，制成煤气报警器，可对居室或地下数米深处的管道漏点进行检测；还可以制成酒精检测仪，以防止酒后驾车。目前，气敏电阻传感器已广泛用于石油、化工、电力、家居等各种领域。图2-29所示为MQN型气敏电阻对不同气体的灵敏度特性曲线。

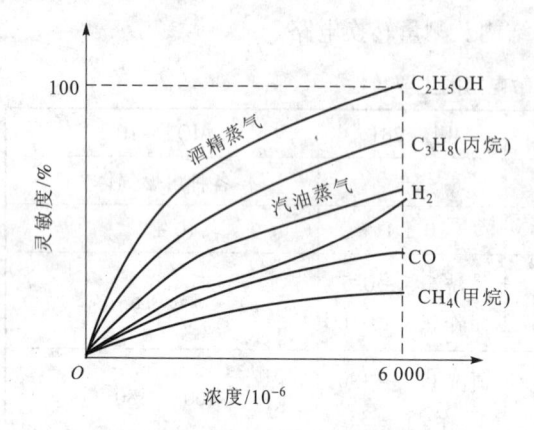

图2-29 MQN型气敏电阻对不同气体的灵敏度特性曲线

### 2. 二氧化钛氧浓度传感器

半导体材料二氧化钛（$TiO_2$）属于N型半导体，对氧气十分敏感。其电阻值的大小取决于周围环境的氧气浓度。当周围氧气浓度较大时，氧原子进入二氧化钛晶格，改变了半导体的电阻率，使其电阻值增大。上述过程是可逆的，当氧气浓度下降时，氧原子析出，电阻值减小。

图2-30所示为于汽车或燃烧炉排放气体中的氧浓度传感器结构及测量转换电路。二氧化钛气敏电阻与补偿热敏电阻同处于陶瓷绝缘体的末端。当氧气含量减少时，$R_{TiO_2}$的阻值减小，$U_o$增大。

在图2-30（b）中，与$TiO_2$气敏电阻串联的热敏电阻$R_t$起温度补偿作用。当温度升高时，$TiO_2$气敏电阻的阻值会逐渐减小，只要$R_t$也以同样的比例减小，根据分压比定律，$U_o$不受温度影响，减小了测量误差。事实上，$R_t$与$TiO_2$气敏电阻是半导体材料制作的，只不过是$R_t$用陶瓷密封起来，以免与燃烧尾气直接接触。

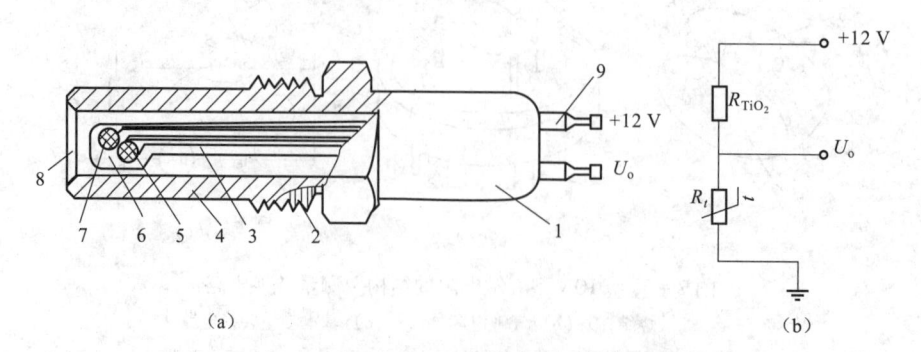

图2-30 二氧化钛（$TiO_2$）氧浓度传感器结构及测量转换电路
（a）结构；（b）测量转换电路
1—外壳（接地）；2—安装螺栓；3—搭铁线；4—保护管；5—补偿电阻；
6—陶瓷片；7—$TiO_2$气敏电阻；8—进气口；9—引脚

TiO₂ 气敏电阻必须在 100 ℃ 以上的高温下才能工作。汽车之类的燃烧器刚启动时,排气管的温度较低,TiO₂ 气敏电阻无法工作,所以还必须在 TiO₂ 气敏电阻外面套一个加热丝(图 2-30 中未画出),进行预热,以激活 TiO₂ 气敏电阻。

**3. 气体报警器**

该类仪器是对泄露气体达到危险值时自动进行报警的仪器。图 2-31 所示为一种简单的家用气体报警器电路,气敏电阻采用测试回路高压的直热式气敏元件 TGS 109。当室内可燃性气体增加时,气敏元件因接触到可燃性气体而降低阻值,这样流回回路的电流就增加,直接驱动蜂鸣器进行报警。

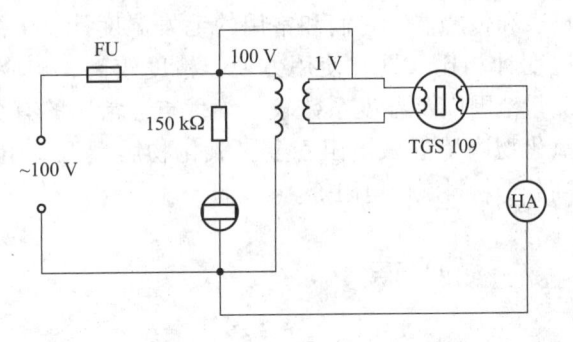

图 2-31 家用气体报警器电路

设计报警时应注意选择开始报警浓度,既不要过高也不要过低。选高了,灵敏度低,容易造成漏报,起不到报警的目的;选低了,灵敏度过高,容易造成误报。一般情况下,对于甲烷、丙烷、丁烷等气体,都选择在爆炸的下限的 1/10。对于家庭用报警器,考虑到温度、湿度和电源电压的影响,开始报警浓度应有一定的范围,出厂前按标准条件调整好,以确保环境条件变化时,不至于发生误报和漏报。

使用气体报警器时,可根据使用气体的种类不同,分别安放在易检测气体泄漏的地方,如丙烷、丁烷气体报警器,安放于气体源附近地板上方 20 cm 以内;甲烷和一氧化碳报警器,安放于气体源上方靠近天棚处。这样就可以随时检测气体是否漏气,一旦泄漏的气体达到一定危险程度,便会自动产生报警信号,进行报警。

## 2.4.3 湿敏电阻传感器的原理及结构

湿度的检测与控制在现代科研、生产、生活中的地位越来越重要。例如,许多储物仓库在湿度超过某一程度时,物品易发生变质或霉变现象;居室的湿度希望适中;纺织厂要求车间湿度保持在 (60%~70%) RH;在农业生产中的温室育苗、食用菌培养、水果保鲜等都需要对湿度进行检测和控制。

对湿度的测量比较困难,因为水蒸气中各种物质的物理、化学过程很复杂。将湿度变成电信号的传感器有红外线湿度计、微波湿度计、超声波湿度计、石英晶体振动式湿度计、湿敏电容湿度计、湿敏电阻湿度计等。目前的湿敏传感器中,多数还是各种湿敏电阻传感器,其中的敏感元件是湿敏电阻。

湿敏电阻是一种阻值随相对湿度的变化而变化的敏感元件。它主要由感湿层(湿敏层）、电极和具有一定机械强度的绝缘基片组成，如图2-32所示。

感湿层在吸收了环境中的水分后引起两电极间电阻值的变化，这样就能直接将相对湿度变换成电阻值的变化。利用此特性，可以制作成电阻湿度计来测量湿度的变化情况，或制成湿度控制器等测湿仪表和传感器。它们和常用的毛发湿度计、干湿球湿度计相比，具有使用方便、精度较高、响应快、测量范围广及湿度系数较小等优点。常用的有金属氧化物陶瓷湿敏电阻、金属氧化物膜型湿敏电阻、高分子材料湿敏电阻等。

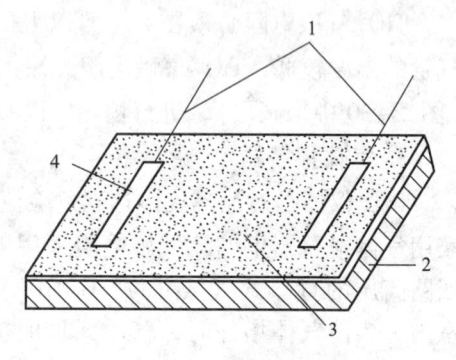

图2-32 湿敏电阻结构示意图
1—引线；2—基片；3—感湿层；4—电极

### 知识拓展4

#### 湿度的概念

湿度表示空气的干燥程度或空气中水蒸气的含量，有绝对湿度 $H_a$ 和相时湿度 $H_R$ 两种表示方法。每平方米空气中所含水汽的克数称为绝对湿度，即

$$H_a = \frac{m_V}{V}$$

但是，与人们的生产、生活处处相关的是相对湿度（RH），如农作物生长、人们对天气的舒适感、地表水的蒸发等。相对湿度是指大气中的水汽的饱和程度，用被测气体中水蒸气压力 $P_h$ 与该气体在相同温度下饱和水蒸气压力 $P_s$ 的百分比表示为

$$H_R = \frac{P_h}{P_s} \times 100\% \text{ RH}$$

表示湿度的另一个概念是露点温度（露点）。空气越潮湿越容易凝结出水珠，凝结水珠的条件还与温度、压力有关。因此，保持气体压力一定，使混合气体中水蒸气达到饱和而开始结露或结霜的温度就是露点。由于气体中的水蒸气压，就是该混合气体露点温度下的饱和水蒸气压。因此，通过测定空气露点温度，就可以测定空气的水蒸气压。

### 2.4.4 湿敏电阻传感器的应用

**1. 金属氧化物陶瓷湿敏电阻传感器**

金属氧化物陶瓷湿敏电阻传感器是当今湿敏传感器的发展方向。近几年研究出许多电阻型湿敏多孔陶瓷材料，如 $SnO_2\text{-}Al_2O_3\text{-}TiO_2$、$La_2O_3\text{-}TiO_2\text{-}V_2O_5$、$NiO$、$TiO_2\text{-}Nb_2O_5$、

$MnO_2$-$Mn_2O_3$ 等。下面重点介绍 $MgCr_2O_4$-$TiO_2$ 陶瓷湿敏传感器，其结构如图 2-33 所示。

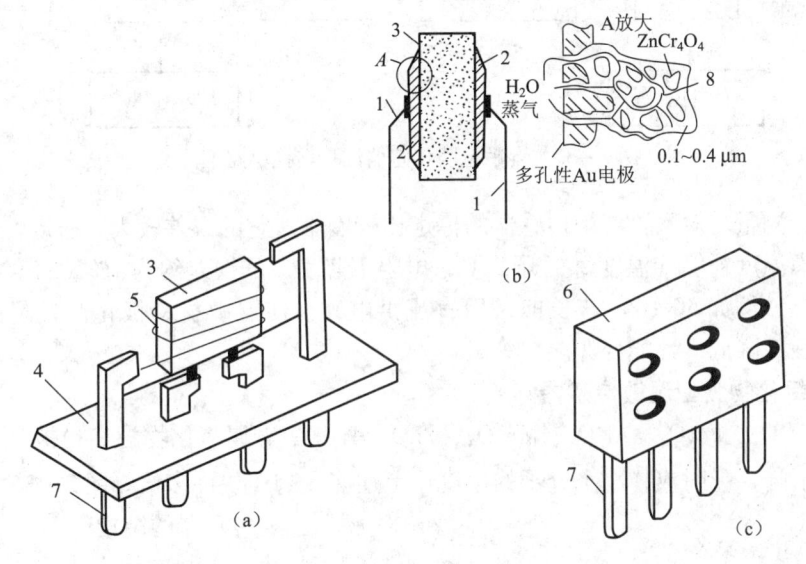

图 2-33　$MgCr_4O_4$-$TiO_2$ 陶瓷湿敏传感器的结构
（a）吸湿单元；（b）卸去外壳后的结构；（c）外形图
1—引线；2—多孔性电极；3—多孔陶瓷；4—底座；5—镍铬加热丝；6—外壳；7—引脚；8—气孔

$MgCr_2O_4$-$TiO_2$（铬酸镁氧化钛）等金属氧化物以高温绕结的工艺制成多孔性陶瓷半导体薄片。它的气孔率高达25%以上，具有1 μm 以下的细孔分布。与日常生活中常用的结构致密的陶瓷相比，其接触空气的表面积显著增大，所以水汽极易被吸附于表层及其孔隙之中，使其电阻率下降。当相对湿度从1%RH 变化到95%RH 时，其电阻率变化高达4个数量级，所以在测量电路中必须考虑采用对数压缩技术。其电阻与相对湿度的关系曲线如图 2-34 所示。测量转换电路框图如图 2-35 所示。

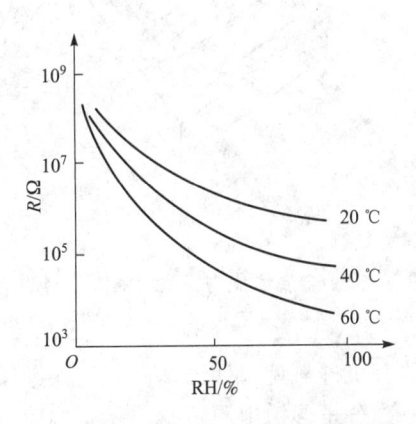

图 2-34　$MgCr_2O_4$-$TiO_2$ 陶瓷湿敏传感器电阻与相对湿度关系曲线

由于多孔陶瓷置于空气中易被灰尘、油烟污染，从而堵塞气孔，使感湿面积下降。如果将湿敏陶瓷加热到400 ℃以上，就可使污物挥发或烧掉，使陶瓷恢复到初始状态。所以，传感器必须定期给加热丝通电。陶瓷湿敏传感器吸湿快（3 min 左右），而脱湿要慢许多，从而产生滞后现象，称为湿滞。当吸附的水分子不能全部脱出时，会造成重现性误差及测量误差。有时可用重新加热脱湿的办法来解决，即每次使用前应先加热1 min 左右，待其冷却至室温

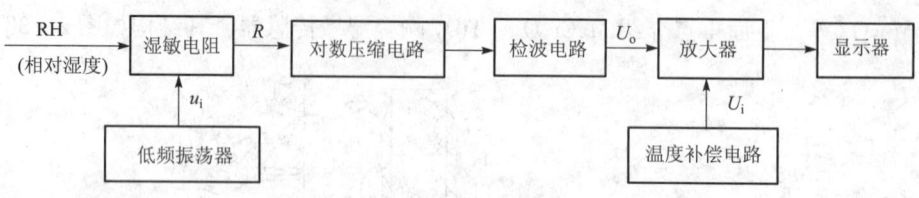

图 2-35 湿敏电阻传感器测量转换电路框图

后，方可进行测量。对陶瓷湿敏传感器的标定比较困难。它的误差较大，稳定性也较差，使用时还应考虑温度补偿（温度每上升 1 ℃，电阻下降引起的误差约为 1%RH）。湿敏陶瓷应采用交流供电，例如 50 Hz。若长期采用直流供电，会使湿敏材料极化，吸附的水分子电离，导致灵敏度降低，性能变坏。

**2. 金属氧化物膜型湿敏传感器**

$CrO_3$、$Fe_2O_3$、$Fe_3O_4$、$Al_2O_3$、$Mn_2O_3$、$ZnO$、$TiO_2$ 等金属氧化物的细粉被吸湿后导电性增加，电阻下降，吸附或释放水分子的速度比上述多孔陶瓷快许多倍。图 2-36 所示为金属氧化物膜型湿敏传感器的结构。

在陶瓷基片上先制作钯金梳状电极，然后采用丝网印刷等工艺，将调制好的金属氧化物糊状物印刷在陶瓷基片上，采用烧结或烘干的方法使之固化成膜。这种膜在空气中能吸附或释放水分子，而改变其自身的电阻值。通过测量两电极间的电阻值即可检测其相对湿度，响应时间小于 1 min。

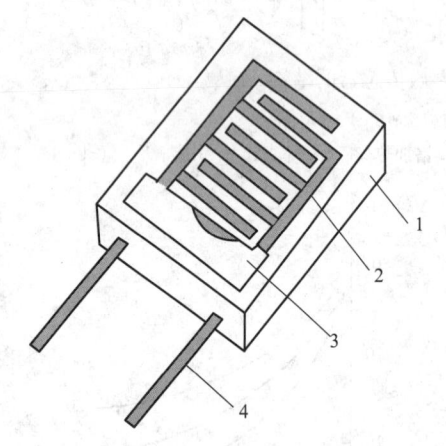

图 2-36 金属氧化物膜型湿敏传感器的结构
1—基片；2—电极；3—金属氧化物膜；4—引脚

**3. 高分子湿敏电阻传感器**

高分子湿敏电阻传感器是目前发展迅速、应用较广的一类新型湿敏电阻传感器。它的外形与图 2-36 相似，只是吸湿材料用可吸湿电离的高分子材料制作，如高氯酸锂聚氯乙烯、有亲水性基的有机硅氧烷、四乙基硅烷的共聚膜等。

高分子湿敏电阻传感器具有响应时间快、线性好、成本低等优点。

## 本章小结

电阻式传感器的种类繁多，应用的领域也十分广泛，它们的基本原理都是将各种被测非电量的变化转换成电阻值的变化，然后通过对电阻变化量的测量，达到非电量电测的目的。

电阻式传感器有电位器、电阻应变片、测温热电阻、气敏电阻及湿敏电阻等。利用电阻式传感器可以测量直线位移、角位移、应变、力、荷重、加速度、压力、转矩、温度、湿度、气体成分及浓度等。

## 思考题与习题

1. 为什么绕线式线性电位器其输出电压和可动触头位移间的关系会是非线性的？其非线性程度和哪些因素有关？
2. 比较金属电阻应变片和半导体应变片的相同点和不同点。
3. 什么是电阻应变效应？
4. 应变片的粘贴工艺步骤如何？
5. 电阻应变式传感器测量转换电桥有哪三种工作方式？简述每种工作方式的特点。
6. 为什么电阻式应变片的电阻不能用普通的测量电阻的仪表测量？
7. 举例简述热敏电阻的温度补偿原理。
8. 什么叫湿敏电阻？说明湿敏电阻的组成、原理和特点。
9. 什么叫绝对湿度和相对湿度？如何表示绝对湿度和相对湿度？
10. 为什么多数气敏器件都附有加热器？
11. 酒后驾车易出事故，但判定驾驶员是否喝酒过量带有较大的主观因素。请利用你所学过的知识，设计一台交警使用的便携式酒后驾车测试仪。

总体思路是：让被怀疑酒后驾车的驾驶员对准探头（内部装有多种传感器）呼三口气，用一排发光二极管指示呼气量的大小（呼气量越大，点亮的 LED 越多）。当呼气量达到允许值之后，"呼气确认" LED 亮，酒精蒸气含量数码管指示出三次呼气的酒精含量的平均百分比。如果呼气量不够，则提示重新呼气，当酒精含量超标时，LED 闪亮，蜂鸣器发出"嘀——嘀——"的声音。

根据以上设计思路，请按以下要求操作：

(1) 画出你构思中的便携式酒后驾车测试仪的外形图，包括一根带电缆的探头以及主机盒。在主机盒的面板上必须画出电源开关、呼气指示 LED 若干个、呼气次数指示 LED 3 个、酒精蒸气含量数字显示器、报警 LED、报警蜂鸣器发声孔等。
(2) 画出测量呼气流量的传感器简图。
(3) 画出测量酒精蒸气含量的传感器简图。
(4) 画出测试仪的电路原理框图。
(5) 简要说明几个环节之间的信号流程。
(6) 写出该酒后驾车测试仪的使用说明书。

# 第3章 电感式传感器

## 本章知识点

1. 自感式电感传感器的结构、原理及应用；
2. 差动电感传感器的结构特点、工作原理及特性；
3. 自感式电感传感器的测量转换电路的作用及原理；
4. 自感式电感传感器的应用；
5. 差动变压器式传感器的结构、工作原理、测量转换电路及应用。

## 先导案例

以往用人工测量分选轴承所用的滚柱直径是一项十分费时而且容易出错的工作。如今，将电感测微仪组成的电感式滚柱直径分选装置应用到该项工作中，则大大地提高了工作效率和工作质量。

### 本案例要分析的问题

电感式滚柱直径分选装置是如何利用电感测微仪进行滚柱直径测量和分选的？

电感式传感器是利用电磁感应把被测的物理量，如位移、流量、振动等转换成电感线圈的自感系数 $L$ 或互感系数 $M$ 的变化，再由测量电路转换为电压或电流的变化量输出，实现非电量到电量的转换。

电感式传感器具有以下特点：

① 结构简单，传感器无活动电触点，因此工作可靠，寿命长；

②灵敏度和分辨率高,能测出 0.01 μm 的位移变化。传感器的输出信号强,电压灵敏度一般每毫米的位移可达数百毫伏的输出,有利于信号传输;

③线性度和重复性都比较好,在一定位移范围(几十微米至数毫米)内,输出特性的线性度好,并且比较稳定;

④能实现信息的远距离传输、记录、显示和控制,故在自动控制系统中广泛被使用;

⑤电感式传感器也有不足之处,如存在交流零位信号,不宜用于高频动态测量等。

电感式传感器种类很多,根据转换原理不同,它可分为自感式和互感式两大类。人们习惯上讲电感式传感器通常是指自感式传感器,而互感式传感器由于是利用了变压器工作原理,又往往做成差动形式,故常称这种类型的传感器为差动变压器式传感器。

## 3.1 自感式电感传感器

### 3.1.1 自感式电感传感器的工作原理

自感式电感传感器的结构如图 3-1 所示。它主要由线圈、铁芯、衔铁及测杆等组成。工作时,衔铁通过测杆与被测物体相接触,被测物体的位移将引起线圈电感量的变化,当传感器线圈接入测量转换电路后,电感的变化将被转换成电流或频率的变化,从而完成非电量到电量的转换。

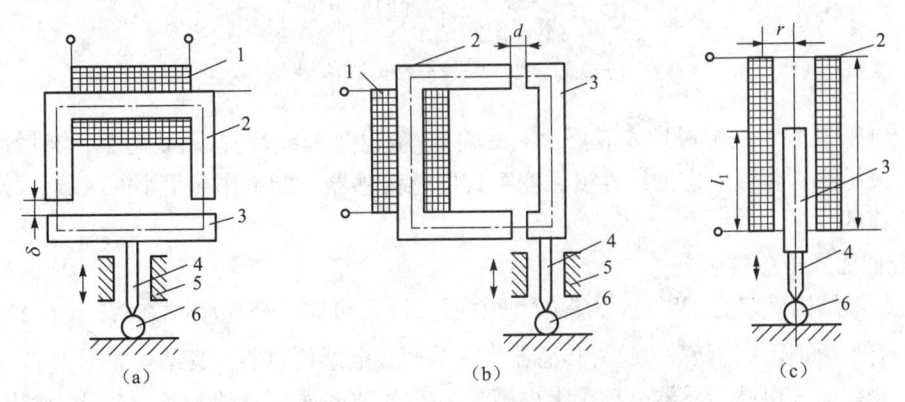

图 3-1 自感式电感传感器的结构
(a)变隙式;(b)变截面式;(c)螺管式
1—线圈;2—铁芯;3—衔铁;4—测杆;5—导轨;6—工件

自感式电感传感器根据结构形式不同主要有变隙式、变截面式、螺管式和差动式四种。根据磁路基本知识可知,电感量可由式(3.1)估算

$$L \approx \frac{N^2\mu_0 A}{2\delta} \tag{3.1}$$

式中　$N$——线圈匝数；

　　　$A$——气隙的有效截面积；

　　　$\mu_0$——真空磁导率，与空气的磁导率相近；

　　　$\delta$——气隙厚度。

### 1. 变隙式电感传感器

自感线圈结构确定后，$N$ 与 $\mu_0$ 为常数，由式（3.1）可知，若 $A$ 为常数时，$L=f(\delta)$，电感 $L$ 是气隙厚度 $\delta$ 的函数，这种传感器为变隙电感传感器，其结构如图 3-1（a）所示，其输出特性如图 3-2（a）所示。

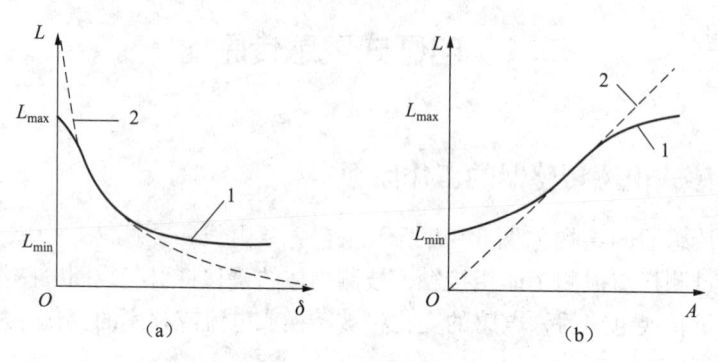

图 3-2　电感式传感器的输出特性
(a) $L-\delta$ 特性曲线；(b) $L-A$ 特性曲线
1—实际输出特性；2—理想输出特性

由于电感量 $L$ 与气隙厚度 $\delta$ 成反比，故输入/输出是非线性关系，$\delta$ 越小，灵敏度越高。为了提高灵敏度，保证一定的线性度，变隙式电感传感器只能工作在很小的区域，故只能用于微小位移的测量。

### 2. 变截面式电感传感器

自感线圈结构确定后，$N$ 与 $\mu_0$ 为常数，由式（3.1）可知，若 $\delta$ 为常数时，$L=f(A)$，电感 $L$ 是气隙有效截面积 $A$ 的函数，这种传感器为变截面式电感传感器，其结构如图 3-1（b）所示。对于变截面式电感传感器，理论上电感量 $L$ 与气隙截面积 $A$ 成正比，输入/输出呈现线性关系，如图 3-2（b）中虚线所示，灵敏度为一常数。但是，由于漏感等原因，变截面式电感传感器在 $A=0$ 时，仍有较大的电感，所以其线性区较小，而且灵敏度较低。

### 3. 螺管式电感传感器

螺管式电感传感器的结构如图 3-1（c）所示。它主要由一只螺管线圈和一根柱形衔铁组成。当被测量作用在衔铁上时，会引起衔铁在线圈中伸入长度的变化，从而引起螺管线圈电感量的变化。对于长螺管线圈的衔铁工作在螺管的中部时,可以认为线圈内磁场强度是均匀的。此时线圈电感量与衔铁插入深度成正比。

螺管式电传感器结构简单,制作容易,但灵敏度较低,且衔铁在螺管中间部分工作时,才有希望获得较好的线性关系。因此,螺管式电感传感器适用于测量稍大一点的位移。

**4. 差动式电感传感器**

上述三种电感传感器使用时,由于线圈中通有交流励磁电流,因而衔铁始终承受电磁吸力,会引起振动及附加误差,而且非线性误差较大;另外,外界的干扰,如电源电压、频率的变化、温度的变化都使输出产生误差。所以在实际工作中常采用差动形式,这样既可以提高传感器的灵敏度,又可以减小测量误差。

(1) 结构特点

如果两只完全对称的单线圈传感器合用的是一个活动衔铁,便构成了差动式传感器,如图 3-3 所示。其特点是两个线圈和铁芯的几何尺寸与材料特性完全相同,线圈的参数如匝数、自感系数、电阻也完全一样。

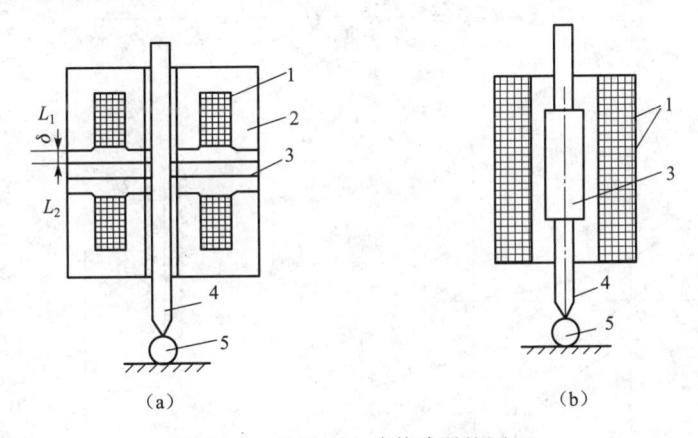

图 3-3 差动式电感传感器的原理
(a) 改变气隙厚度的差动结构;(b) 改变截面积的差动结构
1—线圈;2—铁芯;3—衔铁;4—测杆;5—工件

(2) 工作原理和特性

在变隙式差动电感传感器中,当衔铁向上或向下移动 $\Delta\delta$ 后,上下两个线圈的自感量将有一个增大,一个减小,且变化量相同,形成差动形式。

图 3-4 所示为差动式与单线圈电感传感器非线性比较,从图可见,差动式电感传感器的性能与单线圈自感传感器相比有了许多改善。

① 减小了传感器转换特性的非线性程度;

② 提高了传感器的灵敏度,差动式电感传感器的灵敏度理论上比单线圈提高了 1 倍;

③ 拓展了测量范围，在较大的测量范围内，传感器能保持较好的线性转换特性；

④ 减小了测量误差，差动结构本身的对称性减少了温度等外界干扰的影响，克服了单线圈的衔铁在初始中间位置承受的电磁吸引力，从而提高了测量精度。

### 3.1.2 测量转换电路

测量转换电路的作用是将电感量的变化转换成电压或电流信号，以便送入放大器进行放大，然后用仪表指示出来或记录下来。

**1. 变压器电桥电路**

变压器电桥电路如图 3-5 所示。相邻两工作臂 $Z_1$、$Z_2$ 是差动式电感传感器的两个线圈阻抗；另外两臂为激励变压器的二次线圈。输出电压取自 A、B 两点。若 D 点为零电位，且传感器线圈的品质因素（$Q$ 值）较高，即线圈直流电阻远小于其感抗，可推导出输出电压为

$$\dot{U}_o = \dot{U}_{AD} - \dot{U}_{BD} = \frac{Z_2}{Z_1 + Z_2}\dot{U} - \frac{\dot{U}}{2} = \frac{\dot{U}}{2} \cdot \frac{Z_2 - Z_1}{Z_2 + Z_1} \tag{3.2}$$

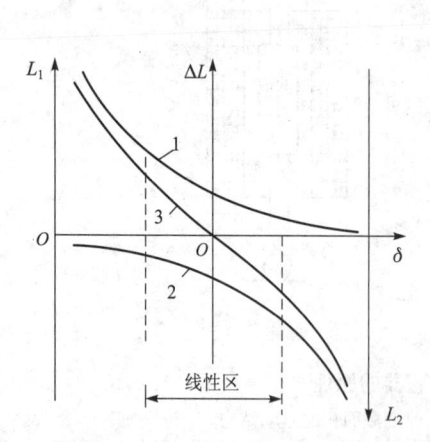

图 3-4 差动式与单线圈电感传感器非线性比较
1—上线圈特性；2—下线圈特性；3—$L_1$、$L_2$ 差动式的特性

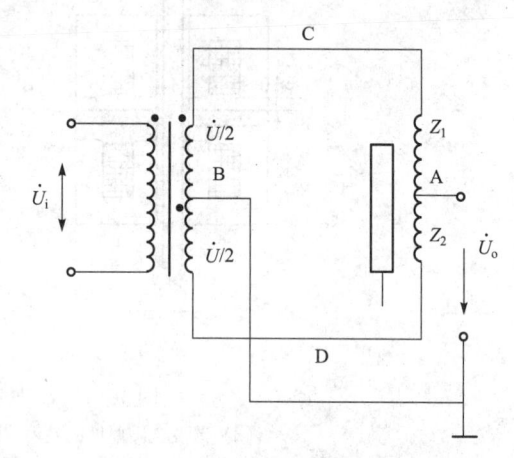

图 3-5 变压器电桥电路

当衔铁处于线圈中间位置时，由于线圈完全对称，因此 $Z_1 = Z_2 = Z$，此时桥路平衡，输出电压 $\dot{U}_o = 0$。当衔铁向下移动时，下线圈的阻抗增加，即 $Z_2 = Z + \Delta Z$，而上线圈的阻抗减少，$Z_1 = Z - \Delta Z$，此时输出电压为

$$\dot{U}_o = \frac{j\omega \Delta L}{2j\omega L}\dot{U} \approx \frac{\Delta L}{2L}\dot{U} \tag{3.3}$$

同理，当衔铁向上移动时，其输出电压为

$$\dot{U}_\text{o} \approx -\frac{\Delta L}{2L}\dot{U} \qquad (3.4)$$

综合上述两式，可得

$$\dot{U}_\text{o} \approx \pm\frac{\Delta L}{2L}\dot{U} \qquad (3.5)$$

虽然输出电压随位移方向不同而反相180°，但由于桥路电源是交流电，所以若在转换电路的输出端接普通仪表时，实际上却无法判别输出的相位和位移的方向。此外，图3-5所示电路还存在一种称为零点残余电压的影响。当衔铁处于差动电感的中间位置时，无论怎样调节衔铁的位置，均无法使测量转换电路输出为零，总有一个很小的输出电压（零点几毫伏，有时甚至可达数十毫伏），这种衔铁处于零点附近时存在的微小误差电压称为零点残余电压。

**2. 相敏检波电路**

"检波"和"整流"含义相似，都指能将交流输入转换为直流输出的电路，但"检波"多用于描述信号电压的转换。

如果输出电压接入显示终端前经相敏检波处理，则不但可以反映位移信号的大小还可以反映其位移的方向。不采用相敏检波电路和采用相敏检波电路的输出特性曲线如图3-6所示。

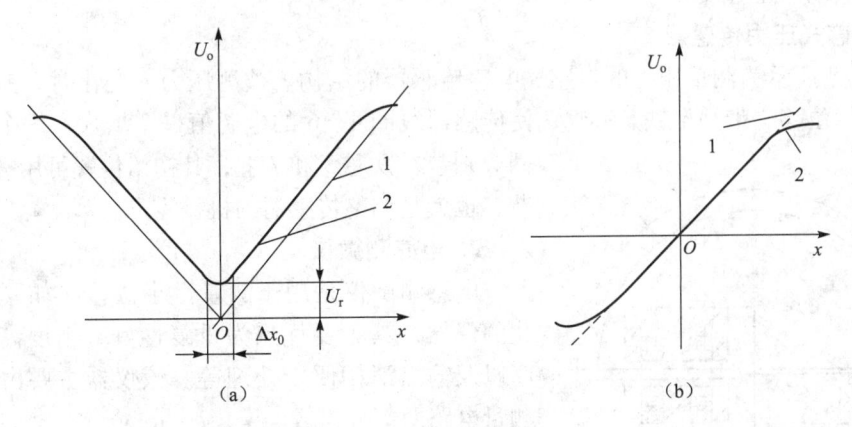

图3-6 输出特性曲线
（a）非相敏检波；（b）相敏检波
1—理想特性曲线；2—实际特性曲线

图3-7所示为相敏检波电路图，$U_x$为电感传感器的输出信号（$U_x$相当于图3-5中的$\dot{U}_\text{o}$），$U_R$为参考电压，相敏检波电路起信号解调作用。当衔铁正位移时，仪表指针正向偏转，当衔铁负位移时，仪表指针反向偏转。因此，采用相敏检波电路，得到的输出信号既能反映位移大小，也能反映位移方向。

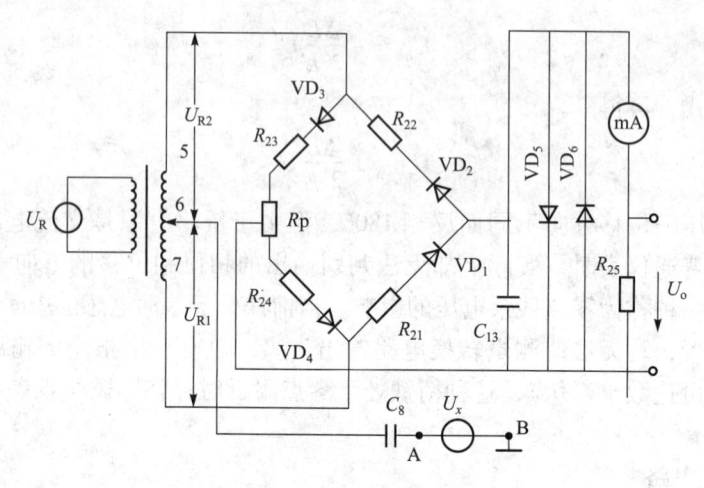

图 3-7 相敏检波电路

### 3.1.3 自感式电感传感器的应用

自感传感器主要用于测量位移,即凡是能转换成位移变化的参数,如力、压力、压差、加速度、振动、工件尺寸等。

**1. 自感式压力传感器**

图 3-8 所示为测量压力的自感式电感传感器的结构。被测压力 $p$ 变化时,弹簧管 1 的自由端产生位移,带动衔铁 5 移动,使传感器线圈 4、6 的电感值一个增大,一个减小。线圈分别装在铁芯 3 和 7 上,其初始位置可用螺钉 2 来调节,也就是调整传感器的机械零点。

**2. 电感测微仪**

电感测微仪是用于测量微小位移(如厚度等)变化的仪器,其主要优点为重复性好、精度高、灵敏度高以及输出消耗便于处理等。该仪器主要由传感器和测量电路两部分组成。

电感测微仪的传感器如图 3-9 所示,测杆可在滚珠导轨 7 上做轴向移动。测杆的上端固定着磁芯 3,当测杆随被测体一起移动时,带动磁芯在差动式自感电感传感器的线圈 4 中移动,线圈置于固定磁筒 2 中,磁芯与固定磁筒都必须用铁氧体做成。两个自感线圈的线端 H、G 和公共端用导线 1 引出,以便接入测量电路。传感器的测量力由弹簧 5 产生,防转销 6 用来限制

图 3-8 测量压力的自感传感器的结构
1—弹簧管;2—螺钉;3,7—铁芯;
4,6—传感器线圈;5—衔铁

测杆转动,以提高示值的重复性。密封套 9 用来防止灰尘进入测量头内。测量头外径有 $\phi 8$ mm 和 $\phi 15$ mm 两个夹持部分,以适应不同的安装要求。使用时,将测微头与被测体相连。当被测体移动时,带动测量头、测杆和磁芯一起移动,从而使差动式自感电感传感器线圈的两阻抗值 $Z_1$ 和 $Z_2$ 产生大小相等、极性相反的变化,再经测量电路处理,即可用指零电压表指示被测位移的大小和方向。

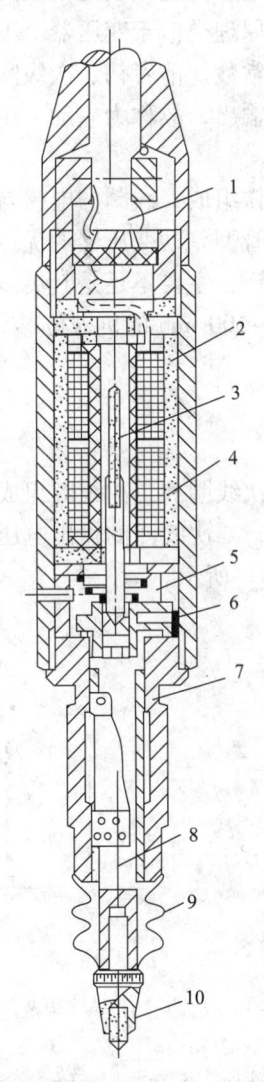

图 3-9 电感测微仪的传感器
1—导线;2—固定磁筒;3—磁芯;4—线圈;5—弹簧;
6—防转销;7—滚珠导轨;8—测杆;9—密封套;10—测端

## 3.2 差动变压器式传感器

差动变压器式传感器是互感式电感传感器,是把被测位移的变化转换为传感器线圈的互感系数变化的变磁阻式传感器,其原理类似于变压器。不同的是:后者为闭合磁路,前者为开磁路;后者初、次级间的互感为常数,前者初、次级间的互感随铁芯移动而变。在结构上两个次级绕组反向串接,构成差动输出,故称为差动变压器。其结构形式主要有变隙式、变面积式、螺管式三大类。

螺管式传感器主要由线圈与衔铁组成,线圈的电感与衔铁插入线圈的深度有关,与其他两类结构的差动变压器相比较,螺管型差动变压器的优点是测量范围大,自由行程可任意安排,制造装配较方便,因而应用广泛,主要不足是其灵敏度较低。下面以螺管式为例,对差动变压器进行介绍,它可以测量 1~100 mm 的机械位移。

### 3.2.1 结构与工作原理

**1. 结构**

螺管式差动变压器的线圈由一次线圈和二次线圈组成,并且二次线圈是由两个结构、参数完全相同的线圈反极性串联而成,二次线圈的输出电压为两个线圈的电压之差,故有差动变压器之称,其结构如图 3-10(a)所示。

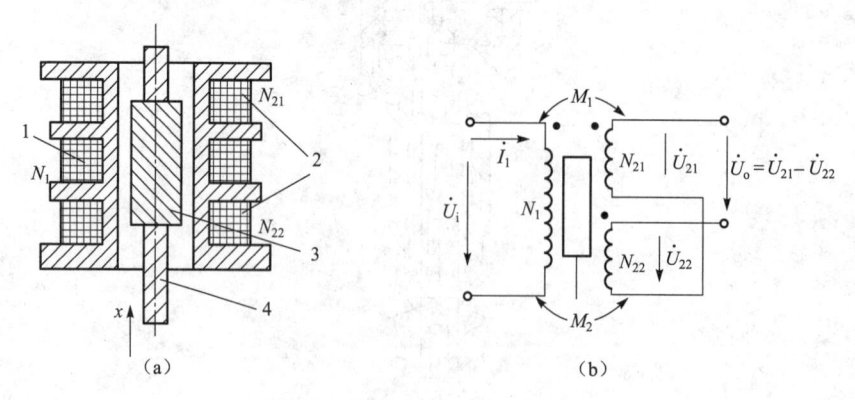

图 3-10 差动变压器结构及原理图
(a)结构图;(b)原理图
1——一次线圈;2——二次线圈;3——衔铁;4——测杆

**2. 工作原理**

差动变压器的工作原理如图 3-10(b)所示。当一次线圈加入激励电源后,其二次线圈中产生的感应电动势 $\dot{U}_{21}$ 和 $\dot{U}_{22}$ 与衔铁在线圈中的位置有关。当衔铁在中间位置时，$\dot{U}_{21} = \dot{U}_{22}$，输出电压 $\dot{U}_\circ = \dot{U}_{21} - \dot{U}_{22} = 0$；当衔铁向上移动时，$\dot{U}_{21} > \dot{U}_{22}$；反之，$\dot{U}_{21} < \dot{U}_{22}$。在上述两种情况下，输出电压 $\dot{U}_\circ$ 的相位相差为180°，其幅值随衔铁位移距离 $x$ 的改变而变化，如图3-11所示。

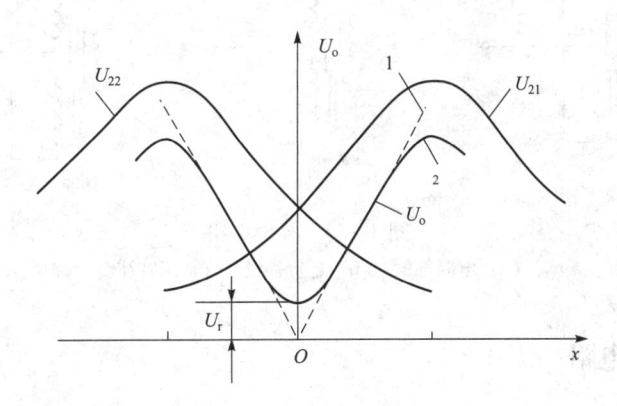

图3-11 差动变压器输出特性
1—理想特性；2—实际特性

**3. 零点残余电压**

图3-11中虚线为理想输出电压特性，实际上由于两个二次线圈不可能一切参数都完全相同，制作上不可能完全对称，衔铁的磁化线圈也难免有非线性存在，多种原因导致衔铁在中间位置时，$\dot{U}_\circ \neq 0$，而是 $\dot{U}_\circ = \dot{U}_r$，$\dot{U}_r$ 为零点残余电压，一般为零点几毫伏，它表示在被测位移为零时，差动变压器的输出不为零，有一微小的输出电压。所以实际输出电压如图3-11中实线所示。

零点残余电压的存在，使传感器输出特性在零点附近的范围内不灵敏，并且可能使传感器后接的放大器提早饱和，堵塞有用信号通过，也可能使某些执行机构产生误动作。因此它的大小是衡量差动变压器性能好坏的重要指标。

消除零点残余电压的方法有：

① 尽可能保证传感器几何尺寸、线圈电气参数和磁路的对称。磁性材料要经过处理，消除内部应力，使其性能均匀、稳定。

② 选用合适的测量电路，如采用相敏整流电路，即：差动变压器输出端接相敏检波电路，则衔铁位移 $x$ 与直流输出电压 $U_\circ$ 之间将保持图3-12所示直线关系。

图3-12 能反映位移方向的输出特性

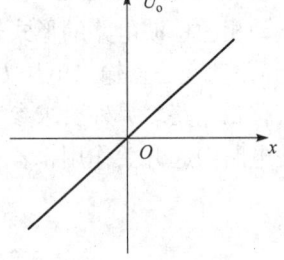

利用 $U_o$ 的极性不同可以判断衔铁位移方向，同时也消除了零点残余电压。

③ 采用补偿电路减小零点残余电压。图 3–13 所示为几种补偿电路。在差动变压器二次侧串、并联适当的电阻电容元件，调整相关元件，可减小零点残余电压。

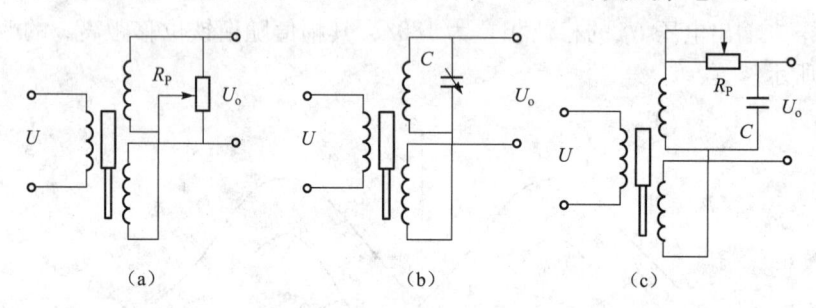

图 3–13 补偿电路
(a) 电阻补偿；(b) 电容补偿；(c) 阻容补偿

### 3.2.2 测量电路

常用的测量电路有两种形式，一种是差动整流电路，另一种是差动相敏检波电路。

**1. 差动整流电路**

差动整流电路就是把差动变压器的两个次级线圈的感应电势分别整流，然后再把经整流后的两个电压或电流合成后输出。现以电压输出型全波差动整流电路为例来说明其工作原理。

传感器两个次级线圈的电路如图 3–14（a）所示，由图可见，无论两个次级线圈的输出瞬时电压极性如何，流过两个电阻 $R$ 的电流总是从 a 到 b、从 c 到 d，故整流电路的输出电压为

$$u_o = u_{ab} + u_{cd} = u_{ab} - u_{dc}$$

其波形图如图 3–14（b）所示。当衔铁在零位时，$u_o = 0$，衔铁在零位以上或零位以下时，输出电压的极性相反。

**2. 差动相敏检波电路**

差动相敏检波电路的形式较多，图 3–15 是其中的两个例子。相敏检波电路要求参考电压 $U_R$ 和差动变压器输出电压 $U_o$ 频率相同，相位相同或相反。为了保证这一点，可以在线路中接入移相电路。另外要求参考电压的幅值应大于二极管导通电压的若干倍（因参考电压在检波电路中起开关作用，若小了则起不到此作用）。

第3章 电感式传感器

衔铁在零位以上

衔铁在零位

衔铁在零位以下

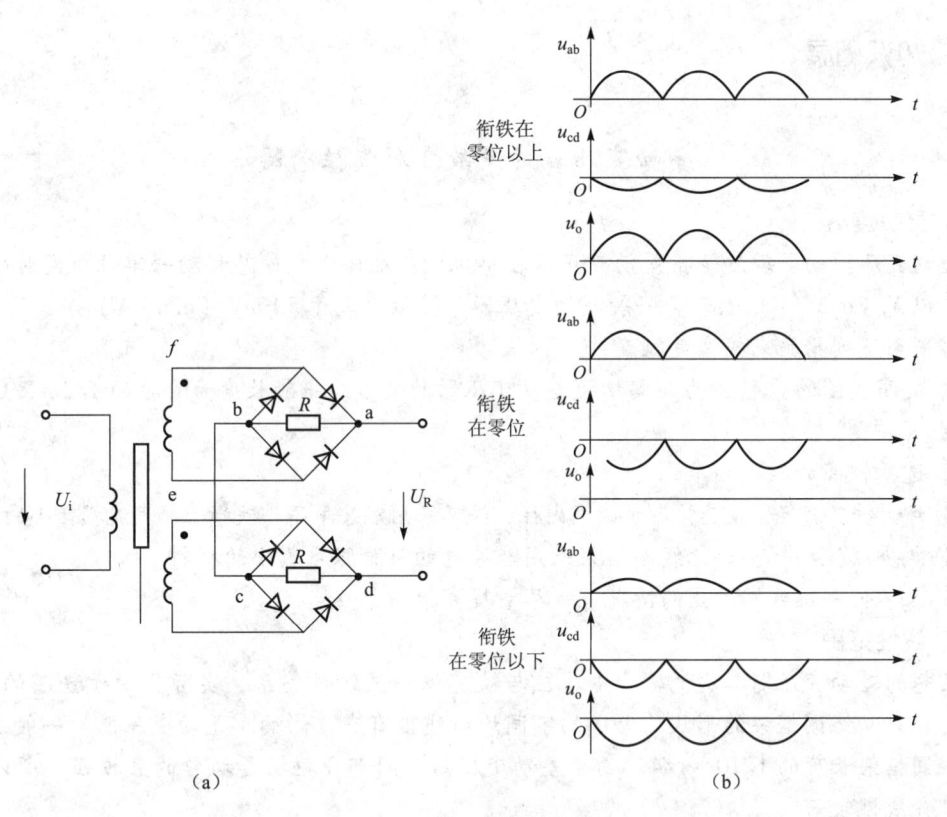

(a) (b)

图 3-14 全波差动整流电路
(a) 电路图；(b) 波形图

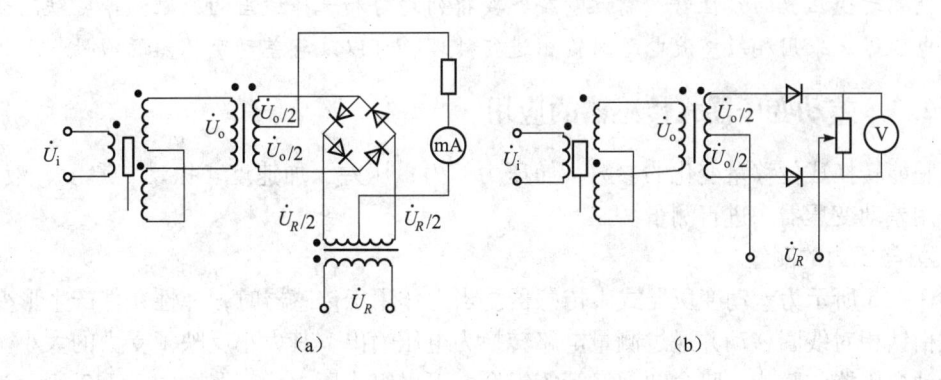

(a) (b)

图 3-15 差动相敏检波电路
(a) 全波检波；(b) 半波检波

> 知识拓展

### 差动变压器的灵敏度和线性范围

**1. 灵敏度**

差动变压器的灵敏度是指差动变压器在单位电压励磁下,铁芯移动一单位距离时的输出电压,以 V/(mm·V) 表示。一般差动变压器的灵敏度大于 50 mV/(mm·V)。

可采用下列措施来提高灵敏度:

① 提高线圈的 $Q$ 值,为此需增大差动变压器的尺寸。一般长度为直径的 1.2~2.0 倍较为适宜。
② 选择较高的励磁频率。
③ 增大铁芯直径,使其接近于线框内径,铁芯采用磁导率高、铁损小、涡流损耗小的材料。
④ 减少涡流损耗,为此线圈框架采用非导电的且膨胀系数小的材料。
⑤ 在不使一次线圈过热的情况下,尽量提高励磁电压。

**2. 线性范围**

理想的差动变压器二次侧输出电压应与铁芯位移呈线性关系,实际上由于铁芯的直径、长度、材料和线圈框架的形状、大小的不同均对线性有直接影响。差动变压器的一般线性范围为线圈框架长度的 1/10~1/4。由于差动变压器中间部分磁场是均匀的且较强,所以只有中间部分线性较好。

通常直线性不仅是指铁芯位移与二次电压的关系,还希望二次侧的相角为一定值,这一点比较难以满足。考虑到这种因素,线性范围约为全长的 1/10。

欲使差动变压器的线性好,需注意绕线要排列均匀和选择适当的励磁频率、铁芯长度以及负载电阻等。采用相敏整流电路对输出进行处理,可以改善差动变压器的线性。

### 3.2.3 差动变压器式传感器的应用

凡是能转换成位移量变化的参数,如压力、力、压差、加速度、振动、厚度、液位等,都可采用差动变压器来进行测量。

**1. 力与压力的测量**

图 3-16 所示为差动变压器式力传感器。当力作用于传感器时,弹性元件产生形变,从而导致衔铁相对线圈移动并通过测量电路转换为电压输出,其大小反映了受力的大小。

差动变压器与膜片、膜盒和弹簧管等组合,可以组成压力传感器。图 3-17 所示为微压力传感器的结构示意图。无压力作用时,膜盒在初始状态,与膜盒相连的衔铁位于差动变压器线圈的中心,无电压输出。当压力输入膜盒后,膜盒的自由端产生位移并带动衔铁移动,差动变压器产生一正比于压力的输出电压。

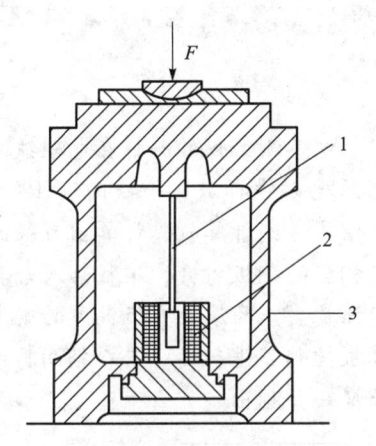

图 3-16 差动变压器式力传感器
1—衔铁；2—线圈；3—弹性体

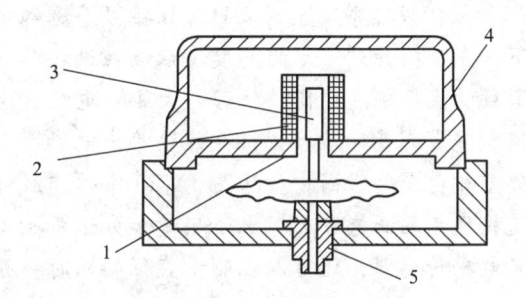

图 3-17 微压力传感器
1—膜盒；2—线圈；3—衔铁；4—罩壳；5—接头

**2. 振动与加速度的测量**

图 3-18 所示为测量振动与加速度的差动变压器传感器的结构。衔铁受振动与加速度的作用，使弹簧受力变形，与弹簧连接的衔铁的位移大小反映了振动的幅度和频率以及加速度的大小。

**3. 液位的测量**

图 3-19 所示为采用差动变压器传感器的沉筒式液位计。由于液位的变化，沉筒所受浮力也将产生变化，这一变化转换成衔铁的位移，从而改变了差动变压器的输出电压，这个输出值反映了液位的变化值。

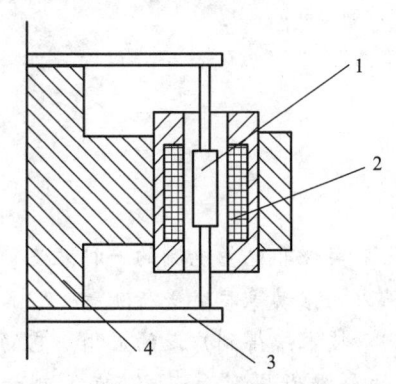

图 3-18 测量振动与加速度的差动变压器传感器的结构
1—衔铁；2—差动变压器；3—弹簧；4—壳体

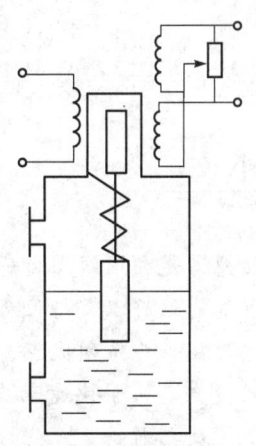

图 3-19 沉筒式液位计

## 先导案例解决

图3-20所示为电感式滚柱直径分选装置示意图。

由机械排序装置送来的滚柱按顺序进入电感测微仪。电感测微仪的测杆在电磁铁的控制下，先是提升到一定的高度，让滚柱进入其正下方；然后电磁铁释放，衔铁向下压住滚柱，滚柱的直径决定了衔铁位移的大小。电感传感器的输出信号送到计算机，计算出直径的偏差值。完成测量的滚柱被机械装置推出电感测微仪，这时相应的翻板打开，滚柱落入与其直径偏差相对应的容器中。从图3-20中的虚线可以看到，批量生产的滚柱直径偏差的概率符合随机误差的正态分布。上述测量和分选步骤均是在计算机控制下进行的。若在轴向再增加一只电感传感器，还可以在测量直径的同时，将滚柱的长度一并测出。

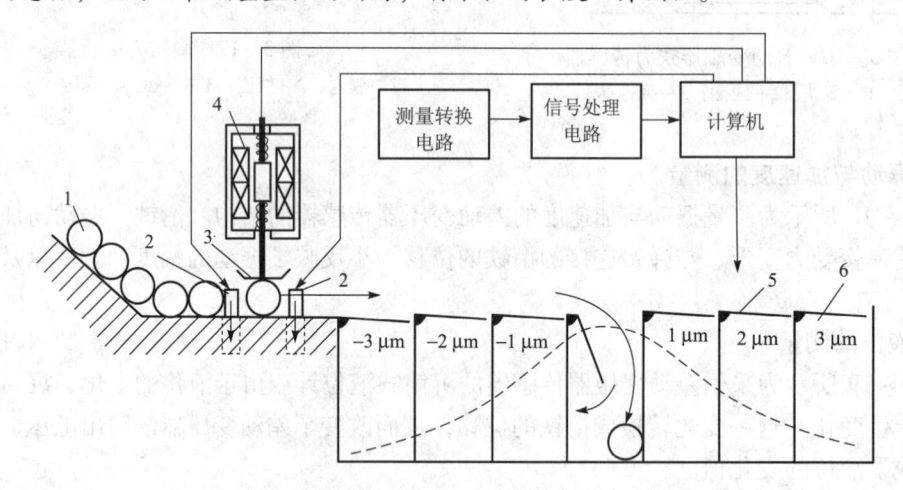

图3-20 电感式滚柱直径分选装置示意图
1—被测滚柱；2—电磁挡板；3—电感测端；4—电感传感器；5—电磁翻板；6—容器

## 本章小结

电感式传感器是利用线圈自感或互感量系数的变化来实现非电量电测的一种装置。利用电感式传感器能对位移以及与位移有关的工件尺寸、压力、振动等参数进行测量。它具有分辨力及测量精度高等一系列优点，因此在工业自动化测量技术中得到广泛的应用。它的主要缺点是响应较慢，不易于快速动态测量，而且传感器的分辨力与测量范围有关，测量范围大，分辨力低，反之则高。

电感式传感器种类很多，可分为自感式和互感式两大类。人们习惯上讲的电感式传感器通常是指自感式传感器。而互感式传感器是利用了变压器原理，又往往做成差动式，故常称为差动变压器式传感器。

### 思考题与习题

1. 电感式传感器有几大类？各有何特点？
2. 电感式传感器的测量电路起什么作用？变压器电桥电路和带相敏整流的电桥电路哪个能更好地起到测量转换作用？为什么？
3. 为什么螺管式自感传感器比变隙式自感传感器有更大的测量位移范围？
4. 什么是零点残余电压？它产生的原因是什么？如何消除它的影响？
5. 差动变压器式传感器有哪几种测量电路？它们有什么特点和共同点？为什么这类电路能消除零点残余电压？
6. 差动变压器式传感器有哪些用途？
7. 图3-21所示为差动变压器接近开关原理示意图，请分析其工作原理。

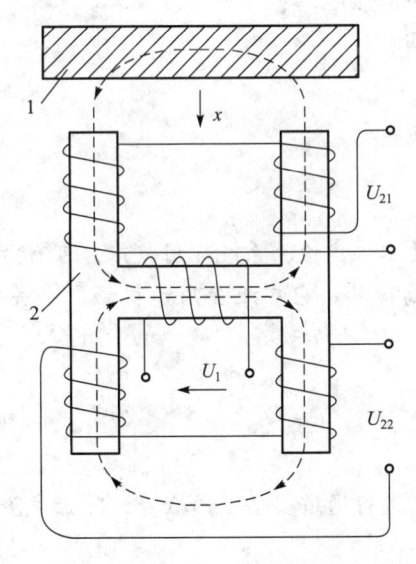

图3-21 差动变压器接近开关原理图
1—导磁金属；2—H形差动变压器铁芯

# 第4章　电涡流传感器

## 本章知识点

1. 电涡流效应及等效阻抗分析；
2. 电涡流探头结构及被测体材料、形状和大小对灵敏度的影响；
3. 电涡流式传感器的测量转换电路；
4. 电涡流式传感器的应用。

## 先导案例

电涡流式通道安全的出入口检测系统应用较广，可有效地探测出枪支、匕首等金属武器及其他大件金属物品。它广泛应用于机场、海关、钱币厂、监狱等重要场所。

### 本案例要解决的问题

利用电涡流式传感器如何进行通道安全门的检查，防止危险物品的进入，以保证安全。

在电工学中，我们学过有关电涡流的知识。当导体处于交变的磁场中时，铁芯会因为电磁感应而在内部产生自行封闭的电涡流而发热。变压器和交流电动机的铁芯都是用硅钢片叠制而成，就是为了减小电涡流，避免发热。但人们也能利用电涡流做有用的工作，如电磁灶、中频炉、高频淬火等都是利用电涡流原理而工作的。

在检测领域，电涡流的用途就更多了。可以用来探测金属（安全检测、探雷等），非接触地测量微小位移和振动以及测量工件尺寸、转速、表面温度等诸多与电涡流有关的参量，还可以作为接近开关和进行无损探伤。它的最大特点是非接触测量，它是检测技术中用途十分广泛的一种传感器。

## 4.1 电涡流传感器的原理及结构

### 4.1.1 电涡流的产生方式

基于法拉第感应现象，金属导体在置于交变的磁场中时，导体表面会有感应电流的产生。电流的流线在金属体内自行闭合，这种由电磁感应原理产生的旋涡状感应电流称为电涡流，这种现象称为电涡流效应。因此，要形成涡流必须具备两个条件：

① 存在交变磁场；
② 导电体处于交变磁场中。

根据电涡流效应制成的传感器称为电涡流传感器。按照电涡流在导体内的贯穿情况，此传感器分为高频反射式与低频透射式两大类。本章就高频反射式电涡流传感器的有关问题进行分析。

### 4.1.2 电涡流传感器的基本原理

图 4-1 所示为电涡流传感器的基本原理。如果把一个励磁线圈置于金属导体附近，当线圈中通以正弦交变电源 $u_1$ 时，线圈周围空间必然产生正弦交变磁场 $H_1$，使置于此磁场中的金属导体中感应出电涡流 $i_1$、$i_2$ 又产生新的交变磁场 $H_2$。根据楞次定律，$H_2$ 将反抗原磁场 $H_1$，导致传感器线圈的等效阻抗发生变化。金属导体的电阻率 $\rho$、磁导率 $\mu$、线圈与金属导体的距离 $x$ 以及线圈励磁电流的角频率 $\omega$ 等参数，都将提高涡流效应和磁效应与线圈阻抗联系。因此，线圈等效阻抗 $Z$ 的函数关系式为

$$Z = f(\rho,\mu,x,\omega) \qquad (4.1)$$

若能保持其中大部分参数恒定不变，只改变其中一个参数，这样能形成传感器的线圈阻抗 $Z$ 与此参数的单值函数。

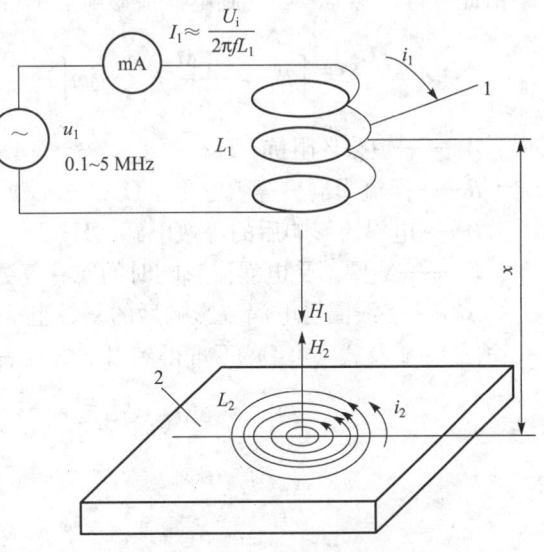

图 4-1 电涡流传感器的基本原理
1—电涡流线圈；2—被测金属导体

再通过传感器的测量转换电路测出阻抗 $Z$ 的变化量，即可实现对该参数的非电量测量，这就是电涡流传感器的基本工作原理。

若把导体形象地看作一个短路线圈，其关系可用图 4-2 所示的电路来等效。

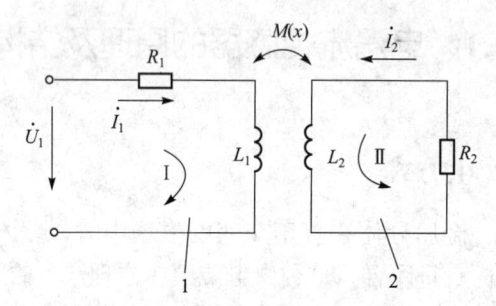

图 4-2 电涡流传感器的等效电路图
1—传感器线圈；2—电涡流短路环

线圈与金属导体之间可以定义一个互感系数 $M$，它将随着间距 $x$ 的减小而增大。根据基尔霍夫第二定律，可列出 Ⅰ、Ⅱ 回路的电压平衡方程式，即

$$R_1 \dot{I}_1 + j\omega L_1 \dot{I}_1 - j\omega M \dot{I}_2 = \dot{U}_1 \quad (4.2)$$

$$-j\omega M \dot{I}_1 - R_2 \dot{I}_2 + j\omega L_2 \dot{I}_2 = 0 \quad (4.3)$$

式中　$\omega$——线圈励磁电流角频率，rad/s。

由此可得传感器线圈受到电涡流影响后的等效阻抗 $Z$ 的表达式，即

$$Z = \frac{\dot{U}_1}{\dot{I}_1} = \left[ R_1 + \frac{\omega^2 M^2}{Z_2^2} R_2 \right] + j\omega \left[ L_1 - \frac{\omega^2 M^2}{Z_2^2} L_2 \right] = R + j\omega L = Z_1 + \Delta Z_1 \quad (4.4)$$

式中　$Z_2$——短路环阻抗，Ω；
　　　　$R$——涡流影响后等效电阻，Ω；
　　　　$L$——电涡流影响后的等效电感，H；
　　　　$Z_1$——线圈不受电涡流影响时的原有复数阻抗，Ω；
　　　　$\Delta Z_1$——线圈受电涡流影响后的复数阻抗增量，Ω。

由图 4-2 及式（4.4）不难得到以下参数表达式，即

$$Z_2 = \sqrt{R_2^2 + \omega^2 L_2^2} \quad (4.5)$$

$$R = R_1 + \frac{\omega^2 M^2}{Z_2^2} R_2 \quad (4.6)$$

$$L = L_1 - \frac{\omega^2 M^2}{Z_2^2} L_2 \quad (4.7)$$

$$Z_1 = R_1 + j\omega L_1 \quad (4.8)$$

$$\Delta Z_1 = \frac{\omega^2 M^2 R_2}{Z_2^2} - j\omega \frac{\omega^2 M^2 L_2}{Z_2^2} \tag{4.9}$$

当距离 $x$ 减小时，互感量 $M$ 增大，由式（4.4）可知，等效电感 $L$ 减小，等效电阻 $R$ 增大。从理论和实测中都证明，此时流过线圈的 $i_1$ 是增大的。这是因为线圈的感抗 $X_L$ 的变化比 $R$ 的变化大得多。

由于线圈的品质因素 $Q\left(Q = \dfrac{X_L}{R} = \dfrac{\omega L}{R}\right)$ 与等效电感成正比，与等效电阻（高频时的等效电阻比直流电组大得多）成反比，所以当电涡流增大时，$Q$ 很大。

### 4.1.3 高频反射式电涡流传感器的结构形式

电涡流传感器的基本结构主要是由线圈和框架组成的。根据线圈在框架上的安置方法，传感器的结构可分为两种形式：一种是单独绕成一只无框架的扁平圆形线圈，用胶水将此线圈黏接于框架的顶部，图 4－3 所示为 CZF3 型电涡流传感器；另一种是在框架的接近端面处开一条细槽，用导线在槽中绕成一只线圈，图 4－4 所示为 CZF1 型电涡流传感器，它的部分数据见表 4－1。

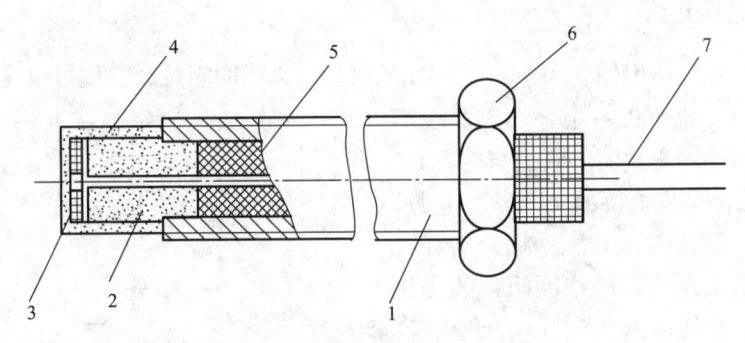

图 4－3　CZF3 型电涡流传感器
1—壳体；2—框架；3—线圈；4—保护套；5—填料；6—螺母；7—电缆

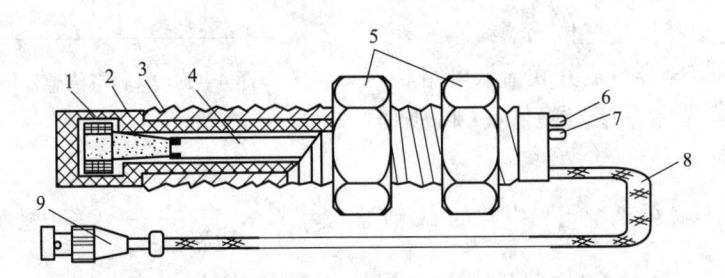

图 4－4　CZF1 型电涡流传感器
1—电涡流线圈；2—前端壳体（塑料）；3—位置调节螺纹（钢）；4—信号处理电路；5—夹持螺母；6—电源指示灯；7—阈值指示灯；8—输出屏蔽电缆线；9—电缆插头

表4-1 CZF1型电涡流传感器性能的部分数据

| 型号 | 线性范围/μm | 线圈外径/μm | 分辨力/μm | 线性误差/% | 使用温度/℃ |
|---|---|---|---|---|---|
| CZF1—1000 | 1 000 | 7 | φ1 | <3 | -15~80 |
| CZF1—2000 | 2 000 | 15 | φ2 | <3 | -15~80 |
| CZF1—3000 | 3 000 | 28 | φ3 | <3 | -15~80 |

## 4.2 电涡流传感器转换电路简介

由电涡流传感器的工作原理可知，被测参数变化可以转换成传感器线圈的品质因数 $Q$、等效阻抗 $Z$ 和等效电感 $L$ 的变化。转换电路的目的是把这些参数转换为频率、电压或电流输出。相应地有电桥法和调幅式、调频式等转换电路。

### 4.2.1 电桥电路

电涡流传感器电桥电路如图4-5所示，$Z_1$ 和 $Z_2$ 为线圈阻抗，它们可以是差动式传感器的两个线圈阻抗，也可以一个是传感器线圈，另一个是平衡用的固定线圈。它们与电容 $C_1$、$C_2$，电阻 $R_1$、$R_2$ 组成电桥的4个臂。电源由振荡器供给，振荡频率根据电涡流传感器的需要选择。电桥的输出将反映线圈阻抗的变化，即把线圈阻抗变化转换为电压幅值的变化。

### 4.2.2 谐振调幅式电路

该电路的主要特征是把传感器线圈的等效电感 $L$ 和一个固定电容组成并联谐振电路。由频率稳定的石英晶体振荡器提供高频激励信号，如图4-6所示。

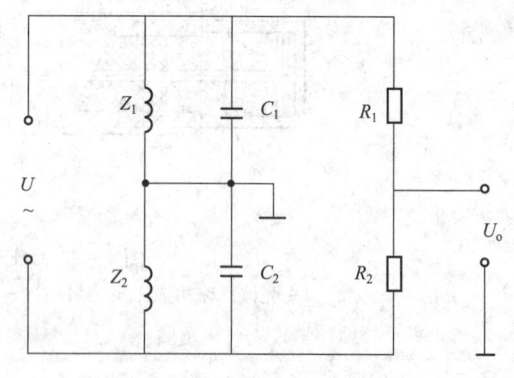

图4-5 电涡流传感器电桥电路

在没有金属导体的情况下，电路的 $LC$ 谐振频率 $f_0 = \dfrac{1}{2\pi\sqrt{LC}}$，等于激励振荡器的振荡频率（如1 MHz），这时 $LC$ 回路呈现阻抗最大，输出电压的幅值也是最大。当传感器线圈接近被测金属导体时，线圈的等效电感发生变化，谐振回路的谐振频率和等效阻抗也跟着发生变化，致使回路失谐而偏离激励频率，谐振峰将向左或向右移动，如图4-7（a）所示，

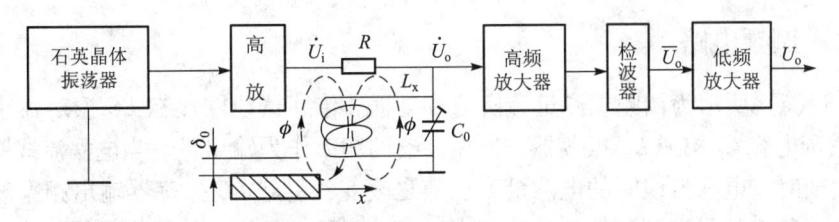

图 4-6 定频调幅式测量转换电路

若被测体为非磁性材料,线圈的等效电感减小,回路的谐振频率提高,谐振峰向右偏离激励频率,如图 4-7（a）中 $f_1$、$f_2$ 所示;若被测材料为软磁材料,线圈的等效电感增大,回路的谐振频率降低,谐振峰向左偏离激励频率,如图 4-7（a）中 $f_3$、$f_4$ 所示。

以非磁性材料为例,可得输出电压幅值与位移 $x$ 的关系,如图 4-7（b）所示。这个特性曲线是非线性的,在一定范围内（$x_1 \sim x_2$）接近线性。使用时传感器应安装在线性段中间 $x_0$ 表示的间距处,这是比较好的安装位置。

调幅式电路部分输出电压 $U_o$ 经高频放大器、检波器和低频放大器后,输出的直流电压反映了被测物的位移量。

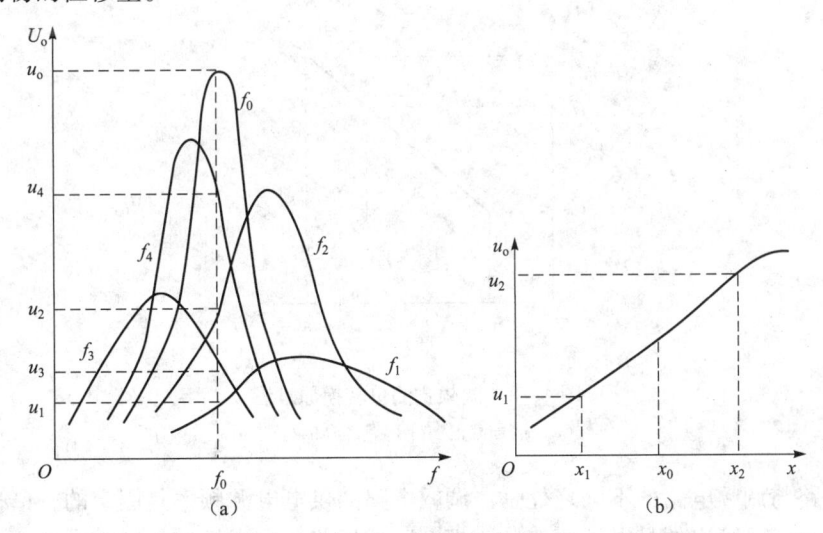

图 4-7 调幅式电路的特性曲线
（a）输出电压随频率变化规律图;（b）输出电压幅值与位移 $x$ 的关系曲线

调幅法的缺点:

① 输出电压 $\dot{U}_o$ 与位移不是线性关系,必须用千分尺逐点标定,并用计算机线性化后才能用数码管显示出位移量;

② 电压放大器放大倍数的漂移会影响测量精度,必须采用各种补偿措施。

### 4.2.3 调频电路

图 4-8（a）所示为调频式测量转换信号流程。传感器线圈接在 LC 振荡器中作为电感使用，与微调电容 $C_0$ 构成 LC 振荡器，以振荡器的频率作为输出量。当电涡流线圈与被测体的距离 $x$ 改变时，电涡流线圈的电感量 $L$ 也随之改变，引起 LC 振荡器输出频率改变，此频率也可直接将频率信号送到计算机的计数定时器，测量出频率。如果用模拟仪表进行显示或记录时，必须使用鉴频器将 $\Delta f$ 转换为电压 $\Delta U_o$，鉴频器的特性如图 4-8（b）所示。

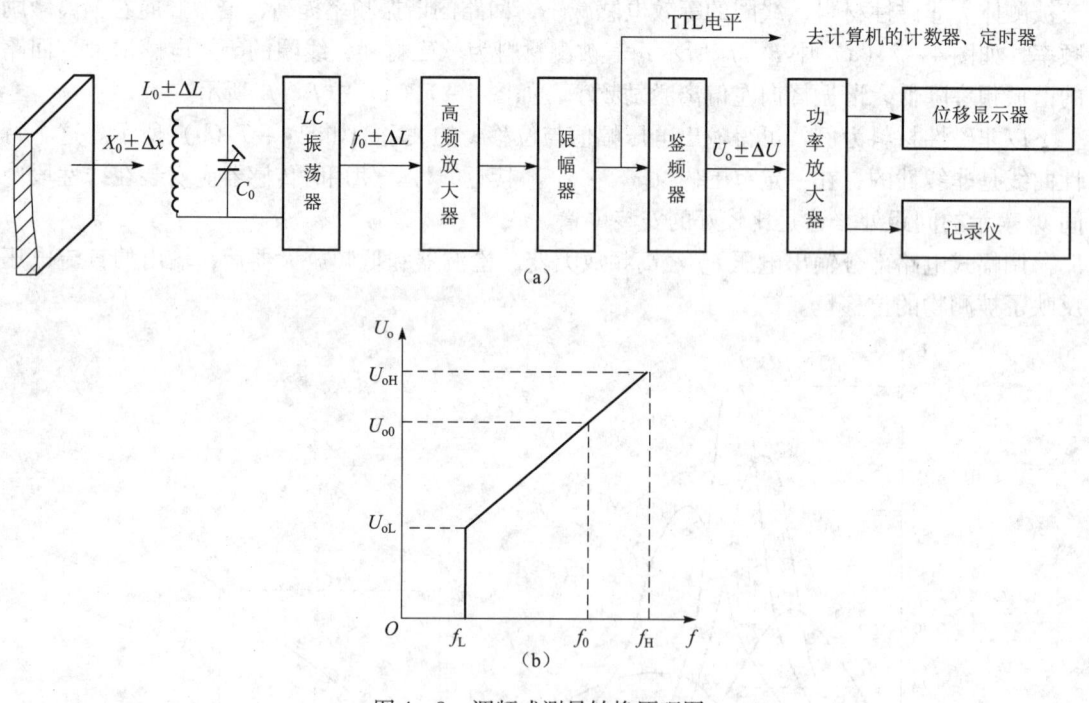

图 4-8 调频式测量转换原理图
（a）信号流程；（b）鉴频器的特性

调幅电路与调频电路的不同之处是：调幅电路的供电电源频率是固定的，谐振回路里的振荡是强迫振荡，输出的是电压幅值；调频电路的振荡是自由振荡，频率随被测参数变化而变化，输出的是电压频率。

## 4.3 电涡流传感器的应用

电涡流传感器的特点是结构简单，易于进行非接触式的连续测量，灵敏度较高，适用性强。它的阻抗受诸多因素影响，如金属材料的厚度、尺寸、形状、电导率、磁导率、表面因素、距离等。只要固定其他因素就可以用电涡流传感器来测量剩下的一个因素，因此电涡流传感器的应用领域十分广泛。但同时也带来许多不确定因素，一个或几个因素的微小变化就足以影响测量结果，所以电涡流传感器多用于定性测量。即使要用作定量测量，也必须采用前面述及的逐点标定、计算机线性纠正、温度补偿等措施。下面就几个主要的应用做简单的介绍。

### 4.3.1 位移的测量

某些旋转机械，如高速旋转的汽轮机对轴向位移要求很高。当汽轮机运行时，叶片在高压蒸汽推动下高速旋转，它的主轴承受巨大的轴向推力。若主轴的位移超过规定值时，叶片有可能与其他部件碰撞而断裂。因此用电涡流传感器测量各种金属工件的微小位移量就显得十分重要。利用电涡流探头可以测量诸如汽轮机主轴的轴向位移、电动机的轴向窜动、磨床换向阀、先导阀的位移和金属试件的热膨胀系数等。位移测量范围可以从高灵敏度的 0~1 mm 到大量程的 0~30 mm，分辨率可达满量程的 0.1%，其缺点是线性度稍差，只能达到 1%。

ZXWY 型电涡流轴向位移监测保护装置可以在恶劣的环境（如高温、潮湿、剧烈振动等）下非接触测量和监视旋转机械的轴向位移。轴向位移的监测如图 4-9 所示。

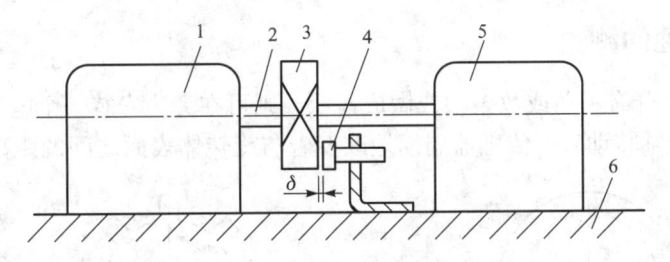

图 4-9 轴向位移的监测
1—旋转设备（汽轮机）；2—主轴；3—联轴器；4—电涡流探头；5—发电机；6—基座

在设备停止检修时，将探头安装在与联轴器端面的距离为 2 mm 的基座上，调节二次仪表使示值为零。当汽轮机启动后，长期检测其轴向位移量。可以发现，由于轴向推力和轴承的磨损而使探头与联轴器端面的距离 $\delta$ 减小，二次仪表的输出电压由零开始增大。可调整二次仪表表面上的报警设定值，使位移达到危险值（本例中为 0.9 mm）时，二次仪表发出报警信号；当位移量达到 1.2 mm 时，发出停机信号以避免发生事故。上述测量属于动态测量。参考以上原理还可以将此类仪器用于其他设备的监测。

### 4.3.2 振幅的测量

电涡流传感器可以无接触地测量各种振动的振幅、频谱分布等参数。在汽轮机、空气压缩机中常用电涡流传感器来监控主轴的径向、轴向振动，也可以测量发电机涡流叶片的振幅。在研究机器振动时，常常采用多个传感器放置在机器不同部位进行检测，得到各个部位的振幅值、相位值，从而画出振型图，测量方法如图 4-10 所示。通常，由于机械振动是由多个不同频率的振动合成的，所以其波形一般表示正弦波，可以用频谱分析仪来分析输出信号的频率分布和各对应频率的幅度。

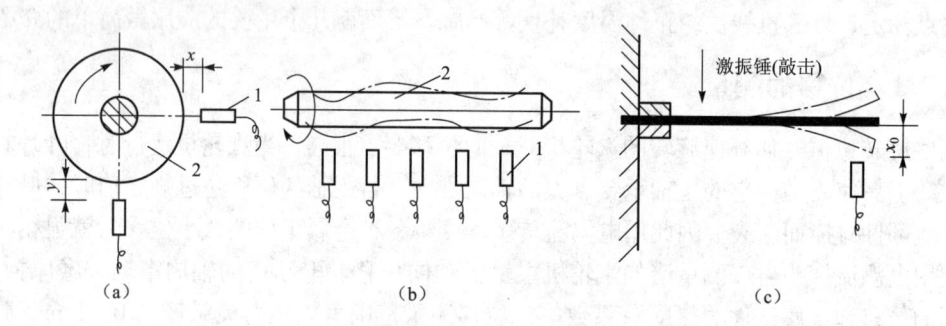

图 4-10　振幅的测量
(a) 径向振动测量；(b) 长轴多线圈测量；(c) 叶片振动测量
1—电涡流线圈；2—被测物

### 4.3.3　转速的测量

若旋转体上已开有一条或数条槽或做成齿状，则可在旁边安装一个电涡流传感器，如图 4-11 所示。当转轴转动时，传感器周期地改变着与旋转体表面之间的距离。于是它的输出

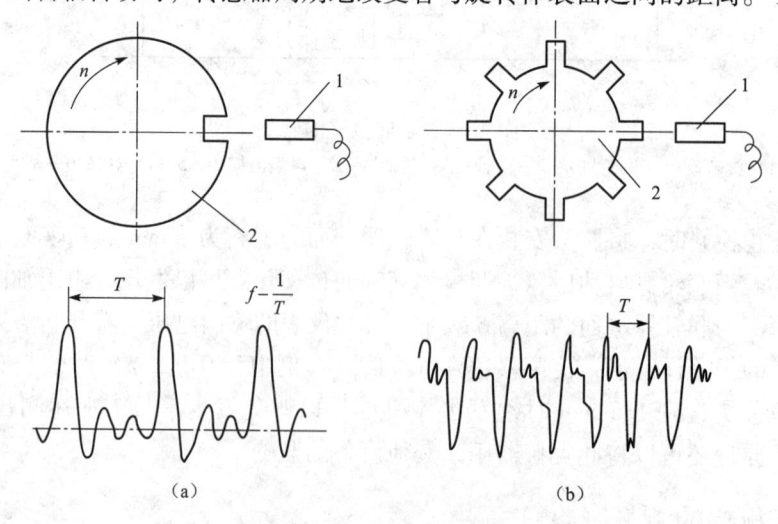

图 4-11　转速的测量
(a) 带有凹槽的转轴及输出波形；(b) 带有凸槽的转轴及输出波形
1—传感器；2—被测物

电压也周期地发生变化，此脉冲电压信号经放大、变换后，可以用频率计测出其变化的重复频率，从而测出转轴的转速，若转轴上开 $z$ 个槽（或齿），频率计的读数为 $f$（单位为 Hz）则转轴的转速 $n$（单位为 r/min）的计算公式为

$$n = 60\frac{f}{z} \tag{4.10}$$

### 4.3.4 镀层厚度的测量

用电涡流传感器可以测量塑料表面金属镀层的厚度，以及印刷线路板铜箔的厚度等，如图 4–12 所示。由于存在集肤效应，镀层或箔层越薄，电涡流越小。测量前，可先用电涡流测厚仪对标准的镀层和铜箔作出"厚度—输出电压"的标定曲线，以便测量时对照。

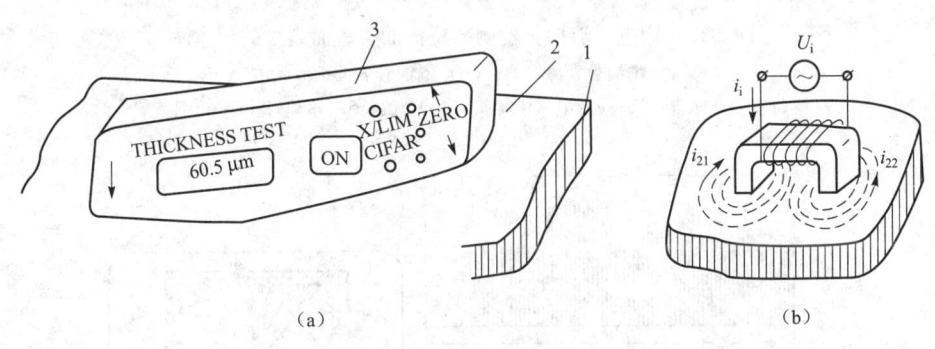

图 4–12 金属镀层厚度测量

(a) 外形图；(b) 感辨头结构

1—塑料工件；2—金属镀层；3—电涡流测厚仪

### 4.3.5 电涡流表面探伤

利用电涡流传感器可以检查金属表面（已涂防锈漆）的裂纹以及焊接处的缺陷等。在探伤中，传感器与被测导体保持距离不变。在检测过程中，由于缺陷将引起导体电导率、磁导率的变化，使电涡流 $I_2$ 变小，从而引起输出电压突变。

图 4–13 所示为用电涡流探头检测高压输油管表面裂纹的示意图。两只导向辊用耐磨、不导电的聚四氟乙烯制成，有的表面还刻有螺旋导向槽并以相同的方向旋转。油管在它们的驱动下，匀速地在楔形电涡流探头下方做 360°转动，并向前挪动。探头对油管表面进行逐点扫描，得到图 4–14（a）所示的输出信号。当油管存在裂纹时，电涡流所走的路程大为增加，如图 4–13（b）所示，所以电涡流突然减小，输出波形如图 4–14（a）所示中的"尖峰"。该信号十分紊乱，用肉眼很难辨出缺陷性质。

该信号通过带通滤波器，滤去表面不平整、抖动等造成的输出异常后，得到如图 4–14（b）

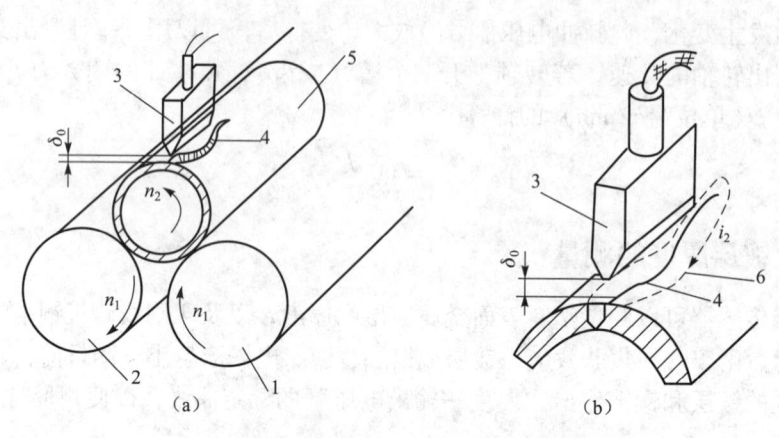

图 4-13 用电涡流探头检测高压输油管表面裂纹的示意图
(a) 输油管表面检测；(b) 输油管表面裂纹检测
1, 2—导向辊；3—楔形电涡流探头；4—裂纹；5—输油管；6—电涡流

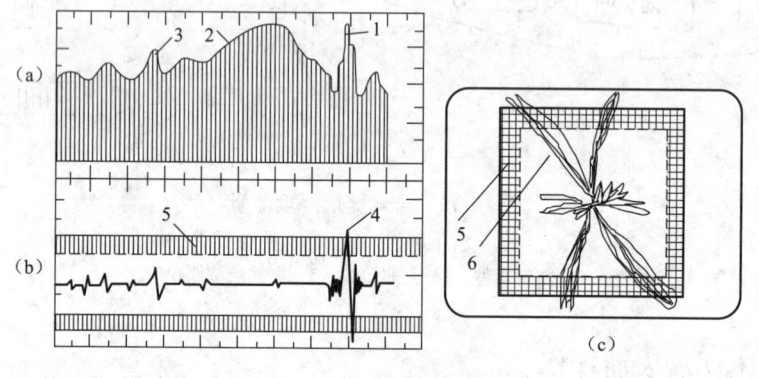

图 4-14 探伤输出信号
(a) 原始信号；(b) 带通滤波器后的信号；(c) 阻抗图
1—尖峰信号；2—摆动引起的伪信号；3—可忽略的小缺陷；4—裂纹信号；5—反视报警框；6—花瓣阻抗图

所示中的两个尖峰信号。调节电压比较器的阈值电压，得到真正的缺陷信号。计算机还可以根据图 4-14（a）的信号计算电涡流探头线圈的阻抗，得到图 4-14（c）所示的"8"字花瓣状阻抗图。根据长期积累的探伤经验，可以从该复杂的阻抗图中判断出裂纹的长短、深浅、走向等参数。图 4-14（c）中的黑色边框为反视报警区。当"8"字花瓣状图形超出报警区时即视为超标，产生报警信号。

电涡流探伤仪在实际使用时会受到诸多因素的影响，如环境温度变化、表面硬度、机械转动不均匀、抖动等，用单个电涡流探头易受上述因素影响，严重时无法分辨缺陷和裂纹，因此必须采用差动电路。在楔形电涡流探头的尖端部位设置发射线圈，在其上方的左、右两侧分别设置一只接收线圈，它们的同名端相连，在没有裂纹信号时输出互相抵消。当裂纹进入左、右接收线圈下方时，由于相位上有先后差别，所以信号无法抵消，产生输出电压，这就是差动原理。温漂、抖动等干扰通常是同时作用于两只电涡流差动线圈，所以不会产生输出信号。如果计算机采用"相关技术"，就能进一步提高分辨力。

上述系统的最大特点是非接触测量，不磨损探头，检测速度可达每秒几米。对机械系统稍做改造，还可以用于轴类和滚子类的缺陷检测。

### 4.3.6 生产工件加工定位

在机加工自动线上，可以使用电涡流式接近开关进行工件的加工定位，如图4-15所示。当传送机构将待加工的金属工件运送到靠近减速接近开关的位置时，该接近开关发出减速信号，传送机构减速以提高定位精度。当工件到达定位接近开关位置时，定位开关发出动作信号，使传送机构停止运行，加工刀具就可对工件进行加工。

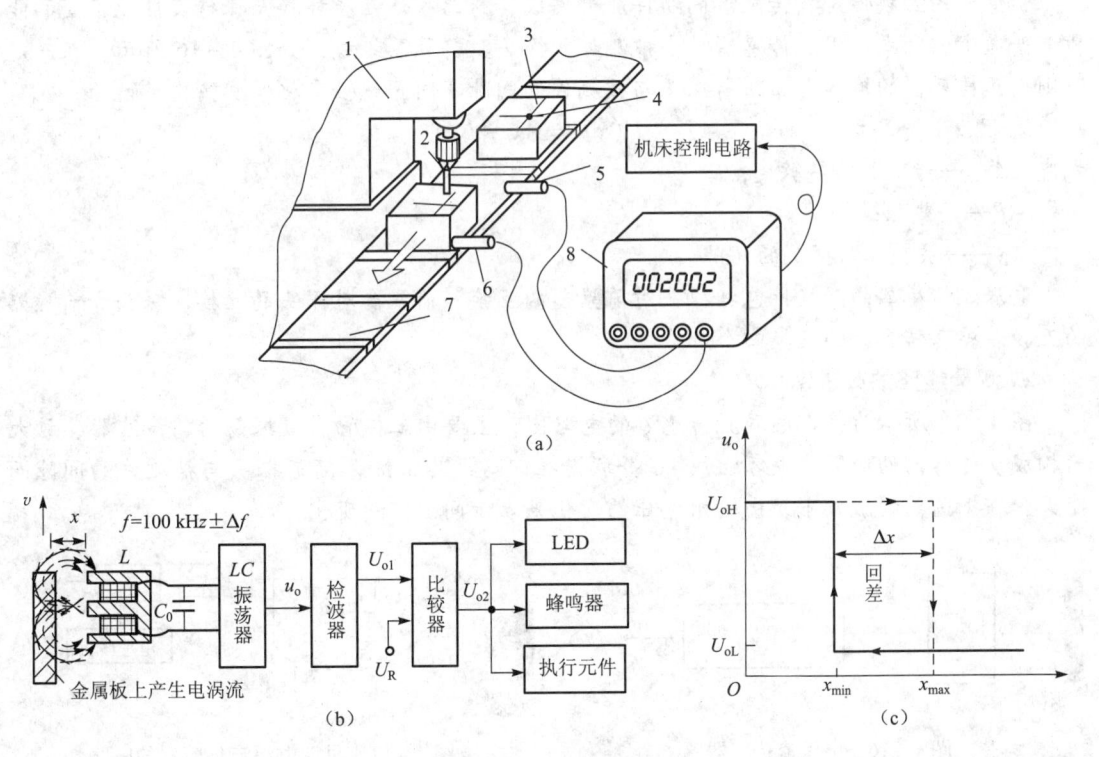

图4-15 工件的定位

(a) 工作简图；(b) 工作原理框图；(c) 特性曲线

1—加工机床；2—刀具；3—工件（导电体）；4—加工位置；5—减速接近开关；
6—定位接近开关；7—传送机构；8—位置控制—计数器

定位精确度主要依赖于接近开关的性能指标，如"重复定位精度""动作滞差"等。可调整定位接近开关的安装位置，使每一只工件均准确地停在加工位置。从图 4-15（b）可知该接近开关的工作原理。当金属导体靠近电涡流线圈时，随着金属表面电涡流的增大，电涡流线圈的品质因素越来越低，其输出电压也越来越低（甚至有可能停振，使 $U_{o1}=0$）。将 $U_{o1}$ 与基准电压 $U_R$ 比较，当 $U_{o1}<U_R$ 时，比较器翻转，输出高电平，报警器（LED）报警闪亮，执行机构动作（传送机构电动机停转）。

### 知识拓展

## 电涡流传感器互换性

**1. 定义**

传感器的互换性是指传感器的组件、部件或传感器整体互相替换而保持其性能不变的能力。普通间隙式电涡流传感器是由被测体、探头、前置器组成，如图 4-16 所示。在一定范围内，传感器的输入电压随着探头与被测件的间隙不同而线性变化，其输出特性为

$$U(x) = Ax + B$$

式中　$A$——传感器的灵敏度；

　　　$B$——截距；

　　　$x$——被测体与探头的间隙。

电涡流传感器的互换性包括探头对前置器的互换、前置器对探头的互换、探头和前置器的互换、整套传感器的互换四个部分。

**2. 测量线路的改进图**

图 4-17 所示为早期电涡流传感器的电路图，主要由三极管自激振荡器、检波器、放大器构成。传感器的线圈与电容组成 LC 并联谐振回路，其阻抗 $Z$ 随着探头与被测件的间隙而变大，在振荡器的激励下，由输出电压的变化来表示间隙 $x$ 的变化，即

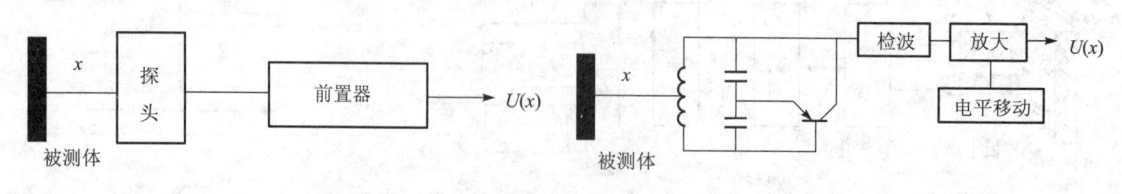

图 4-16　电涡流传感器　　　　图 4-17　早期电涡流传感器的电路

$$U(x) = I \cdot F(Z) + B$$

该电路的调整参数较多，而这些参数中有一些是互相影响、互相制约的。为此，将电路

改进为如图4-18所示的电路。

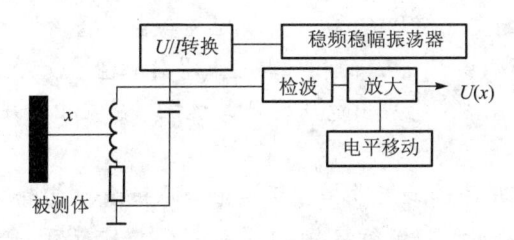

图4-18 电涡流传感器改进后的电路

改进后的电路有以下特点：
① 采用了较先进的电路手段，如集成电路稳频稳幅振荡器等，使电路的性能有所改进。
② 改进后的电路结构，使得电路上几个参数可以彼此独立地计算和控制，便于实现对互换性的控制。

## 先导案例解决

我国于1981年开始使用图4-19所示的出入口检测系统。该安全检测门的原理框图如图4-20所示。$L_{11}$、$L_{12}$为发射线圈，均用环氧树脂浇灌、密封在门框内。10 kHz音频信号通过$L_{11}$、$L_{12}$在线圈周围产生同频率的交变磁场。$L_{11}$、$L_{12}$实际上分成6个扁平线圈，分布在门两侧的上、中、下部位，形成6个探测区。

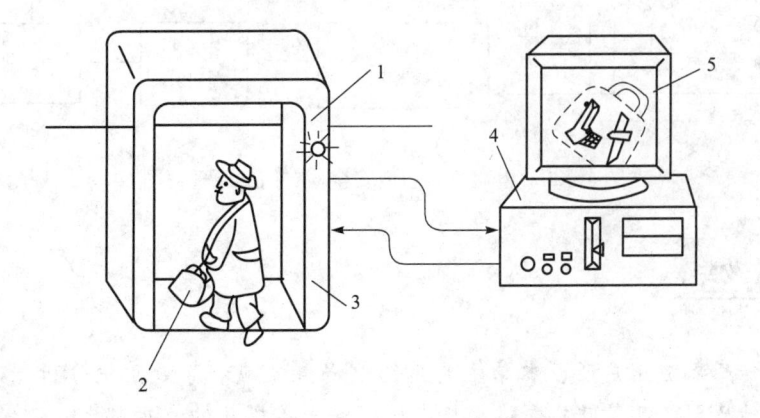

图4-19 电涡流式通道安全检查门简图
1—指示灯；2—隐蔽的金属导体；3—内藏式电涡流线圈；
4—X光及中子探测器处理系统；5—液晶彩色显示屏

因为 $L_{11}$、$L_{12}$ 与 $L_{21}$、$L_{22}$ 互相垂直，呈电气正交状态，无磁路交链，所以 $U_\circ = 0$。在有金属物体通 $L_{11}$、$L_{12}$ 形成的交变磁场 $H_2$ 时，交变磁场会在该金属导体表面产生电涡流。电涡流也将产生一个新的微弱磁场 $H'_2$。$H'_2$ 的相位与金属导体位置、大小等有关，但与 $L_{21}$、$L_{22}$ 不再正交，因此可以在 $L_{21}$、$L_{22}$ 中感应出电压。计算机根据感应出电压的大小、相位来判定金属物体的大小。

由于个人携带的日常用品，如皮带扣、钥匙串、眼镜架、戒指，甚至断腿中的钢钉等也会引起误报警，因此计算机还要进行复杂的逻辑判断，才能获得既灵敏又可靠、准确的效果。

目前多在安检门的侧面安装一台"软 X 光"扫描仪。当发现疑点时，可启动对人体、胶卷无害的低能量狭窄扇面 X 射线，进行断面扫描。用软件处理的方法，合成完整的光学图像，如图 4-19 右边显示器上的示意图。

在更严格的安检中，还在安检门的侧面安置能量微弱的中子发射管，对可疑对象开启该装置，让中子穿过密封的行李包，利用质谱仪来计算出行李物品的含氮量，以及碳、氢的精确比例，从而判定是否为爆炸品（氮含量较大）。计算其他化学元素的比例，还可以确认毒品和其他物质。

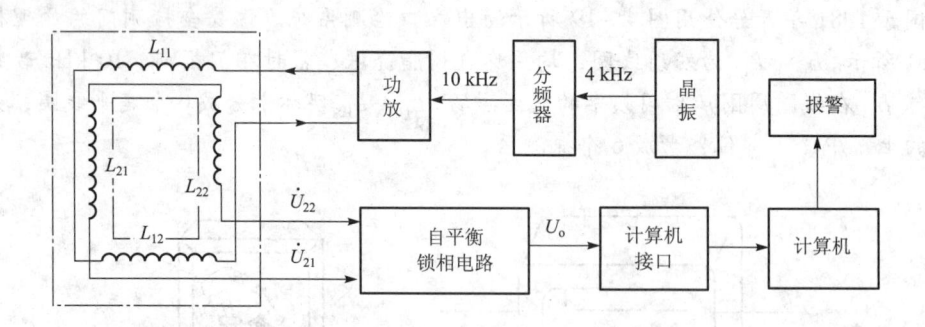

图 4-20 电涡流式通道安全检查门的原理框图

# 本章小结

电涡流式传感器应用广泛，本章主要介绍电涡流效应和等效阻抗分析，电涡流探头结构，电涡流式传感器的测量转换电路及其应用。电涡流探头的直径越大，测量范围就越大，但分辨力就越差，灵敏度也降低。

## 思考题与习题

1. 什么叫电涡流效应？概述电涡流传感器的基本结构及工作原理。

2. 用一电涡流式测振仪测量机器主轴的轴向窜动，已知传感器的灵敏度为 25 mV/mm，最大线性范围（优于1%）为 5 mm。现将传感器安装在主轴的右侧，如图 4-21（a）所示。使用高速记录仪记录下的振动波形如图 4-21（b）所示。问：

(1) 轴向振动的振幅为多少？
(2) 主轴振动的基频 $f$ 是多少？
(3) 振动波形不是正弦波的原因有哪些？
(4) 为了得到较好的线性度与最大的测量范围，传感器与被测金属的安装距离为多少？

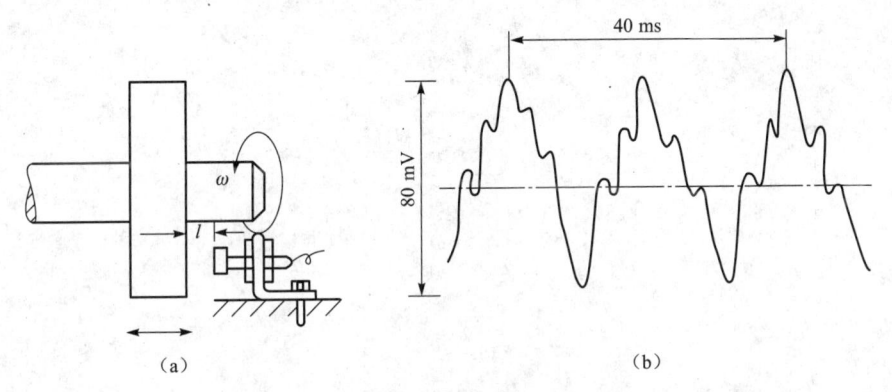

图 4-21 机器主轴轴向窜动检测
（a）安装简图；（b）波形图

3. 电焊条外面包一层药皮，在焊接时，药皮熔化，覆盖在高温熔融焊料表面，起隔绝空气、防止氧化的作用。如果药皮涂覆不均匀，会影响焊接质量。图 4-22 所示为检测药皮厚度均匀性的示意图。请分析填空：

(1) 因为药皮是_____（导电/不导电）材料。所以对电涡流探头不起作用。

(2) 药皮越薄，电涡流探头与金属焊条的间距就越_____，焊条表面的电涡流就越_____，电涡流探头线圈的等效电感量 $L$ 就越_____，调频式转换电路输出频率 $f$ 就越_____。根据 $f$ 的大小，可以判断出药皮

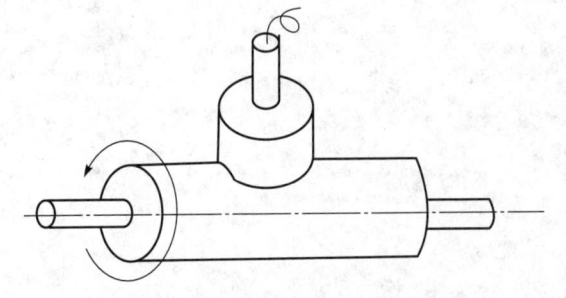

图 4-22 药皮厚度均匀性检测

的厚度是否合适。

4. 试设计一个多功能警棍。希望能够实现：

(1) 产生强烈炫光；

(2) 产生 30 kV 左右的高压；

(3) 能在 50 mm 距离内探测出犯罪嫌疑人是否携带枪支和刀具。

请画出该警棍的外形图，包括炫光灯按键、高压发生器按键、报警 LED、电源总开关，并写出使用说明。

# 第 5 章 电容式传感器

## 本章知识点

1. 电容式传感器的原理、三种结构类型及特点；
2. 电容式传感器常见的四类测量电路原理；
3. 电容式传感器的应用实例。

电容式传感器是利用电容元件把被测的物理量，如位移、振动、液位、压力、介质等变化转换为电容量的变化，再经测量转换电路转换为电压、电流或频率等物理量的测量装置。

电容式传感器与电阻式、电感式传感器相比具有以下优点：

① 测量范围大。金属应变丝由于应变极限的限制，$\Delta R/R$ 一般低于 1%，而半导体应变片可达 20%，电容式传感器相对变化量可大于 100%。

② 灵敏度高。用比率变压器电桥可测出电容值，其相对变化量可达 $10^{-7}$。

③ 动态响应时间短。由于电容式传感器可动部分质量很小，因此其固有频率很高，适用于动态信号的测量。

④ 机械损失小。电容式传感器电极间相互吸引力十分微小，又无摩擦存在，其自然热效应甚微，从而保证传感器具有较高的精度。

⑤ 结构简单，适应性强。电容式传感器一般用金属作电极，以无机材料（如玻璃、石英、陶瓷等）作绝缘支撑，因此电容式传感器能承受很大的温度变化和各种形式的强辐射作用，适合于恶劣环境中工作。

然而，电容式传感器有如下不足之处：

① 寄生电容影响较大。寄生电容主要指连接电容极板的导线电容和传感器本身的泄漏电容。寄生电容的存在不但降低了测量的灵敏度，而且还引起非线性输出，甚至使传感器处于不稳定的工作状态。

② 当电容式传感器用于变间隙原理进行测量时具有非线性输出特性。

近年来，由于材料、工艺，特别是在测量电路及半导体集成技术等方面已达到了相当高的水平，因此受寄生电容影响的问题得到较好的解决，使电容式传感器的优点得以充分发挥。

## 先导案例

电容式传感器具有一系列突出的优点，随着电子技术的迅速发展，特别是大规模集成电路的应用，其优点将得到进一步发扬，而它所存在的引线电缆分布电容影响以及非线性的缺点也随之得到克服，因此电容式传感器在自动检测中得到越来越广泛的应用。

### 本案例要解决的问题

如何应用电容式传感器测量固体块状、颗粒体及粉料料位的情况。

## 5.1 电容式传感器的原理及结构

### 5.1.1 电容式传感器的工作原理

用两块金属平板作电极可构成最简单的电容器，如图 5-1 所示。当忽略边缘效应时，其电容量为

$$C = \frac{\varepsilon A}{d} = \frac{\varepsilon_0 \varepsilon_r A}{d} \quad (5.1)$$

式中　$C$ ——电容量；
　　　$A$ ——极板间相互覆盖面积；
　　　$d$ ——两极板间距离；
　　　$\varepsilon$ ——两极板间介质的介电常数；
　　　$\varepsilon_r$ ——介质的相对介电常数，$\varepsilon_r = \dfrac{\varepsilon}{\varepsilon_0}$，对于空气介质 $\varepsilon_r = 1$；
　　　$\varepsilon_0$ ——真空的介电常数，$\varepsilon_0 = \dfrac{1}{4\pi \times 9 \times 10^{11}}$ (F/cm)

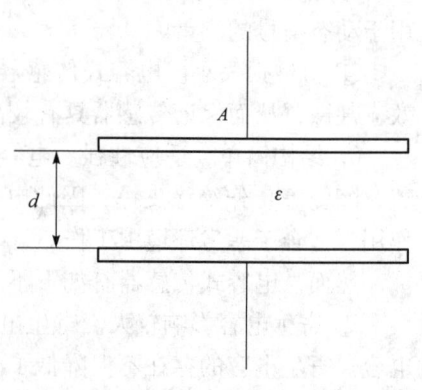

图 5-1　平行板电容器

$$= \frac{1}{3.6\pi} \text{(pF/cm)}。$$

由式（5.1）可知：在 $\varepsilon$、$A$、$d$ 三个参数中，保持其中两个不变，改变另一个参数就可以使电容量 $C$ 改变。这就是电容式传感器的基本原理。因此，一般电容式传感器可以分成以下三种类型。

### 5.1.2 电容式传感器的结构分类

**1. 变面积式电容传感器**

图 5-2 所示为变面积式电容传感器的结构原理。

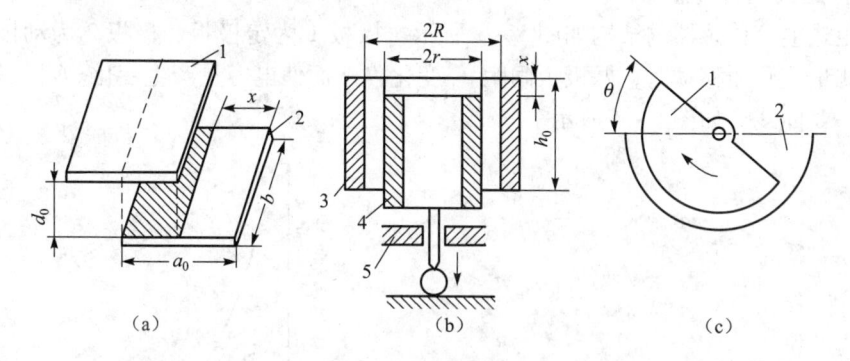

图 5-2 变面积式电容传感器的结构原理
(a) 平板形直线位移式；(b) 圆筒形直线位移式；(c) 半圆形角位移式
1—动极板；2—定极板；3—外圆筒；4—内圆筒；5—导轨

图 5-2（a）所示为平板形直线位移式电容传感器。当定极板不动，动极板做直线运动或转动时，相应地改变了两极板的覆盖面积 $A$，引起电容器电容量 $C$ 的变化。设两极板原长为 $a_0$，极板宽度为 $b$，初始极距为 $d_0$，当动极板随被测物体有一位移 $x$ 后，两极板的覆盖面积减小，此时电容量 $C_x$ 为

$$C_x = \frac{\varepsilon b(a_0 - x)}{d_0} = C_0\left(1 - \frac{x}{a_0}\right) \tag{5.2}$$

式中  $C_0 = \varepsilon b a_0 / d_0$，此传感器的灵敏度为

$$K = \frac{dC_x}{dx} = -\frac{\varepsilon b}{d_0} \tag{5.3}$$

由式（5.2）和式（5.3）可知，传感器的电容输出与位移呈线性关系，灵敏度为常数。此外，增大 $b$，减小 $d_0$，可以提高灵敏度。$d_0$ 太小，容易引起电容击穿而短路。

图 5-2（b）所示为同心圆筒形变面积式电容传感器。外圆筒不动，内圆筒在外圆筒内做上、下直线运动。在实际设计时，必须使用导轨来保持两圆筒的间隙不变。内外圆筒的半径之差越小，灵敏度越高。实际使用时，外圆筒必须接地，这样可以屏蔽外界电场干扰，并

且能减小周围人体及金属体与内圆筒的分布电容,以减小误差。

图 5-2（c）所示为角位移式电容传感器。定极板 2 的轴由被测物体带动而旋转一个角位移 $\theta$ 时,两极板的遮盖面积 $A$ 就减小,因而电容量也随之减小。

在实际使用中,可增加动极板和定极板的对数,使多片同轴动极板在等间隔排列的定极板间隙中转动,以提高灵敏度。由于动极板与轴连接,所以一般动极板接地,但必须制作一个接地的金属屏蔽盒,将定极板屏蔽起来。

变面积式电容传感器的输出特性是线性的,灵敏度是常数。变面积式电容传感器还可以做成其他形式。这一类传感器多用于检测直线位移、角位移、尺寸等参数。

**2. 变极距式电容传感器**

变极距式电容传感器的结构如图 5-3 所示,极板 1 为定极板,极板 2 为动极板。当动极板随被测量变化而移动时,两极板间距 $d_0$ 变化,从而使电容量产生变化。$C$ 随 $d$ 变化的特性曲线为一双曲线,如图 5-4 所示。

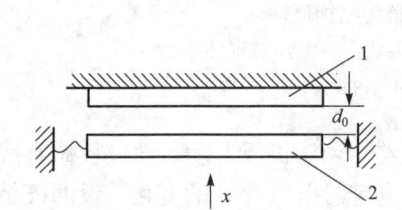

图 5-3 变极距式电容传感器的结构
1—定极板；2—动极板

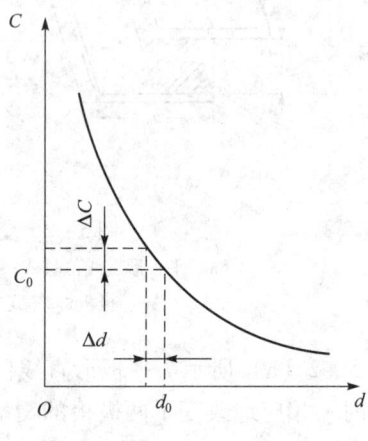

图 5-4 $C-d$ 特性曲线

设初始极距为 $d_0$,当动极板有位移,使极板间距减小 $x$ 值后,其电容值变大。$C_0$ 为初始电容值,$C_0 = \varepsilon A / d_0$,则有

$$C_x = \frac{\varepsilon A}{d_0 - x} = C_0 \left(1 + \frac{x}{d_0 - x}\right) \tag{5.4}$$

由式（5.4）可见,$C_x$ 与 $x$ 不是线性关系（由图 5-4 可见,电容与位移的特性关系为双曲线）,其灵敏度不为常数,即

$$K = \frac{dC_x}{dx} = \frac{\varepsilon A}{(d_0 - x)^2} \tag{5.5}$$

当 $d_0$ 较小时,对于同样的位移 $x$ 或 $\Delta d$,所引起的电容变化量,比 $d_0$ 较大时的 $\Delta C$ 大得多,即灵敏度较高。所以实际使用时,总是使初始极距 $d_0$ 尽量小些,以提高灵敏度。但这也带来了变极距式电容器的行程较小的缺点。

一般变极距式电容传感器起始电容量设置在十几皮法(pF)至几十皮法(pF),极距 $d_0$ 设置在 10~100 μm 较为妥当。最大位移应该小于两极间距的 $\frac{1}{10}$ ~ $\frac{1}{4}$,电容变化量可高达 2~3 倍。近年来,随着计算机技术的发展,电容传感器大多都配置了单片机,所以其非线性误差可用微机来计算修正。

**3. 变介电常数式电容传感器**

因为各种介质的相对介电常数不同,所以在电容器两极板间插入不同介质时,电容器的电容量也就不同,利用这种原理制作的电容传感器称为变介电常数式电容传感器,它们常用来检测片状材料的厚度、性质,颗粒状物体的含水量以及测量液体的液位等。表 5-1 列出了几种介质的相对介电常数。

**表 5-1 几种介质的相对介电常数**

| 介质名称 | 相对介电常数 $\varepsilon_r$ | 介质名称 | 相对介电常数 $\varepsilon_r$ |
| --- | --- | --- | --- |
| 真空 | 1 | 玻璃釉 | 3~5 |
| 空气 | 略大于 1 | $SiO_2$ | 3~8 |
| 其他气体 | 1~1.2 | 云母 | 5~8 |
| 变压器油 | 2~4 | 干的纸 | 2~4 |
| 硅油 | 2~3.5 | 干的谷物 | 3~5 |
| 聚丙烯 | 2~2.2 | 环氧树脂 | 3~10 |
| 聚苯乙烯 | 2.4~2.6 | 高频陶瓷 | 10~160 |
| 聚四氟乙烯 | 2.0 | 低频陶瓷、压电陶瓷 | 1 000~10 000 |
| 聚偏二氟乙烯 | 3~5 | 纯净的水 | 80 |

如图 5-5 所示,当某种介质在两固定极板间运动时,其电容量与介质参数之间的关系为

$$C = \frac{A}{\dfrac{\delta - d}{\varepsilon_0} + \dfrac{d}{\varepsilon_r \varepsilon_0}} = \frac{\varepsilon_0 A}{\delta - d + \dfrac{d}{\varepsilon_r}} \tag{5.6}$$

式中 $d$——运动介质的厚度。

由式（5.6）可见，当运动介质厚度 $d$ 保持不变，而介电常数 $\varepsilon = \varepsilon_r\varepsilon_0$ 改变时，电容量将发生相应的变化，因此可作为介电常数 $\varepsilon$ 的测试仪。反之，如果 $\varepsilon$ 保持不变，而 $d$ 改变，则可作为测厚仪。

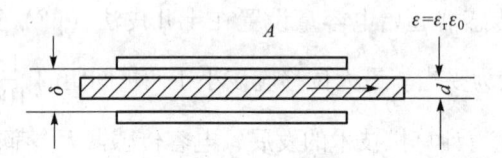

图 5-5 变介电常数式电容传感器原理图

**4. 差动式电容传感器**

在实际应用中，为了提高电容传感器的灵敏度，改善非线性和消除温度的影响，常常采用差动形式，如图 5-6 所示。图 5-6（a）所示为变极距式差动电容传感器的原理图。中间为动极板，上、下两片为定极板。当动极板移动距离 $x$ 后，一边的极距变为 $d_0 - x$，则另一边的极距变为 $d_0 + x$。图 5-6（b）所示为变面积式差动电容传感器的原理图。上、下两个圆筒是定极板，而中间的为动极板，当动极板向上移动时，与上极板的遮盖面积增加，而与下极板的遮盖面积减小，两者变化的数值相等，反之亦然。

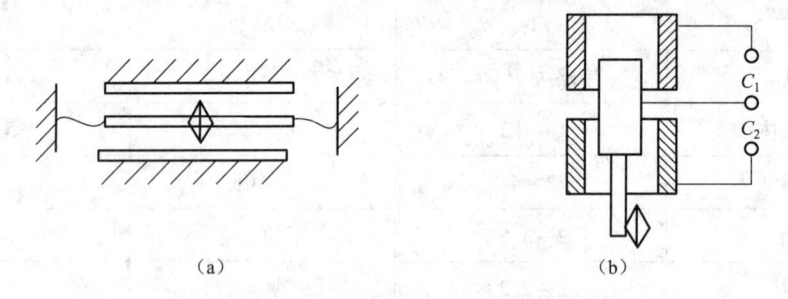

图 5-6 差动式电容传感器
（a）变极距式差动电容传感器；（b）变面积式差动电容传感器

## 5.2 电容式传感器的测量电路

前面讨论了如何将被测非电量的变化转换为电容量的变化。现在要讨论的是如何将电容量的变化转换为电信号的变化。

通常电容值是非常小的，直接测量电容也不方便，更不便于传输，因此需要用测量电路将电容量的变化转换成与之有对应关系的电压、电流或频率的变化，以便于显示、记录与传输。下面介绍几种典型的测量电路。

### 5.2.1 桥式电路

**1. 单臂接法**

图 5-7 所示为单臂桥式测量电路。高频电源经变压器接到电容桥的一条对角线上,电容 $C_1$、$C_2$、$C_3$、$C_x$ 构成电容桥的四臂,$C_x$ 为电容传感器,交流电桥平衡后,当 $C_x$ 改变时,$U_o \neq 0$,有输出电压。

此种电路常用于棉纱直径、料罐料位检测仪中。

**2. 差动接法**

图 5-8 所示为变压器式电桥差动测量电路,接有差动电容传感器,其空载输出电压可用下式表示:

$$\frac{C_1}{C_2} = \frac{C_x}{C_3}, U_o = 0$$

$$U_o = \frac{(C_0 - \Delta C) - (C_0 + \Delta C)}{(C_0 + \Delta C) + (C_0 - \Delta C)} U = -\frac{\Delta C}{C_0} U$$

式中　$U$——工作电压;
　　　$C_0$——电容传感器平衡状态时的电容值;
　　　$\Delta C$——电容传感器的变化值。

这种电路常用于尺寸自动检测系统中。

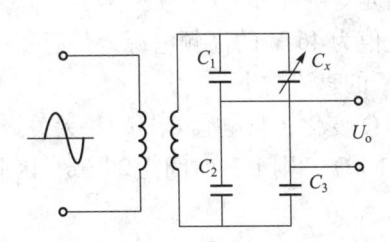

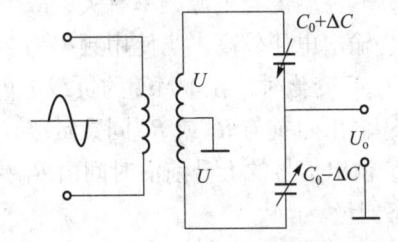

图 5-7　单臂桥式测量电路　　　图 5-8　变压器式电桥差动测量电路

**3. 二极管双 T 电桥电路**

二极管双 T 电桥测量电路如图 5-9 所示。$C_1$、$C_2$ 为差动式电容传感器的电容,$R_L$ 为负载电阻,$VD_1$、$VD_2$ 为理想二极管,$R_1$、$R_2$ 为固定电阻。

电路的工作原理如下:当电源电压 $U$ 为正半周时,$VD_1$ 导通,$VD_2$ 截止,于是 $C_1$ 充电;当电源电压 $U$ 为负半周时,$VD_1$ 截止,$VD_2$ 导通,这时 $C_2$ 充电,而 $C_1$ 则放电。$C_1$ 的放电回路由图 5-9 可以看出:一路通过 $R_1$、$R_L$,另一路通过 $R_1$、$R_2$、$VD_2$,设这时流过 $R_L$ 的电流为 $i_1$。

到下一个正半周，$VD_1$ 导通，$VD_2$ 截止，$C_1$ 又被充电，而 $C_2$ 则要放电。放电回路一路通过 $R_L$、$R_2$，另一路通过 $VD_1$、$R_1$、$R_2$，设这时流过 $R_L$ 的电流为 $i_2$。

如果选择特性相同的二极管，且 $R_1 = R_2 = R$，$C_1 = C_2$，则流过 $R_L$ 的电流 $i_1$ 和 $i_2$ 的平均值大小相等，方向相反，在一个周期内流过负载电阻 $R_L$ 的平均电流为零，$R_L$ 上无电压输出。若 $C_1$、$C_2$ 发生变化时，在负载电阻 $R_L$ 上产生的平均电流不再为零，因而有信号输出。此时输出电压平均值为

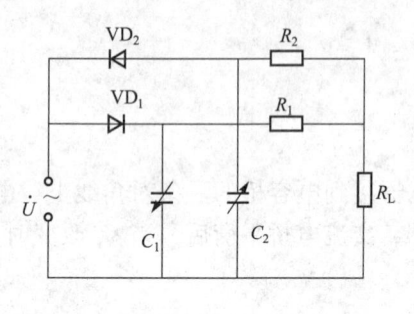

图 5-9　二极管双 T 电桥测量电路

$$\overline{U}_o \approx \frac{R(R + 2R_L)}{(R + R_L)} R_L U f(C_1 - C_2) \tag{5.7}$$

当 $R_1 = R_2 = R$，$R_L$ 为已知时，则 $\frac{R(R + 2R_L)}{(R + R_L)} R_L = K$ 为一常数，故式（5.7）可写成

$$\overline{U}_o = K U f(C_1 - C_2) \tag{5.8}$$

式中　$U$——电源电压；
　　　$f$——电源频率。

该电路适用于各种电容式传感器，具有以下特点：
① 电源、电容式传感器、负载电阻均可在同一点接地。
② 二极管工作于高电平下，因而非线性误差小。
③ 其灵敏度与电源频率有关，故电源频率需要稳定。
④ 输出电压较高。当使用频率为 1.3 MHz、有效值为 46 V 的高频电源，传感器电容在 -7~7 pF 变化时，在 1 MΩ 的负载上可产生 -5~5 V 的直流输出。
⑤ 输出阻抗与 $R_1$ 或 $R_2$ 同数量级，可从 1~100 kΩ 变化，与电容 $C_1$ 和 $C_2$ 无关。
⑥ 输出信号的上升前沿时间由 $R_L$ 决定，如 $R_L = 1$ kΩ，则上升时间为 20 μs，因此可用于动态测量。

### 5.2.2　调频电路

这种电路是将电容式传感器作为 LC 振荡器谐振回路的一部分，或作为晶体振荡器中的石英晶体的负载电容。当电容传感器工作时，电容 $C_x$ 发生变化，就是振荡器的频率 $f$ 产生相应的变化。由于振荡器的频率受电容式传感器电容的调制，这样就实现了 $C/f$ 的变换，故称为调频电路。图 5-10 所示为 LC 振荡器调频电路框图。调频振荡器的频率可由下式决定，即

$$f = \frac{1}{2\pi \sqrt{L_0 C}} \tag{5.9}$$

式中　$L_0$——振荡回路的固定电感；

$C$——振荡回路的电容。

$C$ 包括传感器电容 $C_x$、谐振回路中的微调电容 $C_1$ 和传感器电缆分布电容 $C_C$，即 $C = C_x + C_1 + C_C$。

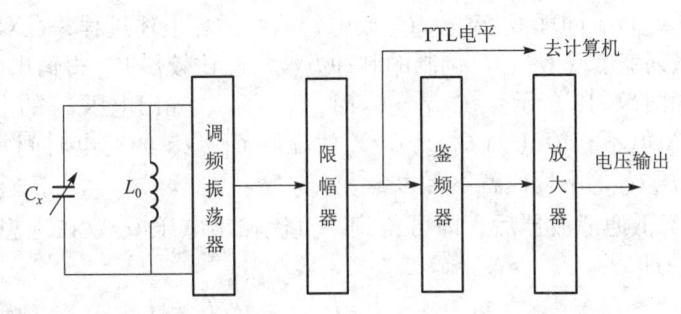

图 5-10　LC 振荡器调频电路框图

振荡器的输出信号是一个受被测量控制的调频波，频率的变化在鉴频器中变化为电压幅度的变化，经过放大器放大、检波后就可用仪表来指示，也可将频率信号直接送到计算机的计数定时器进行测量。

### 5.2.3　脉冲宽度调制电路

图 5-11 所示为差动脉冲宽度调制电路，图中 $C_1$ 和 $C_2$ 为传感器的两个差动电容。电路由三个比较器 $IC_1$、$IC_2$、$IC_3$，一个双稳态触发器 FF 和两个充放电回路 $R_1C_1$ 和 $R_2C_2$（$R_1 = R_2$）所组成，$U_r$ 为直流参考电压。

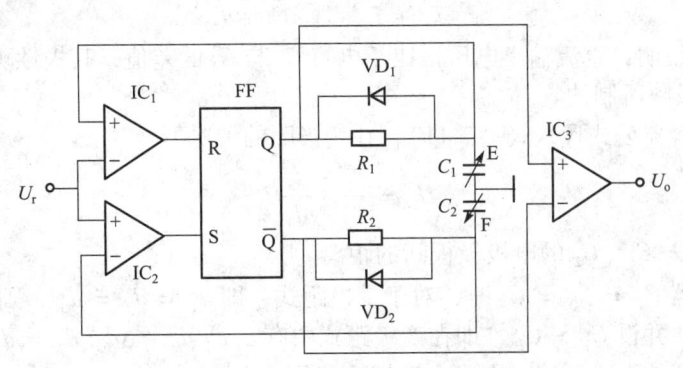

图 5-11　差动脉冲宽度调制电路

电路的工作原理如下：

设电源接通时双稳态触发器 Q 端输出为高电平（$U_1$），$\overline{Q}$ 端为低电平（0）。则 Q 端通过 $R_1$ 对 $C_1$ 充电，充电时间常数为 $\tau_1 = R_1C_1$，当 E 点电位 $U_E$ 上升到与 $U_r$ 相等时，比较器 $IC_1$

输出一脉冲使触发器翻转，使 Q 端输出为低电平（0），$\bar{Q}$ 端为高电平（$U_1$）。此时 VD$_1$ 导通，$C_1$ 迅速放电至零。同时 $\bar{Q}$ 端通过 $R_2$ 对 $C_2$ 充电，充电时间常数为 $\tau_2 = R_2 C_2$，当 F 点电位 $U_F$ 上升与到与 $U_r$ 相等时，比较器 IC$_2$ 输出一脉冲使触发器又翻转为 Q 端输出为高电平端（$U_1$），$\bar{Q}$ 为低电平（0）。同理 $C_1$ 充电，$C_2$ 放电，从而循环上述过程，在双稳态触发器的两个输出端产生一系列宽度受 $C_1$、$C_2$ 调制的脉冲方波。经比较器 IC$_3$ 得输出电压 $U_o$。各点的波形及输出波形如图 5-12 所示。在 $C_1 = C_2$ 时，$T_1 = T_2$，输出电压 $U_o$ 的平均值等于零。而在差动电容 $C_1$、$C_2$ 值不相等（如 $C_1 > C_2$）时，则 $C_1$、$C_2$ 的充电时间常数就发生变化，$T_1 \neq T_2$，输出电压 $U_o$ 的平均值就不再为零。

输出电压 $U_o$ 经低通滤波器后，即可得到一直流输出电压 $\bar{U}_o$。在理想情况下，它等于 $U_o$ 的电压平均值，即

$$\bar{U}_o = \frac{T_1}{T_1 + T_2} U_1 - \frac{T_2}{T_1 + T_2} U_1 = \frac{T_1 - T_2}{T_1 + T_2} U_1 \tag{5.10}$$

式中　$T_1$、$T_2$——$C_1$、$C_2$ 的充电时间；

$U_1$——触发器的输出高电平值，为定值。

因此输出直流电压 $\bar{U}_o$ 随 $T_1$、$T_2$ 而变。而 $C_1$、$C_2$ 的充电时间为

$$T_1 = R_1 C_1 \ln \frac{U_1}{U_1 - U_r}$$

$$T_2 = R_2 C_2 \ln \frac{U_1}{U_1 - U_r}$$

由此可见，电容 $C_1$、$C_2$ 分别与 $T_1$、$T_2$ 成正比。在 $R_1 = R_2$ 时

$$\bar{U}_o = \frac{T_1 - T_2}{T_1 + T_2} U_1 = \frac{C_1 - C_2}{C_1 + C_2} U_1 \tag{5.11}$$

式（5.11）说明，直流输出电压正比于电容 $C_1$ 与 $C_2$ 的差值，其极性可正可负，大小受 $C_1$ 与 $C_2$ 之比的极限所制约。

把平行板电容器公式代入式（5.11），在变极距的情况下

$$\bar{U}_o = \frac{d_2 - d_1}{d_2 + d_1} U_1 \tag{5.12}$$

式中　$d_1$、$d_2$——$C_1$、$C_2$ 的电极极板间的距离。

当差动电容器 $C_1 = C_2 = C_0$ 时，对于变极距式，即 $d_1 = d_2 = d_0$，则有 $\bar{U}_o = 0$。

若 $C_1 \neq C_2$，并设 $C_1 > C_2$，即在变极距式中有 $d_1 = d_0 - \Delta d$，$d_2 = d_0 + \Delta d$，其中 $\Delta d$ 为差动电容器动片的微小位移，则式（5.12）可写成

$$\bar{U}_o = \frac{\Delta d}{d_0} U_1 \tag{5.13}$$

对于变面积式的差动电容传感器，同样有

$$\bar{U}_o = \frac{\Delta S}{S} U_1 \tag{5.14}$$

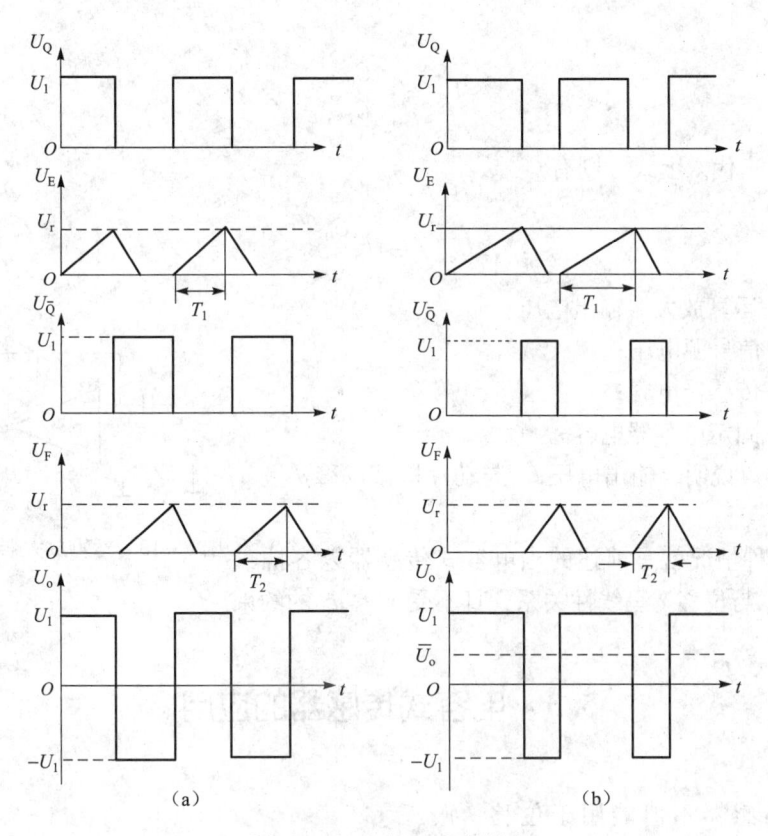

图 5 – 12　各点电压波形图
(a) $C_1 = C_2$；(b) $C_1 > C_2$

根据以上分析，脉冲调宽电路具有以下特点：

① 对敏感元件的线性要求不高，无论是变极距式或变面积式，其输出都与输入变化量呈线性关系。

② 不需要特殊电路，只要经低通滤波器就可以得到较大的直流输出。

③ 不需要高频发生装置。

④ 调宽频率的变化对输出无影响。

⑤ 由于低通滤波器的作用，对输出矩形波纯度要求不高。

这些都是其他电容测量电路无法比拟的。

## 5.2.4　运算放大器式测量电路

图 5 – 13 所示为运算放大器式测量电路。电容式传感器跨接在高增益运算放大器的输入端与输出端之间。运算放大器的输入阻抗很高，因此可以认为它是一个理想运算放大器，其

输出电压为

$$U_o = -\frac{C_0}{C_x}U_i$$

将 $C_x = \dfrac{\varepsilon A}{d}$ 代入上式，则有

$$U_o = -U_i\frac{C_0}{\varepsilon A}d \tag{5.15}$$

式中　$U_o$——运算放大器输出电压；
　　　$U_i$——信号源电压；
　　　$C_x$——传感器电容；
　　　$C_0$——固定电容器电容。

式（5.15）说明，输出电压 $U_o$ 与动片机械位移 $d$ 呈线性关系。

**注意**：这种情况就是前述的当电容式传感器以容抗 $X_C$ 输出时，$X_C$ 与位移 $x$ 呈线性关系，且不受 $x \ll d_0$ 的约束。

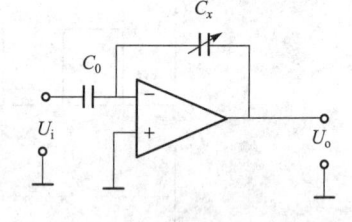

图 5-13　运算放大器式测量电路

## 5.3　电容式传感器的应用

电容式传感器不但能用于位移、振动、角度、加速度、荷重等机械量的精密测量，还广泛应用于压力、压力差、液位、料位、成分含量及位移测量。

### 5.3.1　差动式电容差压传感器

差动式电容差压传感器广泛应用于液体、气体的压力，液体位置及密度等的检测，其结构如图 5-14 所示，它实质上是一个由金属膜片与镀金凹形玻璃圆盘组成的采用差动电容原理工作的位移传感器。当被测压力 $p_1$ 及 $p_2$ 通过过滤器进入空腔时，由于弹性膜片两侧压力差，使膜片凸向压力小的一侧，这一位移改变了两个镀金玻璃圆片与弹性膜片之间的电容量，而

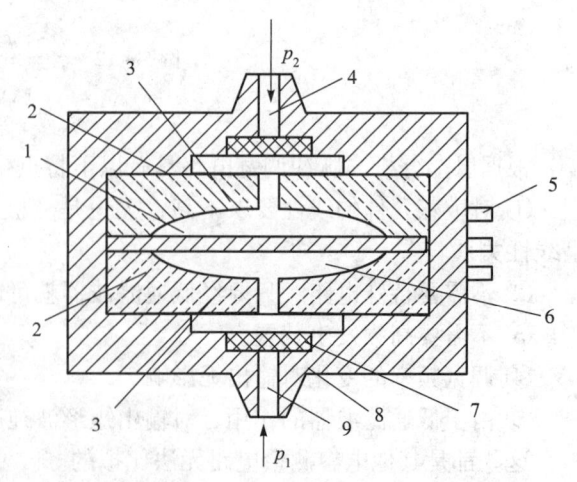

图 5-14　差动式电容差压传感器
1—弹性平膜片（动极）；2—凹玻璃圆片；3—金属镀层（定极）；4—低压侧进气孔；5—输出端子；6—空腔；7—过滤器；8—壳体；9—高压侧进气孔

电容的变化可由电路加以放大后取出。这种传感器的分辨力很高，采用适当的测量电路，可以测量较小的压力差，响应速度可达数十毫秒。若测量含有杂质的液体，还需在两个进气孔前设置波纹隔离膜片，并在两侧空腔中充满导压硅油，使得弹性平膜片感受到的压力之差仍等于 $p_1 - p_2$。

### 5.3.2 电容测厚仪

电容测厚仪主要用于测量金属带材在轧制过程中的厚度，其工作原理如图 5-15 所示。

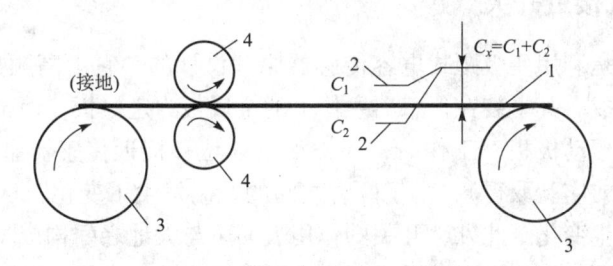

图 5-15 电容测厚仪的工作原理
1—金属带材；2—电容极板；3—传动轮；4—轧辊

在被测金属带材的上下两侧各放置一块面积相等、与带材距离相等的极板，这样极板与带材就形成了两个电容器。把两块极板用导线连接起来作为电容器的一个极板，而金属带材就是电容的另一个极板，其总电容 $C_x = C_1 + C_2 = 2C$。如果带材厚度发生变化，将引起电容量的变化，用交流电桥将电容的这一变化检测出来，再经过放大，即可由显示仪表显示出带材厚度的变化。

### 5.3.3 电容式加速度传感器

图 5-16 所示为空气阻尼的电容式加速度传感器。该传感器采用差动式结构，有两个固

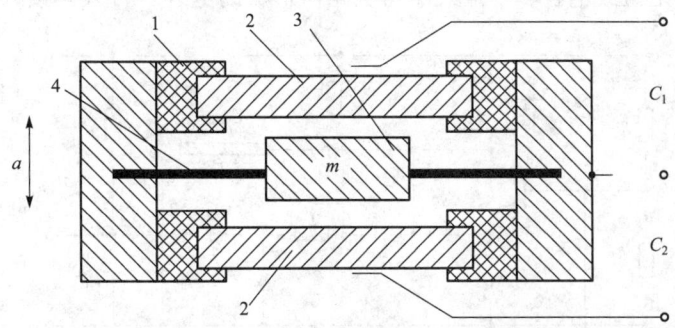

图 5-16 空气阻尼的电容式加速度传感器
1—绝缘体；2—固定电极；3—质量块；4—弹簧片

定电极，两极板之间有一个用弹簧片支撑的质量块，此质量块的两个端面经过磨平抛光后作为可动极板。当传感器用于测量垂直方向的微小振动时，由于质量块的惯性作用，使两固定极板相对质量块产生位移，此时，上下两个固定电极与质量块端面之间的电容量产生变化而使传感器有一个差动的电容变化量输出，其值与被测加速度的大小成正比。该传感器频率响应快，量程范围大，在结构上大多采用空气或其他气体作阻尼物质。此外，该传感器还可做得很小，并与测量电路一起封装在一个厚膜集成电路的壳体中。

### 5.3.4 电容式接近开关

电容式接近开关是利用变极距式电容传感器原理设计的。它由高频振荡、检波、放大、整形及输出等部分组成。其中装在传感器主体上的金属板为定极板，而被测物体上的相对应位置上的金属板相当于动极板。工作时，当被测物体位移接近传感器主体时（接近的距离范围可通过理论计算或实验取得），由于两者之间的距离发生了变化，从而引起传感器电容量的改变，使输出发生变化。此外，开关的作用表面可与大地之间构成一个电容器，参与振荡回路的工作。当被测物体接近开关的作用表面时，回路的电容量将发生变化，使得高频振荡器的振荡减弱直至停振。振荡器的振荡及停振这两个信号由电路转换成开关信号送给后续开关电路中，从而完成传感器按预先设置的条件发出信号，控制或检测机电设备，使其正常工作。

电容式接近开关主要用于定位及开关报警控制等场合，它具有无抖动、无触点、非接触检测等优点，其抗干扰能力、耐腐蚀性能等比较好。尤其适合自动化生产线和检测线的自动限位、定位等控制系统，以及一些对人体安全影响较大的机械设备（如切纸机、压模机、锻压机等）的行程和保护控制系统。图5-17所示为人体接近电容式传感器的电路图。$C_1$与$L_1$构成并联谐振电路，$L_2$和T形成共基接法，$C_4$是反馈电容，$C_5$是耦合电容，$R_3$与$C_3$形成去耦电路。$R_1$和$R_2$是偏置电阻，与$C_2$形成选频网络。电位器用于调节接近距离。$VD_1$与$VD_2$构成检波电路。$C_6$是检波电容，$C_0$是人体与金属棒形成的电容。若人体接近金属棒，$C_0$变大，

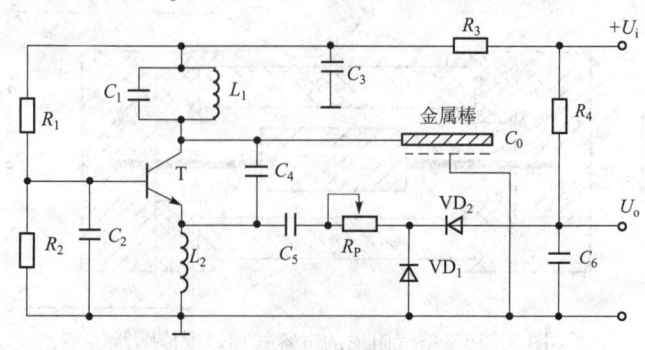

图5-17 人体接近电容式传感器电路图

与 $C_4$ 并联后使反馈电容增加,与 $L_2$ 形成振荡器的振荡条件遭到破坏,从而减弱振荡,经 $VD_1$、$VD_2$ 检波后,输出的电压为低电平。否则,振荡器正常振荡,输出高电平。

### 知识拓展

接近开关

接近开关又称无触点行程开关。它能在一定的距离(几毫米至几十毫米)内检测有无物体靠近。当物体与其接近到设定距离时,就可以发出"动作"信号,而不像机械式行程开关那样,需要施加机械力。它给出的是开关信号(高电平或低电平),多数接近开关具有较大的负载能力,能直接驱动中间继电器。

接近开关的核心部分是"感辨头",它必须对正在接近的物体有很高的感辨能力。在生物界里,眼镜蛇的尾部能感辨出人体发出的红外线。而电涡流探头就能感辨金属导体的靠近。但是应变片、电位器之类的传感器就无法用于接近开关,因为它们属于接触式测量。

多数接近开关已将感辨头和测量转换电路做在同一壳体内,壳体上多带有螺纹或安装孔,以便于安装和调整。

接近开关的应用已远超出行程开关的行程控制和限位保护范畴。它可以用于高速计数、测速,确定金属物体的存在和位置,测量物位和液位,用于人体保护和防盗以及无触点按钮等。

即使仅用于一般的行程控制,接近开关的定位精度、操作频率、使用寿命、安装调整的方便性、耐磨性和耐腐蚀性等也是一般机械式行程开关所不能相比的。

**1. 常用的接近开关分类**

① 自感式、差动变压器式:只对导磁物体起作用。

② 电涡流式(按行业习惯称其为电感接近开关):只对导电良好的金属起作用。

③ 电容式:对接地的金属或地电位的导电物体起作用,对非地电位的导电物体灵敏度稍差。

④ 磁性干簧开关(也叫干簧管):只对磁性较强的物体起作用。

⑤ 霍尔式:只对磁性物体起作用。

从广义来讲,其他非接触式传感器均能用作接近开关。例如,光电传感器、微波和超声波传感器等。但是它们的检测距离一般均可以做得较大,可达数米甚至数十米,所以多把它们归入电子开关系列。

**2. 接近开关的特点**

与机械开关相比,接近开关具有如下特点:

① 非接触检测,不影响被测物的运行工况;

② 不产生机械磨损和疲劳损伤，工作寿命长；
③ 响应快，一般响应时间可达几毫秒或十几毫秒；
④ 采用全密封结构，防潮、防尘性能较好，工作可靠性强；
⑤ 无触点、无火花、无噪声，适用于要求防爆的场合（防爆型）；
⑥ 输出信号大，易与计算机或可编程控制器（PLC）等接口；
⑦ 体积小，安装、调整方便。

它的缺点是触点容量较小，输出短路时易烧毁。

接近开关的几种结构形式如图5-18所示，可根据不同的用途选择不同的型号。图5-18（a）的形式用于调整与被测物的间距。图5-18（b）、（c）的形式可用于板材的检测，图5-18（d）、（e）可用于线材的检测。

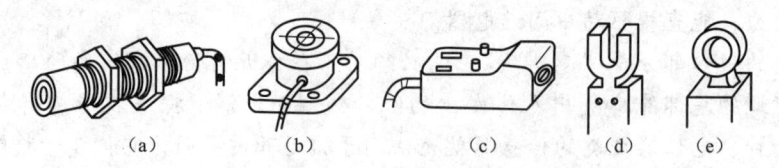

图 5-18 接近开关的几种结构形式
(a) 圆柱形；(b) 平面安装型；(c) 方形；(d) 槽形；(e) 贯穿型

### 5.3.5 利用电容量变化效应的温度传感器

有一种以 $BaSrTiO_3$ 为主的陶瓷电容器，其介电常数 $\varepsilon$ 在温度超过居里点之后，会随着温度的上升成反比地下降，如图5-19所示。若将这种电容器与电感组成谐振回路，则其谐振频率会有规律地随温度变化。用频率计测出其频率，经过换算可求得温度。这种温度传感

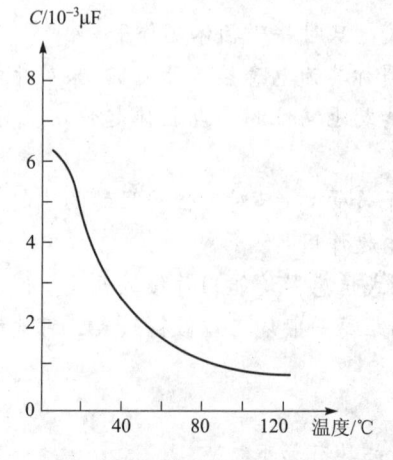

图 5-19 $BaSrTiO_3$ 陶瓷电容器的电容量与温度的关系

器分辨力较高，但这类陶瓷电容器的电容量在高温、高湿下会发生变化，因此必须注意防潮。

### 先导案例解决

图 5-20 所示为电容式料位传感器的结构。由于固体摩擦力较大，容易"滞留"，所以一般采用单电极式电容传感器，可用电极棒及容器壁组成的两极来测量非导电固体的料位，或在电极外套以绝缘套管，测量导电固体的料位，此时电容的两极由物料及绝缘套中电极组成。图 5-20（a）所示为用金属电极棒插入容器来测量料位，它的电容变化与料位的升降关系为

$$C = \frac{2\pi(\varepsilon - \varepsilon_0)H}{\ln \dfrac{D}{d}}$$

式中　$D$、$d$——容器的内径和电极的外径；
　　　$\varepsilon$、$\varepsilon_0$——物料的介电常数和空气的介电常数。

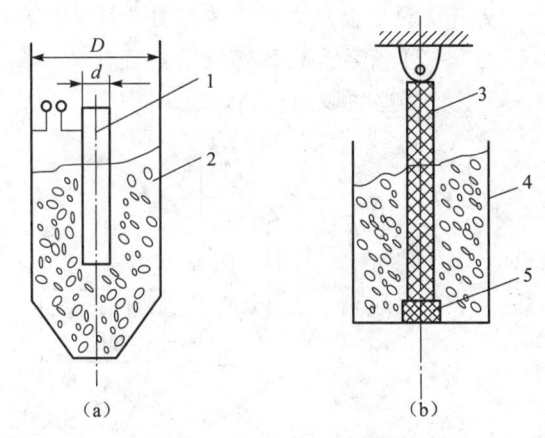

图 5-20　电容式料位传感器的结构
1—电极棒；2、4—容器壁；
3—钢丝绳内电极；5—绝缘材料
（a）非导电固体的料位测量；（b）导电固体的料位测量

## 本章小结

电容器是电子技术的三大类无源元件（电阻、电感和电容）之一，利用电容器的原理，将非电量转化为电容量，进而实现非电量到电量的转化的器件称为电容式传感器。电容式传感器已在位移、压力、厚度、物位、湿度、振动、转速、流量及成分分析的测量等方面得到了广泛的应用。电容式传感器的精度和稳定性也日益提高，一种 250 mm 量程的电容式位移传感器，精度可达 5 μm。电容式传感器作为一种频响宽、应用广、非接触测量的传感器，是很有发展前途的。

### 思考题与习题

1. 总结电容式传感器的优缺点，主要应用场合以及使用中应注意的问题。

2. 试叙述电容式传感器的工作原理及分类。
3. 为什么变面积式电容传感器测量位移范围大？
4. 电容式传感器的测量电路有哪几种？试分析它们的工作原理及主要特点。
5. 试分析变面积式电容传感器与变极距式电容传感器的灵敏度。为提高传感器的灵敏度，可采取什么措施并应注意什么问题？
6. 为什么说变极距式电容传感器特性是非线性的？采取什么措施可改善其非线性特性？
7. 图 5-21 所示为人体感应式接近开关示意图，请分析其工作原理，并说明该装置还可以用于其他哪些领域的检测。

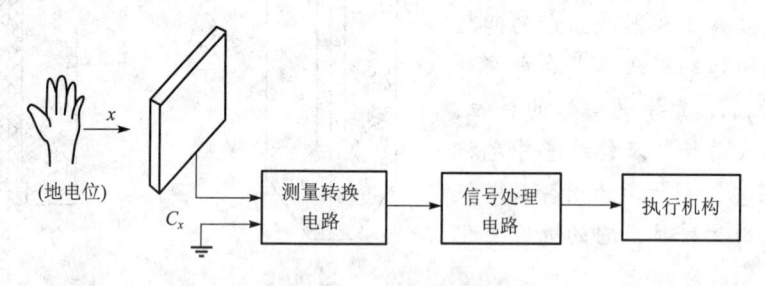

图 5-21 人体感应式接近开关示意图

8. 有一平板直线位移型差动电容传感器，其测量电路采用变压器交流电桥，结构组成如图 5-22 所示。电容传感器起始时 $b_1 = b_2 = b = 20$ mm，$a_1 = a_2 = a = 10$ mm，极间介质为空气，测量电路中 $u_i = 3\sin\omega t$ V，且 $u = u_i$。试求动极板上输入一位移量 $\Delta x = 5$ mm 时的电桥输出电压 $u_o$。

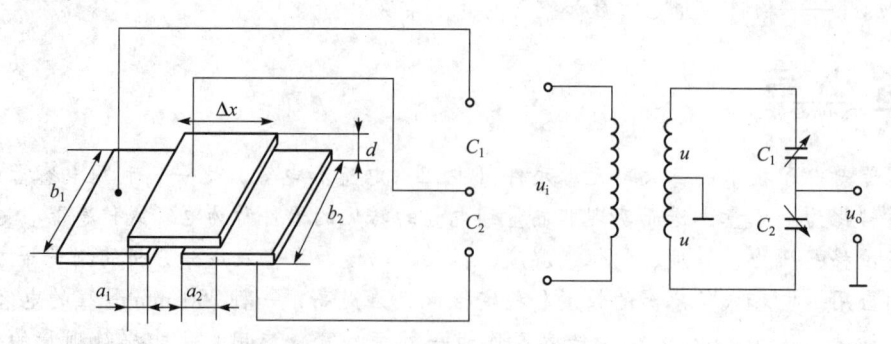

图 5-22 平板直线位移型差动电容传感器

# 第 6 章 压电式传感器

## 本章知识点

1. 压电效应、压电材料；
2. 压电式传感器的等效电路和测量电路；
3. 压电式传感器的应用。

## 先导案例

压电式传感器主要用于脉动力、冲击力、振动等动态参数的测量。由于压电材料可以是石英晶体、压电陶瓷和高分子压电材料等，它们的特性不尽相同，所以用途也不一样。

石英晶体主要用于精密测量，多作为实验室基准传感器；压电陶瓷灵敏度较高，机械强度稍低，多用作测力和振动传感器；而高分子压电材料多用作定性测量。

### 本案例要解决的问题

利用高分子压电材料的压电特性，合理地将其应用于报警装置（系统）中。

压电式传感器是一种利用某些电介质受力后所产生压电效应制成的传感器。某些电介质在有外力作用时，其表面将产生电荷，通过测量电介质所产生的这些电荷量，可以测出外力的大小和方向。因此，压电元件是一种力敏感元件，可以测量那些最终能转换为力的物理量，例如动态力、压动态力、振动加速度等。

压电式传感器具有体积小、质量轻、频带宽、信噪比大等优点。由于它没有运动部件，因此结构坚固，工作可靠，稳定性高。

随着电子技术的发展，与之配套的转换电路以及低噪声、小电容、高绝缘电阻电缆的相继出现，使压电传感器的使用更加方便，因而在微压力测量、振动测量、生物医学、电声学等方面得到了广泛的应用。

## 6.1 压电式传感器的工作原理

### 6.1.1 压电效应

某些电介质，当沿着一定方向对其施加力而使其变形时，内部就产生极化现象，同时在它的两个表面上产生符号相反的电荷；当外力去掉后，又重新恢复到不带电状态，这种现象称为压电效应。当作用力的方向改变时，电荷极性也随时改变。有时把这种机械能转化为电能的现象称为正压电效应。相反，当在电介质极化方向施加电场，这些电介质也会产生变形，这种现象称为逆压电效应或称电致伸缩效应。与正压电效应过程相反，逆压电效应过程是把电能转化为机械能的过程。具有压电效应的材料称为压电材料，利用压电材料能实现机一电能量的相互转换。

### 6.1.2 压电材料

自然界中的大多数晶体具有压电效应，但压电效应十分明显的不多。天然形成的石英晶体、人工制造的压电陶瓷、锆钛酸铅、钛酸钡等材料是压电效应性能优良的压电材料。

具有压电效应的物质很多，可分为三大类：一是压电晶体（单晶），它包括压电石英晶体和其他单晶；二是压电陶瓷（多晶半导瓷）；三是新型压电材料，其中有压电半导体和有机高分子压电材料两种。

压电材料的主要特性参数如下：

压电系数——衡量材料压电效应强弱的参数，压电系数越大，压电效应越明显。

弹性常数——压电材料的弹性常数、机械强度、刚度决定着压电器件的线性范围、固有振动频率。

介电常数——一定形状和尺寸的压电元件，固有电容与介电常数有关，而固有频率又影响着压电传感器的下限。

机电耦合参数——衡量压电材料机电能量转换效率的重要参数，其值等于转换输出能量（如电能）与输入能量（如机械能）之比的平方根。

电阻——压电材料的绝缘电阻，决定着电荷泄漏快慢，是决定压电传感器低频特性的主要参数。

居里点——压电材料的温度达到某一值时,便开始失去压电特性,这一温度称为居里点,或称居里温度。

常用压电材料的主要特性见表6-1。

表6-1 常用压电材料的主要特性

| 材料 | 形状 | 压电系数/<br>($10^{-12}$C·N$^{-1}$) | 相对介电系数 | 居里温度 | 密度/<br>($10^3$ kg·m$^{-3}$) | 机械品质因数 |
|---|---|---|---|---|---|---|
| 石英 | 单晶 | $d_{11}$ = 2.31<br>$d_{14}$ = 0.727 | 4.6 | 573 | 2.65 | $10^5 \sim 10^6$ |
| 钛酸钡<br>BaTiO$_3$ | 陶瓷 | $d_{33}$ = 190<br>$d_{31}$ = -78 | 1 700 | 115 | 5.7 | 300 |
| 锆钛酸铅<br>PZT-4 | 陶瓷 | $d_{11}$ = 410<br>$d_{31}$ = -100<br>$d_{33}$ = 230 | 1 050 | 310 | 7.45 | ≥500 |
| 锆钛酸铅<br>PZT-5 | 陶瓷 | $d_{15}$ = 670<br>$d_{31}$ = -185<br>$d_{33}$ = 600 | 2 100 | 260 | 7.5 | 80 |
| 锆钛酸铅<br>PZT-8 | 陶瓷 | $d_{15}$ = 330<br>$d_{31}$ = -90<br>$d_{33}$ = 200 | 1 000 | 300 | 7.45 | ≥800 |
| 硫化镉<br>CdS | 单晶 | $d_{15}$ = -14<br>$d_{31}$ = -5.2<br>$d_{33}$ = -10.3 | 10.3<br>9.35 | | 4.82 | |
| 氧化锌<br>ZnO | 单晶 | $d_{15}$ = 8.3<br>$d_{31}$ = 5.0<br>$d_{33}$ = 12.4 | 9.26 | | 5.68 | |
| 聚二氟乙烯<br>PvF$_2$ | 延伸薄膜 | $d_{31}$ = 6.7 | 5 | ≈120 | 1.8 | |
| 复合材料 | 薄膜 | 15~25 | 100~120 | | 5.5~6 | |

**1. 石英晶体**

石英是典型的压电晶体，其化学成分是二氧化硅（$SiO_2$），如图6-1所示，它是一个正六面体。用一个三维坐标轴表示，纵向轴 $Z$ 称为光轴，经六面体棱线并垂直于光轴的 $X$ 轴称为电轴，与 $X$ 轴和 $Z$ 轴同时垂直的 $Y$ 轴称为机械轴。通常把沿电轴 $X$ 轴方向的力作用下产生电荷的压电效应称为"纵向压电效应"，而把沿机械轴 $Y$ 轴方向的力作用下产生电荷的压电效应称为"横向压电效应"。沿光轴 $Z$ 轴方向受力不产生压电效应。

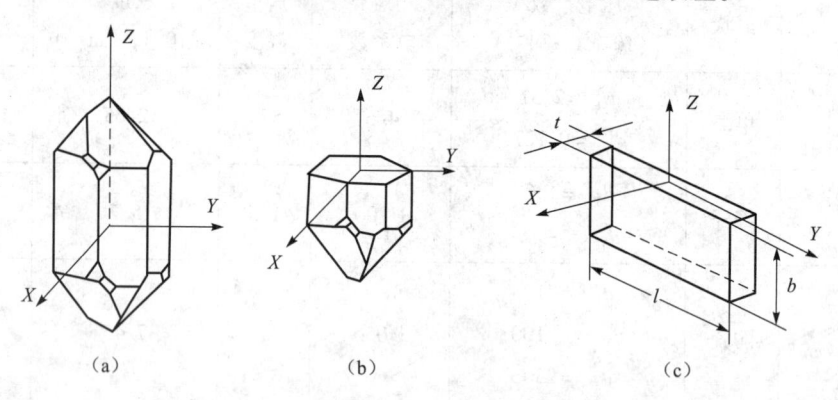

图6-1 石英晶体

（a）、（b）石英晶体形状；（c）晶体切片

石英晶体具有压电效应，是与其特殊的内部结构有关。通常，它具有如下特性：

① 晶体在某个方向上有正压电效应，则在此方向上一定存在逆压电效应；

② 无论是正压电效应还是逆压电效应，其作用力（或应变）与电荷（或电场强度）之间呈线性关系；

③ 晶体具有各向异性特点，并不是在任何方向都存在压电效应。

石英晶体是一种性能良好的压电晶体，它的突出优点是性能非常稳定。在20℃~200℃内压电系数变化率只有-0.000 1/℃。此外，它还具有自振频率高、动态响应好、机械强度高、绝缘性能好、迟滞小、重复性好、线性范围宽等优点。石英晶体的不足之处是压电系数较小（$d = 2.31 \times 10^{-12}$ C/N）。因此石英晶体大多只在标准传感器、高精度传感器或使用温度较高的传感器中使用，而在一般要求的测量中，基本上采用压电陶瓷。

**2. 压电陶瓷**

压电陶瓷是人工制造的多晶压电材料，它由无数细微的电畴组成，这些电畴实际上是分子自发极化的小区域。在无外电场作用时，各个电畴在晶体中杂乱分布，它们的极化效应被相互抵消了，因此原始的压电陶瓷显中性，不具有压电性质，如图6-2所示。

为了使压电陶瓷具有压电效应，必须在一定温度下做极化处理，极化处理后，陶瓷材料内部存在很强的剩余极化强度，当压电陶瓷受外力作用时，其表面也能产生电荷。所以压电

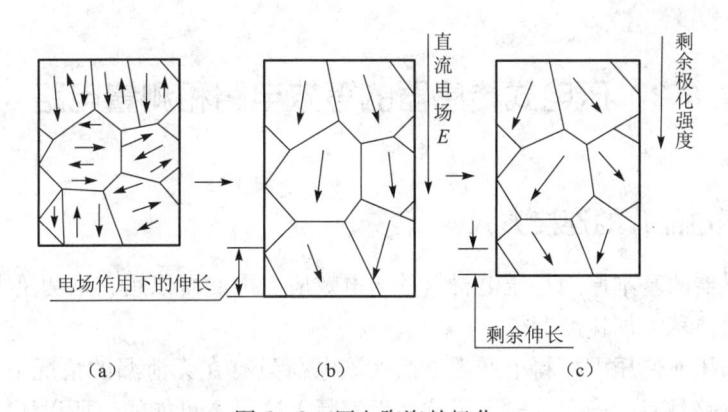

图 6-2　压电陶瓷的极化

(a) 极化前的压电陶瓷；(b) 极化时的压电陶瓷；(c) 极化后的压电陶瓷

陶瓷也具有压电效应，如图 6-2 (b)(c) 所示。

压电陶瓷的压电系数比石英晶体高得多，因此在压电式传感器中得到广泛应用。不足之处是比石英晶体居里点低，温度稳定性和机械强度也不如石英晶体。

最早使用的压电材料是钛酸钡（$BaTiO_3$）。目前使用较多的压电陶瓷材料是锆酸铅（PZT 系列），它是钛酸钡（$BaTiO_3$）和锆酸铅（$PbZrO_3$）组成的 $Pb(ZrTi)O_3$。这种材料的压电系数和工作温度都较高。

铌镁酸铅是 20 世纪 60 年代研制出的压电材料，具有极高的压电系数和较高的工作温度，而且能承受较高的压力。

另外，铌酸锂和钽酸锂压电材料大量用于声表面波（SAW）器件；而氧化锌、氮化铝等压电薄膜是当今微波器件的关键材料。

**3. 新型压电材料**

（1）压电半导体

有些晶体既具有半导体特性又具有压电特性，如硫化锌（ZnS）、氧化锌（ZnO）、硫化镉（CdS）、砷化镓（CaAs）等。因此，既可用其压电特性研制传感器，又可用其半导体特性制作电子器件；也可两者结合，集组件与线路于一体，研制新型集成压电传感器。

（2）有机高分子压电材料

① 某些合成高分子聚合物，经延展拉伸和电极化后具有压电性的高分子薄膜，如聚氟乙烯（PVF）、聚偏氟乙烯（$PVF_2$）、聚氯乙烯（PVC）等。独特的优点是质轻柔软、抗拉强度高、耐冲击。体电阻达 $10^{12}\ \Omega \cdot m$，击穿强度为 150~200 kV/mm，便于大量生产和大面积使用，可制成大面积数组传感器乃至人工皮肤。

② 在高分子化合物中掺杂压电陶瓷 PZT 或 $BaTiO_3$ 粉末制成高分子压电薄膜，这种复合压电材料同样既保持高分子压电薄膜的柔软性，又具有较高的压电性和机电耦合系数。

## 6.2 压电式传感器的等效电路和测量电路

### 6.2.1 压电晶片的连接方式

压电式传感器的基本原理是压电材料的压电效应。因此可以用它来测量力和与力有关的参数，如压力、位移、加速度等。

由于外力作用而使压电材料上产生电荷，该电荷只有在无泄漏的情况下才会长期保存，因此需要测量电路具有无限大的输入阻抗，而实际上这是不可能的，所以压电式传感器不宜做静态测量。只能在其上加交变力，电荷才能不断得到补充，可以供给测量电路一定的电流，故压电式传感器只宜做动态测量。

制作压电式传感器时，可采用两片或两片以上具有相同性能的压电晶片粘贴在一起使用。由于压电晶片有电荷极性，因此接法有并连和串联两种，如图6-3所示。

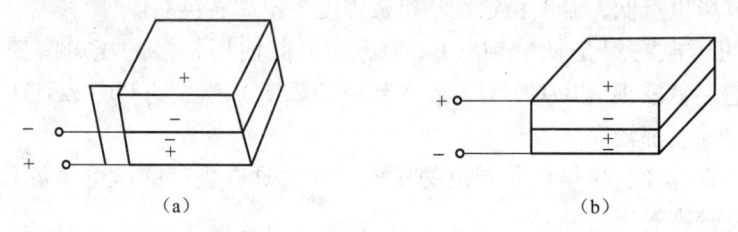

图6-3 两块压电晶片的连接方式
(a) 串联；(b) 并联

并联连接时压电式传感器的输出电容 $C'$ 和极板上的电荷 $q'$ 分别为单块晶体片的2倍，而输出电压 $U'$ 与单片上的电压相等。即

$$q' = 2q$$
$$C' = 2C$$
$$U' = U$$

串联时，输出总电荷 $q'$ 等于单片上的电荷，输出电压为单片电压的2倍，总电容应为单片的1/2。即

$$q' = q$$
$$U' = 2U$$
$$C' = \frac{C}{2}$$

由此可见，并连接法虽然输出电荷大，但由于本身电容亦大，故时间常数大，只适宜测

量慢变化信号,并以电荷作为输出的情况。串联接法输出电压高,本身电容小,适宜于以电压输出的信号和测量电路输入阻抗很高的情况。

在制作和使用压电传感器时,要使压电晶片有一定的预应力。这是因为压电晶片在加工时即使磨得相当光滑,也难保证接触面的绝对平坦,如果没有足够的压力,就不能保证全面的均匀接触,因此,事先要给晶片一定的预应力,但该预应力不能太大,否则将影响压电式传感器的灵敏度。

压电式传感器的灵敏度在出厂时已做了标定,但随着使用时间的增加会有些变化,其主要原因是性能发生了变化。实验表明,压电陶瓷的压电常数随着使用时间的增加而减小。因此为了保证传感器的测量精度,最好每隔半年进行一次灵敏度校正。石英晶体的长期稳定性很好,灵敏度不变,故无须校正。

### 6.2.2 压电式传感器的等效电路

当压电晶体片受力时,在晶体片的两表面上聚集等量的正、负电荷,晶体片的两表面相当于一个电容的两个极板,两极板间的物质等效于一种介质,因此压电片相当于一只平行板介质电容器,如图6-4所示。其电容量为

$$C_a = \frac{\varepsilon A}{d} \tag{6.1}$$

式中  $A$ ——极板面积;

$d$ ——压电片厚度;

$\varepsilon$ ——压电材料的介电常数。

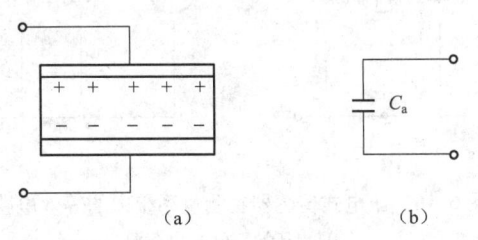

图 6-4  等效电路
(a) 压电晶体片受力图;(b) 等效电容示意图

所以,可以把压电式传感器等效为一个电压源 $U = \dfrac{q}{C_a}$ 和一只电容 $C_a$ 串联的电路,如图6-5(a)所示。由图6-5可知,只有在外电路负载无穷大,且内部无漏电时,受力产生的电压 $U$ 才能长期保持不变;如果负载不是无穷大,则电路就要以时间常数 $RC_a$ 按指数规律放电。压电式传感器也可以等效为一个电荷源与一个电容并联电路,此时,该电路被视为一个电荷发生器,如图6-5(b)所示。

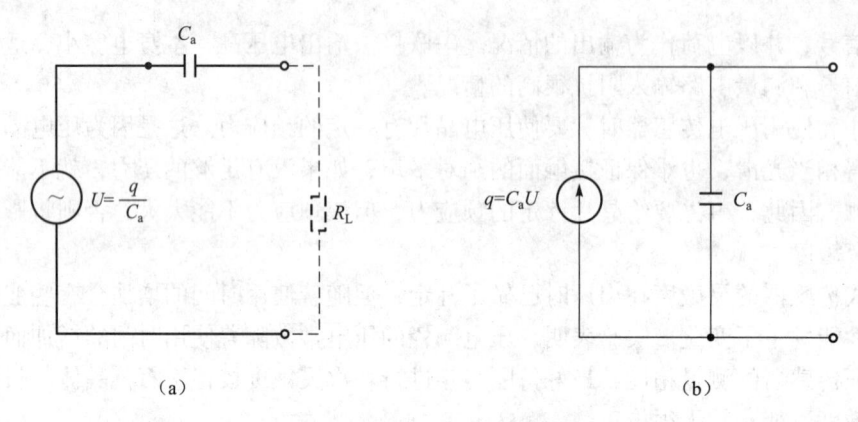

图 6-5 压电式传感器的等效电路
(a) 电压源；(b) 电荷源

压电式传感器在实际使用时，总是要与测量仪器或测量电路相连接，因此还必须考虑连接电缆的等效电容 $C_c$、放大器的输入电阻 $R_i$ 和输入电容 $C_i$，这样压电式传感器在测量系统中的等效电路就应如图 6-6 所示，图中 $C_a$、$R_d$ 分别为传感器的电容和漏电阻。

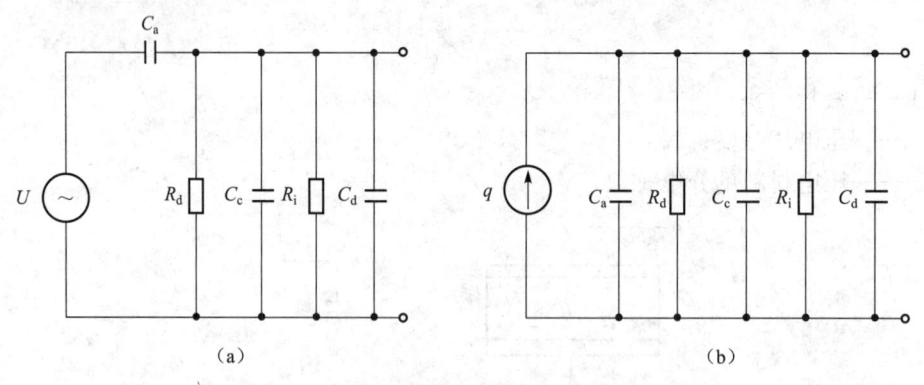

图 6-6 压电式传感器在测量系统中的等效电路
(a) 电压源；(b) 电荷源

## 6.2.3 压电式传感器的测量电路

为了保证压电式传感器的测量误差小到一定程度，则要求负载电阻 $R_L$ 要大到一定数值，才能使晶体片上的漏电流相应变小，因此在压电式传感器输出端要接入一个输入阻抗很高的前置放大器，然后再接入一般的放大器。其目的：一是放大传感器输出的微弱信号；二是将它的高阻抗输出变换成低阻抗输出。

根据前面的等效电路，压电式传感器的输出可以是电压，也可以是电荷，因此前置放大器也有两种形式：电压放大器和电荷放大器。

因为压电式传感器的内阻抗极高，所以它需要与高输入阻抗的前置放大器配合。如果使用电压放大器，那么电压放大器的输入电压与屏蔽电缆线的分布电容 $C_c$ 及放大器的输入电容 $C_i$ 有关，它们均是变数，会影响测量结果，故目前多采用性能稳定的电荷放大器，如图6-7所示。

电荷放大器是一个有反馈电容 $C_f$ 的高增益运算放大器。当放大器开环增益 $A$ 和输入电阻 $R_i$、反馈电阻 $R_f$（用于防止放大器直流饱和）相当大时，放大器的输出电压 $U_o$ 正比于输入电荷 $q$，即当 $A$ 足够大时，则有

$$U_o \approx -\frac{q}{C_f} \tag{6.2}$$

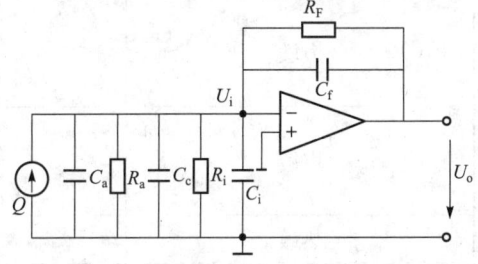

图6-7 常用的电荷放大器的等效电路

由式（6.2）可知，电荷放大器的输出电压仅与输入电荷和反馈电容有关，电缆电容等其他因素的影响可忽略不计，这是电荷放大器的最大特点。图6-8所示为电荷放大器电路的实用电路。

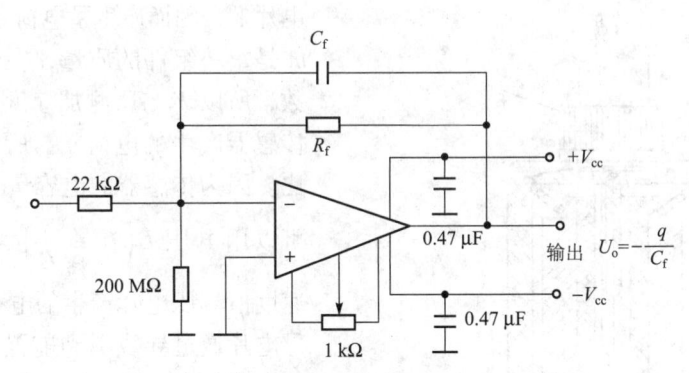

图6-8 电荷放大器的实用电路

要注意的是，无论是电压放大器还是电荷放大器的输入端都应加过载保护电路，否则，在传感器过载时会产生过高的输出电压。

## 6.3 压电式传感器的应用

压电式传感器已被广泛用于工业、军事和民用等领域，表6-2列出了其主要应用类型，其中力敏类型应用最多。

表6-2 压电式传感器的主要应用类型

| 传感器类型 | 转换 | 用途 |
| --- | --- | --- |
| 力敏 | 力 → 电 | 微拾音器、声呐、血压计、压力和加速度传感器 |
| 声敏 | 声 → 电<br>声 → 压力 | 振动器、微音器、超声探测器、助听器 |
| 热敏 | 热 → 电 | 温度计 |
| 光敏 | 光 → 电 | 热电红外探测器 |

### 6.3.1 压电式加速度传感器

图6-9所示为BAT-5型压电式加速度传感器的结构。压电片（采用锆钛酸铅）放在基座上，上面为重块组件，用弹簧片把压电片压紧，基座固接于待测物上，当待测物振动时，传感器也受到同样的振动，此时惯性质量产生一个与加速度成正比的惯性力 $F$ 作用在压电片上，因而产生了电荷 $q$，因为 $F = ma$，$m$ 是重块组件的质量，在传感器中是一常数，所以 $F$ 与所测加速度 $a$ 成正比。这样传感器产生的电荷 $q$ 与所测加速度 $a$ 成正比。因为传感器的电容量 $C$ 不变，因此也可以用电压 $U\left(U = \dfrac{q}{C}\right)$ 来表示所测的加速度值。压电片产生的电荷（或电压）由导电片通过导线引到前置放大器，并用插头引到测量电路。

压电加速度传感器的频率范围宽，线性好，而且尺寸小、质量轻，附加于被测物件上不会使振动信号严重失真，从而在振动测量中应用非常广泛。

表6-3所示为一种6200系列集成压电加速度计主要技术参数，这种产品和一般压电加速度计不同的地方是在传感器内部含集成电路，用以进行阻抗变换。

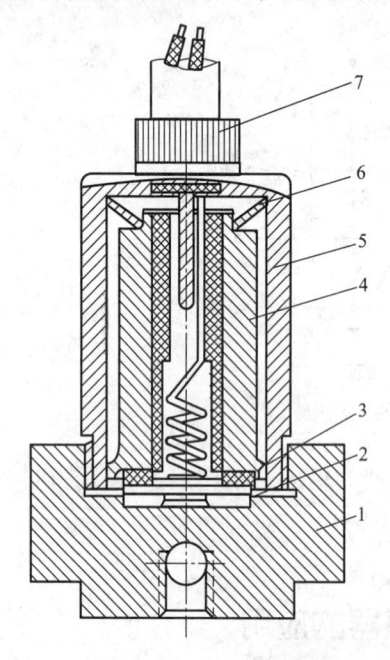

图6-9 BAT-5型压电式加速度传感器的结构
1—基座；2—压电片；3—导电片；4—重块组件；
5—壳体；6—弹簧片；7—插头

表 6-3  6200 系列集成压电加速度计主要技术参数

| 参　　数 \ 型　号 | 6201 | 6202 |
|---|---|---|
| 压电灵敏度/（mV/$g^*$） | 30~40 | 80~100 |
| 共振频率/（kHz） | 20 | 18 |
| 最大加速度/（m·s$^{-2}$） | 500 | 300 |
| 质量/g | 25 | 32 |
| 引出线方式 | 侧面 | 顶端 |

\* $g$ 为重力加速度。

## 6.3.2　压电式压力传感器

压电式压力传感器根据使用要求不同，有各种不同的结构，但工作原理相同。图 6-10 所示为其结构。

当压力 $p$ 作用在膜片上时，压电元件的上、下表面产生电荷，电荷量与作用力 $F$ 成正比，而 $F=pS$（式中 $S$ 为压电元件受力面积），因此，对于选定结构的传感器，输出电荷量（或电压）就与输入压力成正比关系，所以线性度较好。

压电式压力传感器的测量范围很宽，能测低至 $10^2$ N/m$^2$ 的低压，高至 $10^8$ N/m$^2$ 的高压，且频响特性好、结构坚实、体积小、质量轻、使用寿命长，所以广泛应用于内燃机的气缸、油管、进排气管的压力测量，在航空和军事工业上的应用也很广泛。

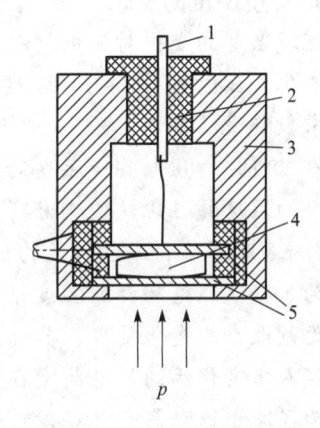

图 6-10　压电式压力传感器的结构
1—引线插件；2—绝缘体；3—壳体；
4—压电元件；5—膜片

### 知识拓展

**影响压电式传感器精度的因素分析**

**1. 非线性**

压电传感器的幅值线性度是指被测物理量（如力、压力、加速度等）的增加，其灵敏度的变化程度。

现以压电加速度传感器为例，说明幅值线性度。

我国规定：压电加速度传感器，用于测量振动信号的幅值线性度不得大于5%，用于测量冲击不得小于10%。

压电加速度传感器的幅值线性度的确定是由冲击和振动校准实验来完成的。

### 2. 横向灵敏度

压电加速度传感器的横向灵敏度是指当加速度传感器感受到与其主轴向（轴向灵敏度方向）垂直的单位加速度振动时的灵敏度，一般用它与主轴向灵敏度的百分比来表示，称为横向灵敏度比。

对于一只较好的压电加速度传感器，最大横向灵敏度比应不大于5%。理想的压电加速度传感器的最大敏感轴向应与它的主轴方向完全重合，也就是说，它的横向灵敏度应该为零。但实际由于设计、制造、工艺及元件等方面的原因，这种理想情况是达不到的，往往会产生不重合的情况。

### 3. 环境温度的影响

环境温度的变化对压电材料的压电常数和介电常数的影响都很大，它将使传感器灵敏度发生变化，压电材料不同，温度影响的程度也不同。当温度低于400 ℃时，其压电常数和介电常数都很稳定。

人工极化的压电陶瓷温度的影响比石英要大得多，不同的压电陶瓷材料，压电常数和介电常数的温度特性比钛酸钡好得多。一种新型的压电材料铌酸锂晶体的居里点为（1 210 ± 10）℃，远比石英和压电陶瓷的居里点高，所以用作耐高温传感器的转换元件。

为了提高压电陶瓷的温度稳定性和时间稳定性，一般应进行人工老化处理。但天然石英晶体无须做人工老化处理，其性能很稳定。

经人工老化后的压电陶瓷在常温条件下性能稳定，但在高温环境中使用时，性能仍会变化，为了减小这种影响，在设计传感器时就采取隔热措施。

为适应在高温环境下工作，除压电材料外，连接电缆也是一个重要的部件。普通电缆是不能耐700 ℃以上高温的。目前，在高温传感器中大多采用无机绝缘电缆和含有无机绝缘材料的柔性电缆。

### 4. 湿度的影响

环境湿度对压电式传感器性能的影响也很大。如果传感器长期在高湿度环境下工作，其绝缘电阻将会减小，低频响应变坏。现在，压电式传感器的一个突出指标是绝缘电阻要高达$10^{14}$ Ω。为了能达到这一指标，采取必要的措施是：合格的结构设计。把转换元件组成一个密封式整体，有关部分一定要良好绝缘，严格的清洁处理和装配，电缆两端必须气密焊封，必要时可采用焊接全密封方案。

**5. 电缆噪声**

普通的同轴电缆是由聚乙烯或聚四氟乙烯作绝缘保持层的多股绞线组成，外部屏蔽是一个编织的多股镀银金属套包在绝缘材料上。工作时，电缆受到弯曲或振动时，屏蔽套、绝缘层和电缆芯线之间可能发生相对位移或摩擦而产生静电荷。由于压电式传感器是电容性的，这种静电荷不会很快消失而被直接送到放大器，这就形成电缆噪声。为了减小这种噪声，可使用特制的低噪声电缆，同时将电缆紧固，以免产生相对运动。

**6. 接地回路噪声**

在测试系统中接有多种测量仪器，如果各仪器与传感器分别接地，各接地点又有电位差，这便在测量系统中产生噪声。防止这种噪声的有效办法是整个测量系统在一点接地，而且选择指示器的输入端为接地点。

影响压电式传感器精度除以上分析的几个因素外，还存在有声场效应、磁场效应、射频场效应及基座应变效应等因素。

## 先导案例解决

高分子压电材料在报警装置（系统）中的典型应用有：

**1. 玻璃打碎报警装置**

玻璃破碎时会发出几千赫兹至超声波（高于 20 kHz）的振动。将高分子压电薄膜粘贴在玻璃上，可以感受到这一振动，并将电压信号传送给集中报警系统。图 6-11 所示为某种高分子压电薄膜振动感应片。

高分子薄膜厚约 0.2 mm，用聚偏二氟乙烯（PVDF）薄膜裁制成 10 mm×20 mm 大小。在它的正反两面各喷涂透明的二氧化锡导电电极，也可以用热印制工艺制作铝薄膜电极，再用超声波焊接上两根柔软的电极引线，并用保护膜覆盖。

使用时，用瞬干胶（502 等）将其粘贴在玻璃上。当玻璃遭暴力打碎的瞬间，压电薄膜感受到剧烈振动，表面产生电荷 $Q$。在两个输出引脚之间产生窄脉冲电压 $u_o = \dfrac{Q}{C_a}$，$C_a$ 是两电极之间的电容量。脉冲信号经放大后，用电缆输送到集中报警装置，产生报警信号。

由于感应片很小且透明，不易察觉，所以可安装于贵重物品柜台、展览橱窗、博物馆及家庭等玻璃窗角落处。

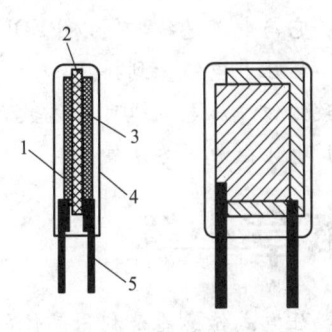

图 6-11　高分子压电薄膜振动感应片

1—正面透明电极；2—PVDF 薄膜；
3—反面透明电极；4—保护膜；
5—引脚

## 2. 压电式周界报警系统

周界报警系统又称线控报警系统。它警戒的是一条边界包围的重要区域。当入侵者进入防范区之内时，系统就会发出报警信号。

周界报警器最常见的是安装有报警器的铁丝网，但在民用部门常使用隐蔽的传感器。常用的有以下几种形式：地音传感器、高频辐射漏泄电缆、红外激光遮断式、微波多普勒式、高分子压电电缆等。下面简单分析压电式周界报警系统，如图6-12所示。

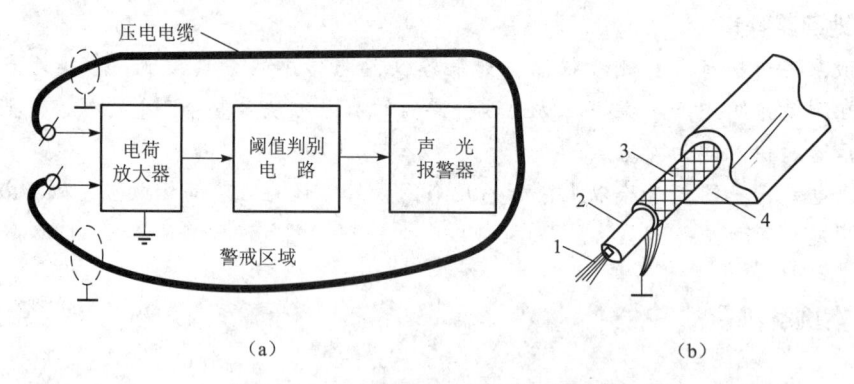

图6-12 高分子压电式周界报警系统

(a) 原理框图；(b) 高分子压电电缆

1—铜芯线（分布电容内电极）；2—管状高分子压电塑料绝缘层；3—铜网屏蔽层（分布电容外电极）；4—橡胶保护层（承压弹性元件）

在警戒区域的四周埋设多根以高分子压电材料为绝缘物的单芯屏蔽电缆。屏蔽层接大地，它与电缆芯线之间以PVDF为介质而构成分布电容。当入侵者踩到电缆上面的柔性地面时，该压电电缆受到挤压，产生压电脉冲，引起报警。通过编码电路，还可以判断入侵者的大致方位。压电电缆可长达数百米，可警戒较大的区域，不易受电、光、雾、雨水等干扰，费用也比微波等方法便宜。

## 本章小结

压电式传感器是利用晶体的压电效应和电致伸缩效应工作的。利用压电传感器可以测量最终能够变换成力的物理量，如位移、加速度等。常见的压电式传感器有加速度传感器，利用它可以检测振动的速度、加速度以及扳动的幅度。常见的压电材料有石英晶体和人造压电陶瓷，压电传感器的测量电路有电压放大器和电荷放大器。电压放大器的灵敏度与传感器到放大器的连接电缆有关，所以使用场合受到限制，而电荷放大器的灵敏度只与放大器的反馈电容有关，目前广泛使用。

## 思考题与习题

1. 什么是压电效应？压电效应是否可逆？
2. 常见的压电材料有哪些，各有何特点？
3. 以石英晶体为例，当沿着晶体的光轴（$Z$轴）方向施加作用力时，会不会产生压电效应？为什么？
4. 为什么说压电式传感器只适用于动态测量而不能用于静态测量？
5. 压电式传感器的测量电路的作用是什么？其核心是解决什么问题？
6. 为何实际使用中多选用电荷放大器？它有何特点？使用时要注意哪些问题？

# 第 7 章 超声波传感器

## 本章知识点

1. 声波的分类和传播方式；
2. 声波的反射与折射；
3. 超声波的发生及接收；
4. 超声波传感器的应用。

## 先导案例

随着人们防盗意识的增强，各类防盗报警器的应用也越来越广，其中超声防盗报警器应用也较广，多用于室内。

### 本案例要解决的问题

如何利用超声波实现防盗报警作用？

超声波技术是一门从物理、电子、机械及材料学为基础，各行各业都使用的通用技术。它是通过超声波产生、传播以及接收这个物理过程来完成的。超声波在液体、固体中衰减很小，穿透能力强，特别是对不透光的固体，超声波能穿透几十米的厚度。

当超声波从一种介质入射到另一种介质时，由于在两种介质中的传播速度不同，在介质面上会产生反射、折射和波形转换等现象。超声波的这些特性使它在检测技术中获得了广泛的应用，如超声波无损探伤、厚度测量、流速测量、超声显微镜及超声成像等。

## 7.1 超声波传感器的原理

### 7.1.1 超声波的物理基础

振动在弹性介质内的传播称为波动,简称波。频率在 $16 \sim 2 \times 10^4$ Hz,能为人耳所闻的机械波,称为声波;低于 16 Hz 的机械波,称为次声波;高于 $2 \times 10^4$ Hz 的机械波,称为超声波,如图 7-1 所示。

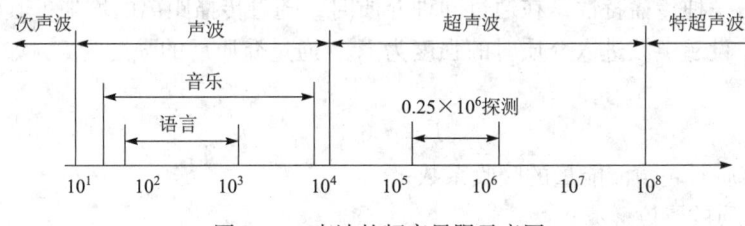

图 7-1 声波的频率界限示意图

当声源在介质中的施力方向与波在介质中的传播方向不同时,声波的波形也有所不同。

质点振动方向与传播方向一致的波称为纵波,如图 7-2(a)所示。它能在固体、液体和气体中传播。为了测量在各种状态下的物理量,检测技术中多采用纵波。

质点振动方向垂直于传播方向的波称为横波,如图 7-2(b)所示。它只能在固体中传播。

质点振动介于纵波和横波之间,沿着表面传播,振幅随着深度的增加而迅速衰减的波称为表面波,它只在固体表面传播。

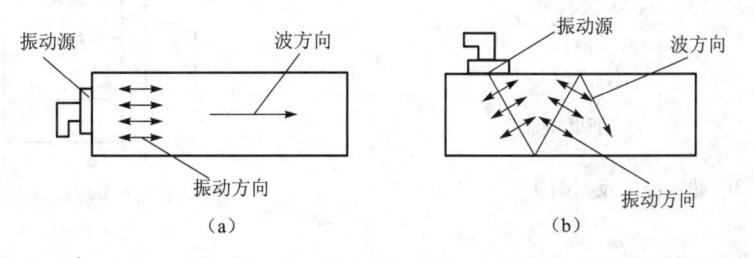

图 7-2 声波的振荡形式
(a)纵波;(b)横波

超声波的传播速度与介质的密度和弹性系数有关。同种介质不同的波形,或同一波形不同的介质,其传播速度都不相同。

超声波的一种传播特性是在通过两种不同的介质时,产生反射与折射现象,如图 7-3 所示,图中具有下列关系

$$\frac{\sin \alpha}{\sin \beta} = \frac{c_1}{c_2} \tag{7.1}$$

式中　$\alpha$——入射角;
　　　$\beta$——折射角;
　　　$c_1$,$c_2$——超声波在两种介质中的速度。

设 $\alpha_0$ 为临界入射角,当 $\alpha = \alpha_0$ 时,$\beta = 90°$,而当 $\alpha > \alpha_0$ 时,只产生反射波。超声波由液体进入固体的临界入射角 $\alpha_0 \approx 15°$。

超声波的另一种传播特性是在通过同种介质时,随着传播距离的增加,其强度因介质吸收能量而减弱。设超声波进入介质时的强度为 $I_0$,通过介质后的强度为 $I$,如图 7-4 所示。

则有

$$I = I_0 e^{-Ad} \tag{7.2}$$

式中　$A$——介质对超声波能量的吸收系数;
　　　$d$——介质的厚度。

对于固体介质,超声波能量的吸收系数为

$$A = \frac{2\pi f}{Qc} \tag{7.3}$$

式中　$Q$——介质的质量因数。

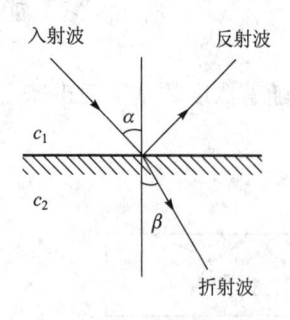

图 7-3　超声波的反射与折射

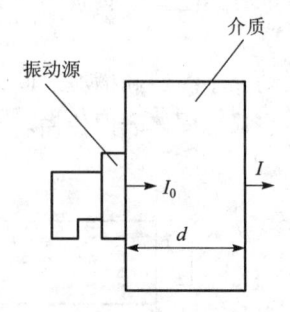

图 7-4　超声波的强化变化

介质的吸收程度与频率和介质密度有很大关系。气体密度 $\rho$ 很小,故超声波在其中衰减很快,尤其在 $f$ 较高时衰减更快,故超声波仪表主要用于固体及液体中。

### 7.1.2　超声波的发生

超声波是由超声波发生器产生的。超声波发生器主要是电声型,它将电磁能转换成机械

能。其结构分为两部分：一部分为产生高频电流或电压的电源；另一部分为换能器，它的作用是将电磁振荡变换为机械振荡而产生超声波。

**1. 压电式超声波发生器**

压电式超声波发生器是利用压电晶体的电致伸缩效应制成的。常用的压电元件为石英晶体、压电陶瓷等。在压电元件上施加交变电压，使它产生电致伸缩振动，而产生超声波，如图 7-5 所示。

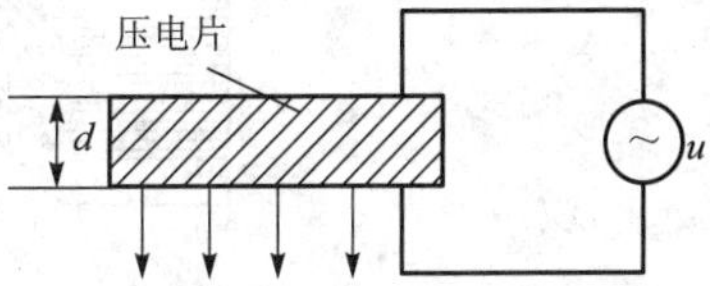

图 7-5 压电式超声波发生器

压电材料的固有频率与晶片厚度 $d$ 有关，即

$$f = n \frac{c}{2d} \tag{7.4}$$

式中　$n$——谐波的级数（$n=1, 2, 3, \cdots$）；
　　　$c$——波在压电材料中的传播速度（纵波）。

$$c = \sqrt{\frac{E}{\rho}} \tag{7.5}$$

式中　$E$——杨氏模量；
　　　$\rho$——压电材料的密度。

对于石英晶体，$E = 7.70 \times 10^{10}$ N/m², $\rho = 2.654$ kg/m³。

根据共振原理，当外加交变电压的频率等于晶片的固有频率时，产生共振，这时产生的超声波最强。

压电式超声波发生器可以产生几万赫兹到几十兆赫兹的高频超声波，产生的声强可达 10 W/cm²。

**2. 磁致伸缩超声波发生器**

铁磁性物质在交变的磁场中，顺着磁场方向产生伸缩的现象，叫作磁致伸缩效应。

磁致伸缩效应的大小，即伸长缩短的程度，不同的铁磁物质其情况不相同。镍的磁致伸缩效应最大，它在一切磁场中都是缩短的。如果先加一定的直流磁场，再加以交流电时，它可工作在特性最好的区域。

磁致伸缩超声波发生器是把铁磁材料置于交变磁场中，使它产生机械尺寸的交替变化，即机械振动，从而产生超声波。

磁致伸缩超声波发生器是用厚度为 0.1~0.4 mm 的镍片叠制而成。片间绝缘以减少涡流损耗。其结构有矩形、窗形等，如图 7-6 所示。

磁致伸缩超声波发生器的机械振动固有频率的表达式与压电式相同，即

$$f = \frac{n\sqrt{E/\rho}}{2d}$$

如果振动是自由的，$n=1, 2, 3, \cdots$；如果振动器的中间部分固定，则 $n=1, 3, 5, \cdots$。

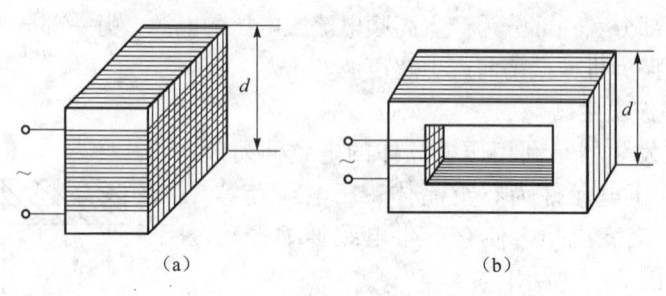

图 7-6 磁致伸缩超声波发生器
（a）矩形；（b）窗形

磁致伸缩超声波发生器所使用的材料，除镍外，还有铁钴钒合金和含锌、镍的铁氧体。

磁致伸缩超声波发生器只能用在几万赫兹的频率范围内，但功率可达 $10^5$ W，声强每平方厘米可达几千瓦，能耐较高的温度。

### 7.1.3 超声波的接收

在超声波技术中，除需要能产生一定频率及强度的超声波发生器以外，还需要能接收超声波的接收器。一般的超声波接收器是利用超声波发生器的逆效应而进行工作的。

当超声波作用于压电晶片时，晶片产生正压电效应而产生交变电荷，经电压放大器或电荷放大器放大，最后记录或显示出结果。其结构和超声波发生器基本相同，有时就用同一个超声波发生器兼做超声波接收器。

磁致伸缩超声波接收器是利用磁致伸缩的逆效应而制成的。当超声波作用于磁致伸缩材料上时，使材料伸缩，引起它的内部磁场（即导磁特性）的变化。根据电磁感应原理，磁致伸缩材料上所绕线圈产生感应电动势，将此电动势送至测量电路并记录显示，可得测量结果。它的结构也与发生器类似。

## 7.2　超声波传感器的应用

超声波已被广泛地应用于工业各技术领域的非接触测量。

### 7.2.1　超声波探伤

对高频超声波，由于它的波长短，不易产生绕射，遇到杂质或分界面就会有明显的反射，而且方向性好，能成为射线而定向传播，在液体、固体中衰减小，穿透本领大。这些特性使得超声波成为无损探伤方面的重要工具。

**1. 穿透法探伤**

穿透法探伤是根据超声波穿透工件后的能量变化状况来判别工件内部质量的方法。穿透法用两个探头分别置于工件的相对面，一个发射超声波，一个接收超声波。发射波可以是连续波，也可以是脉冲。其工作原理如图 7-7 所示。

在测量中，当工件内无缺陷时，接收的能量大，仪表的指示值大；工件内有缺陷时，因部分能量被反射，接收的能量小，仪表的指示值小。据此就可检测出工件内部的缺陷。

**2. 反射法探伤**

反射法探伤是以超声波在工件中反射情况的不同来探测缺陷的方法。

下面以纵波的一次脉冲反射为例，说明其检测原理。

图 7-8 所示为以一次底波为依据进行探伤的方法。高频脉冲发生器产生的脉冲加在探头上，激励压电晶体振荡，产生超声波。超声波以一定的速度向工件的内部传播。一部分超声波遇到缺陷反射回来（缺陷波 F）；另一部分超声波继续传至工件底面也反射回来（底波 B）。由缺陷及底面反射回来的超声波被探头接收，又变为电脉冲。发射波 T、缺陷波 F 及底波 B 经放大后在显示器荧光屏上显示出来。由发射波 T、缺陷波 F 及底波 B 在扫描线上的位置，可确定缺陷的位置；由缺陷波的幅度，可判断缺陷的大小；由缺陷波的形状，可判断缺陷的性质。当缺陷面积大于声速截面积时，声波全部由缺陷处反射回来，荧光屏上只有 T 波、F 波，没有 B 波。当工件内无缺陷时，荧光屏上只有 T 波、B 波，没有 F 波。

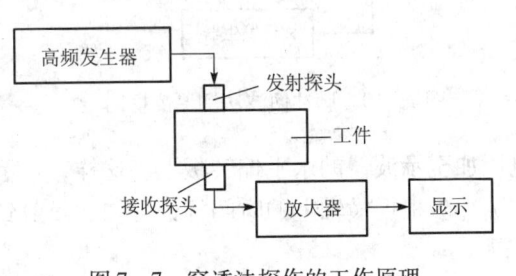

图 7-7 穿透法探伤的工作原理

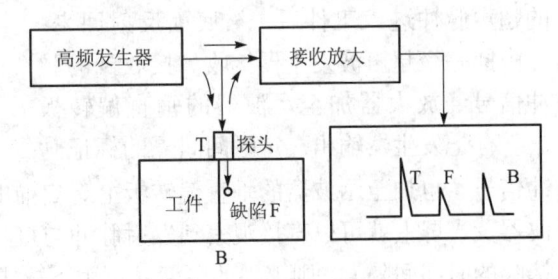

图 7-8 反射法探伤示意图

## 7.2.2 超声波测液位

超声波测液位是利用回声原理进行工作的，如图 7-9 所示。当超声波探头向液面发射短促的超声脉冲，经过时间 $t$ 后，探头接收到从液面反射回来的回波脉冲。因此，探头到液面的距离可由下式求出

$$L = -\frac{1}{2}ct \qquad (7.6)$$

式中 $c$ ——超声波在被测介质中的传播速度；

$t$ ——超声波发生器从发出超声波到接收到超声波的时间。

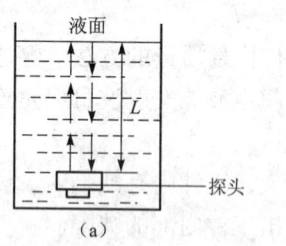

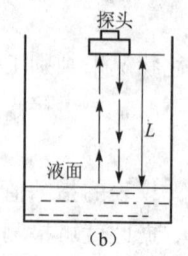

图7-9 超声波测液位示意图
(a) 探头置于液体中；(b) 探头置于液面上方

由此可见，只要知道超声波的传播速度，通过精确测量时间 t 的方法，就可测量距离 L。

超声波的速度 c 在各种不同的液体中是不同的。即使在同一种液体中，由于温度、压力的不同，其值也是不同的。因为液体中其他成分的存在及温度的影响都会使超声波速度发生变化，引起测量的误差，故在精密测量时，要采取补偿措施。利用这种方法也可测量料位。

### 7.2.3 超声波测厚度

在超声波测厚度技术中，应用较为广泛的是脉冲回波法，其工作原理如图7-10所示。脉冲回波法测量工件厚度的原理，主要是测量超声波脉冲通过工件所需的时间间隔，然后根据超声波脉冲在工件中的传播速度求出工件的厚度。

图7-10中主控制器产生一定频率的脉冲信号，并控制发射电路把它经电流放大后接到超声波发生器上去。超声波发生器产生的超声脉冲进入工件后，被底面反射回来，并由同一个超声波发生器接收。接收到的脉冲信号经放大器加至示波器的垂直偏转板上。标记发生器输出一定时间间隔的标记脉冲信号，也加至示波器的垂直偏转板上。扫描电压加至示波器的水平偏转板上。这样，在示波器荧光屏上就可以直接观察到发射脉冲与接收脉冲。根据横轴上的时间标记可知从发射到接收的时间间隔 t，则工件的厚度 d 可由下式求得

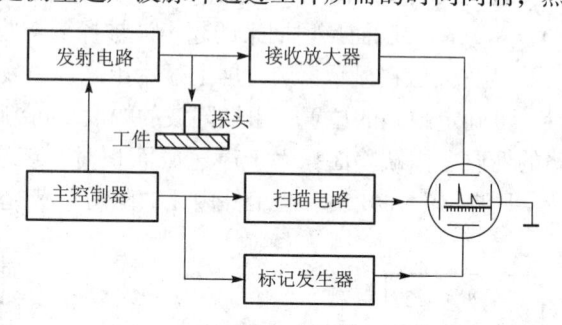

图7-10 脉冲回波法测厚度框图

$$d = \frac{1}{2}ct \tag{7.7}$$

标记信号一般可以调节，根据测量的要求选择。如果预先用标准试件进行校正，可以根据荧光屏上发射与接收的两个脉冲间的标记信号直接读出被测工件的厚度。

**知识拓展**

### 超声波换能器及耦合技术

超声波换能器有时又称超声波探头。超声波换能器根据其工作原理有压电式、磁致伸缩

式、电磁式等数种。在检测技术中主要采用压电式。换能器由于其结构不同又分为直探头、斜探头、双探头、表面波探头、聚焦探头、水浸探头、空气传导探头以及其他专用探头等。

**1. 以固体为传导介质的探头**

用于固体介质的单晶直探头（俗称直探头）的结构如图7-11（a）所示。压电晶片采用PZT压电陶瓷材料制作，外壳用金属制作，保护膜用于防止压电晶片磨损，改善耦合条件，阻尼吸收块用于吸收压电晶片背面的超声脉冲能量，防止杂乱反射波的产生。

双晶直探头的结构如图7-11（b）所示。它是由两个单晶直探头组合而成，装配在同一壳体内。两个探头之间用一块吸声性强、绝缘性能好的薄片加以隔离，并在压电晶片下方增设延迟块，使超声波的发射和接收互不干扰。在双探头中，一只压电晶片担任发射超声脉冲的任务，而另一只担任接收超声脉冲的任务。双探头的结构虽然复杂一些，但信号发射和接收的控制电路却较为简单。

有时为了使超声波能倾斜入射到被测介质中，可选用斜探头，如图7-11（c）所示。压电晶片粘贴在与底面成一定角度（如30°、45°等）的有机玻璃斜楔块上，压电晶片的上方用吸声性强的阻尼吸收块覆盖。当斜楔块与不同材料的被测介质（试件）接触时，超声波产生一定角度的折射，倾斜入射到试件中去，折射角可通过计算求得。

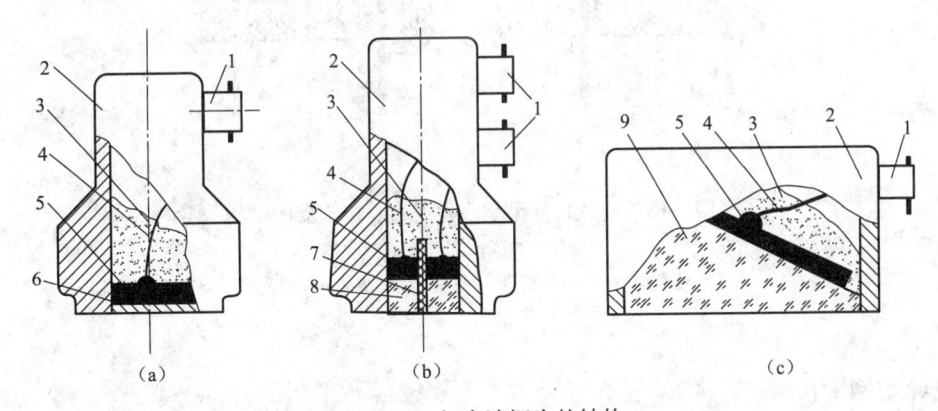

图7-11 超声波探头的结构
（a）单晶直探头；（b）双晶直探头；（c）斜探头
1—插头；2—外壳；3—阻尼吸收块；4—引线；5—压电晶体；6—保护膜；
7—隔离层；8—延迟块；9—有机玻璃斜楔块

**2. 耦合剂**

在图7-11中，无论是直探头还是斜探头，一般不能直接将其放在被测介质（特别是粗糙金属）表面来回移动，以防磨损。更重要的是，由于超声探头与被测物体接触时，在工件表面不平整的情况下，探头与被测物表面间必然存在一层空气薄层。空气的密度很小，将引起三个界面间强烈的杂乱反射波，造成干扰，而且空气也将对超声波造成很大的衰减。

为此，必须将接触面之间的空气排挤掉，使超声波能顺利地入射到被测介质中。在工业上，经常使用一种称为耦合剂的液体物质，使之充满在接触层中，起到传递超声波的作用。常用的耦合剂有水、机油、甘油、水玻璃、胶水、化学糨糊等。耦合剂的厚度应尽量薄一些，以减小辅合损耗。

### 3. 以空气为传导介质的超声波发射器和接收器

此类发射器和接收器一般是分开设置的，两者的结构也略有不同。图7-12所示为空气传导用的超声波发射器和接收器的结构。发射器的压电片上粘贴了一只锥形共振盘，以提高发射效率和方向性。接收器在共振盘上还增加了一只阻抗匹配器，以提高接收效率。

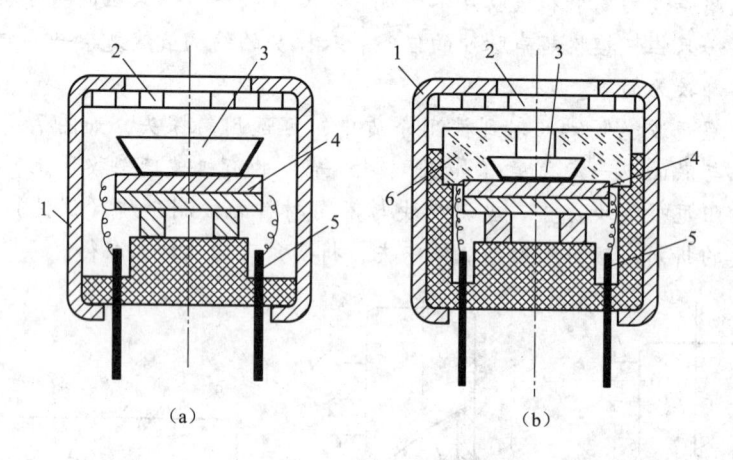

图7-12 空气传导型超声发射器、接收器的结构
（a）超声发射器；（b）超声接收器
1—外壳；2—金属丝网罩；3—锥形共振盘；4—压电晶片；5—引线端子；6—阻抗匹配器

## 先导案例解决

图7-13所示为超声报警电路，上图为发射部分，下图为接收部分的原理框图。它们装在同一块线路板上。发射器发射出频率 $f=40\ \text{kHz}$ 左右的连续超声波。如果有人进入信号的有效区域，相对速度为 $v$，从人体反射回接收器的超声波将由于多普勒效应，而发生频率偏移 $\Delta f$。

所谓多普勒效应是指当超声波源与传播介质之间存在相对运动时，接收器接收到的频率与超声波源发射的频率将有所不同。产生的频偏 $\pm \Delta f$ 与相对速度的大小及方向有关。当高速行驶的火车向你逼近和掠过时，所产生的变调声就是多普勒效应引起的。接收器将收到两个不同频率所组成的差拍信号（40 kHz以及偏移的频率 $40\ \text{kHz} \pm \Delta f$）。这些信号由 40 kHz 选频放大器放大,并经检波器检波后,由低通滤波器滤去 40 kHz 信号,而留下 $\Delta f$ 的多普勒信号。此信号经低频放大器放大后,由检波器转换为直流电压,去控制报警喇叭或指示器。

利用多普勒效应可以排除墙壁、家具的影响(它们不会产生 $\Delta f$),只对运动的物体起作用。由于振动和气流也会产生多普勒效应,故该防盗报警器多用于室内。根据本装置的原理,还能运用多普勒效应去测量运动物体的速度;液体、气体的流速;汽车防碰、防追尾等。

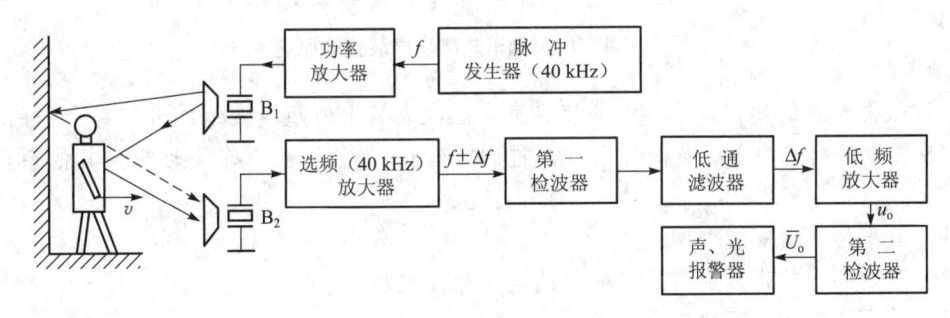

图 7-13 超声防盗报警器电原理框图

## 本章小结

超声波具有频率高、方向性好、能量集中、穿透能力强,遇到杂质或分界面产生显著反射等特点。本章基于超声波的物理性质,着重介绍超声波在工业检测中的一些应用。

### 思考题与习题

1. 什么是次声波、声波和超声波?
2. 声波的传播波形主要有什么形式?各有什么特点?
3. 试述声波的反射定律和折射定律。
4. 超声波有哪些特性?
5. 超声波在介质中传播时,能量逐渐衰减,其衰减的程度与哪些因素有关?
6. 超声波发生器的种类及其工作原理是什么,它们各自的特点是什么?
7. 根据你已学过的知识,设计一个超声波探伤实用装置(画出它的示意图),并简要说明它探伤的工作过程。

8. 图7-14所示为汽车倒车防碰装置的原理。请根据学过的知识，分析该装置的工作原理。该装置还可以有其他哪些用途？

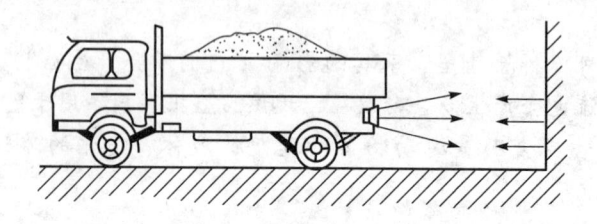

图7-14 汽车倒车防碰超声装置的原理

9. 请根据学过的知识，设计一套装在汽车上和大门上的超声波遥控开车库大门的装置。希望该装置能识别控制者的身份代码（二进制编码），并能防止汽车发动机及其他杂声的干扰。要求：

（1）画出传感器安装简图；
（2）分别画出超声发射器及接收器的电信号处理框图；
（3）简要说明该装置的工作原理；
（4）该装置的原理还能用于哪些方面的检测？

# 第 8 章　霍尔传感器

## 本章知识点

1. 霍尔元件的结构及工作原理；
2. 霍尔元件的特性参数；
3. 霍尔传感器的应用。

## 先导案例

霍尔传感器具有对磁场敏感、结构简单可靠、使用方便等特点，现已广泛应用于各方面，如计算机键盘开关。键盘是计算机典型的输入设备，开关型集成霍尔传感器常在计算机键盘中用作无触点电子开关。

### 本案例要解决的问题

计算机键盘开关由哪几部分组成，利用霍尔传感器如何实现计算机键盘开关的动作，该键盘开关具有哪些特点？

早在1879年，人们就在金属中发现了霍尔效应，但由于这种效应在金属中非常微弱，当时并没有引起重视。直到1948年，由于半导体提纯工艺的不断改进，发现霍尔效应在高纯度半导体中表现较为显著，由此人们对霍尔效应的机理、材料、制造工艺和应用等方面的研究空前地活跃了起来。现在霍尔元件已广泛应用于非电量检测、自动控制、电磁测量、计算装置以及现代军事技术等各个领域中。

## 8.1 霍尔元件的工作原理及结构

### 8.1.1 霍尔效应

如图8-1所示，一块长为 $l$、宽为 $b$、厚为 $d$ 的半导体，在外加磁场 $B$ 作用下，当有电流 $I$ 流过时，运动电子受洛伦兹力的作用而偏向一侧，使该侧形成电子的积累，与它对立的侧面由于电子浓度下降，出现了正电荷。这样，在两侧面间就形成了一个电场。运动电子在受洛伦兹力的同时，又受电场力的作用，最后当这两力作用相等时，电子的积累达到动态平衡，这时两侧之间建立电场，称霍尔电场 $E_H$，相应的电压称霍尔电压 $U_H$，上述这种现象称霍尔效应。经分析推导得霍尔电压

$$U_H = \frac{IB}{ned} = K_H IB \tag{8.1}$$

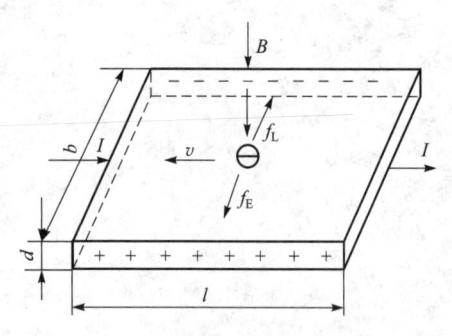

图8-1 霍尔效应原理图

式中　$n$——半导体单位体积中的载流子数；

　　　$e$——电子电量；

　　　$K_H$——霍尔元件灵敏度，$K_H = \dfrac{1}{ned}$。

### 8.1.2 霍尔元件的材料及结构特点

根据霍尔效应原理做成的器件叫作霍尔元件。霍尔元件一般采用具有N型的锗、锑化铟和砷化铟等半导体单晶材料制成。锑化铟元件的输出较大，但受温度的影响也较大。锗元件的输出虽小，但它的温度性能和线性度却比较好。砷化铟元件的输出信号没有锑化铟元件大，但是受温度的影响却比锑化铟的要小，而且线性度也较好。因此，以砷化铟为霍尔元件的材料得到普遍应用。

霍尔元件结构很简单，是一种半导体四端薄片，它由霍尔片、引线和壳体组成。霍尔片的相对两侧对称地焊上两对电极引出线，如图8-2（a）所示。其中，一对（a、b端）称为激励电流端；另外一对（c、d端）称为霍尔电势输出端，引线焊接处要求接触电阻小，而且呈现纯电阻性质（欧姆接触）。霍尔片一般用非磁性金属、陶瓷或环氧树脂封装。

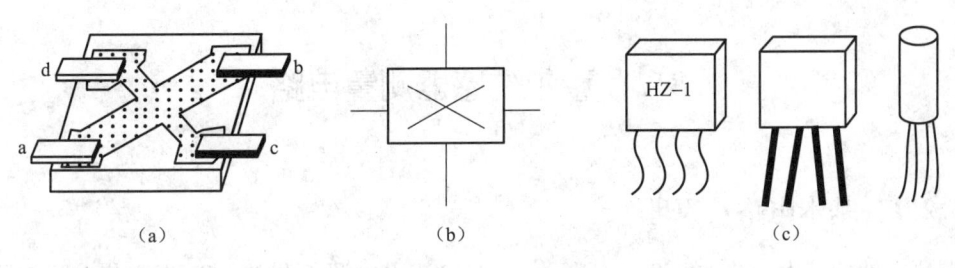

图 8-2 霍尔元件

(a) 霍尔元件结构示意图；(b) 图形符号；(c) 外形图

## 8.1.3 霍尔元件的基本参数

**1. 输入电阻 $R_i$**

霍尔元件两激励电流端的直流电阻称为输入电阻。它的数值从几欧到几百欧，视不同型号的元件而定。温度升高，输入电阻变小，从而使输入电流变大，最终引起霍尔电势变化。为了减少这种影响，最好采用恒流源作为激励源。

**2. 输出电阻 $R_o$**

两个霍尔电势输出端之间的电阻称为输出电阻，它的数值与输入电阻属同一数量级，它也随温度改变而改变。选择适当的负载电阻 $R_L$ 与之匹配，可以使由温度引起霍尔电势的漂移减至最小。

**3. 最大激励电流 $I_M$**

由于霍尔电势随激励电流增大而增大，故在应用中总希望选用较大的激励电流，但激励电流增大，霍尔元件的功耗增大，元件的温度升高，从而引起霍尔电势的温漂增大，因此每种型号的元件均规定了相应的最大激励电流，它的数值为几毫安至几百毫安。

**4. 灵敏度 $K_H$**

$K_H = E_H/(I \cdot B)$，它的数值约为 10 mV/(mA·T)。

**5. 最大磁感应强度 $B_M$**

磁感应强度为 $B_M$ 时，霍尔电势的非线性误差将明显增大，$B_M$ 的数量级一般为 0.1 T。

**6. 不等位电势**

在额定激励电流下，当外加磁场为零时，霍尔输出端之间的开路电压称为不等位电势，这是由于4个电极的几何尺寸不对称引起的，使用时多采用电桥法来补偿不等位电势引起的误差。

**7. 霍尔电势温度系数**

在一定磁场强度和激励电流的作用下，温度每变化1℃时霍尔电势变化的百分数称为霍尔电势温度系数，它与霍尔元件的材料有关。

## 8.2 霍尔传感器测量电路

### 8.2.1 基本电路及原理

霍尔元件的基本电路如图 8-3 所示。控制电流由电源 $E$ 供给，$R_P$ 为调节电阻，调节控制电流的大小。霍尔输出端接负载 $R_f$，$R_f$ 可以是一般电阻，也可以是放大器的输入电阻或指示器内阻。在磁场与控制电流的作用下，负载上就有电压输出。在实际使用时，$I$ 或 $B$ 或两者同时作为信号输入，而输出信号则正比于 $I$ 或 $B$ 或两者的乘积。

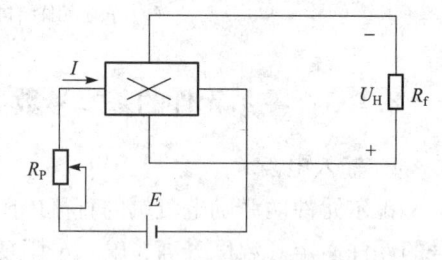

### 8.2.2 温度误差及其补偿

**1. 温度误差**

图 8-3 霍尔元件的基本电路

霍尔元件测量的关键是霍尔效应，而霍尔元件是由半导体制成的，因半导体对温度很敏感，霍尔元件的载流子迁移率、电阻率和霍尔系数都随温度而变化，因而使霍尔元件的特性参数（如霍尔电势和输入、输出电阻等）成为温度的函数，导致霍尔传感器产生温度误差。

**2. 温度误差的补偿**

为了减小霍尔元件的温度误差，需要对基本测量电路进行温度补偿的改进，可以采用的补偿方法有许多种，常用的有以下方法：采用恒流源提供控制电流，选择合理的负载电阻进行补偿，利用霍尔元件回路的串联或并联电阻进行补偿，也可以在输入回路或输出回路中加入热敏电阻进行温度误差的补偿。

采用温度补偿元件是一种最常见的补偿方法。图 8-4 所示为采用热敏电阻进行补偿的

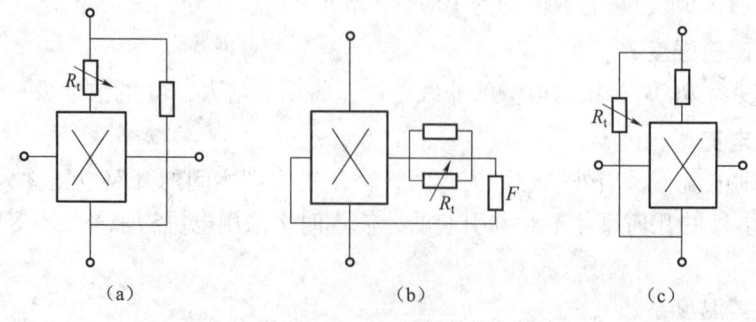

(a)　　　　　　　　　　(b)　　　　　　　　　　(c)

图 8-4　采用热敏电阻的温度补偿回路

(a) 输入回路补偿电路；(b) 输出回路补偿电路；(c) 正温度系数热敏电阻的补偿电路

几种补偿方法。图8-4（a）所示为输入回路补偿电路，锑化铟元件的霍尔输出随温度升高而减小的因素，被控制电流的增加（热敏电阻的阻值随温度升高而减小）所补偿。图8-4（b）所示为输出回路补偿电路，负载上得到的霍尔电势随温度升高而减小的因素，被热敏电阻阻值减小所补偿。图8-4（c）所示为用正温度系数的热敏电阻进行补偿的电路。

在使用时，温度补偿元件最好和霍尔元件封在一起或靠近，使它们温度变化一致。

### 8.2.3 集成霍尔元件

随着微电子技术的发展，目前霍尔元件多已集成化。集成霍尔元件有许多优点，如体积小、灵敏度高、输出幅度大、温漂小且对电流稳定性要求低等。

集成霍尔元件可分为线性型和开关型两大类。前者是将霍尔元件和恒流源、线性放大器等做在一个芯片上，输出电压较高，使用非常方便，目前已得到广泛的应用，较典型的线性霍尔元件有UGN3501等。开关型是将霍尔元件、稳压电路、放大器、施密特触发器、OC门等电路做在同一个芯片上。当外加磁场强度超过规定的工作点时，OC门由高电阻状态变为导通状态，输出变为低电平；当外加磁场低于释放点时，OC门重新变为高阻状态，输出高电平。这类器件中较为典型的有UGN3020等。有一些开关型集成霍尔元件内部还包括双稳态电路，这种元件的特点是必须施加相反极性的磁场，电路的输出才能翻转回到高电平，也就是说具有"锁键"功能。

图8-5、图8-7所示分别为集成霍尔元件UGN3501和UGN3020的外形尺寸及内部电路框图，图8-6、图8-8分别为其输出电压与磁场的关系曲线。

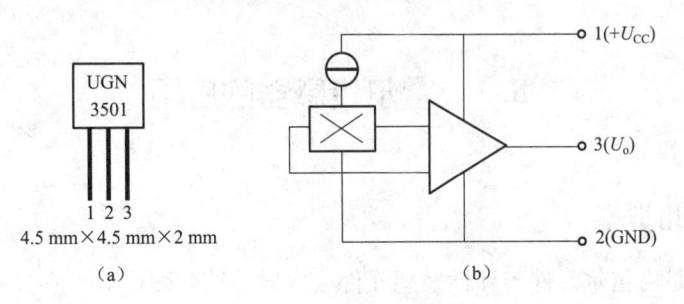

图8-5 线性型集成霍尔元件
（a）外形尺寸；（b）内部电路框图

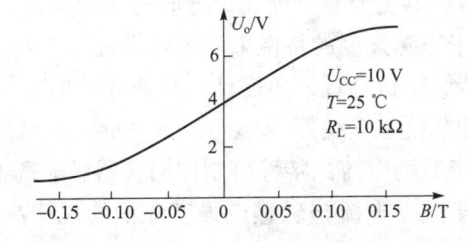

图8-6 线性型集成霍尔元件的输出特性

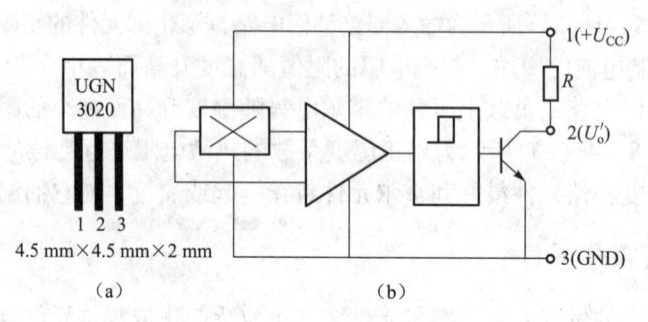

图 8-7 开关型集成霍尔元件
(a) 外形尺寸；(b) 内部电路框图

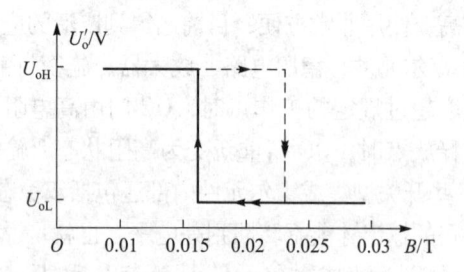

图 8-8 开关型集成霍尔元件的输出特性

## 8.3 霍尔传感器的应用

### 8.3.1 应用类型

霍尔传感器是由霍尔元件与弹性敏感元件或永磁体结合而形成。它具有灵敏度高、体积小、质量轻、无触点、频响宽（由直流到微波）、动态特性好、可靠性高、寿命长且价格低等优点。因此，在磁场、电流及各种非电量测量、信息处理、自动化技术等方面得到了广泛的应用，归纳起来，霍尔传感器主要有下列 3 个方面的应用类型。

① 利用霍尔电势正比于磁感强度的特性来测量磁场及与之有关的电量和非电量。例如，磁场计、方位计、电流计、微小位移计、角度计、转速计、加速度计、函数发生器、同步传动装置、无刷直流电动机和非接触开关等。

② 利用霍尔电势正比于激励电流的特性可制作回转器、隔离器和电流控制装置等。

③ 利用霍尔电势正比于激励电流与磁感应强度乘积的规律制成乘算器、除算器、乘方器、开方器和功率计等，也可以作混频、调制、斩波和解调等用。

## 8.3.2 应用举例

**1. 角位移测量仪**

角位移测量仪的结构如图8-9所示。霍尔元件与被测物联动,而霍尔元件又在一个恒定的磁场中转动,于是霍尔电势 $E_H$ 就反映了转角 $\theta$ 的变化。不过,这个变化是非线性的($E_H$ 正比于 $\sin\theta$)。如要求 $E_H$ 与 $\theta$ 呈线性关系,必须采用特定形状的磁极。

**2. 霍尔转速表**

图8-10所示为霍尔转速表的结构。在被测转速的转轴上安装一个齿盘,也可选取机械系统中的一个齿轮,将霍尔元件及磁路系统靠近齿盘,随着齿盘的转动,磁路的磁阻也周期性地变化,测量霍尔元件输出的脉冲频率就可以确定被测物的转速。

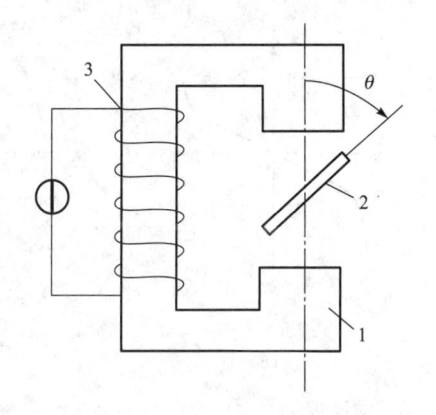

图8-9 角位移测量仪的结构
1—极靴;2—霍尔元件;3—励磁线圈

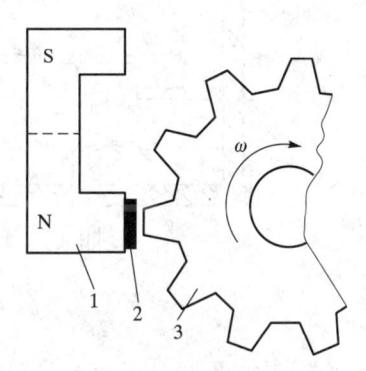

图8-10 霍尔转速表的结构
1—磁铁;2—霍尔元件;3—齿盘

**3. 霍尔功率计**

这是一种采用霍尔传感器进行负载功率测量的仪器,其工作原理如图8-11所示。由于负载功率等于负载电压和负载电流之乘积,使用霍尔元件时,分别使负载电压与磁感应强度成比例,负载电流与控制电流成比例,显然负载功率就正比于霍尔元件的霍尔电势。由此可见,利用霍尔元件输出的霍尔电势为输入控制电流与驱动磁感应强度的乘积的函数关系,即可测量出负载功率的大小。

由图8-11所示的线路可知,流过霍尔元件的电流 $I$ 是负载电流 $I_L$ 的分流值,$R_f$ 为负载电流 $I_L$ 的取样分流电阻,为使霍尔元件电流 $I$ 能模拟负载电流 $I_L$,要求 $R_L \ll Z_L$(负载阻抗),外加磁场的磁感应强度是负载电压 $U_L$ 的分压值,$R_2$ 为负载电压 $U_L$ 的取样分压

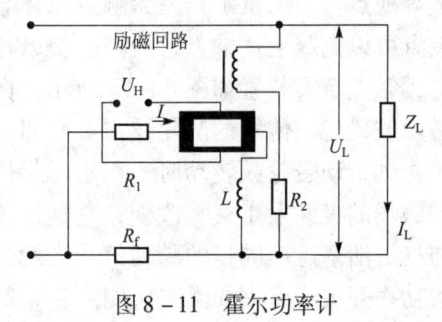

图8-11 霍尔功率计

电阻,为使激磁电压尽量与负载电压同相位,励磁回路中的 $R_2$ 要求取得很大,使励磁回路阻抗接近于电阻性,实际上它总略带一些电感性,因此电感 $L$ 是用于相位补偿的,这样霍尔电势就与负载的交流有效功率成正比。

### 8.3.3 霍尔元件的其他应用

**1. 霍尔式微压力传感器**

霍尔式微压力传感器的原理如图 8-12 所示。被测压力 $p$ 使弹性波纹膜盒膨胀,带动杠杆向上移动,从而使霍尔器件在磁路系统中运动,改变了霍尔器件感受的磁场大小及方向,引起霍尔电势的大小和极性的改变。由于波纹膜盒及霍尔器件的灵敏度很高,所以可用于测量微小压力的变化。

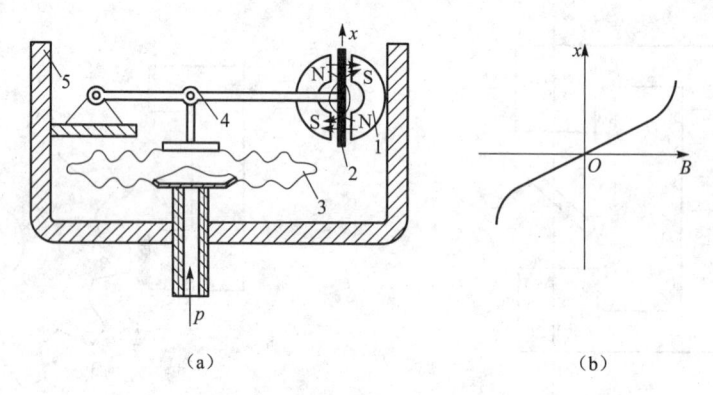

图 8-12 霍尔式微压力传感器的原理
(a) 结构;(b) 磁场与位移的关系曲线
1—磁路;2—霍尔器件;3—波纹膜盒;4—杠杆;5—外壳

**2. 霍尔无触点点火装置**

传统的汽车气缸点火装置使用机械式的分电器,存在着点火时间不准确、触点易磨损等缺点。采用霍尔开关无触点晶体管点火装置可以克服上述缺点,提高燃烧效率。霍尔无触点点火装置如图 8-13 所示,图中的磁轮鼓代替了传统的凸轮及白金触点。发动机主轴带动磁轮鼓转动时,霍尔元件感受到的磁场的极性发生交替改变,它输出一连串与气缸活塞运动同步的脉动信号去触发晶体管功率开关,点火线圈二次侧产生很高的感

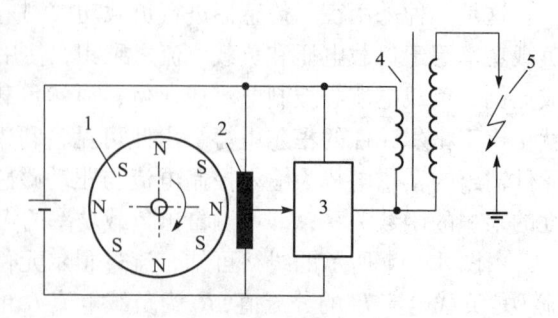

图 8-13 霍尔无触点点火装置
1—磁铁鼓;2—开关型霍尔集成元件;3—晶体管功率开关;4—点火线圈;5—火花塞

应电压，火花塞产生火花放电，完成气缸点火过程。

**3. 霍尔元件在无刷直流电动机中的应用**

这是一种采用霍尔传感器驱动的无触点直流电动机，它的基本原理如图 8-14 所示。由图 8-14 可知，转子是长度为 $L$ 的圆桶形永久磁铁，并且以径向极化，定子线圈分成 4 组，呈环形放入铁芯内侧槽内。当转子处于如图 8-14 中所示位置时，霍尔元件 $H_1$ 感应到转子磁场，便有霍尔电势输出，其经 $T_4$ 管放大后便使 $L_{X2}$ 通电，对应定子铁芯产生一个与转子成 90°的超前激励磁场，它吸引转子逆时针旋转；当转子旋转 90°以后，霍尔元件 $H_2$ 感应到转子磁场，便有霍尔电势输出，其经 $T_2$ 管放大后便使 $L_{Y2}$ 通电，于是产生一个超前 90°的激励磁场，它再吸引转子逆时针旋转。这样线圈依次通电，由于有一个超前 90°的逆时针旋转磁场吸引转子，电动机便连续运转起来，其运转顺序如下：

N 对 $H_1$—$T_4$ 导通—$L_{X2}$ 通电；
S 对 $H_2$—$T_2$ 导通—$L_{Y2}$ 通电；
S 对 $H_1$—$T_3$ 导通—$L_{X1}$ 通电；
N 对 $H_2$—$T_1$ 导通—$L_{Y1}$ 通电。

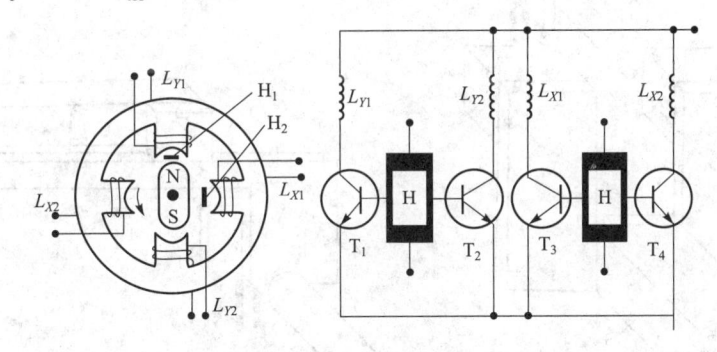

图 8-14　霍尔式无刷直流电动机的基本原理

霍尔式无刷直流电动机在实际使用时，一般需要采用速度负反馈的形式来达到电动机稳定和电动机调速的目的。霍尔元件的基本结构是在一个半导体薄片上安装了两对电极：一个为对称控制电极，输入控制电流 $I_C$；另一个为对称输出电极，输出霍尔电势。

**4. 霍尔式接近开关**

霍尔式接近开关的工作原理如图 8-15 所示。

在图 8-15（a）中，磁极的轴线与霍尔器件的轴线在同一直线上。当磁铁随运动部件移动到距霍尔器件几毫米时，霍尔器件的输出由高电平变为低电平，经驱动电路使继电器吸合或释放，运动部件停止移动。

在图 8-15（b）中，磁铁随运动部件沿 $x$ 方向移动，霍尔器件从两块磁铁间隙中滑过。当磁铁与霍尔器件的间距小于某一数值时，霍尔器件输出由高电平变为低电平。与图 8-15（a）不同的是，若运动部件继续向前移动滑过了头，霍尔器件的输出又将恢复高电平。

在图8-15（c）中，软铁制作的分流翼片与运动部件联动，当它移动到磁铁与霍尔部件之间时，磁力线被分流，遮挡了磁场对霍尔器件的激励，霍尔器件输出高电平。

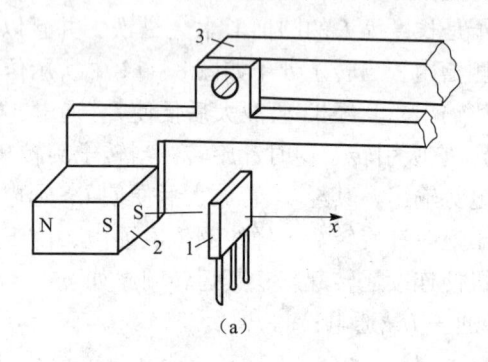

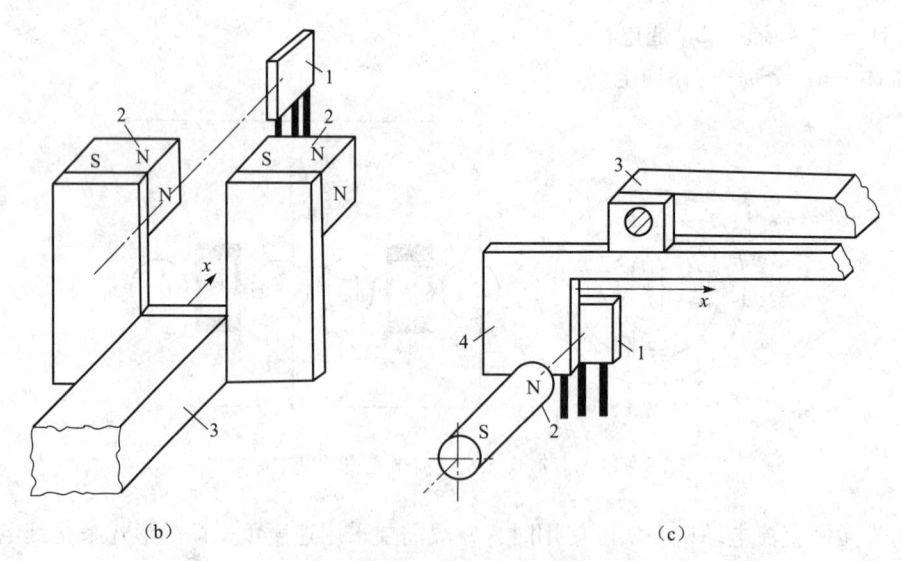

图8-15 霍尔式接近开关的工作原理
（a）轴向接近式；（b）滑过式；（c）分流翼片式
1—霍尔器件；2—磁铁；3—运动部件；4—软铁分流翼片

霍尔传感器的用途还有许多，例如，可利用廉价的霍尔元件制作电子打字机和电子琴的按键；可利用低温漂的霍尔集成电路制作霍尔式电压传感器、霍尔式电流传感器、霍尔式电度表、霍尔式高斯计、霍尔式液位计、霍尔式加速度计等。

## 知识拓展

### 霍尔传感器的其他应用

**1. 霍尔式图书磁条检测仪**

现在图书馆大多采用开架借阅的方式，图书失窃现象常常发生。由霍尔集成传感器 UGN350l 为核心元件制成的图书磁条检测仪能检测图书中磁条有无经过图书管理人员的消磁，还能够检测图书中磁条的有无。没有经过消磁的磁条，其磁感应强度较大，超过磁条检测仪设定的最大工作点磁感应强度，输出较大的霍尔电势，经放大电路处理后输出高电平，推动执行电路发出报警信号。当图书磁条被抽出后，其磁感应强度为零，低于磁条检测仪设定的最小工作点磁感应强度，输出霍尔电势为零，经反相放大电路处理后输出高电平，推动执行电路发出报警信号。

**2. 霍尔式计数装置**

霍尔集成传感器 UGN350l 具有较高的灵敏度。能感受到很小的磁场变化，因而能检测黑色金属的有无及个数，利用这一特性可制成钢球计数装置。其基本工作原理是：当钢球滚过传感器上方时，传感器输出峰值为 200 mV 的脉冲，脉冲信号经运算放大器放大后送入计数器进行计数。

## 先导案例解决

图 8-16 所示为霍尔传感器构成的键盘开关。它主要由一个开关型集成霍尔传感器和两个小块永久磁铁组成，图 8-16（a）所示为按钮 1 未按下示意图，霍尔传感器 2 受到磁力线方向由上向下的磁场作用。当按钮 1 按下时，磁铁位置变化到图 8-16（b）所示的位置，

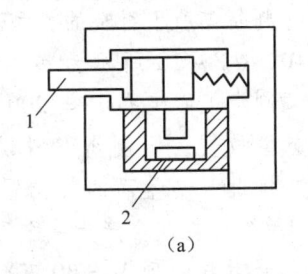

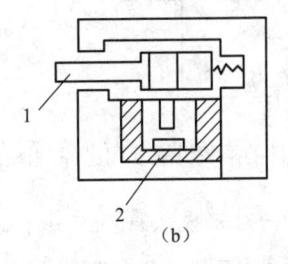

图 8-16 霍尔传感器构成的键盘开关
（a）按钮放开状态；（b）按钮按下状态
1—按钮；2—霍尔传感器

此时霍尔传感器2受到磁力线方向由下向上的磁场作用,这样就使霍尔传感器在按钮按下前后输出处于不同的状态,从键盘输入的信号将被后面的逻辑电路判别后送入计算机内部。由霍尔传感器构成的键盘开关具有工作稳定、性能可靠、寿命长久等特点。

## 本章小结

本章从霍尔效应着手分析霍尔元件的结构及其工作原理,介绍霍尔元件的基本参数,分析其转换电路,同时结合霍尔传感器的特点,介绍霍尔传感器的应用。

### 思考题与习题

1. 什么是霍尔效应?霍尔电势与哪些因素有关?
2. 为什么霍尔元件用N型半导体制作?
3. 简述霍尔元件灵敏系数的定义。
4. 试述霍尔元件的简单结构。
5. 试述霍尔元件主要参数的名称。
6. 为什么要对霍尔元件进行温度补偿,主要有哪些补偿方法,补偿的原理是什么?
7. 简述霍尔元件测量电流、磁感应强度、微位移的原理。
8. 霍尔传感器有何特点?可以应用到哪些方面的检测?
9. 为测量某霍尔元件的乘积灵敏度 $K_H$,构成如图8-17所示的实验线路。现施加 $B = 0.1\ T$ 的外磁场,方向如图8-17所示。调节 $R$ 使 $I_C = 60\ mA$,测量输出电压 $U_H = 60\ mV$(设表头内阻为无穷大)。试求霍尔元件的乘积灵敏度,并判断其所用材料的类型。
10. 图8-18所示为霍尔转速测量仪的结构。调制盘上固定有 $P = 200$ 对永久磁极,N、S极交替放置,调制盘与被测转轴刚性连接。在非常接近调制盘面的某位置固定一个霍尔元件,调制盘上每有一对磁极从霍尔元件下面转过,霍尔元件就会产生一个方脉冲,并将其发送到频率计。假定在 $t = 5\ min$ 的采样时间内,频率计共接收到 $N = 30$ 万个脉冲,求被测转轴的转速 $n$ 为多少?
11. 图8-19所示为交直流钳形数字电流表的结构。环形磁集束器的作用是将载流导线

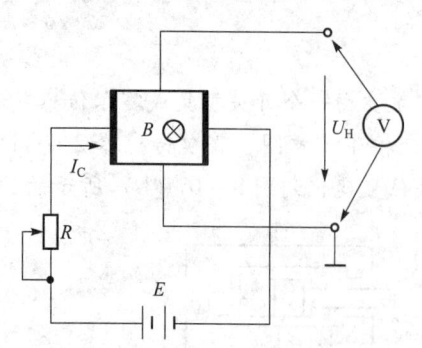

图8-17 霍尔元件的乘积灵敏度测量原理图

中被测电流产生的磁场集中到霍尔元件上,以提高灵敏度。设霍尔元件的乘积灵敏度为 $K_H$,通入的控制电流为 $I_C$,作用于霍尔元件的磁感应强度 $B$ 与被测电流 $I_X$ 成正比,比例系数为 $K$,现通过测量电路求得霍尔输出电势为 $U_H$,求被测电流 $I_X$ 以及霍尔电势的电流灵敏度。

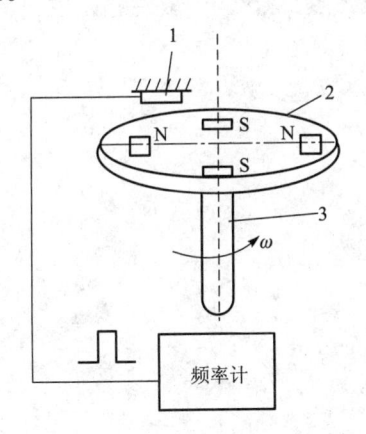

图 8-18 霍尔转速测量仪的结构
1—霍尔元件;2—调制盘;3—转轴

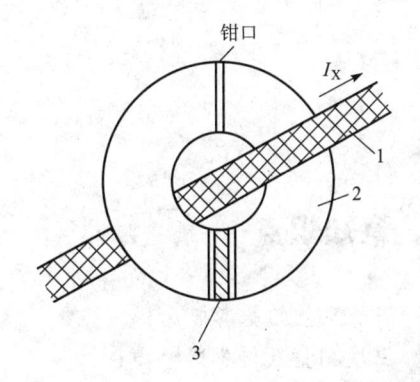

图 8-19 交直流钳形数字电流表的结构
1—载流导线;2—磁集束器;3—霍尔元件

# 第 9 章 热电偶传感器

## 本章知识点

1. 温度测量的基本概念；
2. 温度测量及传感器分类；
3. 热电效应、接触电势、温差电势；
4. 热电偶基本定律；
5. 热电偶的材料、结构及种类；
6. 热电偶冷端的延长；
7. 热电偶的冷端温度补偿；
8. 热电偶测温线路；
9. 热电偶的应用及配套仪表。

## 先导案例

燃气热水器的使用安全性至关重要。在燃气热水器中设置有防止熄火装置、防止缺氧不完全燃烧装置、防缺水空烧安全装置及过热安全装置等，涉及多种传感器。防熄火、防缺氧不完全燃烧的安全装置中都使用了热电偶。

### 本案例要解决的问题

利用热电偶如何检测燃气热水器的火焰防止熄火，以保证使用安全？

测量温度的传感器品种繁多，所依据的工作原理也各不相同。热电偶传感器是众多测温传感器中,已形成系列化、标准化的一种,它能将温度信号转换成电动势。目前在工业生产和科学研究中已得到广泛的应用,并且可以选用标准的显示仪表和记录仪表来显示和记录。

热电偶测温的主要优点有:

① 它属于自发电型传感器,因此测量时可以不要外加电源,可直接驱动动圈式仪表。
② 结构简单,使用方便,热电偶的电极不受大小和形状的限制,可按照需要选择。
③ 测量范围广,高温热电偶可达 1 800 ℃ 以上,低温热电偶可达 -260 ℃。
④ 测量精度高,各温区中的误差均符合国际计量委员会的标准。

本章首先介绍温度测量的基本概念,然后分析热电偶的工作原理、分类,并介绍其使用方法。

## 9.1 温度测量的基本概念

温度是一个和人们生活环境有着密切关系的物理量,也是一种在生产、科研、生活中需要测量和控制的重要物理量,是国际单位制七个基本量之一。我们在第 2 章曾简单介绍过用于温度测量的铂热电阻,这里将系统地介绍有关温度、温标、测温方法等一些基本知识。

### 9.1.1 温度的基本概念

温度是表征物体或系统冷热程度的物理量。温度单位是国际单位制中七个基本单位之一,从能量角度来看,温度是描述系统不同自由度间能量分配状况的物理量;从热平衡观点来看,温度是描述热平衡系统冷热程度的物理量;从分子物理学角度来看,温度反映了系统内部分子无规则运动的剧烈程度。

### 9.1.2 温标

温度的数值表示方法称为温标。它规定了温度的读数起点(即零点)以及温度的单位。各类温度计的刻度均由温标确定。国际上规定的温标有:摄氏温标、华氏温标、热力学温标等。

**1. 摄氏温标(℃)**

摄氏温标把在标准大气压下冰的熔点定为零度(0 ℃),把水的沸点定为 100 度(100 ℃)。在这两固定点间划分 100 等份,每一等份为 1 ℃,符号为 $t$。

**2. 华氏温标(℉)**

它规定在标准大气压下,冰的熔点为 32 ℉,水的沸点为 212 ℉,两固定点间划分 180 个等份,每一等份为华氏 1 ℉,符号为 $\theta$。它与摄氏温标的关系式为

$$\frac{\theta}{°F} = 1.8t/°C + 32$$

例如，20 ℃时的华氏温度 $\theta$ = (1.8×20+32)℉ = 68 ℉。西方国家在日常生活中普遍使用华氏温标。

### 3. 热力学温标（K）

热力学温标是建立在热力学第二定律基础上的最科学的温标，是由开尔文（Kelvin）根据热力学定律提出来的，因此又称开氏温标。它的符号是 $T$，其单位是开尔文（K）。

热力学温标规定分子运动停止（即没有热存在）时的温度为绝对零度，水的三相点（气、液、固三态同时存在且进入平衡状态时）的温度为273.16 K，把从绝对零度到水的三相点之间的温度均匀分为273.16 格，每格为1 K。

由于以前曾规定冰点的温度为273.15 K，所以现在沿用这个规定，用下式进行热力学温标和摄氏温标的换算为

$$t/°C = T/K - 273.15$$

或

$$T/K = t/°C + 273.15$$

例如，100 ℃时的热力学温度 $T$ = (100+273.15)K = 373.15 K。

热力学温标是纯理论的，人们无法得到开氏零度，因此不能直接根据它的定义来测量物体的热力学温度（又称开氏温度）。因此需要建立一种实用的温标作为测量温度的标准，这就是国际实用温标。

### 4. 1990 国际温标（ITS—90）

国际计量委员会在1968年建立了一种国际协议性温标，即 IPTS—68 温标。这种温标与热力学温标基本吻合，其差值符合规定的范围，而且复现性（在全世界用相同的方法，可以得到相同的温度值）好，所规定的标准仪器使用方便、容易制造。

在 IPTS—68 温标的基础上根据第18届国际计量大会的决议，从1990年1月1日开始在全世界范围内采用1990年国际温标，简称 ITS—90。

ITS—90 定义了一系列温度的固定点，测量和重现这些固定点的标准仪器以及计算公式。

例如，规定了氢的三相点为13.803 3 K、氖的三相点为24.556 1 K、氧的三相点为54.358 4 K、氩的三相点为83.805 8 K、汞的三相点为234.315 6 K、水的三相点为273.16 K（0.01 ℃）等。

以下的固定点用摄氏温度（℃）来表示：镓的三相点为29.764 6 ℃、锡的凝固点为961.78 ℃、金的凝固点为1 064.18 ℃、铜的凝固点为1 084.62 ℃，这里就不一一举例了。

ITS—90 规定了不同温度段的标准测量仪器。例如在极低温度范围，用气体体积热膨胀温度计来定义和测量；在氢的三相点和银的凝固点之间，用铂电阻温度计来定义和测量；而在银凝固点以上用光学辐射温度计来定义和测量等。

### 9.1.3 温度测量及传感器分类

常用的各种材料和元器件的性能大都会随着温度的变化而变化,具有一定的温度效应。其中一些稳定性好、温度灵敏度高、能批量生产的材料就可以作为温度传感器。

温度传感器的分类方法很多:按照用途可分为基准温度计和工业温度计;按照测量方法又可分为接触式和非接触式;按工作原理又可分为膨胀式、电阻式、热电式、辐射式等;按输出方式分为自发电型、非电测型等。总之,温度测量的方法很多,而且直到今天,人们仍在不断地研究性能更好的温度传感器。我们可以根据成本、精度、测量范围及被测对象的不同,选择不同的温度传感器。表9-1列出了常用测温传感器的种类及特点。

表 9-1 温度传感器的种类及特点

| 所利用的物理现象 | 传感器类型 | 测温范围/℃ | 特 点 |
|---|---|---|---|
| 体积热膨胀 | 气体温度计<br>液体压力温度计<br>玻璃水银温度计<br>双金属片温度计 | -250~1 000<br>-200~350<br>-50~350<br>-50~300 | 不需要电源,耐用;但感温部件体积大 |
| 接触热电动势 | 钨铼热电偶<br>铂铑热电偶<br>其他热电偶 | 1 000~2 100<br>200~1 800<br>-200~1 200 | 自发电型,标准化程度高,品种多,可根据需要选择;需注意冷端温度补偿 |
| 电阻的变化 | 铂热电阻<br>热敏电阻 | -200~900<br>-50~300 | 标准化程度高;但需要接入桥路才能得到电压输出 |
| PN结结电压 | 硅半导体二极管<br>(半导体集成电路温度传感器) | -50~150 | 体积小,线性好;但测温范围小 |
| 温度-颜色 | 示温涂料<br>液晶 | -50~1 300<br>0~100 | 面积大,可得到温度图像;但易衰老,精度低 |
| 光辐射<br>热辐射 | 红外辐射温度计<br>光学高温温度计<br>热释电温度计<br>光子探测器 | -50~1 500<br>500~3 000<br>0~1 000<br>0~3 500 | 非接触式测量,反应快;但易受环境及被测体表面状态影响,标定困难 |

## 9.2 热电偶传感器的工作原理

### 9.2.1 热电效应

1821年，德国物理学家赛贝克（T. J. Seebeck）用两种不同金属组成闭合回路，并用酒精灯加热其中一个接触点（称为结点），发现放在回路中的指南针发生偏转，如图9-1所示。如果用两盏酒精灯对两个结点同时加热，指南针的偏转角反而减小。显然，指南针的偏转说明电路中有电动势产生并有电流在回路中流动，电流的强弱与两个结点的温差有关。

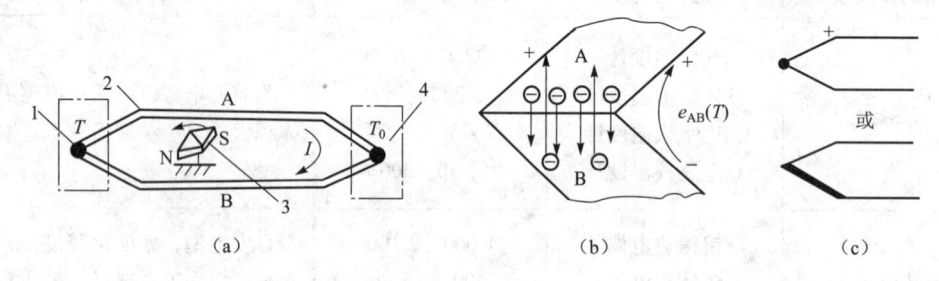

图9-1 热电偶的原理
(a) 热电效应；(b) 结点产生热电势示意图；(c) 图形符号
1—工作端；2—热电极；3—指南针；4—参考端

据此，赛贝克发现和证明了两种不同材料的导体A和B组成的闭合回路，当两个节点温度不同时，回路中将产生电动势，这种物理现象称为热电效应。两种不同材料的导体所组成的回路称为"热电偶"，组成热电偶的导体称为"热电极"，热电偶所产生的电动势称为热电势，用 $E_{AB}(T,T_0)$ 来表示。热电偶的两个节点中，置于温度为 $T$ 的被测对象中的节点称之为测量端，又称为工作端或热端；而置于参考温度为 $T_0$ 的另一结点称为参考端，又称自由端或冷端。

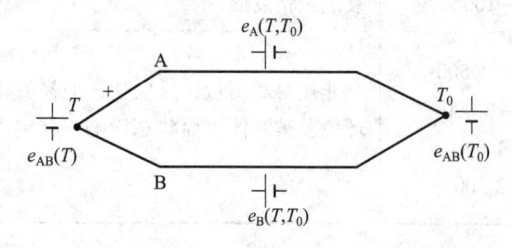

图9-2 热电偶回路的电动势

电子理论表明：如图9-2所示，热电偶产生的热电势 $E_{AB}(T,T_0)$ 主要由接触电动势和温差电动势组成。

**1. 接触电势产生的原因**

由于所有金属都具有自由电子，而且在不同的金属中自由电子的浓度不同，因此当两种不同金属A和B接触时，在接触处便发生电子的扩散。若金属 A 的自由电子浓度大于金属 B 的自由电子浓度，则在同一瞬间由金属 A 扩散到金属 B 中去的电子将比由金属 B 扩散到金属 A 中去的电子多，因而金属 A 对于金属 B 因丧失电子而带正电荷，金属 B 获得电子而带负电荷。由于正负电荷的存在，在接触处便产生电场。该电场将阻碍扩散作用的进一步发生，同时引起反方向的电子转移。扩散和反扩散形成矛盾运动。上述过程的发展，直至扩散作用和阻碍其扩散作用的效果相同时，也即由金属 A 扩散到金属 B 的自由电子（形成扩散流）与在电场作用下自金属 B 转移到金属 A 的自由电子（形成漂移流）相等时，该过程便处于动态平衡。在这种动态平衡状态下，A 和 B 两金属之间便产生了一定的接触电势，它的数值取决于两种金属的性质和接触点的温度，而与金属的形状及尺寸无关。

**2. 温差电势产生的原因**

对于任何一种金属，当其两端温度不同时，两端的自由电子浓度也不同，温度高的一端浓度大，温度低的一端浓度小。因此，高温端和低温端的自由电子要互相转入，最后同样要达到动态平衡，并且在两端形成电位差。

综上所述，在由两种不同金属组成的闭合回路中，当两端点的温度不同时，回路中产生的热电势等于上述电位差的代数和，即：

① 金属 A 和金属 B 的一个节点在温度为 $T$ 时产生的接触电势为 $e_{AB}(T)$，即

$$e_{AB}(T) = U_A - U_B \tag{9.1}$$

式中角码 AB 的顺序代表电位差的方向。当角码顺序变更时，$e$ 前面的符号也需要变更。

② 金属 A 和金属 B 的另一节点在温度为 $T_0$ 时产生的接触电势为 $e_{AB}(T_0)$。

③ 金属 A 两端温度为 $T$、$T_0$ 时，形成的温差电势为 $e_A(T,T_0)$，即

$$e_A(T,T_0) = U_T - U_{T_0} \text{（设 } T > T_0\text{）} \tag{9.2}$$

④ 金属 B 两端温度为 $T$、$T_0$ 时，形成的温差电势为 $e_B(T,T_0)$。

因此，整个闭合回路内总的热电势 $E_{AB}(T,T_0)$ 为

$$E_{AB}(T,T_0) = [e_{AB}(T) - e_{AB}(T_0)] + [e_B(T,T_0) - e_A(T,T_0)] \tag{9.3}$$

应该指出的是，在金属中自由电子数目很多，以致温度不能显著地改变它的自由电子浓度，所以在同一种金属内的温差电势极小，可以忽略。因此，在一个热电偶回路中起决定作用的是两个节点处产生的与材料性质和该点所处温度有关的接触电势。故式（9.3）可以改为

$$E_{AB}(T,T_0) = e_{AB}(T) - e_{AB}(T_0) = e_{AB}(T) + e_{BA}(T_0) \tag{9.4}$$

在工程中，常用式（9.4）来表征热电势回路的总电势是准确的。

从式（9.4）中可以看出，回路的总电势是随 $T$ 和 $T_0$ 而变化的，即总电势为 $T$ 和 $T_0$ 的函数差，这在实际使用中很不方便。

为此，在标定热电偶时，使 $T_0$ 为常数，即

$$e_{AB}(T_0) = f(T_0) = C \text{（常数）}$$

则式 (9.4) 可以改写为

$$E_{AB}(T,T_0) = e_{AB}(T) - f(T_0) = f(T) - C = \Psi(T) \qquad (9.5)$$

式 (9.5) 表示,当热电偶回路的一个端点保持温度不变,则热电偶回路总热电势 $E_{AB}(T,T_0)$ 只随另一端点的温度变化而变化。两个端点的温差越大,回路总热电势也越大。

这样回路的总热电势就可看成 $T$ 的函数了,这给工程中用热电偶测量温度带来极大的方便。

对于各种不同金属组成的热电偶,温度与热电势之间有着不同的函数关系。一般是用实验方法来求取这个函数关系的。通常令 $T_0 = 0$ ℃,然后在不同的温差 $(T - T_0)$ 情况下,精确地测定出回路的总热电势,并将所测得的结果绘成如图 9-3 所示的曲线,或列成表格(称为热电偶分度表),以便用时查阅。

如果以摄氏温度为单位,$E_{AB}(T,T_0)$ 也可以写成 $E_{AB}(t,t_0)$,其物理意义略有不同,但电动势的数值是相同的。

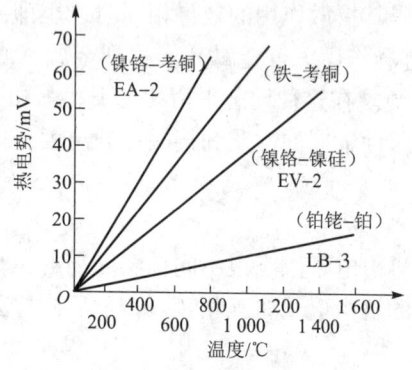

图 9-3 各种热电偶的热电势与温度关系曲线 ($T_0 = 0$ ℃)

### 9.2.2 热电偶的基本定律

**1. 均质导体定律**

如果热电偶回路中的两个热电极材料相同,无论两节点的温度如何,热电势均为零。根据这个定律,可以检验两个热电极材料成分是否相同(称为同名极检验法),也可以检查热电极材料的均匀性。

**2. 中间导体定律**

在热电偶回路中接入第三种导体,只要第三种导体和原导体的两节点温度相同,则回路中总的热电势不变。如图 9-4 所示,在热电偶回路中接入第三种导体 C。

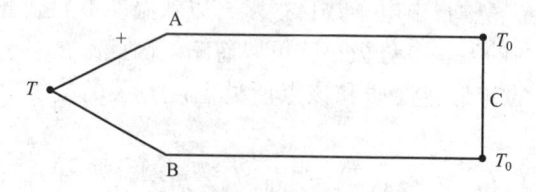

图 9-4 第三导体接入热电偶回路

设导体 A 与 B 节点处的温度为 $T$,导体 A、B 与 C 两节点处的温度为 $T_0$,则回路中的总热电势为

$$E_{ABC}(T,T_0) = E_{AB}(T,T_0) \qquad (9.6)$$

如果回路中三接点的温度相同,即 $T = T_0$,则回路总热电势必为零,即

$$E_{ABC}(T_0, T_0) = 0 \tag{9.7}$$

热电偶的这种性质在工业生产中是很实用的,例如,可以将显示仪表或调节器作为第三种导体直接接入回路中进行测量,也可以将热电偶的两端不焊接而直接插入液态金属中或直接焊在金属表面进行温度测量。

如果接入的第三种导体两端温度不相等,热电偶回路的热电势将要发生变化,变化的大小取决于导体的性质和节点的温度。因此,在测量过程中必须接入的第三种导体不宜采用与热电偶热电性质相差很大的材料;否则,一旦该材料两端温度有所变化,热电势的变动将会很大。

**3. 标准电极定律**

如果两种导体分别与第三种导体组成的热电偶所产生的热电势已知,则由这两种导体组成的热电偶所产生的热电势也就已知。如图 9-5 所示,导体 A、B 分别与标准电极 C 组成热电偶,若它们所产生的热电势为已知,即

$$\begin{aligned} E_{AC}(T, T_0) &= e_{AC}(T) - e_{AC}(T_0) \\ E_{BC}(T, T_0) &= e_{BC}(T) - e_{BC}(T_0) \end{aligned} \tag{9.8}$$

则由 A、B 两导体组成的热电偶的热电势为

$$E_{AB}(T, T_0) = E_{AC}(T, T_0) - E_{BC}(T, T_0) \tag{9.9}$$

标准电极定律是一个极为实用的定律。由于纯金属和各种金属合金种类很多,因此,要确定这些金属之间组合而成的热电偶的热电势,其工作量是极大的。但是可以利用铂的物理、化学性质稳定,熔点高,易提纯的特性,选用高纯铂丝作为标准电极,只要测得各种金属与纯铂组成的热电偶的热电势,则各种金属之间相互组合而成的热电偶的热电势可根据

$$E_{AB}(T, T_0) = E_{AC}(T, T_0) - E_{BC}(T, T_0)$$

直接计算出来。

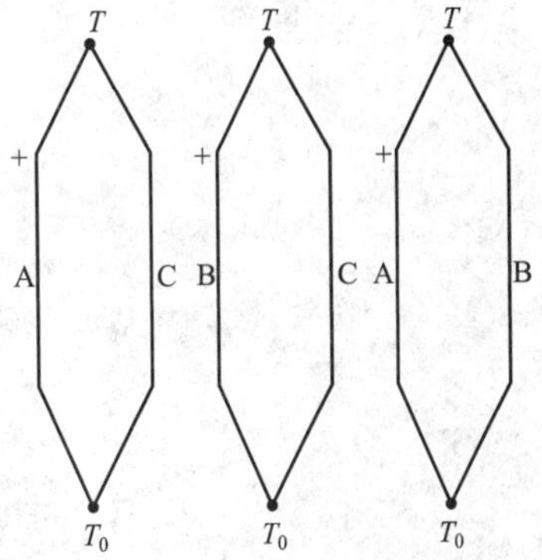

**例 9.1** 热端为 100 ℃,冷端为 0 ℃时,镍铬合金与纯铂组成的热电偶的热电势为 2.95 mV,而考铜与纯铂组成的热电偶的热电势为 -4.0 mV,计算镍铬和考铜组合成的热电偶所产生的热电势。

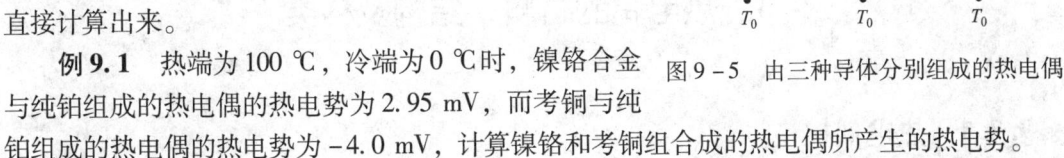

图 9-5 由三种导体分别组成的热电偶

**解** 镍铬和考铜组合成的热电偶所产生的热电势为

$$2.95 \text{ mV} - (-4.0 \text{ mV}) = 6.95 \text{ mV}$$

**4. 中间温度定律**

热电偶在两节点温度 $T$、$T_0$ 时的热电势等于该热电偶在节点温度为 $T$、$T_n$ 和 $T_n$、$T_0$ 时的相应热电势的代数和。

中间温度定律可以表示为

$$E_{AB}(T,T_0) = E_{AB}(T,T_n) + E_{AB}(T_n,T_0) \qquad (9.10)$$

中间温度定律为补偿导线的使用提供了理论依据。它表明：若热电偶的两热电极被两根导体延长，只要接入的两根导体组成的热电偶的热电特性与被延长的热电偶的热电特性相同，且它们之间连接的两点温度相同，则总回路的热电动势与连接点温度无关，只与延长以后的热电偶两端的温度有关。

如图 9-6 所示，利用热电偶来实际测温时，连接导线、显示仪表和接插件等均可看成是中间导体，只要保证这些中间导体两端的温度各自相同，则对热电偶的热电势没有影响。因此中间导体定律对热电偶的实际应用是十分重要的。在实际使用时，应尽量使上述元器件两端的温度相同，才能减少测量误差。

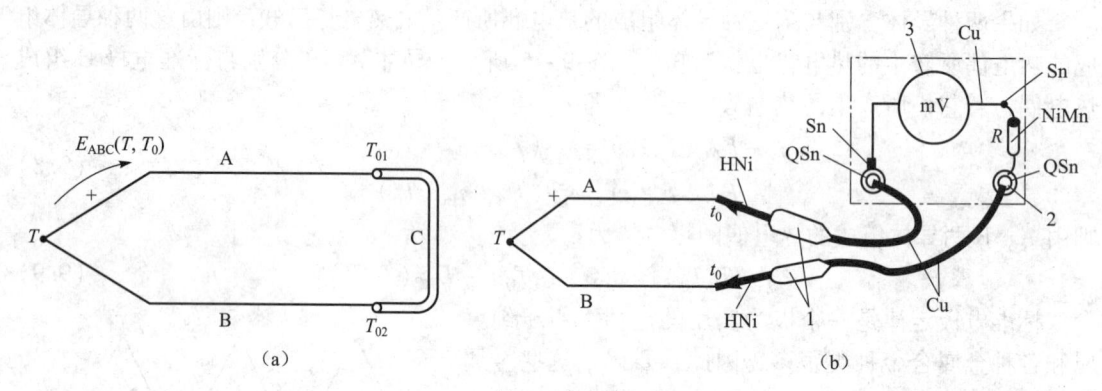

图 9-6 具有中间导体的热电偶回路
（a）原理图；（b）应用电路
1—表棒；2—磷铜接插件；3—漆包线动圈表头
HNi—镍黄铜；QSn—锡磷青铜；Sn—焊锡；NiMn—镍锰铜电阻丝；Cu—紫铜导线

## 9.3 热电偶的材料、结构及种类

### 9.3.1 热电偶材料

根据金属的热电效应原理，组成热电偶的热电极可以是任意的金属材料，但在实际应用中，用作热电极的材料应具备以下几方面的条件。

**1. 测量范围广**

在规定的温度测量范围内具有较高的测量精确度，有较大的热电势。温度与热电势的关系是单值函数。

**2. 热电性能稳定**

要求在规定的温度测量范围内使用时热电性能稳定,有较好的均匀性和复现性。

**3. 化学稳定性好**

要求在规定的温度测量范围内使用时有良好的化学稳定性、抗氧化或抗还原性能,不产生蒸发现象。

满足上述条件的热电偶材料并不很多。目前,我国大量生产和使用的性能符合专业标准或国家标准并具有统一分度表的热电偶材料称为定型热电偶材料,共有 6 个品牌。它们分别是 铂铑$_{30}$ - 铂铑$_6$、铂铑$_{10}$ - 铂、镍铬 - 镍硅、镍铬 - 镍铜、镍铬 - 镍铝、铜 - 铜镍。

此外,我国还生产一些未定型的热电偶材料,如 铂铑$_{13}$ - 铂、铱铑$_{40}$ - 铱、钨铼$_5$ - 钨铼$_{20}$ 及金铁热电偶、双铂钼热电偶等。这些非标热电偶应用于一些特殊条件下的测温,如超高温、极低温、高真空或核辐射环境等。

## 9.3.2 热电偶的结构

热电偶温度传感器广泛应用于工业生产过程中的温度测量。根据其用途和安装位置不同,它具有多种结构形式。

**1. 普通工业热电偶的结构**

热电偶通常由热电极、绝缘管、保护套管和接线盒等几个主要部分组成,其结构如图 9-7 所示。现对各部分构造做简单的介绍。

(1) 热电极

热电极又称偶丝,它是热电偶的基本组成部分。用普通金属做成的偶丝,其直径一般为 0.5~3.2 mm;用贵重金属做成的偶丝,直径一般为 0.3~0.6 mm。偶丝的长度则由工作端插入被测介质中的深度来决定,通常为 300~2 000 mm,常用的长度为 350 mm。

(2) 绝缘管

绝缘管又称绝缘子,是用于热电极之间及热电极与保护套之间进行绝缘保护的零件,以防止它们之间互相短路。其形状一般为圆形或椭圆形,中间开有 2 个、4 个或 6 个孔,热电偶偶丝穿孔而过。材料为黏土质、高铝质、刚玉质等,根据使用的热电偶而定。

(3) 保护套管

保护套管是用于保护热电偶感温元件免受被测介质化学腐蚀和机械损伤的装置。保护套管应具有耐高温、耐腐蚀且导热性好的特性,可以用作保护套管的材料有金属、非金属及金属陶瓷三大类。金属材料有铝、黄铜、碳钢、不锈钢等,其中 1Cr18Ni9Ti 不锈钢是目前热电偶保护套管使用的典型材料。非金属材料有高铝质($Al_2O_3$ 的质量分数为 85%~90%)、刚玉质($Al_2O_3$ 的质量分数为 99%),使用温度都在 1 300 ℃ 以上。金属陶瓷材料有氧化镁加金属钼,这种材料使用温度在 1 700 ℃,且在高温下有很好的抗氧化能力,适用于钢水温度的连续测量,形状一般为圆柱形。

(4) 接线盒

热电偶的接线盒用于固定接线座和连接外界导线,起着保护热电极免受外界环境侵蚀和保证外接导线与接线柱接触良好的作用。接线盒一般由铝合金制成,根据被测介质温度范围和现场环境条件要求,可设计成普通型、防溅型、防水型、防爆型等接线盒。

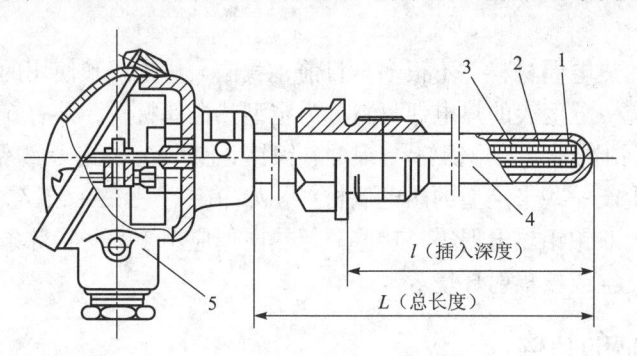

图 9-7 普通工业热电偶的结构
1—测量端;2—热电极;3—绝缘管;4—保护套管;5—接线盒

**2. 铠装热电偶**

它是由金属套管、绝缘材料和热电极经焊接密封和装配等工艺制成的坚实的组合体。金属套管材料可以是铜、不锈钢(1Cr18Ni9Ti)或镍基高温合金(GH30)等;绝缘材料常使用电熔氧化镁/氧化铝/氧化铍等的粉末;而热电极无特殊要求。套管中热电极有单支(双芯)、双支(四芯),彼此间互不接触。我国已生产 S 型、R 型、B 型、K 型、E 型、J 型和铱铑$_{40}$-铱等铠装热电偶,套管最长可达 100 m 以上,管外径最细能达 0.25 mm。铠装热电偶已达到标准化、系列化。铠装热电偶体积小,热容量小,动态响应快,可挠性好,柔软性良好,强度高,耐压、耐振、耐冲击,因此被广泛应用于工业生产过程。铠装热电偶冷端连接补偿导线的接线盒的结构,根据不同的使用条件,有不同的形式,如简易式、带补偿导线式、插座式等,这里不做详细介绍,选用时可参考有关资料。

### 9.3.3 热电偶的种类及分度表

**1. 标准型热电偶**

标准型热电偶是指制造工艺比较成熟、应用广泛、能成批生产、性能优良而稳定并已列入工业标准化文件中的那些热电偶。由于标准化文件对同一型号的标准型热电偶规定了统一的热电极材料及其化学成分、热电性质和允许偏差,故同一型号的标准型热电偶互换性好,具有统一的分度表,并有与其配套的显示仪表可供选用。

国际电工委员会在 1975 年向世界各国推荐 8 种标准型热电偶,见表 9-2。在热电偶的名称中，正极写在前面，负极写在后面。常用标准热电偶分度表见表9-3~表9-6。

表9-2 热电偶特性表

| 名 称 | 分度号 | 代号 | 测温范围/℃ | 100℃时的热电势/mV | 特 点 |
|---|---|---|---|---|---|
| 铂铑$_{30}$-铂铑$_6$ | B (LL-2) | WR | 50~1 280 | 0.033 | 熔点高，温度上限高，性能稳定，精度高，100℃以下热电势极小，可不必考虑冷端补偿；价高，热电势小；只限于高温域的测量 |
| 铂铑$_{13}$-铂 | R (PR) | — | -50~1 768 | 0.647 | 使用上限较高，精度高，性能稳定，复现性好，但热电势较小，不能在金属和还原性气体中使用，在高温下使用特性会逐渐变坏，价高；多用于精度测量 |
| 铂铑$_{10}$-铂 | S (LB-3) | WRP | -50~1 768 | 0.646 | 性能不如R热电偶，长期以来作为国际温标的法定标准热电偶 |
| 镍铬-镍硅 | K (EU-2) | WRN | -270~1 370 | 4.095 | 热电势大，线性好，稳定性好，价廉；但材质较硬，在1 000℃以上长期使用会引起电势漂移，多用于工业测量 |
| 镍铬硅-镍硅 | N | — | -270~1 370 | 2.744 | 是一种新型热电偶，各项性能比K热电偶更好，适用于工业测量 |
| 镍铬-铜镍（康铜） | E (EA-2) | WRK | -270~800 | 6.319 | 热电势比K热电偶大50%左右，线性好，耐高温，价廉；但不能用于还原性气体中，较稳定，多用于工业测量 |
| 铁-铜镍（康铜） | J (JC) | — | -210~760 | 5.269 | 价格低廉，在还原性气体中较稳定；但纯铁易被腐蚀和氧化；多用于工业测量 |

153

续表

| 名 称 | 分度号 | 代号 | 测温范围/℃ | 100 ℃时的热电势/mV | 特 点 |
|---|---|---|---|---|---|
| 铜－铜镍（康铜） | T（CK） | WRC | －270 ~ 400 | 4.279 | 价廉，加工性能好，离散性小，性能稳定，线性好，精度高；铜在高温时易被氧化，测温上限低；多用于低温域的测量，可作（－200 ℃ ~ 0 ℃）温域的计量标准 |

表9－3 铂铑$_{10}$－铂热电偶（分度号为S）分度表

| 工作端温度/℃ | 0 | 10 | 20 | 30 | 40 | 50 | 60 | 70 | 80 | 90 |
|---|---|---|---|---|---|---|---|---|---|---|
| | 热电势/mV | | | | | | | | | |
| 0 | 0.000 | 0.055 | 0.113 | 0.173 | 0.235 | 0.299 | 0.365 | 0.432 | 0.502 | 0.573 |
| 100 | 0.645 | 0.719 | 0.795 | 0.872 | 0.950 | 1.029 | 1.109 | 1.190 | 1.273 | 1.356 |
| 200 | 1.440 | 1.525 | 1.611 | 1.698 | 1.785 | 1.873 | 1.962 | 2.051 | 2.141 | 2.232 |
| 300 | 2.323 | 2.414 | 2.506 | 2.599 | 2.692 | 2.786 | 2.880 | 2.974 | 3.069 | 3.164 |
| 400 | 3.260 | 3.356 | 3.452 | 3.549 | 3.645 | 3.743 | 3.840 | 3.938 | 4.036 | 4.135 |
| 500 | 4.234 | 4.333 | 4.432 | 4.632 | 4.632 | 4.732 | 4.832 | 4.933 | 5.034 | 5.136 |
| 600 | 5.237 | 5.339 | 5.442 | 5.544 | 5.648 | 5.751 | 5.855 | 5.960 | 6.064 | 6.169 |
| 700 | 6.274 | 6.380 | 6.486 | 6.592 | 6.699 | 6.805 | 6.913 | 7.020 | 7.128 | 7.236 |
| 800 | 7.345 | 7.454 | 7.563 | 7.672 | 7.782 | 7.892 | 8.114 | 8.114 | 8.225 | 8.336 |
| 900 | 8.448 | 8.560 | 8.673 | 8.786 | 8.899 | 9.012 | 9.126 | 9.240 | 9.355 | 9.470 |
| 1 000 | 9.585 | 9.700 | 9.816 | 9.932 | 10.048 | 10.165 | 10.282 | 10.400 | 10.517 | 10.635 |
| 1 100 | 10.754 | 10.872 | 10.991 | 11.110 | 11.229 | 11.348 | 11.467 | 11.587 | 11.707 | 11.827 |
| 1 200 | 11.947 | 12.067 | 12.188 | 12.308 | 12.429 | 12.550 | 12.671 | 12.792 | 12.913 | 13.034 |
| 1 300 | 13.155 | 13.276 | 13.397 | 13.519 | 13.640 | 13.761 | 13.883 | 14.004 | 14.125 | 14.247 |
| 1 400 | 14.368 | 14.489 | 14.610 | 14.731 | 14.852 | 14.937 | 15.094 | 15.215 | 15.336 | 15.456 |
| 1 500 | 15.576 | 15.697 | 15.817 | 15.937 | 16.057 | 16.176 | 16.292 | 16.415 | 16.534 | 16.653 |
| 1 600 | 16.771 | | | | | | | | | |

表 9-4 铂铑$_{30}$-铂铑$_6$ 热电偶（分度号为 B）分度表

| 工作端温度/℃ | 0 | 10 | 20 | 30 | 40 | 50 | 60 | 70 | 80 | 90 |
|---|---|---|---|---|---|---|---|---|---|---|
| | 热电势/mV |||||||||||
| 0 | 0.000 | -0.002 | -0.003 | -0.002 | 0.000 | 0.002 | 0.006 | 0.011 | 0.017 | 0.025 |
| 100 | 0.033 | 0.043 | 0.053 | 0.065 | 0.078 | 0.092 | 0.107 | 0.123 | 0.140 | 0.159 |
| 200 | 0.178 | 0.199 | 0.220 | 0.243 | 0.266 | 0.291 | 0.317 | 0.344 | 0.372 | 0.401 |
| 300 | 0.431 | 0.462 | 0.494 | 0.527 | 0.561 | 0.596 | 0.632 | 0.669 | 0.707 | 0.746 |
| 400 | 0.786 | 0.827 | 0.870 | 0.913 | 0.957 | 1.002 | 1.048 | 1.095 | 1.143 | 1.192 |
| 500 | 1.241 | 1.292 | 1.344 | 1.397 | 1.450 | 1.505 | 1.560 | 1.617 | 1.674 | 1.732 |
| 600 | 1.791 | 1.851 | 1.912 | 1.974 | 2.036 | 2.100 | 2.164 | 2.230 | 2.296 | 2.363 |
| 700 | 2.430 | 2.499 | 2.569 | 2.639 | 2.710 | 2.782 | 2.855 | 2.928 | 3.003 | 3.078 |
| 800 | 3.154 | 3.231 | 3.308 | 3.387 | 3.466 | 3.546 | 3.626 | 3.708 | 3.790 | 3.873 |
| 900 | 3.957 | 1.041 | 4.126 | 4.212 | 4.298 | 4.386 | 4.474 | 4.562 | 4.652 | 4.742 |
| 1 000 | 4.833 | 4.924 | 5.016 | 5.109 | 5.202 | 5.297 | 5.391 | 5.487 | 5.583 | 5.680 |
| 1 100 | 5.777 | 5.875 | 5.973 | 6.073 | 6.172 | 6.273 | 6.374 | 6.475 | 6.577 | 6.680 |
| 1 200 | 6.783 | 6.887 | 6.991 | 7.096 | 7.202 | 7.308 | 7.414 | 7.521 | 7.628 | 7.736 |
| 1 300 | 7.845 | 7.953 | 8.063 | 8.172 | 8.283 | 8.393 | 8.504 | 8.616 | 8.727 | 8.839 |
| 1 400 | 8.952 | 9.065 | 9.178 | 9.291 | 9.405 | 9.519 | 9.634 | 9.748 | 9.863 | 9.979 |
| 1 500 | 10.094 | 10.210 | 10.325 | 10.441 | 10.558 | 10.674 | 10.790 | 10.907 | 11.024 | 11.141 |
| 1 600 | 11.257 | 11.374 | 11.491 | 11.608 | 11.725 | 11.842 | 11.959 | 12.076 | 12.193 | 12.310 |
| 1 700 | 12.426 | 12.543 | 12.659 | 12.776 | 12.892 | 13.008 | 13.124 | 13.239 | 13.354 | 13.470 |
| 1 800 | 13.585 | | | | | | | | | |

表 9-5 镍铬-镍硅热电偶（分度号为 K）分度表

| 工作端温度/℃ | 0 | 10 | 20 | 30 | 40 | 50 | 60 | 70 | 80 | 90 |
|---|---|---|---|---|---|---|---|---|---|---|
| | 热电势/mV |||||||||||
| -0 | 0.000 | -0.392 | -0.777 | -1.156 | -1.527 | -1.889 | -2.243 | -2.586 | -2.920 | -3.242 |
| 0 | 0.000 | 0.397 | 0.798 | 1.203 | 1.611 | 2.022 | 2.436 | 2.850 | 3.266 | 3.681 |
| 100 | 4.095 | 4.508 | 4.919 | 5.327 | 5.733 | 6.137 | 6.539 | 6.939 | 7.338 | 7.737 |

续表

| 工作端温度/℃ | 0 | 10 | 20 | 30 | 40 | 50 | 60 | 70 | 80 | 90 |
|---|---|---|---|---|---|---|---|---|---|---|
| | | | | | 热电势/mV | | | | | |
| 200 | 8.137 | 8.537 | 8.938 | 9.431 | 9.745 | 10.151 | 10.560 | 10.969 | 11.381 | 11.793 |
| 300 | 12.207 | 12.623 | 13.039 | 13.456 | 13.874 | 14.292 | 14.712 | 15.132 | 15.552 | 15.974 |
| 400 | 16.395 | 16.818 | 17.241 | 17.664 | 48.088 | 18.513 | 18.938 | 19.363 | 19.788 | 20.214 |
| 500 | 20.640 | 21.066 | 21.493 | 21.919 | 22.346 | 22.772 | 23.198 | 23.624 | 24.050 | 24.476 |
| 600 | 24.902 | 25.327 | 25.751 | 26.176 | 26.599 | 27.022 | 27.445 | 27.867 | 28.288 | 28.709 |
| 700 | 29.128 | 29.547 | 29.965 | 30.383 | 30.799 | 31.214 | 31.629 | 32.042 | 32.455 | 32.866 |
| 800 | 33.277 | 33.686 | 34.095 | 34.502 | 34.909 | 35.314 | 35.728 | 36.121 | 36.524 | 36.925 |
| 900 | 37.325 | 37.724 | 38.122 | 38.519 | 38.915 | 39.310 | 39.703 | 40.096 | 40.488 | 40.897 |
| 1 000 | 41.629 | 41.657 | 42.045 | 42.432 | 42.817 | 43.202 | 43.585 | 43.968 | 44.349 | 44.729 |
| 1 100 | 45.108 | 45.486 | 45.863 | 46.238 | 46.612 | 46.985 | 47.356 | 47.726 | 48.095 | 48.462 |
| 1 200 | 48.828 | 49.192 | 49.555 | 49.916 | 50.276 | 50.633 | 50.990 | 51.344 | 51.697 | 52.049 |
| 1 300 | 52.398 | | | | | | | | | |

表9-6 铜-铜镍热电偶(分度号为T)分度表

| 工作端温度/℃ | 0 | 10 | 20 | 30 | 40 | 50 | 60 | 70 | 80 | 90 |
|---|---|---|---|---|---|---|---|---|---|---|
| | | | | | 热电势/mV | | | | | |
| -200 | -5.603 | -5.753 | -5.889 | -6.007 | -6.105 | -6.181 | -6.232 | -6.258 | | |
| -100 | -3.378 | -3.656 | -3.923 | -4.177 | -4.419 | -4.648 | -4.865 | -5.069 | -5.261 | -5.439 |
| -0 | 0.000 | -0.333 | -0.757 | -1.121 | -1.475 | -1.819 | -2.152 | -2.475 | -2.788 | -3.089 |
| 0 | 0.000 | 0.391 | 0.789 | 1.196 | 1.611 | 2.035 | 2.467 | 2.908 | 3.357 | 3.813 |
| 100 | 4.277 | 4.749 | 5.227 | 5.712 | 6.204 | 6.702 | 7.207 | 7.718 | 8.235 | 8.757 |
| 200 | 9.286 | 9.320 | 10.360 | 10.905 | 11.456 | 12.011 | 12.572 | 13.137 | 13.707 | 14.281 |
| 300 | 14.860 | 15.443 | 16.030 | 16.621 | 17.217 | 17.816 | 18.420 | 19.027 | 19.638 | 20.252 |
| 400 | 20.869 | | | | | | | | | |

**2. 非标准型热电偶**

非标准型热电偶包括铂铑系热电偶、铱铑系热电偶及钨铼系热电偶等。

铂铑系热电偶有铂铑$_{20}$-铂铑$_5$、铂铑$_{40}$-铂铑$_{20}$等一些种类,其共同的特点是性能稳定,适用于各种高温测量。铱铑系热电偶有铱铑$_{40}$-铱、铱铑$_{60}$-铱等种类。这类热电偶长期使用的测温范围在2 300 ℃以下,且热电势与温度线性关系好。钨铼系热电偶有钨铼$_3$-

钨铼$_{25}$、钨铼$_5$－钨铼$_{20}$等种类。它的最高使用温度受绝缘材料的限制，目前可达到2 800 ℃左右，主要用于钢水连续测温、反应堆测温等场合。

**3. 薄膜热电偶**

薄膜热电偶是由两种金属薄膜连接而成的一种特殊结构的热电偶，它的测量端既小又薄，热容量很小，可用于微小面积上温度的测量；其动态响应快，可测得快速变化的表面温度。应用时，薄膜热电偶用胶黏剂紧粘在被测物表面，所以热损失很小，测量精度高。由于使用温度受胶黏剂和衬垫材料限制，目前只能用于－200 ℃ ~300 ℃。

## 9.4 热电偶冷端的延长

实际测温时，由于热电偶长度有限，自由端温度将直接受到被测物温度和周围环境温度的影响。例如，热电偶安装在电炉壁上，而自由端放在接线盒内，电炉壁周围温度不稳定，波及接线盒内的自由端，造成测量误差。虽然可以将热电偶做得很长，但这将提高测量系统的成本，是很不经济的。工业中一般是采用补偿导线来延长热电偶的冷端，使之远离高温区。

补偿导线测温线路如图9-8所示。补偿导线（A′、B′）是两种不同材料的、相对比较便宜的金属（多为铜与铜的合金）导体。它们的自由电子密度比和所配接型号的热电偶的自由电子密度比相等，所以补偿导线在一定的环境温度范围内，如0 ℃ ~100 ℃，与所配接的热电偶的灵敏度相同，即具有相同的温度—热电势关系

$$E_{A'B'}(t,t_0) = E_{AB}(t,t_0)$$

使用补偿导线的好处是：

① 它将自由端从温度波动区$T_n$延长到温度相对稳定区$t_0$，使指示仪表的示值（mV数）变得稳定起来。

② 购买补偿导线比使用相同长度的热电极（A、B）便宜很多，可节约大量贵金属。

③ 补偿导线多是用铜及铜的合金制作，所以单位长度的直流电阻比直接使用很长的热电极小得多，可减小测量误差。

④ 由于补偿导线通常用塑料（聚氯乙烯或聚四氟乙烯）作为绝缘层，其自身又为较柔软的铜合金多股导线，所以易弯曲，便于敷设。

必须指出的是，使用补偿导线仅能延长热电偶的冷端，虽然总的热电势在多数情况下会比不用补偿导线时有所提高，但从本质上看，这并不是因为温度补偿引起的，而是因为使冷端远离高温区、两端温差变大的缘故，故将其称为"补偿导线"只是一种习惯用语。真正的补偿方法将在下一节介绍。

使用补偿导线必须注意4个问题：

① 两根补偿导线与热电偶两个热电极的节点必须具有相同的温度；

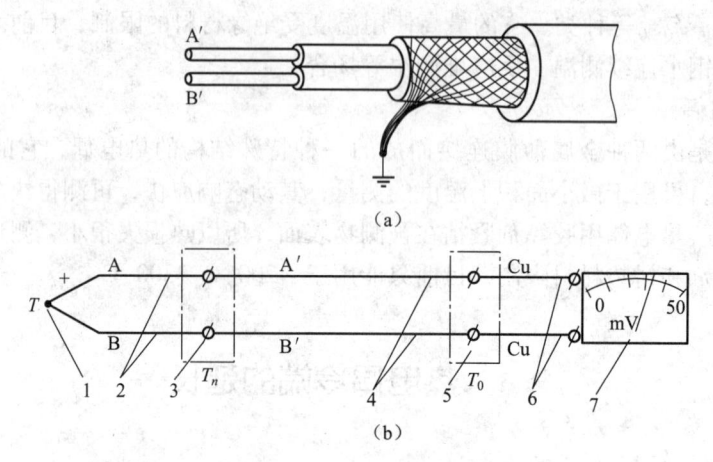

图 9-8　补偿导线测温线路

（a）补偿导线外形图；（b）接线图

1—测量端；2—热电极；3—接线盒 1（中间温度）；4—补偿导线；
5—接线盒 2（新的冷端）；6—铜引线；7—毫伏表

② 各种补偿导线只能与相应型号的热电偶配用；
③ 必须在规定的温度范围内使用；
④ 极性切勿接反。常用热电偶补偿导线的特性见表 9-7。

表 9-7　常用热电偶补偿导线的特性

| 型　号 | 配用热电偶<br>（正-负） | 补偿导线<br>（正-负） | 导线外皮颜色 正 | 导线外皮颜色 负 | 100 ℃热电势<br>/mV | 20 ℃时的电阻率<br>/（Ω·m） |
|---|---|---|---|---|---|---|
| SC | 铂铑$_{10}$-铂 | 铜-铜镍 | 红 | 绿 | 0.646±0.023 | 0.05×10$^{-6}$ |
| KC | 镍铬-镍硅 | 铜-康铜① | 红 | 蓝 | 4.096±0.063 | 0.052×10$^{-6}$ |
| WC$_{5/26}$ | 钨铼$_5$-钨铼$_{26}$ | 铜-铜镍② | 红 | 橙 | 1.451±0.051 | 0.10×10$^{-6}$ |

注：① 99.4% Cu，0.6% Ni。
　　② 98.2%~98.3% Cu，1.7%~1.8% Ni。

## 9.5　热电偶的冷端温度补偿

由热电偶测温原理可知，热电偶的输出热电势是热电偶两端温度 $t$ 和 $t_0$ 差值的函数，但

冷端温度 $t_0$ 不变时，热电势与工作端温度成单值函数关系。各种热电偶温度与热电势关系的分度表都是在冷端温度为 0 ℃ 时做出的，因此用热电偶测量时，若要直接应用热电偶的分度表，就必须满足 $t_0$ = 0 ℃ 的条件。但在实际测温中，冷端温度常随环境温度而变化，这样 $t_0$ 不但不是 0 ℃，而且也不恒定，因此将产生误差。一般情况下，冷端温度均高于 0 ℃，热电势总是偏小。消除或补偿这个损失的方法，常用的有以下几种。

### 9.5.1 冷端恒温法

（1）将热电偶的冷端置于装有冰水混合物的恒温容器中，使冷端的温度保持在 0 ℃ 不变。此法也称冰浴法，它消除了 $t_0$ 不等于 0 ℃ 而引入的误差，由于冰融化较快，所以一般只适用于实验室中。

（2）将热电偶的冷端置于电热恒温器中，恒温器的温度略高于环境温度的上限（例如 40 ℃）。

（3）将热电偶的冷端置于恒温空调房间中，使冷端温度恒定。

应该指出的是，除了冰浴法是使冷端温度保持在 0 ℃ 外，后两种方法只是使冷端维持在某一恒定（或变化较小）的温度上，因此后两种方法仍必须采用下述几种方法予以修正。图 9-9 所示为冰浴法接线图。

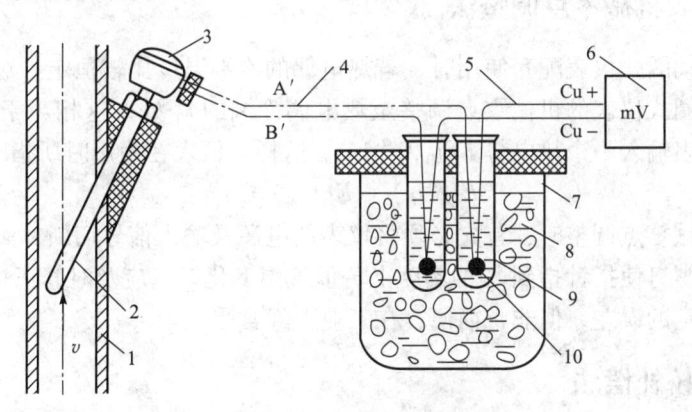

图 9-9 冰浴法接线图

1—被测流体管道；2—热电偶；3—接线盒；4—补偿导线；5—铜质导线；6—毫伏表；
7—冰瓶；8—冰水混合物（0 ℃）；9—试管；10—新的冷端

### 9.5.2 计算修正法

当热电偶的冷端温度 $t_0 \neq 0$ ℃ 时，由于热端与冷端的温差随冷端的变化而变化，所以测得的热电势 $E_{AB}(t,t_0)$ 与冷端为 0 ℃ 时所测得的热电势 $E_{AB}(t,0℃)$ 不等。若冷端温度高于 0 ℃，则 $E_{AB}(t,t_0) < E_{AB}(t,0℃)$。可以利用下式计算并修正测量误差：

$$E_{AB}(t,0℃) = E_{AB}(t,t_0) + E_{AB}(t_0,0℃) \qquad (9.11)$$

式中，$E_{AB}(t,t_0)$ 是用毫伏表直接测得的热电势毫伏数。修正时，先测出冷端温度 $t_0$，然后从该热电偶分度表中查出 $E_{AB}(t_0,0℃)$（此值相当于损失掉的热电势），并把它加到所测得的 $E_{AB}(t,t_0)$ 上。根据式（9.11）求出 $E_{AB}(t,0℃)$（此值是已得到补偿的热电势），根据此值再在分度表中查出相应的温度值。计算修正法共需要查分度表两次。如果冷端温度低于 0 ℃，由于查出的 $E_{AB}(t_0,0℃)$ 是负值，所以仍可用式（9.11）计算修正。

**例 9.2** 用镍铬-镍硅（K）热电偶测炉温时，其冷端温度 $t_0 = 30$ ℃，在直流毫伏表上测得的热电势 $E_{AB}(t,30℃) = 38.505$ mV，试求炉温为多少？

**解** 查镍铬-镍硅（K）分度表，得到 $E_{AB}(30℃,0℃) = 1.203$ mV。根据式（9.11）有

$$E_{AB}(t,0℃) = E_{AB}(t,30℃) + E_{AB}(30℃,0℃)$$
$$= (38.505 + 1.203) \text{mV} = 39.708 \text{ mV}$$

反查 K 分度表，求得 $t = 960$ ℃。

该方法适用于热电偶冷端温度较恒定的情况。在智能化仪表中，查表及运算过程均可由计算机完成。

### 9.5.3 仪表机械零点调整法

当热电偶与动圈式仪表配套使用时，若热电偶的冷端温度比较恒定，对测量精度要求又不太高，可将动圈式仪表的机械零点调整至热电偶冷端的 $t_0$ 处，这相当于在输入热电偶的热电势前就给仪表输入一个热电势 $E(t_0,0℃)$。这样，仪表在使用时所指示的值约为

$$E(t,t_0) + E(t_0,0℃)$$

进行仪表机械零点调整时，首先必须将仪表的电源及输入信号切断，然后用螺钉旋具调节仪表面板上的螺钉使指针指到 $t_0$ 的刻度上。但气温变化时，应及时修正指针的位置。

此法虽有一定的误差，但非常简便，在工业上经常采用。

### 9.5.4 电桥补偿法

电桥补偿法利用不平衡电桥产生的不平衡电动势来补偿因冷端温度变化引起的热电势变化值，可以自动地将冷端温度校正到补偿电桥的平衡点温度上。

热电偶冷端补偿电桥如图 9-10 所示。桥臂电阻 $R_1$、$R_2$、$R_3$、$R_{Cu}$ 与热电偶冷端处于相同的温度环境，$R_1$、$R_2$、$R_3$ 均为由锰铜丝绕制的 1 Ω 电阻，$R_{Cu}$ 是用铜导线绕制的温度补偿电阻。$E = 4$ V，是经稳压电源提供的桥路直流电源。$R_S$ 是限流电阻，阻值因配用的热电偶的不同而不同。

一般选择 $R_{Cu}$ 阻值，使不平衡电桥在 20 ℃（平衡点温度）时处于平衡，此时 $R_{Cu} = 1$ Ω，电桥平衡，不起补偿作用。冷端温度变化，热电偶热电势 $E_X$ 将变化，$E(t,t_0)$ -

$E(t,20℃)=E(20℃,t_0)$，此时电桥不平衡，适当选择 $R_{Cu}$ 的大小，使 $U_{ab}=E(t,20℃)$，与热电偶热电势叠加，则外电路总电动势保持 $E_{AB}(t,20℃)$，不随冷端温度变化而变化。如果采用仪表机械零位调整法进行校正，则仪表机械零位应调至冷端温度补偿电桥的平衡点温度（20℃）处，不必因冷端温度变化重新调整。

冷端补偿电桥可以单独制成补偿器，通过外线与热电偶和后续仪表连接，而它更多是作为后续仪表的输入回路，与热电偶连接。现已有现成的补偿器可供选择，与热电偶配套使用。

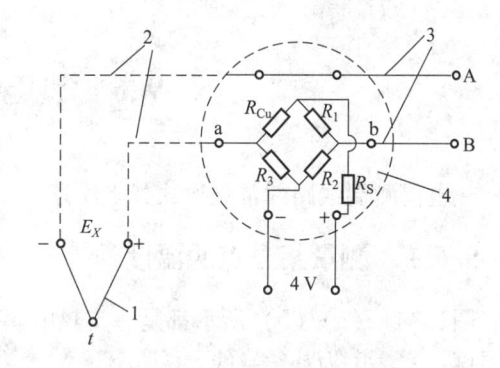

图 9-10　热电偶冷端补偿电桥
1—热电偶；2—补偿导线；3—铜导线；4—补偿电桥

### 9.5.5　热电偶的其他主要误差

前面介绍的修正、补偿等方法都是消除或减少由于热电偶冷端温度变化带来的测温误差。此外，还有其他方面带来的误差。

**1. 分度误差**

工业上常用热电偶的分度都是依据标准分度表进行的，这就存在每个热电偶产品的实际热电特性与标准分度表不一致引起的误差。即使对所使用的热电偶进行单独分度，像非标准化特殊用途热电偶通常采用的单独分度一样，由于种种原因，也存在不可克服的分度误差。

随着热电极材料的不断发展和制造工艺的进步，标准分度表也在不断地更换，在使用不同时期生产的标准化热电偶时，应注意其分度号，选用配套的标准分度表。

**2. 仪表误差及接线误差**

用热电偶测温时，要用到与之配套的显示或记录仪表，它们的误差自然会引进测量最终误差中去。

热电偶与仪表之间用导线连接时，必须注意接线电阻的影响，使其满足仪表的技术条件。

**3. 干扰误差**

由于电场或磁场的干扰，在热电偶回路中会造成附加电动势而引起测量误差。常用热电偶冷端或热端接地、加屏蔽等抗干扰方法加以消除。

## 9.6 热电偶测温线路

热电偶测温线路的常见形式如下所述。

### 9.6.1 测量某一点的温度

图 9-11（a）（b）所示都是一支热电偶与一个仪表配用的连接电路，用于测量某一点的温度，A′、B′为补偿导线。

这两种连接方式的区别在于：图 9-11（a）中的热电偶冷端被延伸到仪表内，而图 9-11（b）中的热电偶冷端在仪表外面，$R_D$ 为连接冷端与仪表的导线的电阻。

### 9.6.2 测量两点之间的温度差

图 9-12 所示为用两支热电偶与一个仪表进行配合，测量两点之间温差的线路。图 9-12 中用了两支型号相同的热电偶并配用相同的补偿导线。工作时，两支热电偶产生的热电动势方向相反，故输入仪表的是其差值，这一差值正反映了两支热电偶热端的温差。为了减少测量误差，提高测量精度，要尽可能选用热电特性一致的热电偶，同时要保证两热电偶的冷端温度相同。

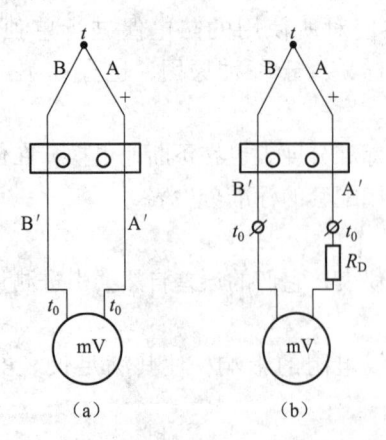

图 9-11 测量某一点的温度
(a) 冷端在仪表内；(b) 冷端在仪表外

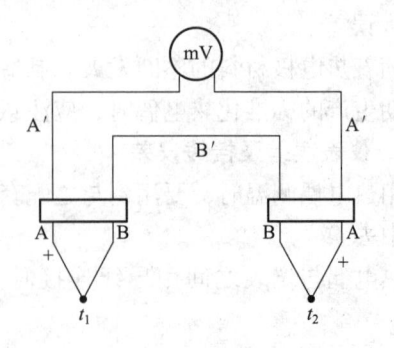

图 9-12 测量两点间温差的线路

### 9.6.3 热电偶并联线路

有些大型设备需测量多点的平均温度，可以通过与热电偶并联的测量电路来实现。将 $n$

支同型号热电偶的正极和负极分别连接在一起的线路称并联测量线路。如图9-13所示,如果 $n$ 支热电偶的电阻均相等,则并联测量线路的总热电动势等于 $n$ 支热电偶热电势的平均值,即

$$E_{并} = (E_1 + E_2 + \cdots + E_n)/n$$

在热电偶并联线路中,当其中一支热电偶断路时,不会中断整个测温系统的工作。

### 9.6.4 热电偶串联线路

将 $n$ 支同型号热电偶依次按正、负极相连接的线路称串联测量线路,测量线路的总热电势等于 $n$ 支热电偶热电势之和,即

$$E_{串} = E_1 + E_2 + \cdots + E_n = nE$$

如图9-14所示,串联热电偶串联线路的主要优点是热电势大,使仪表的灵敏度大为增加。缺点是只要有一支热电偶断路,整个测量系统便无法工作。

在热电偶测量电路中使用的导线线径应适当选大些,以减小线损的影响。

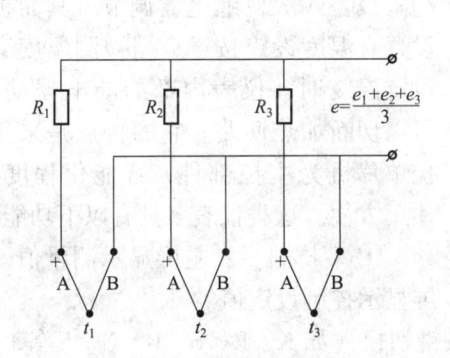

图9-13 热电偶并联线路

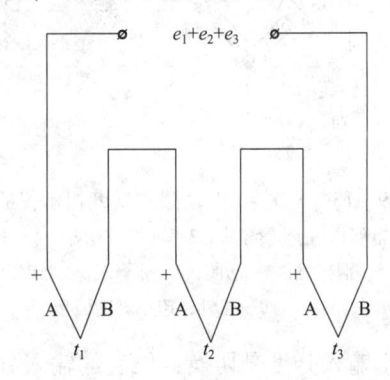

图9-14 热电偶串联线路

## 9.7 热电偶的应用及配套仪表

由于我国生产的热电偶均符合ITS—90国际温标所规定的标准,其一致性非常好,所以国家又规定了与每一种标准热电偶配套的仪表,它们的显示值为温度,而且均已线性化。下面介绍其中的几种。

### 9.7.1 与热电偶配套的仪表

与热电偶配套的仪表有动圈式仪表及数字式仪表之分。符合国家标准的动圈式显示仪表

命名为 XC 系列。按其功能有指示型（XCZ）和指示调节型（XCT）两个系列品种。与 K 型热电偶配套的动圈仪表型号为 XCZ 系列或 XCT 系列等。数字式仪表按其功能也有指示型（XMZ 系列）和指示调节型（XMT 系列）品种。

XC 系列动圈式仪表测量机构的核心部件是一个磁电式毫伏计，如图 9 – 15 所示。动圈式仪表与热电偶配套测温时，热电偶、连接导线（补偿导线）、调整电阻和显示仪表组成了一个闭合回路。

XMT 系列仪表是在 XCZ 系列仪表的基础上，加装了有调节、报警功能的数字式指示 – 调节型仪表，是专为热工、电力、化工等工业系统测量、显示、变送温度的一种标准仪器，适用于旧式动圈指针式仪表的更新、改造。它不仅具有显示温度的功能，还能实现被测温度超限报警或双位继电器调节。其面板上设置有温度设定按键，当被测温度高于设定温度时，仪表内部的断电器动作，可以切断加热回路。它的特点是采用工控单片机为主控部件，智能化程度高，使用方便。这类仪表多具有以下功能：

① 双屏显示：主屏显示测量值，副屏显示控制设定值。

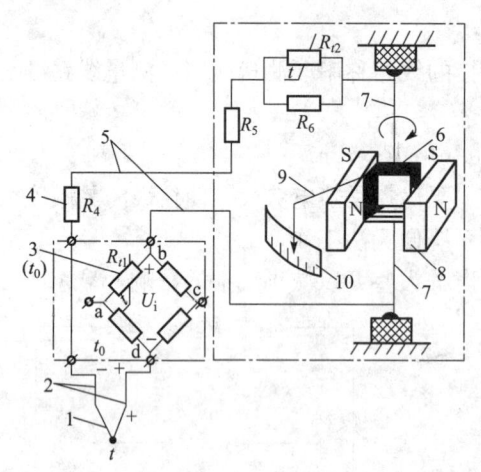

图 9 – 15  XCZ – 101 动圈式温度指示仪的工作原理
1—热电偶；2—补偿导线；3—冷端补偿器；4—外界调整电阻；
5—铜导线；6—动圈；7—张丝；8—磁钢（极靴）；
9—指针；10—刻度面板

② 输入分度号切换：仪表的输入分度号，可按键切换（如 K、R、S、B、N、E 等）。

③ 量程设定：测量量程和显示分辨率由按键设定。

④ 控制设定：上限、下限或上上限、下下限等各控制点值可在全量程范围内设定；上下限控制回差值可分别设定。

⑤ 继电器功能设定：内部的数个继电器可根据需要设定成上线控制（报警）方式或下线控制（报警）方式。

⑥ 断线保护输出：可预先设定各继电器在传感器输入断线时的保护输出状态（ON/OFF/KEEP）。

⑦ 全数字操作：仪表的各参数设定、精度校准均采用按键操作，无须电位器调整，掉电不丢失信息。

⑧ 冷端补偿范围：0 ℃ ~60 ℃。

⑨ 接口：有些型号还带有计算机串行接口和打印接口。

图 9-16 所示为与热电偶配套的 XCZ 及 XMT 仪表的外部接线图。

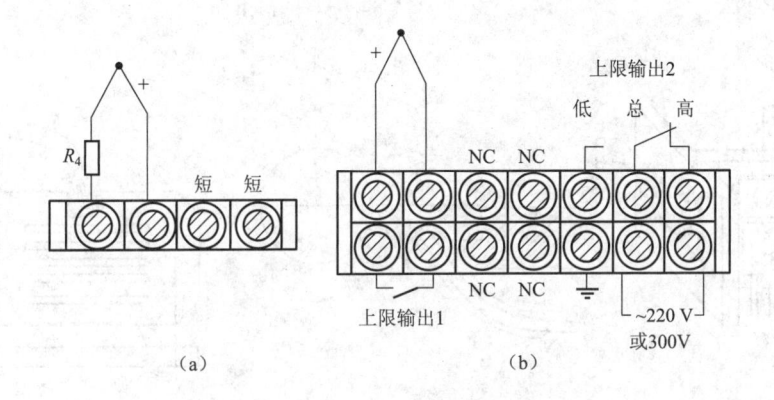

图 9-16　与热电偶配套的标准仪表接线图
(a) XCZ 型；(b) XMT 型

图 9-16（a）中的"短""短"两端在搬运仪表时需用导线连接起来，以保护仪表指针不致打弯或折断。图 9-16（b）中，"上限输出 2"的三个触点从左到右为仪表内继电器的常开（动合）触点、动触点和常闭（动断）触点。当被测温度低于设定的上限值时，"高—总"端子接通，"低—总"端子断开；当被测温度达到上限值时，"低—总"端子接通，而"高—总"端子断开。"高""总""低"三个输出端子在外部通过适当连接，能起到控制和报警作用。"上限输出 1"的两个触点还可用于控制其他电路，如风机等。

### 9.7.2　热电偶的应用

**1. 金属表面温度的测量**

对于机械、冶金、能源、国防等部门来说，金属表面温度的测量是非常普遍而又非常复杂的问题。例如，热处理工件中锻件、铸件以及各种余热利用的热交换器表面、气体蒸气管道、炉壁面等表面温度的测量。根据对象特点，测温范围从几百摄氏度到一千多摄氏度，而测量方法通常采用直接接触测温法。

直接接触测温法是指采用各种型号及规格的热电偶（视温度范围而定），用黏结剂或焊接的方法，将热电偶与被测金属表面（或去掉表面后的浅槽）直接接触，然后把热电偶接到显示仪表上组成测温系统。

图 9-17 所示为适合不同壁面的热电偶使用方式。如果金属壁比较薄，那么一般可用胶合物将热偶丝粘贴在被测元件表面，如图 9-17（a）所示。为减少误差，在紧靠测量端的地方应加足够长的保温材料保温。

如果金属壁比较厚，且机械强度又允许，则对于不同壁面，测量端的插入方式有：从斜孔内插入，如图 9-17（b）所示。图 9-17（c）所示为利用电动机起吊螺孔，将热电偶从孔槽内插入的方法。

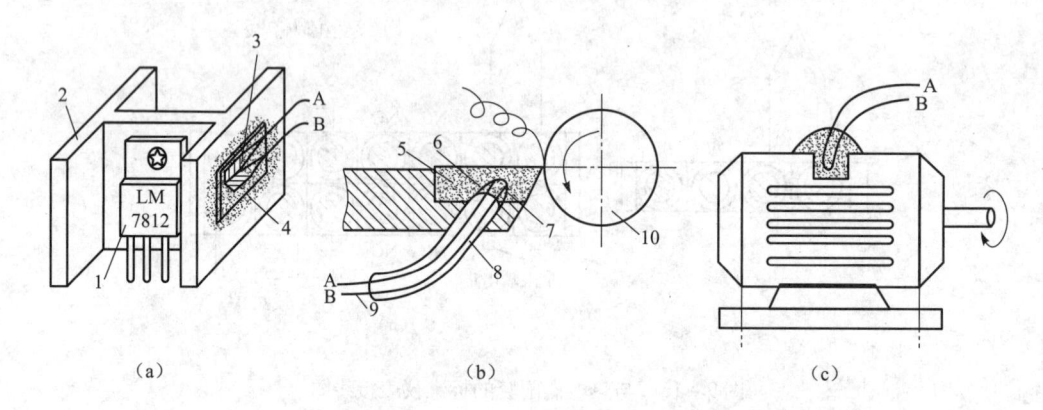

图 9-17 适合不同壁面的热电偶使用方式
（a）将热电偶丝粘贴在被测元件表面；（b）测量端从斜孔内插入；（c）测量端从原有的孔内插入
1—功率元件；2—散热片；3—薄膜热电偶；4—绝热保护层；5—车刀；6—激光加工的斜孔；
7—露头式铠装热电偶测量端；8—薄壁金属保护套管；9—冷端；10—工件

**2. 热电堆在红外线探测器中的应用**

红外线辐射可引起物体的温度上升。将热电偶置于红外辐射的聚焦点上，可根据其输出的热电势来测量入射红外线的强度，如图 9-18 所示。

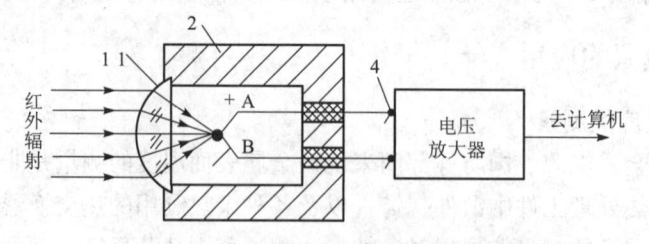

图 9-18 红外辐射探测器结构示意图
1—透镜；2—外壳；3—热电偶；4—冷端

单根热电偶的输出十分微弱。为了提高红外辐射探测器的探测效应，可以将许多对热电偶相互串联起来，即第一根负极接第二根正极，第二根负极再接第三根正极，依此类推。它们的冷端置于环境温度中，热端发黑（提高吸热效率），集中在聚焦区域，就能成倍地提高输出热电势，这种接法的热电偶称为热电堆，如图 9-19 所示。

**3. 热电偶的校验**

热电偶在使用过程中，尤其在高温作用下，热电偶不断地受到氧化、腐蚀而引起热电特性的变化,使测量误差不断地扩大。为此,需要对热电偶进行定期校验,以确定其误差的大小。当误差超过规定时,需要更换热电偶,经校验后再使用。热电偶校验是个重要工作,必须按有关规定执行。

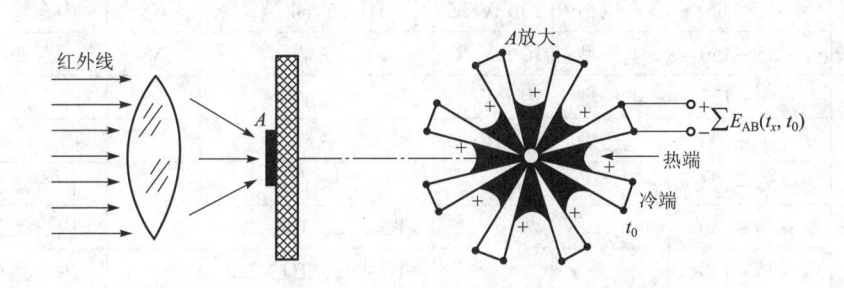

图 9-19 热电堆

## 知识拓展 1

### 集成温度传感器

集成温度传感器是一种将感温元件、放大电路、温度补偿电路等功能集成在一块极小芯片上的温度传感器。它是目前传感器发展的方向,跟传统的热电阻、热电偶相比,它具有线性度好、灵敏度高、体积小、稳定性好、输出信号大且规范化等优点,尤其线性度好、输出信号大且规范化是其他温度传感器无法比拟的。

集成温度传感器的测温范围一般为 $-55\ ℃\sim150\ ℃$,其具体数值因型号和封装形式不同而异,主要用于环境空间温度的检测、控制,以及家用电器中温度的检测、控制和补偿。

集成温度传感器按输出量不同可分为电压型和电流型两种,其中电压型的灵敏度一般为 $10\ mV/℃$,电流型的灵敏度为 $1\ \mu A/℃$。这种传感器还具有绝对零度时输出电量为零的特性,利用这一特性可制作绝对温度测量仪。表 9-8 给出了几种集成温度传感器的一些基本性能参数。

表 9-8 几种集成温度传感器的一些基本性能参数

| 型号 | 测温范围/℃ | 输出形式 | 温度系数 | 封装 | 厂名 | 其他 |
| --- | --- | --- | --- | --- | --- | --- |
| μPC616A | -40~125 | 电压型 | 10 mV/℃ | TO-5(4端) | NEC | 内含稳压及运放 |
| μPC616C | -25~85 | 电压型 | 10 mV/℃ | 8脚 DIP | NEC | 内含稳压及运放 |
| LX5600 | -55~85 | 电压型 | 10 mV/℃ | TO-5(4端) | NS | 内含稳压及运放 |

续表

| 型 号 | 测温范围/℃ | 输出形式 | 温度系数 | 封 装 | 厂名 | 其 他 |
|---|---|---|---|---|---|---|
| LX5700 | -55~85 | 电压型 | 10 mV/℃ | TO-46（4端） | NS | 内含稳压及运放 |
| LM3911 | -25~85 | 电压型 | 10 mV/℃ | TO-5（4端） | NS | 内含稳压及运放 |
| LM135 | -55~150 | 电压型 | 10 mV/℃ | 三端 | NS | |
| LM235 | -40~125 | 电压型 | 10 mV/℃ | 三端 | NS | |
| LM335 | -10~100 | 电压型 | 10 mV/℃ | 三端 | NS | |
| TC620 | -55~125 | | | 8脚DIP | | 内含运放比较器 |
| TC625 | -45~130 | | | TO-92，TO-220 | | 内含运放比较器 |
| TC626 | -35~120 | | | TO-92，TO-220 | | 内含运放比较器 |
| REF-02 | -55~125 | 电压型 | 2.1 mV/℃ | TO-5（8端） | PMI | |
| AN6701 | -10~80 | 电压型 | 10 mV/℃ | 4端 | | |
| AD590 | -55~150 | 电流型 | 1 μV/℃ | TO-52（3端） | AD | |
| LM134 | -55~150<br>0~70 | 电流型 | 1 μV/℃ | TO-46（3端）<br>TO-92 | NS | |

电压型集成温度传感器的优点是具有良好的线性度，输出阻抗低，易于定标，易与控制电路接口。它可用于温度检测，也可用于热电偶的冷端温度补偿和空气流速检测。

电流型集成温度传感器在一定温度下相当于一个恒流源，因此，它具有不易受接触电阻、引线电阻和噪声的干扰，能实现长距离（200 m）传输的特点，同样具有很好的线性特性。美国AD公司的AD590就是电流型集成温度传感器的典型代表产品。

### 知识拓展2

#### 温度传感器的选用

要确保传感器指示的温度即为所测对象的温度，常常是很困难的。在大多数情况下，对温度传感器的选用，需考虑以下几个方面的问题：

① 被测对象的温度是否需记录、报警和自动控制，是否需要远距离测量和传送。
② 测温范围的大小和精度要求。
③ 测温元件大小是否适当。
④ 在被测对象温度随时间变化的场合，测温元件的滞后能否适应测温要求。
⑤ 被测对象的环境条件对测温元件是否有损害。

⑥ 价格如何，使用是否方便。

图9-20所示为一般工业用温度传感器的选型原则。

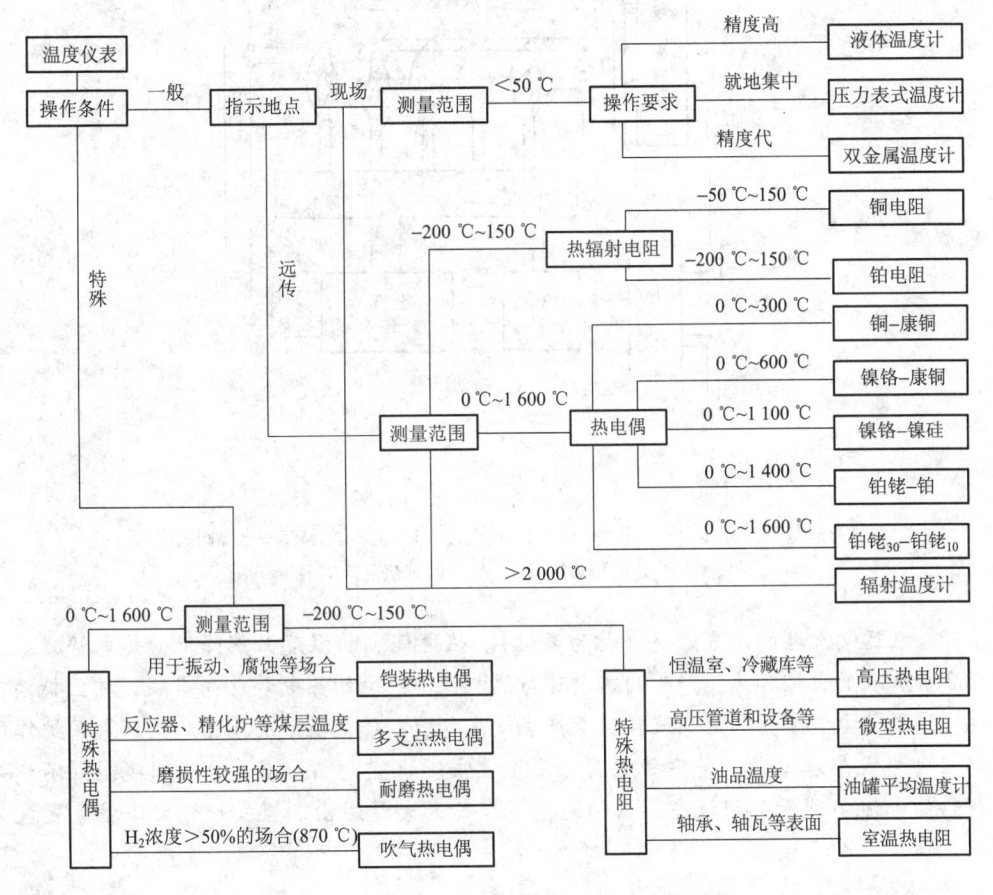

图9-20　一般工业用温度传感器的选型原则

## 先导案例解决

燃气热水器防熄火、防缺氧示意图如图9-21所示。

当使用者打开热水龙头时，自来水压力使燃气分配器中的引火管输气孔在较短的一段时间里与燃气管道接通，喷射出燃气。与此同时高压点火电路发出10~20 kV的高电压，通过放电针点燃主燃烧室火焰。热电偶1被烧红，产生正的热电势，使电磁阀线圈（该电磁阀的电动力由极性电磁铁产生，对正向电压有很高的灵敏度）得电，燃气改由电磁阀进入主燃烧室。

当外界氧气不足时，主燃烧室不能充分燃烧（此时将产生大量有毒的一氧化碳），火焰变

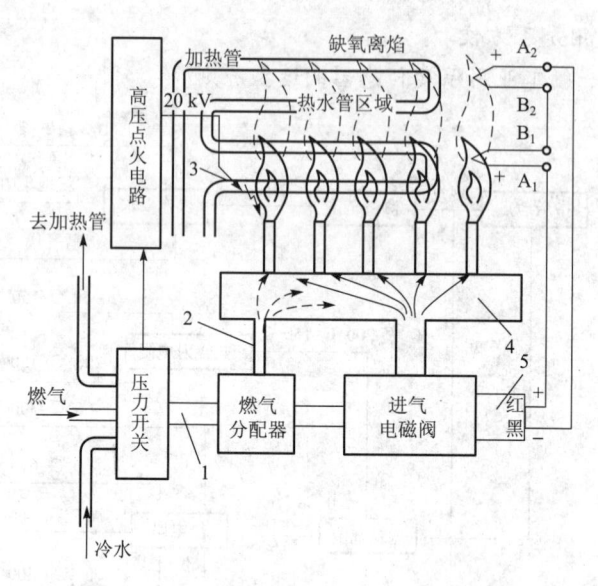

图 9-21 燃气热水器防熄火、防缺氧示意图
1—燃气进气管；2—引火管；3—高压放电针；4—主燃烧器；5—电磁阀线圈
$A_1$，$B_1$—热电偶 1；$A_2$，$B_2$—热电偶 2

红且上升，在远离火孔的地方燃烧（称为离焰）。热电偶 1 的温度必然降低，热电势减小，而热电偶 2 被加长的火焰加热，产生的热电势与热电偶 1 产生的热电势反向串联，相互抵消，流过电磁阀线圈的电流小于额定电流，甚至产生反向电流，使电磁阀关闭，起到缺氧保护作用。

当启动燃气热水器时，若某种原因无法点燃主燃烧室火焰，由于电磁阀线圈得不到热电偶 1 提供的电流，处于关闭状态，从而避免了煤气的大量溢出。煤气灶熄火保护装置也采用相似的原理。

# 本章小结

在温度测量中虽有许多不同测量方法，但利用热电偶作为敏感元件应用最为广泛，其主要优点为：

① 结构简单，其主体实际上是由两种不同性质的导体或半导体互相绝缘并将一端焊接在一起而成的；

② 具有较高的准确度；

③ 测量范围宽，常用的热电偶，低温可测到 $-50\ ℃$，高温可以达到 $+1\ 600\ ℃$ 左右，配用特殊材料的热电极，最低可测到 $-180\ ℃$，最高可达到 $+2\ 800\ ℃$ 的温度；

④ 具有良好的敏感度；

⑤ 使用方便等。

## 思考题与习题

1. 什么是金属导体的热电效应？产生热电效应的条件有哪些？
2. 热电偶产生的热电动势由哪几种电动势组成？起主要作用的是哪种电动势？
3. 试分析金属导体中产生接触电动势的原因，其大小与哪些因素有关？
4. 试分析金属导体中产生温差电动势的原因，其大小与哪些因素有关？
5. 试证明热电偶的中间导体定律。试述该定律在热电偶实际测温中有什么作用。
6. 试证明热电偶的标准电极定律。试述该定律在热电偶实际测温中有什么作用。
7. 试证明热电偶的中间温度定律。试述该定律在热电偶实际测温中有什么作用。
8. 什么是补偿导线？热电偶测温为什么要采用补偿导线？目前的补偿导线有哪几种类型？
9. 在炼钢厂中，有时直接将廉价热电极（易耗品，例如镍铬、镍硅热偶丝，时间稍长即熔化）插入钢水中测量钢水温度，如图9-22所示。试说明：

(1) 为什么不必将工件端焊在一起？

(2) 要满足哪些条件才不影响测量精度？采用上述方法是利用了热电偶的什么定律？

(3) 如果被测物不是钢水，而是熔化的塑料行吗？为什么？

10. 用镍铬-镍硅（K）热电偶测温度，已知冷端温度为40 ℃，用高精度毫伏表直接测得热电势为29.188 mV，求被测点温度。

11. 已知铂铑$_{10}$-铂（S）热电偶的冷端温度$t_0$ = 25 ℃，现测得热电势$E(t,t_0)$ = 11.712 mV，求热端温度$t$。

12. 已知镍铬-镍硅（K）热电偶的热端温度$t$ = 800 ℃，冷端温度$t_0$ = 25 ℃，求$E(t,t_0)$。

13. 现用一支铜康-铜（T）热电偶测温。其冷端温度为30 ℃，动圈显示仪表（机械零位在0 ℃）指示值为300 ℃，则认为热端实际温度为330 ℃，是否正确？为什么？正确值应是多少？

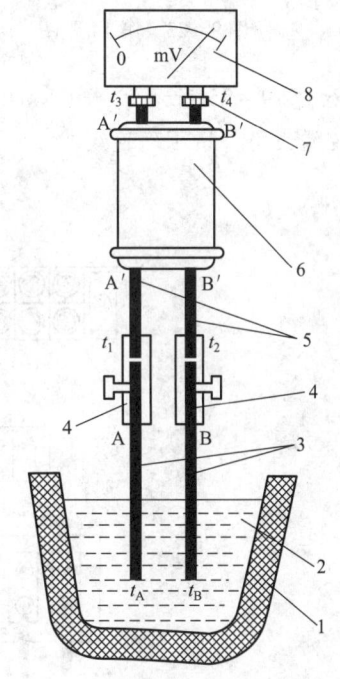

图9-22 用浸入式热电偶测量熔融金属示意图
1—钢水包；2—钢熔融体；3—热电极A、B；
4，7—补偿导线接线柱；5—补偿导线；
6—保护管；8—毫伏表

14. 在如图 9-23 所示的测温回路中，热电偶的分度号为 K，表计的示值应为多少？

15. 用镍铬-镍硅（K）热电偶测量某炉子温度的测量系统如图 9-24 所示，已知：冷端温度固定在 0 ℃，$t_0 = 30$ ℃，仪表指示温度为 210 ℃，后来发现由于工作上的疏忽把补偿导线 A′和 B′相互接错了，问炉子的实际温度 $t$ 为多少？

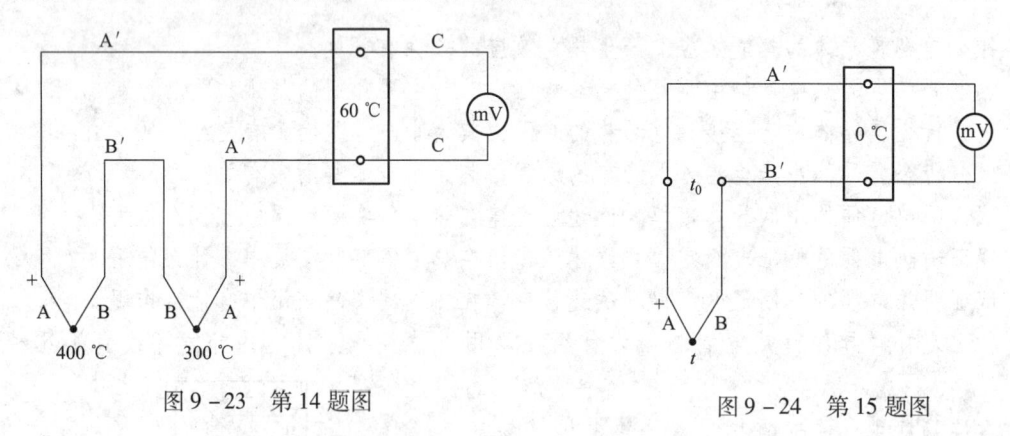

图 9-23　第 14 题图

图 9-24　第 15 题图

16. 图 9-25 所示为利用 XMT 型仪表 [见图 9-16（b）的接线说明] 组成的热电偶测温、控温线路。请正确连线。

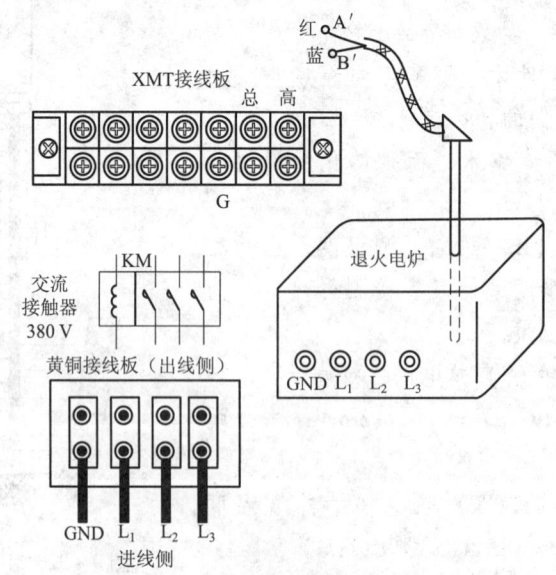

图 9-25　利用 XMT 型仪表组成热电偶测温、控温电路

17. 请到商店观察符合国家标准的煤气灶，再参考图 9-18，画出煤气灶熄火保护装置的结构示意图。

# 第10章 光电传感器

## 本章知识点

1. 光电效应（外光电效应、内光电效应和光生伏特效应）；
2. 常见的光电元件的特性；
3. 光电传感器的类型及应用。

## 先导案例

宾馆等对防火设施有严格考核的场所均必须按规定安装火灾传感器。火灾发生时伴随有光和热的化学反应。利用光电传感器应用的形式：

① 由被测物吸收光通量多少决定被测物的某些参数（光电直射型烟雾传感器）；

② 被测物将光反射到光电元件上，光电元件的输出反映被测物的某些参数（反射式烟雾报警器），可进行防火报警。

### 本案例要解决的问题

分析火灾时物质在燃烧过程中发生的现象，比较防火系统中常见的两种烟雾报警器"光电直射型烟雾传感器"和"反射式烟雾报警器"的原理及特点。

几个世纪以来，关于光的本质，一直是物理界争论的一个课题。2 000多年前，人类已了解到光的直线传播特性，但对光的本质并不了解。1860年，英国物理学家麦克斯韦建立了电磁理论，认识到光是一种电磁波。光的波动学说很好地说明了光的反射、折射、干涉、衍射、偏振等现象，但是仍然不能解释物质对光的吸收、散射和光电子发射等现象。1900

年德国物理学家普朗克提出了量子学说,认为任何物质发射或吸收的能量是一个最小能量单位(称为量子)的整数倍。1905年德国物理学家爱因斯坦用光量子学说解释了光电发射效应,并为此而获得1921年诺贝尔物理学奖。

爱因斯坦认为,光由光子组成,每一个光子具有的能量 $E$ 正比于光的频率 $f$,即 $E=hf$($h$ 为普朗克常数),光子的频率越高(即波长越短)光子的能量就越大。比如绿色光的光子就比红色光的光子能量大,而相同光通量的紫外线能量比红外线的能量大得多,紫外线可以杀死病菌,改变物质的结构等。爱因斯坦确立了光的波动 – 粒子两重性质,并用实验所证明。

光照射在物体上会产生一系列的物理或化学效应,例如植物的光合作用,化学反应中的催化作用,人眼的感光效应,取暖时的光热效应以及光照射在光电元件上的光电效应等。光电传感器是将光信号转换为电信号的一种传感器。使用这种传感器测量其他非电量(如转速、浊度)时,只要将这些非电量转换为光信号的变化即可。此种测量方法具有反应快、非接触等优点,故在非电量检测中应用较广。本章简单介绍光电效应、光电元件的结构和工作原理及特性,着重介绍光电传感器的各种应用。

## 10.1 光电效应及光电元件

光电传感器的理论基础是光电效应。用光照射某一物体,可以看作物体受到一连串能量为 $hf$ 的光子的轰击,组成该物体的材料吸收光子的能量而发生相应电效应的物理现象称为光电效应。通常把光电效应分为三类:

① 在光线的作用下能使电子逸出物体表面的现象称为外光电效应,基于外光电效应的光电元件有光电管、光电倍增管、光电摄像管等。

② 在光线的作用下能使物体的电阻率改变的现象称为内光电效应,基于内光电效应的光电元件有光敏电阻、光敏晶体管及光敏晶闸管等。

③ 在光线的作用下物体产生一定方向电动势的现象称为光生伏特效应,基于光生伏特效应的光电元件有光电池等。

第一类光电元件属于玻璃真空管元件,第二、三类属于半导体元件。

### 10.1.1 基于外光电效应的光电元件

光电管属于外光电效应的光电元件。以外光电效应原理制作的光电管的结构是由真空管、光电阴极 K 和光电阳极 A 组成,其符号和基本工作电路如图 10-1 所示。当一定频率光照射到光电阴极时,阴极发射的电子在电场作用下被阳极所吸引,光电管电路中形成电流,称为光电流。不同材料的光电阴极对不同频率的入射光有不同的灵敏度,可以根据检测对象是红外光、可见光或紫外光而选择阴极材料不同的光电管。光电管的光电特性如图

10-2所示,从图中可知,在光通量不太大时,光电特性基本是一条直线。

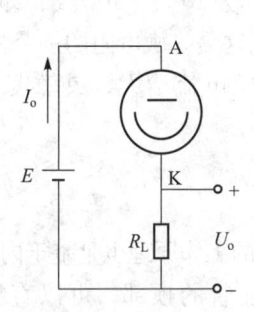

图 10-1　光电管符号及工作电路

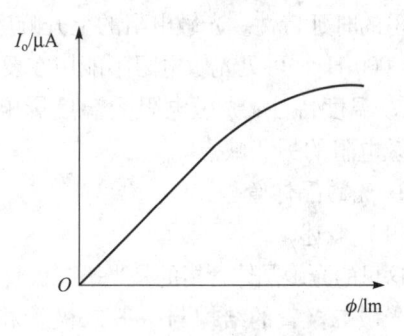

图 10-2　光电管的光电特性

## 10.1.2　基于内光电效应的光电元件

### 1. 光敏电阻

光敏电阻的工作原理是基于内光电效应。在半导体光敏材料的两端装上电极引线,将其封在带有透明窗的管壳里就构成了光敏电阻。光敏电阻的特性和参数如下:

① 暗电阻:光敏电阻置于室温、全暗条件下的稳定电阻值称为暗电阻,此时流过电阻的电流称为暗电流。

② 亮电阻:光敏电阻置于室温、一定光照条件下的稳定电阻值称为亮电阻,此时流过电阻的电流称为亮电流。

③ 伏安特性:光敏电阻两端所加的电压和流过光敏电阻的电流间的关系称为伏安特性,如图 10-3 所示。从图 10-3 中可知,伏安特性近似直线,但使用时应限制光敏电阻两端的电压,以免超过虚线所示的功耗区。

④ 光电特性:光敏电阻两极间电压固定不变时,光照度与亮电流间的关系称为光电特性。光敏电阻的光电特性呈非线性,这是光敏电阻的主要缺点之一。

⑤ 光谱特性:入射光波长不同时,光敏电阻的灵敏度也不同。入射光波长与光敏器件相对灵敏度间的关系称为光谱特性。使用时可根据被测光的波长范围,选择不同材料的光敏电阻。

⑥ 响应时间:光敏电阻受光照后,光电流需要经过一段时间(上升时间)才能达到其稳定值。同样,

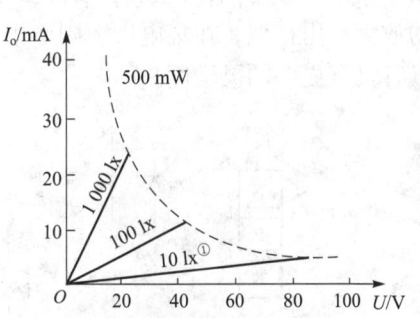

图 10-3　光敏电阻的伏安特性

---

① 光照度单位,勒克斯。

在停止光照后，光电流也需要经过一段时间（下降时间）才能恢复到其暗电流值，这就是光敏电阻的时延特性。光敏电阻的上升响应时间和下降响应时间为 $10^{-3} \sim 10^{-1}$ s，即频率响应为 10～1 000 Hz，可见光敏电阻不能用在要求快速响应的场合，这是光敏电阻的一个主要缺点。

⑦ 温度特性：光敏电阻受温度影响甚大，温度上升，暗电流增大，灵敏度下降，这也是光敏电阻的另一缺点。

**2. 光敏晶体管**

（1）概述

这里的光敏晶体管指的是光敏二极管和光敏三极管。它们的工作原理也是基于内光电效应。

光敏二极管的结构与一般二极管相似，它的 PN 结装在管的顶部，可以直接受到光照射，光敏二极管在电路中一般处于反向工作状态，如图 10-4（b）所示。在图 10-4（a）中给出光敏二极管的结构示意图及符号，图 10-4（b）中给出的是光敏二极管的接线图，光敏二极管在不受光照射时处于截止状态，受光照射时光敏二极管处于导通状态。

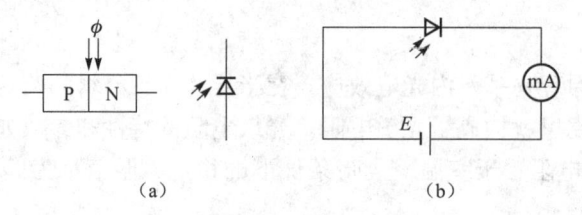

图 10-4 光敏二极管
（a）结构示意图及符号；（b）接线图

光敏三极管有 PNP 型和 NPN 型两种，它的结构、等效电路、图形符号及应用电路如图 10-5 所示。光敏三极管的工作原理是由光敏二极管与普通三极管的工作原理组合而成。如图 10-5（b）所示，光敏三极管在光照作用下，产生基极电流，即光电流，与普通三极管的放大作用相似，在集电极上则产生是光电流 $\beta$ 倍的集电极电流，所以光敏三极管比光敏二极管具有更高的灵敏度。

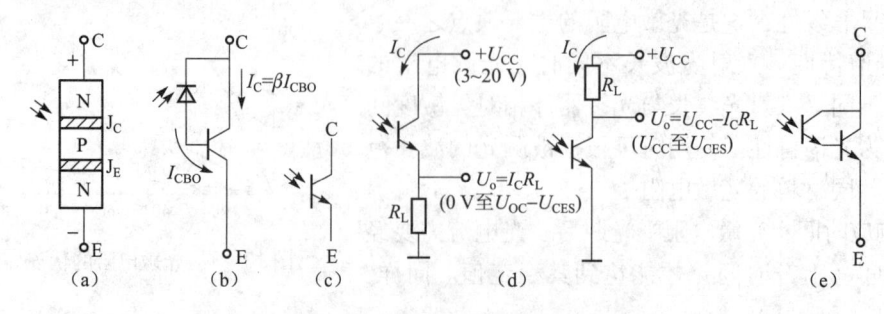

图 10-5 光敏三极管
（a）结构；（b）等效电路；（c）图形符号；（d）应用电路；（e）达林顿型光敏三极管

有时生产厂家还将光敏三极管与另一只普通三极管制作在同一个管壳里,连接成复合管形式,如图 10-5(e)所示,称为达林顿型光敏三极管。它的灵敏度更大($\beta = \beta_1\beta_2$),但达林顿型光敏三极管的漏电流(暗电流)较大,频响较差,温漂也较大。

(2) 光敏晶体管的基本特性

① 光谱特性:光敏晶体管硅管的峰值波长为 0.9 μm 左右,锗管的峰值波长为 1.5 μm 左右。由于锗管的暗电流比硅管大,因此,一般来说,锗管的性能较差,故在可见光或探测炽热状态物体时,都采用硅管。但对红外光进行探测时,则锗管较为合适。

② 伏安特性:图 10-6 所示为锗光敏三极管的伏安特性曲线。光敏三极管在不同照度 $E_C$ 下的伏安特性,就像一般三极管在不同的基极电流时的输出特性一样,只要将入射光在发射极与基极之间的 PN 结附近所产生的光电流看作基极电流,就可将光敏三极管看成一般的三极管。

③ 光电特性:光敏晶体管的输出电流 $I_C$ 和光照度 $E_C$ 之间的关系可近似地看作线性关系。

④ 温度特性:锗光敏晶体管的温度变化对输出电流的影响较小,主要由光照度所决定,而

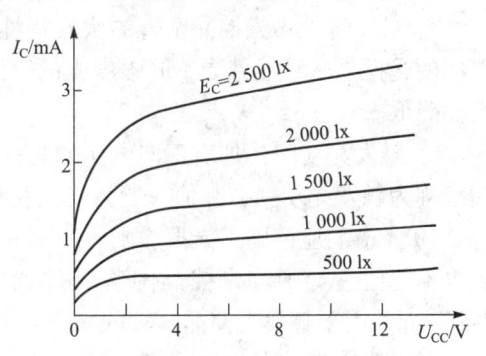

图 10-6 锗光敏三极管的伏安特性曲线

暗电流随温度变化很大。因此,应用时必须在线路上采取措施进行温度补偿。

⑤ 响应时间:硅和锗光敏二极管的响应时间分别为 $10^{-6}$ s 和 $10^{-4}$ s 左右,光敏三极管的响应时间比相应的二极管约慢一个数量级,因此,在要求快速响应或入射光调制频率较高时选用硅光敏二极管较合适。

**3. 光控晶闸管**

(1) 概述

光控晶闸管是一种利用光信号控制的开关器件,它的伏安特性和普通晶闸管相似,只是用光触发代替了电触发。光触发与电触发相比,具有下述优点:

① 主电路与控制电路通过光耦合可以抑制噪波干扰。

② 主电路与控制电路相互隔离,容易满足对高压绝缘的要求。

③ 使用光控晶闸管,不需要晶闸管门极触发脉冲变压器等器件,从而可使质量减轻、体积减小、可靠性提高。

由于光控晶闸管具有独特的光控特性,已作为自动控制元件而广泛用于光继电器、自控、隔离输入开关、光计数器、光报警器、光触发脉冲发生器、液位、料位、物位控制等方面,大功率光控晶闸管元件主要用于大电流脉冲装置和高压直流输电系统。

(2) 光控晶闸管的结构

从内部结构看,光控晶闸管与普通晶闸管基本相同。通常,小功率光控晶闸管元件只有

两个电极,即阳极(A)和阴极(K)。大功率光控晶闸管元件,除有阳极和阴极外,还带有光导纤维线(光缆),光缆上装有作为触发光源的发光二极管或半导体激光器。一般小功率光控晶闸管是没有控制极的。如果将控制极引出,就可以做成一个光、电两用的晶闸管。当在控制极和阴极之间加上一定的触发正电压,也可使光控晶闸管导通;当所加正电压不够高时,虽然不能使光控晶闸管导通,但可以提高它的光触发灵敏度。

(3) 光控晶闸管的特性参数

光控晶闸管的一般参数的意义与普通晶闸管相同,触发参数是光控晶闸管所特有的。

① 伏安特性:光控晶闸管的伏安特性曲线形状与普通晶闸管的相同。如果使加有正向电压的光控晶闸管元件受不同强度光的照射,则光控晶闸管的转折电压将随着光照强度的增大而降低。

② 触发光功率:加有正向电压的光控晶闸管由阻断状态转变成导通状态所需的输入光功率称为触发光功率,其值一般为几毫瓦到十几毫瓦。

③ 光谱响应范围:光控晶闸管只对一定波长范围的光敏感,超出该波长范围,再强的光也不能使它导通。光控晶闸管元件的光谱响应范围在 $0.55 \sim 1.0 \ \mu m$,峰值波长约为 $0.85 \ \mu m$。用于触发光控晶闸管的光源,有 Nd、YAG 激光器,GaAs 发光二极管和激光二极管。对小功率光控晶闸管元件,可根据具体情况选用合适波长的光源,如白炽灯、太阳光等。

④ 触发方式:光控晶闸管的光触发方式有两种,即直接式和间接式。直接触发方式适合小功率光控晶闸管元件,也可以不用光缆传送光信号,让光源靠近光控晶闸管进行照射触发,或者把发光二极管与光控晶闸管组装在一起组成光电耦合开关。直接触发方式的优点是电路简单、噪声低、可靠性高。间接触发方式利用光电转换电路把光信号变成电信号,然后用此电信号去触发晶闸管或先用信号触发小电流的高压光控晶闸管元件,然后再用此小电流元件去触发普通快速高压大功率晶闸管元件。这种间接触发方式的优点是可靠性高,其缺点是配合使用的电路复杂。

### 10.1.3 基于光生伏特效应的光电元件

光电池是一种利用光生伏特效应把光直接转换成电能的半导体器件。由于它广泛用于把太阳能直接变成电能,因此又称太阳能电池。通常,把光电池的半导体材料的名称冠于光电池(或太阳能电池)名称之前以示区别,例如硒光电池、砷化镓光电池、硅光电池、锗光电池等。Ⅳ族、Ⅵ族单元素半导体和Ⅱ—Ⅵ族、Ⅲ—Ⅴ族化合物半导体,均可用作光电池。硅光电池价格便宜、光电转换效率高、寿命长,比较适于接收红外光,因此应用最广,也是最有发展前途的光电池。砷化镓光电池的理论光电转换效率比硅光电池稍高一点,光谱响应特性与太阳光谱最吻合,而且工作温度最高,具有较高的抗宇宙射线能力,因此在宇宙电源方面的应用有广阔的发展前景。

## 1. 光电池的结构、原理

硅光电池的结构如图 10-7（a）所示，在 0.1~1 Ω·cm 的 N 型硅片上，扩散硼形成 P 型层，然后在 P 型和 N 型层引出引线，形成正、负电极。如果在两电极之间接上负载 $R_L$，则受光照后便会有电流流过。为了提高效率，防止表面反射光，在光电池受光面还蒸镀抗反射膜（$SiO_2$），同时起到减小反射损失和保护作用。

光电池的工作原理是：当光照到 PN 结区时，如果光子的能量足够大，在结区附近激发出电子—空穴对。在 PN 结电场的作用下，N 区的光生空穴被拉到 P 区，P 区的光生电子被拉到 N 区，如图 10-7（b）所示。结果，在 P 区和 N 区分别积累了正、负电荷，P 区与 N 区之间就出现了电位差。若将正、负电极用导线连起来，电路中便有电流流过，电流方向由 P 区经过外电路流至 N 区。若将外电路开路，便可测出光生电动势。

光电池的符号、基本电路和等效电路如图 10-7（c）所示。

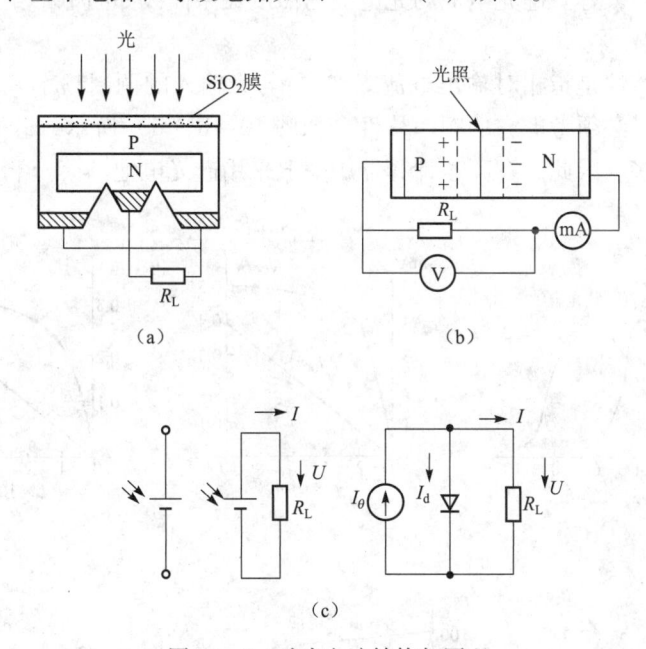

图 10-7 硅光电池结构与原理
（a）硅光电池的结构；（b）光电池的工作原理；（c）光电池的符号及电路

## 2. 光电池的基本特性

（1）光谱特性

硅、硒光电池的光谱特性如图 10-8（a）所示。随着制造业的进步，硅光电池已具有从蓝紫到近红外的宽光谱特性。目前许多厂家已生产出峰值波长为 0.7 μm（可见光）的硅光电池，在紫光（0.4 μm）附近仍有 65%~70% 的相对灵敏度，这大大扩展了硅光电池的应用领域。硒光电池由于稳定性差，目前应用较少。

(2) 光照特性

光照特性表示光生电动势、光电池与照度之间的关系。硅光电池和硒光电池的光照特性如图 10-8 (b) 所示。由图 10-8 (b) 可见，光电池的短路电流 $I_{SC}$ 与照度 $L$ 呈线性关系，且受光面积越大，短路电流也越大。因此，当光电池做测量元件使用时，应取短路电流形式。光电池的光生电动势，即开路电压 $U_{OC}$ 与照度 $L$ 为非线性关系，当照度为 2 000 lx 时便趋向饱和。

需要指出的是，所谓光电池的短路电流，指外接负载相对于光电池内阻而言是很小的。光电池在不同照度下的内阻是不相同的。因此，把光电池作为电流源使用时应选取适当的负载近似满足"短路"条件。由实验可知，对于硅光电池，负载在 100 Ω 以下时，光电池与照度之间的线性关系较好。硅光电池的光电流与照度关系曲线如图 10-8 (c) 所示。

(3) 频率特性

光电池的频率特性是指相对输出电流 $I$ (%) 与光输入的调制频率 $f$ 之间的关系。光电池用作测量、计数时必须考虑它的频率特性。如图 10-8 (d) 所示，硅光电池的频率特性要比硒光电池好得多。因此，在高速计算器中一般采用硅光电池。

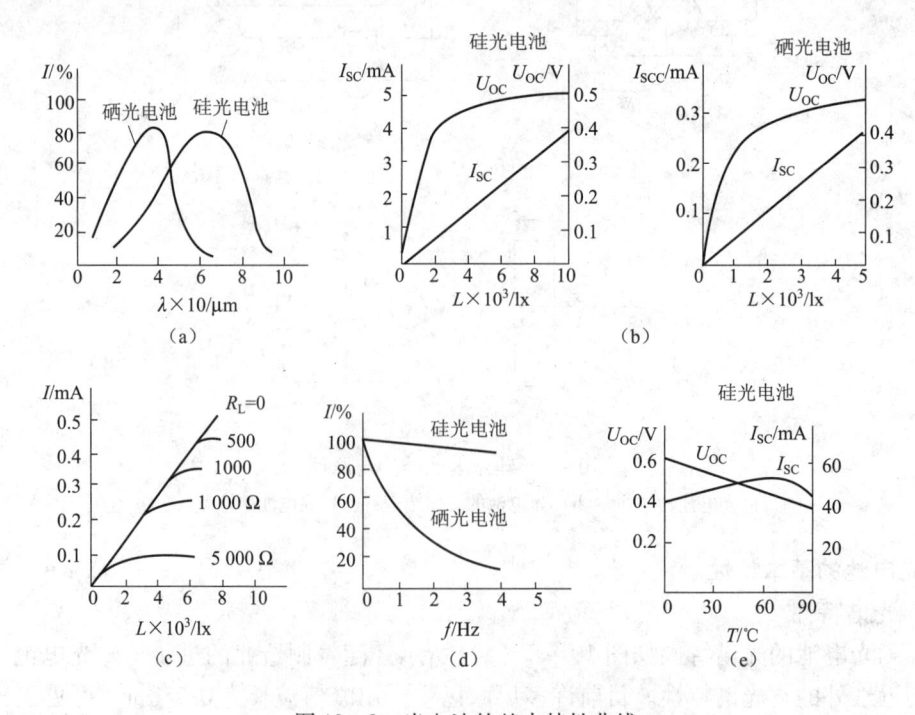

图 10-8 光电池的基本特性曲线

(a) 光谱特性；(b) 光照特性；(c) 硅光电池 $I$—$L$ 曲线；(d) 频率特性；(e) 温度特性

### (4) 温度特性

光电池的温度特性是指在一定照度下开路电压 $U_{OC}$、短路电流 $I_{SC}$ 与温度之间的关系。硅光电池在 1 000 lx 照度下的温度特性如图 10 – 8 (e) 所示。由图 10 – 8 (e) 可见，开路电压 $U_{OC}$ 具有负的温度特性，下降率约为 3 mV/℃；短路电流在一定温度范围内（约 70 ℃）具有正的温度特性，上升率约为 $2 \times 10^{-6}$ A/℃；超过一定温度后，短路电流表现出负温度特性。

温度特性是光电池的重要指标之一。它关系到应用光电池仪器、设备的温漂，影响到测量精度和控制精度等指标。因此，光电池作为测量元件使用时，应保证工作环境温度恒定或采取温度补偿措施。

## 10.2 光电传感器的类型及应用

光电传感器实际上是由光电元件、光源和光学元件组成一定的光路系统，并结合相应的测量转换电路而构成。常用光源有各种白炽灯和发光二极管，常用光学元件有多种反射镜、透镜和半透半反镜等。关于光源、光学元件的参数及光学原理，可参考有关书籍查阅。但有一点需要特别指出，光源与光电元件在光谱特性上应基本一致，即光源发出的光应该在光电元件接收灵敏度最高的频率范围内。

### 10.2.1 光电传感器的类型

光电传感器的测量属于非接触式测量，目前越来越广泛地应用于生产的各个领域。因光源对光电元件作用方式不同而确定的光学装置是多种多样的，按其输出量性质，可分为模拟输出型光电传感器和数字输出型光电传感器两大类。

**1. 模拟输出型光电传感器**

光电传感器的模拟量检测，即把被测量转换成连续变化的光电流。属于这一类有下列几种应用：

① 用光电元件测量物体温度。如光电高温计就是采用光电元件作为敏感元件，将被测物在高温下辐射的能量转换为光电流。

② 用光电元件测量物体的透光能力。如测量液体、气体的透明度、混浊度的光电比色计，预防火警的光电报警器等。

③ 用光电元件测量物体表面的反射能力。如测量表面光洁度、粗糙度等仪器的传感器。

④ 用光电元件测量物体的位移。如用以检查加工零件的直径、长度、宽度、椭圆度等尺寸的自动检测装置，常采用这类传感器。

**2. 数字输出型光电传感器**

光电传感器的数字量检测，即把被测量转换成断续变化的光电流。这一类应用中，利用光电元件在受光照或无光照时"有"或"无"电信号输出的特性,用作开关式光电转换元件,如开关式温度调节装置及转速测量中的光电传感器等。

在选用光电元件时,应结合光源性质及光电元件的特性参数两方面来选用,才能更好地发挥光电器件的功能,达到预期的测量效果。

无论是哪一种测量类型的光电传感器,依被测物与光电元件和光源之间的关系,光电传感器的应用可分为以下四种基本类型,如图10-9所示。

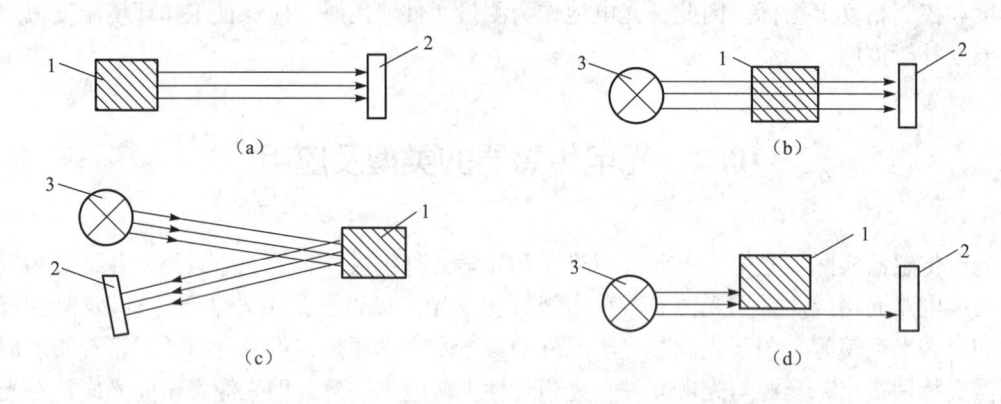

图10-9 光电传感器应用的四种基本类型

(a)被测物是光源; (b)被测物吸收光通量; (c)被测物具有反射能力; (d)被测物遮挡光通量
1—被测物; 2—光电元件; 3—恒光源

① 光源本身是被测物,由被测物发出的光通量到达光电元件上。光电元件的输出反映了光源的某些物理参数,如光电比色温度计和光照度计等。

② 恒光源发出的光通量穿过被测物,部分被吸收后到达光电元件上。吸收量决定于被测物的某些参数,如测液体、气体透明度和浑浊度的光电比色计等。

③ 恒光源发出的光通量到达被测物,再从被测物体反射出来投射到光电元件上。光电元件的输出反映了被测物的某些参数,如测量表面粗糙度、纸张白度等。

④ 从恒光源发射到光电元件的光通量遇到被测物被遮挡了一部分,由此改变了照射到光电元件上的光通量,光电元件的输出反映了被测物尺寸等参数,如振动测量、工件尺寸测量等。

以上提到的"恒光源"特指辐射强度和波谱分布均不随时间变化的光源。同一光路系统可用于不同物理量的检测,不同光路系统可用于同一物理量的检测,但一般总可归结为以上四种类型,在下面介绍的光电传感器应用举例中,注意:由于背景光频谱及强度等因素对光电元件的影响较大,在模拟量的检测中一般有参比信号和温度补偿措施,用来削弱或消除这些因素的影响。

## 10.2.2 光电传感器的应用实例

**1. 光电传感器的模拟量检测**

（1）红外辐射温度计（光源本身是被测物的应用实例）

任何物体在开氏温度零度以上都能产生热辐射。温度较低时，辐射的是不可见的红外光，随着温度的升高，波长短的光开始丰富起来。温度升高到500 ℃时，开始辐射一部分暗红色的光。从500 ℃~1 500 ℃，辐射光颜色逐渐为红色 → 橙色 → 黄色 → 蓝色 → 白色。也就是说，在1 500 ℃时的热辐射中已包含了从几十微米至0.4 μm甚至更短波长的连续光谱。如果温度再升高，比如到达5 500 ℃时，辐射光谱的上限已超过蓝色、紫色，进入紫外线区域。因此测量光的颜色以及辐射强度，可粗略判定物体的温度。特别是在高温（2 000 ℃ 以上）区域，已无法用常规的温度传感器来测量，例如钨铼$_5$ – 钨铼$_{26}$热电偶的测温上限也只有2 100 ℃，所以高温测量多依靠辐射原理的温度计。

辐射温度计可分为高温辐射温度计、高温比色温度计、红外辐射温度计等。其中红外辐射温度计既可用于高温测量，又可用于冰点以下温度的测量，所以是辐射温度计的发展趋势。市售的红外辐射温度计的温度范围可以从 –30 ℃ ~3 000 ℃，中间分成若干个不同的规格，可根据需要选择适合的型号。

图10-10所示为红外辐射温度计的外形和原理框图。

图10-10（a）所示为电动机表面温度测量示意图。测试时，按下手枪形测量仪的按钮开关，枪口即射出两束低功率的红色激光，自动会聚到被测物上（瞄准用）。被测物发出的红外辐射能量就能准确地聚焦在红外辐射温度计内部的光电池上。红外辐射温度计内部的CPU根据距离、被测物表面黑度辐射系数、水蒸气及粉尘吸收修正系数、环境温度以及被测物辐射出来的红外光强度等诸多参数，计算出被测物体的表面温度。其反应速度只需0.5 s，有峰值、平均值显示及保持功能，可与计算机串行通信。它广泛用于铁路机车轴温检测、冶金、化工、高压输变电设备和热加工流水线表温度测量，还可快速测量人体温度。

当被测物不是绝对黑体时，在相同温度下，辐射能量将减小。比如十分光亮的物体只能发射或接收很少一部分光的辐射能量，因此必须根据预先标定过的温度，输入光谱黑度修正系数 $\varepsilon_\lambda$（或称发射本领系数）。上述测量方法中，必须保证被测物体的热像充满光电池的整个视场。

高温测量还经常使用一种称为光电比色温度计的仪表。其优点是：理论上与被测物表面的辐射系数（黑体系数）无关；不受视野中灰尘和其他吸光气体的影响；与距离、环境温度无关，不受镜头脏污（这在现场使用中是不可避免的）程度的影响。光电比色温度计多做成望远镜式，使用前先进行参数设置，然后对准目标调节焦距，从目镜中看到清晰的像后按下锁定开关，被测参数即被记录到内部的微处理器中，经一系列运算后显示出被测温度值。

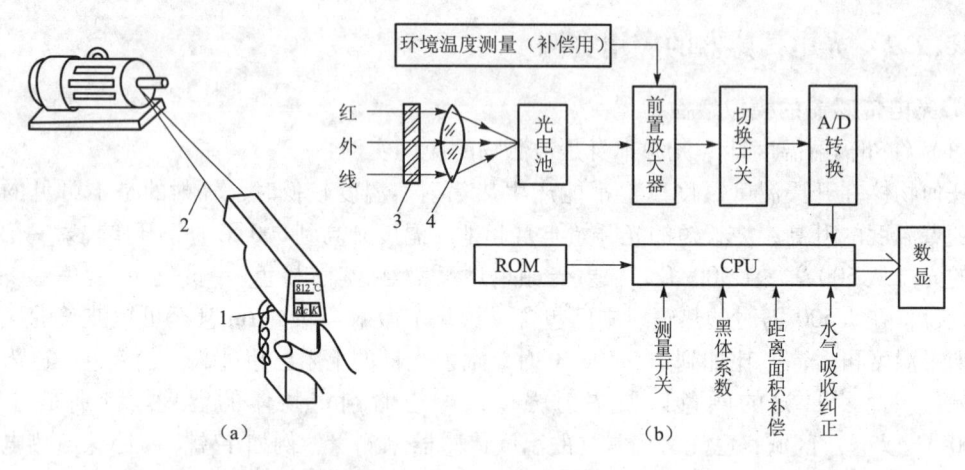

图 10-10 红外辐射温度计
（a）表面温度测量；（b）内部原理框图
1—枪形测量仪；2—红色激光瞄准系统；3—滤光片；4—聚焦透镜

（2）光电式烟尘浓度计（被测物吸收光通量的应用实例）

烟尘的排放是环境污染的重要来源，为了控制和减少烟尘的排放量，对烟尘的监测是必要的。图 10-11 所示为光电式烟尘浓度计的原理。

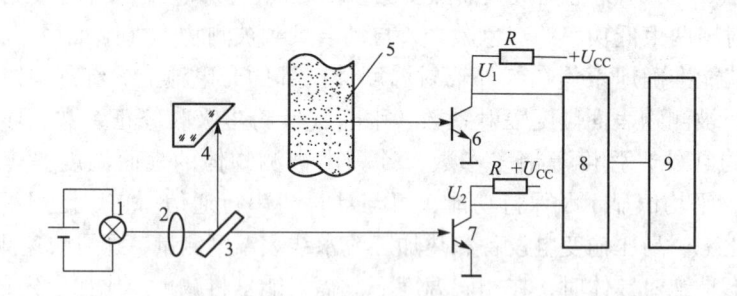

图 10-11 光电式烟尘浓度计的原理
1—光源；2—聚光透镜；3—半透半反镜；4—反射镜；
5—被测烟尘；6、7—光敏三极管；8—运算电路；9—显示器

光源发出的光线经半透半反镜分成两束强度相等的光线，一路光线直接到达光敏三极管 7 上，产生作为被测烟尘浓度的参比信号。另一路光线穿过被测烟尘到达光敏三极管 6 上，其中一部分光线被烟尘吸收或折射，烟尘浓度越高，光线的衰减量越大，到达光敏三极管 6 的光通量就越小。两路光线均转换成电压信号 $U_1$、$U_2$，由运算电路 8 计算出 $\dfrac{U_1}{U_2}$ 的值，并

进一步算出被测烟尘的浓度。

采用半透半反镜3及光敏三极管7作为参比通道的好处是：当光源的光通量由于种种原因有所变化或因环境温度变化引起光敏三极管灵敏度发生改变时，由于两个通道结构完全一样，所以在最后运算 $\dfrac{U_o}{U_z}$ 值时，上述误差可自动抵消，减小了测量误差。根据这种测量方法也可以制作烟雾报警器，从而及时发现火灾现场。

（3）光电式边缘位置检测器（被测物遮挡光通量的应用实例）

光电式边缘位置检测器是用来检测带型材料在生产过程中偏离正确位置的大小及方向，从而为纠偏控制电路提供纠偏信号。例如，在冷轧带钢厂中，某些工艺采用连续生产方式，如连续酸洗、退火、镀锡等，带钢在上述运动过程中易产生走偏。带材走偏时，边缘便常与传送机械发生碰撞而出现卷边，造成废品。图10-12（a）所示为光电式边缘位置检测传感器的原理图。

光源1发出的光线经透镜2汇聚为平行光束，投射到透镜3，再被汇聚到光敏电阻4（$R_1$）上。在平行光束到达透镜3的途中，有部分光线受到被测带材的遮挡，从而使到达光敏电阻的光通量减小。图10-12（b）所示为测量电路，$R_1$、$R_2$是同型号的光敏电阻，$R_1$作为测量元件装在带材下方，$R_2$用遮光罩罩住，起温度补偿作用，当带材处于正确位置（中间位置）时，由$R_1$、$R_2$、$R_3$、$R_P$组成的电桥平衡，放大器输出电压$U_o$为零；当带材左偏时，遮光面积减小，到达光敏电阻的光通量增大，光敏电阻的阻值$R_1$随之减小，电桥失去平衡，差分放大器将平衡电压加以放大，输出电压$U_o$为正值，它反映了带材跑偏的方向及大小。反之，当带材右偏时，$U_o$为负值。输出信号$U_o$一方面由显示器显示出来，另一方面被送到执行机构，为纠偏控制系统提供纠偏信号。需要说明的是，输出电压仅作为控制信号，而不要求精确测量带材偏离的大小，所以光电元件可用光敏电阻。若要求精确测量，就不能使用光敏电阻（光敏电阻线性较差）。

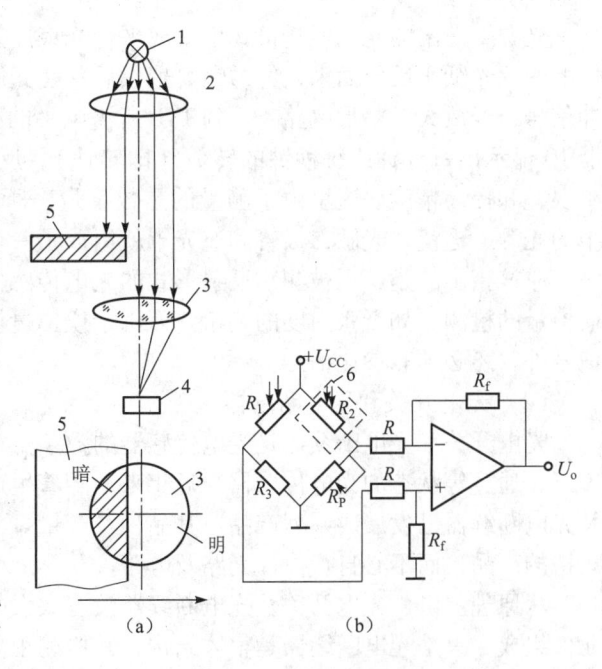

图10-12 光电式边缘位置检测传感器的原理图
（a）原理示意图；（b）测量电路
1—光源；2, 3—透镜；4—光敏电阻；
5—被测带材；6—遮光罩

**2. 光电传感器的数字量检测**

（1）光电式转速表（被测物反射光通量的应用实例）

由于机械式转速表和接触式电子转速表精度不高，且影响被测物的运转状态，已不能满足自动化的要求。光电式转速表有反射式和透射式两种，它可以在距被测物数十毫米处非接触地测量其转速。由于光电元件的动态特性较好，所以可以用于高转速的测量而又不影响被测物的转动。图 10-13 所示为利用光电开关制成的光电式转速表的原理。

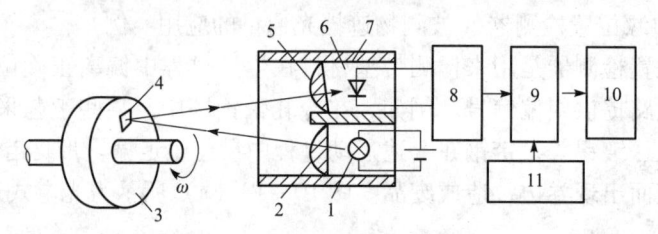

图 10-13　光电式转速表的原理

1—光源；2, 5—透镜；3—被测旋转物；4—反光纸；6—光敏二极管；
7—遮光罩；8—放大、整形电路；9—频率计电路；10—显示器；11—时基电路

光源 1 发出的光线经透镜 2 汇聚成平行光束照射到旋转物上，光线经事先粘贴在旋转物体上的反光纸 4 反射回来，经透镜 5 聚焦后落在光敏二极管 6 上，它产生与转速对应的电脉冲信号，经放大、整形电路 8 得到 TTL 所需电平的脉冲信号，经频率计电路 9 处理后由显示器 10 显示出每分钟或每秒钟的转数（即转速）。反光纸在圆周上可等分地贴多个，从而减少误差和提高精度。这里由于测量的是数字量，所以可不用参比信号。事实上，图 10-13 中的光源、透镜、光敏二极管和遮光罩就组成了一个光电开关。

应该指出的是，用被测物反射形式的光电传感器并不仅仅用于数字量的检测，也可用于模拟量的检测，如纸张白度的测量。而用于模拟量检测的光路系统与数字量的不同，除检测信号外，还必须有参比信号。

（2）光电开关和光电断续器

光电开关和光电断续器是光电传感器的数字量检测的常用器件，它们是用来检测物体的靠近、通过等状态的光电传感器。近年来，随着生产自动化、机电一体化的发展，光电开关及光电断续器已发展成系列产品，其品种及产量日益增加，用户可根据生产需要，选用适当规格的产品，而不必自行设计光路及电路。

从原理上讲，光电开关及光电断续器没有太大的差别，都是由红外发射元件与光敏接收元件组成，只是光电断续器是整体结构，其检测距离只有几毫米至几十毫米，而光电开关的检测距离可达数十米。

① 光电开关。光电开关可分为遮断型和反射型两类，如图 10-14 所示。

在图 10-14（a）中，发射器和接收器相对安放，轴线严格对准。当有物体在两者中间通过时，红外光束被遮断，接收器接收不到红外线而产生一个电脉冲信号。反射型分为反射

镜反射型及被测物体反射型（简称散射型），分别如图 10-14（b）、(c) 所示。反射镜反射型传感器单侧安装，需要调整反射镜的角度以取得最佳的反射效果，它的检测距离不如遮断型。散射型安装最为方便，并且可以根据被检测物上的黑白标记来检测，但散射型的检测距离较小，只有几百毫米。

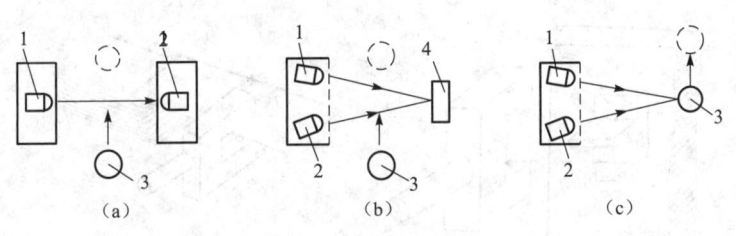

图 10-14 光电开关类型及应用
(a) 遮断型；(b) 反射镜反射型；(c) 散射型
1—发射器；2—接收器；3—被测物；4—反射镜

光电开关中的红外光发射器一般采用功率较大的红外发光二极管（红外 LED），而接收器可采用光敏三极管、光敏达林顿三极管或光电池。为了防止日光的干扰，可在光敏元件表面加红外滤光透镜。其次，LED 可用高频（40 kHz 左右）脉冲电流驱动，从而发射调制光脉冲，相应地，接收光电元件的输出信号经选频交流放大器及解调器处理，可以有效地防止太阳光的干扰。

光电开关可用于生产流水线上统计产量、检测装配件到位与否以及装配质量（如瓶盖是否压上、标签是否漏贴等），并且可以根据被测物的特定标记给出自动控制信号。目前，它已广泛地应用于自动包装机、自动灌装机和装配流水线等自动化机械装置中。

② 光电断续器。光电断续器的工作原理与光电开关相同，但其光电发射器、接收器做在体积很小的同一塑料壳体中，所以两者能可靠地对准，其外形如图 10-15 所示。它也可分成遮断型和反射型两种。遮断型（也称槽型）的槽宽、槽深及光敏元件各不相同，并已形成系列化产品，可供用户选择。反射型的检测距离较小，多用于安装空间较小的场合。由于检测范围小，光电断续器的发光二极管可以直接用直流电驱动，红外 LED 的正向压降为 1.2~1.5 V，驱动电流控制在几十毫安。

光电断续器是价格便宜、结构简单、性能可靠的

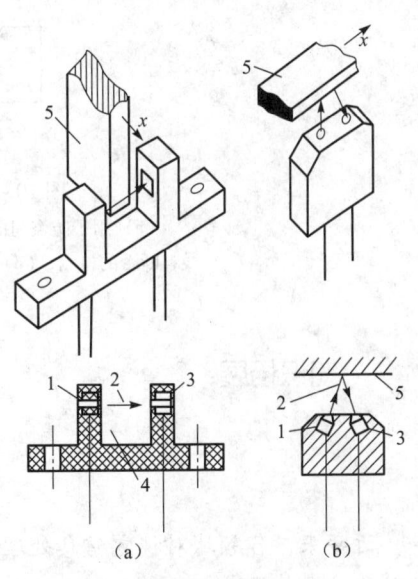

图 10-15 光电断续器
(a) 遮断型；(b) 反射型
1—发光二极管；2—红外光；3—光电元件；4—槽；5—被测物

光电元件。它广泛应用于自动控制系统、生产流水线、机电一体化设备、办公设备和家用电器中。例如，在复印机中，它被用来检测复印纸的有无；在流水线上，检测细小物体的通过及透明物体的暗色标记以及检测物体是否靠近接近开关、行程开关等。图 10-16 所示为光电断续器的应用实例。

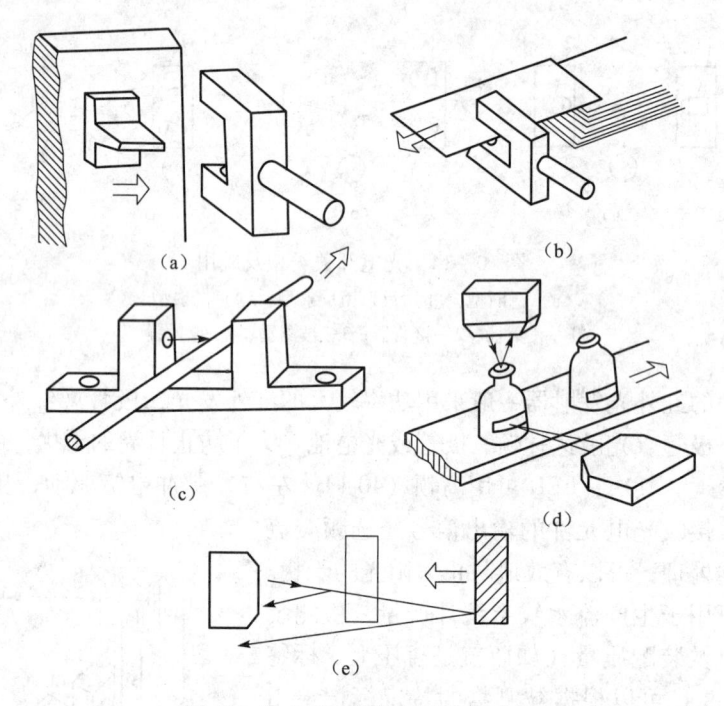

图 10-16　光电断续器的应用实例
(a) 用于防盗门的位置检测；(b) 印刷机械上的进纸检测；
(c) 线料断否的检测；(d) 瓶盖及标签的检测；(e) 用于物体接近与否的检测

### 知识拓展

#### 固态图像传感器

近年来，各领域对视觉信息处理系统的需要在不断增多。在工业中，它不仅用于测定物体的尺寸、位置、形状，也用于检测表面的伤痕和污点。此外，在遥感检测、显微图像等方面也有许多应用。最近，已广泛采用固态图像传感器作为图像输入装置。

固态图像传感器是高度集成的半导体光敏传感器。它是以电荷转移器件为核心，包括光电信号转换、传输和处理的集成光敏传感器，由于它具有体积小、质量轻、结构简单、功耗小、成本低等优点，得到了广泛应用。

按受光单元的排列方式，固态图像传感器可分为三类：二维固态图像传感器、一维固态图像传感器和零维固态图像传感器。

二维固态图像传感器的受光部具有两维结构，在 $X$ 方向和 $Y$ 方向上均装有电子扫描功能的器件。CCD 是用得最多的一类图像传感器。其特点是结构简单、灵敏度高、容易使用。在应用时，必须考虑到分辨率和信噪比。

一维固态图像传感器的受光部分布在一直线上，只具有一个方向的扫描功能，另一个方向的扫描由物体或传感器的移动来实现。它适用于对传送带上物体做直线的各种检测，其特点是位置精度和分辨率高，广泛用于尺寸、位置的测量中。

零维固态图像传感器是单一受光器件，能用来输入图像。在输入图片信息时，把图片置于暗箱中，用激光束或 CRT 上的光点像（飞点扫描）进行二维扫描。受光器件接收每个反射光，把它变换成电信号。该方法的特点是构造复杂、灵敏度低、分辨率高、杂音小，适用于检测薄片状材料的伤痕、斑点等缺陷。

按器件结构，固态图像传感器又可分为 MOS、CCD、CID 和 CPD 等图像传感器。下面以二维固态图像传感器为例加以介绍。

二维固态图像传感器是在芯片上二维地配置受光单元的面阵图像传感器，被广泛地应用在家用 VTR 摄像机上。最初是 $(64 \times 64) \sim (100 \times 100)$ 阵列，目前已出现 $400 \times 500$ 的阵列，与摄像管相比，所获视频信号毫不逊色。特别是具有小型、质量轻、坚固和低功耗等特点，用作机器人的眼睛是很有用途的。然而，由于同一芯片上各受光单元特性的离散，会引起噪声，使图像质量不及摄像管。通常，每个受光单元的动态范围都达到 60 dB 以上。由于像素间特性的离散，使 S/N 被抑制在 40 dB 以下，故不适用于低反差图像的检测。又由于分辨率不够高，也不适用于作为文字、图形等精细模式的输入装置，主要用作图像检测（无扫描失真和畸变）。

固态摄像器件的扫描方式可分为 XY 寻址方式和信号传送方式两种。前者是用 MOS 晶体管开关来寻址的 MOS 型和 CID 型；后者是由 CCD 阵列来传送电荷，称为 CCD 型。最近还发现了一种把 CCD 与 MOS 的功能组合在一起的 CPD 型新器件。

## 先导案例解决

物质在燃烧过程中一般有下列现象发生：

① 产生热量，使环境温度升高。物质剧烈燃烧时会释放出大量的热量，这时可以用各种温度传感器来测量。但是在燃烧速度非常缓慢的情况下，环境温度的上升是不易鉴别的。

② 产生可燃性气体。有机物在燃烧的初始阶段，首先释放出来的是可燃性气体，如 CO 等。

③ 产生烟雾。烟雾是人们肉眼能见到的微小悬浮颗粒，其粒子直径大于 10 nm。烟雾有很大的流动性，可潜入烟雾传感器中，是较有效的检测火灾的手段。

④ 产生火焰。火焰是物质产生灼烧气体而发出的光,是一种辐射能量。火焰辐射出红外线、可见光和紫外线。其中红外线和可见光不太适合用于火灾报警,这是因为正常使用中的取暖设备、电灯、太阳光线都包含有红外线或可见光。用紫外线管(外光电效应型)或某些专用的半导体内光电效应型紫外线传感器,能够有效地监测火焰发出的紫外线,但应避开太阳光的照射,以免引起误动作。

图 10-17 所示为光电直射型烟雾传感器。

图 10-17 中,红外线 LED 与红外光敏三极管的峰值波长相同,称为红外对管。它们的安装孔处于同一轴线上。

无烟雾时,光敏三极管接收到 LED 发射的恒定红外光。而在火灾发生时,烟雾进入检测室,遮挡了部分红外光,使光敏三极管的输出信号减弱,经阈值判断电路后,发出报警信号。

必须指出的是,室内抽烟也可能引起误报警,所以还必须与其他火灾传感器组成综合火灾报警系统,由大楼中的主计算机做出综合判断,并开启相应房间的消防设备。

根据上述原理还可以将烟雾报警器安装在小汽车里。当车内有人吸烟时,将自动启动抽风机,将烟排出车外。

上述的直射式烟雾报警器的灵敏度不高,只有在烟气较浓时光通量才有较大的衰减。图 10-18 所示的漫反射式烟雾报警器灵敏度较高。在没有烟雾时,由于红外光管相互垂直,烟雾室内又涂有黑色吸光材料,所以红外 LED 发出的红外光无法到达红外光敏三极管。当烟雾进入烟雾室后,烟雾的固体粒子对红外光产生漫反射,使部分红外光到达光敏三极管。

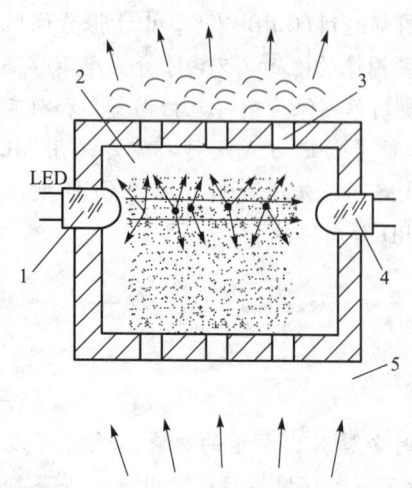

图 10-17 光电直射型烟雾传感器
1—红外发光二极管;2—烟雾检测室;3—透烟孔;
4—红外光敏三极管;5—烟雾

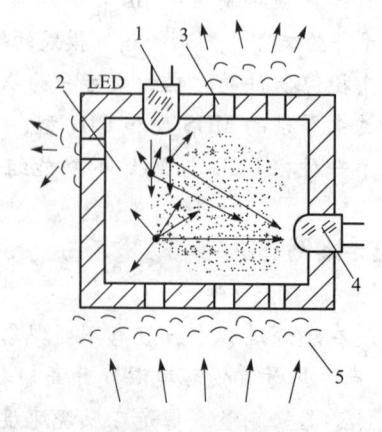

图 10-18 漫反射式烟雾传感器示意图
1—红外发光二极管;2—烟雾检测室;3—透烟孔;
4—红外光敏三极管;5—烟雾

在反射式烟雾报警器中，红外 LED 的激励电流不是连续的直流电，而是用 40 kHz 调制的脉冲，所以红外光敏三极管接收到的光信号也是同频率的调制光。它输出的 40 kHz 电信号经窄带选频放大器放大、检波后成为直流电压，再经低放和阈值比较器输出报警信号。室内的灯光，太阳光即使泄漏进烟雾检测室也无法通过 40 kHz 选频放大器，所以不会引起误报警。

# 本章小结

光电传感器是以光为测量媒介、以光电元件为转换元件的传感器。它具有非接触、响应快、性能可靠等卓越特性。近年来，随着各种新型光电器件的不断涌现，特别是激光技术和图像技术的迅猛发展，光电传感器已经成为传感器领域的重要角色，在非接触测量领域占据绝对统治地位。目前，光电传感器已在国民经济和科学技术各个领域得到广泛应用，并发挥着越来越重要的作用。

## 思考题与习题

1. 光电效应有哪几种？与之对应的光电元件有哪些？请简述各光电元件的优缺点。
2. 光电传感器可分为哪几类？请各举出几个例子加以说明。
3. 某光敏三极管在强烈光照时的光电流为 2.5 mA，选用的继电器吸合电流为 50 mA，直流电阻为 250 Ω。现欲设计两个简单的光电开关，其中一个是有强光照时继电器吸合（得电），另一个相反，有强光照时继电器释放（失电），请分别画出两个光电开关的电路图（采用普通三极管放大），并标出各电阻值及选用的电压值、电源极性。
4. 造纸工业中经常需要测量纸张的白度以提高产品质量，试设计一个自动检测纸张白度的测量仪，要求：
   (1) 画出传感器的光路图；
   (2) 画出转换电路简图；
   (3) 简要说明其工作原理。
5. 试用光电元件设计一个选纱机上测量棉纱粗细的测量仪，要求画出光路图及转换电路简图，并说明其工作原理。
6. 图 10-19 所示为光电识别系统示意图。问：

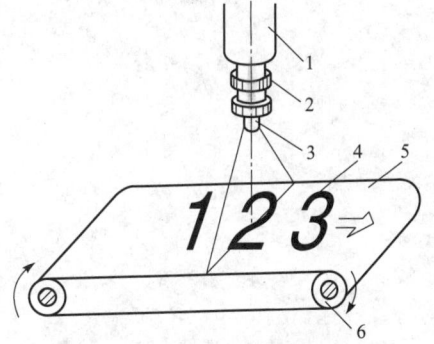

图 10-19 光电识别系统示意图
1—光电识别装置；2—焦距调节装置；
3—光学镜头；4—被识别图形；
5—传送带；6—传动轴

（1）该光学识别装置是利用了图 10-19 中＿＿＿＿＿＿的原理；

（2）各举三个不同类型的例子，简要说明如何将该系统用于诸如邮政、机场安检通道、印刷线路板装配、电子元件型号检验、被测物尺寸、形状、面积、颜色等方面的检测。

# 第11章 数字式传感器

## 本章知识点

1. 数字式编码器（绝对式编码器、增量式编码器）的输出形式；
2. 光电式编码器的工作原理及应用；
3. 光栅式传感器的结构、原理及应用；
4. 感应同步器的结构、基本工作原理与信号处理方式；
5. 频率输出式数字传感器（RC振荡器式频率传感器）的工作原理、基本测量电路。

## 先导案例

位置测量主要是指直线位移和角位移的精密测量。机械、设备的工作过程多与长度和角度发生关系，存在着位置和位移测量问题。随着科学技术和生产的不断发展，对位置检测提出了高精度、大量程、数字化和高可靠性等一系列要求。数字式传感器正好能满足这种要求。

数字式位置测量就是将被测的位置量以数字的形式来表示，它具有以下特点：

① 将被测的位置量直接转变为脉冲个数或编码，便于显示和处理；
② 测量精度取决于分辨力，与量程基本无关；
③ 输出脉冲信号的抗干扰能力强。

### 本案例要解决的问题

数字式传感器如何应用于CNC机床与加工中心的位置测量中？

前面介绍的传感器大部分是将非电量转换为电模拟量输出，直接配用模拟式仪表显示。当这类模拟信号与电子计算机等数字系统配接时，必须先经过一套模数（A/D）转换装置，将模拟量转换为数字量，才能输入到计算机。这样不但增加投资，也增加系统的复杂性，降低了系统的可靠性和精确度。

数字式传感器能够直接将非电量转换为数字量，这样就不需要（A/D）转换，可以直接用数字显示，提高测量精度和分辨率，并且易于与微机连接，也提高了系统的可靠性。此外，数学式传感器还具有抗干扰能力强、适宜远距离传输等优点。

数字式传感器的发展历史不长，到目前为止它的种类还不太多，其中有的可以直接把输入量转换成数字量输出，有的需进一步处理，才能得到数字量输出。

本章介绍在机电和数控系统中常用的数字式传感器：数字编码器、光栅式传感器、感应同步器和频率输出式数字传感器。

## 11.1 数字编码器

数字编码器包括码尺和码盘，前者用于测量线位移，后者用于测量角位移。编码器还可分为绝对式编码器和增量式编码器。

### 11.1.1 数字式编码器的输出形式

**1. 绝对式编码器**

绝对式编码器是按位移量直接进行编码的转换器，其精度大于1%。它的结构和原理可分为接触式、光电式和电磁式。绝对式编码器将被测点的绝对位置转换为二进制的数字编码输出，即便中途断电，重新上电后也能读出当前位置的数据。显然，若要求的分辨力越高、量程越大，二进制的数位就越多，结构就越复杂。

**2. 增量式编码器**

增量式编码器测量输出的是当前状态与前一状态的差值，即增量值。它通常是以脉冲数字形式输出，然后用计数器计取脉冲数。因此它需要规定一个脉冲当量，即一个脉冲所代表的被测物理量的值，同时它还要确定一个零位标志，即测量的起始点标志。这样，被测量就等于当量值乘以自零位标志开始的计数值，其分辨力即为脉冲当量值。例如，用增量式光电编码器或光栅测量直线位移，若当量值为 0.01 mm，计数值为 200 时，则位移为 2.00 mm，分辨力为 0.01 mm。增量式测量的缺点是：一旦中途断电，将无法得知运动部件的绝对位置。

### 11.1.2 数字式编码器的工作原理及应用

下面以光电式编码器为例来说明数字式编码器的工作原理及应用。

光电式编码器是用光电方法将转角和位移转换为各种代码形式的数字脉冲传感器。表 11 -1 所示为光电式编码器按其构造和数字脉冲的性质进行的分类。

表 11 -1 光电式编码器的分类

| 构造类型 | 转动方式 | 直线——线性编码器 |
| --- | --- | --- |
|  |  | 转动——转轴编码器 |
|  | 光束形式 | 透射式 |
|  |  | 反射式 |
| 信号性质 | 增量式 | 能否辨别方向 | 可辨向的增量式编码器 |
|  |  |  | 不可辨向的脉冲发生器 |
|  |  | 有无零点位置 | 有零位信号 |
|  |  |  | 无零位信号 |
|  | 绝对式 | 绝对式编码器 |

**1. 增量式光电编码器**

（1）增量式光电编码器的结构与原理

增量式光电编码器的结构如图 11 -1 所示。在它的编码盘边缘等间隔地制出 $n$ 个透光槽。发光二极管（LED）发出的光透过槽孔被光敏二极管所接收。当码盘转过 $1/n$ 圈时，光敏元件即发出一个计数脉冲，计数器对脉冲的个数进行加减增量计数，从而判断编码盘旋转的相对角度。为了得到编码器转动的绝对位置，还需设置一个基准点，如图 11 -1 中的"零位标记槽"。为了判断编码盘转动的方向，实际上设置了两套光电元件，如图 11 -1 中的正弦信号接收器和余弦信号接收器，其辨向原理及细分电路将在本章 11.2 节中所述。

（2）增量式光电编码器的应用

增量式光电编码器除了可以测量角位移外，还可以通过测量光电脉冲的频率，进而用

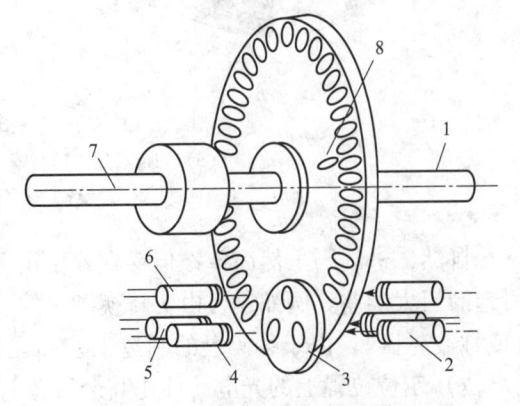

图 11 -1 增量式光电编码器结构

1—均匀分布透光槽的编码盘；2—LED 光源；3—狭缝；4—正弦信号接收器；5—余弦信号接收器；6—零位读出光电元件；7—转轴；8—零位标记槽

来测量转速。如果通过机械装置,将直线位移转换成角位移,还可以用来测量直线位移。最简单的方法是采用齿轮-齿条或滚珠螺母-丝杆机械系统。这种测量方法测量直线位移的精度与机械式直线-旋转转换器的精度有关。

**2. 绝对式光电编码器**

(1) 绝对式光电编码器的结构与原理

绝对式光电编码器的核心部件是编码盘,编码盘由透明区及不透明区组成。这些透明区及不透明区按一定编码构成,编码盘上码道的条数就是数码的位数。图11-2(a)所示为一个四位自然二进制编码器的编码盘。若涂黑部分为不透明区,输出为"1",则空白部分为透明区,输出为"0",它有四条码道,对应每一条码道有一个光电元件来接收透过编码盘的光线。当编码盘与被测物转轴一起转动时,若采用 $n$ 位编码盘,则能分辨的角度为

$$\alpha = 360°/2^n$$

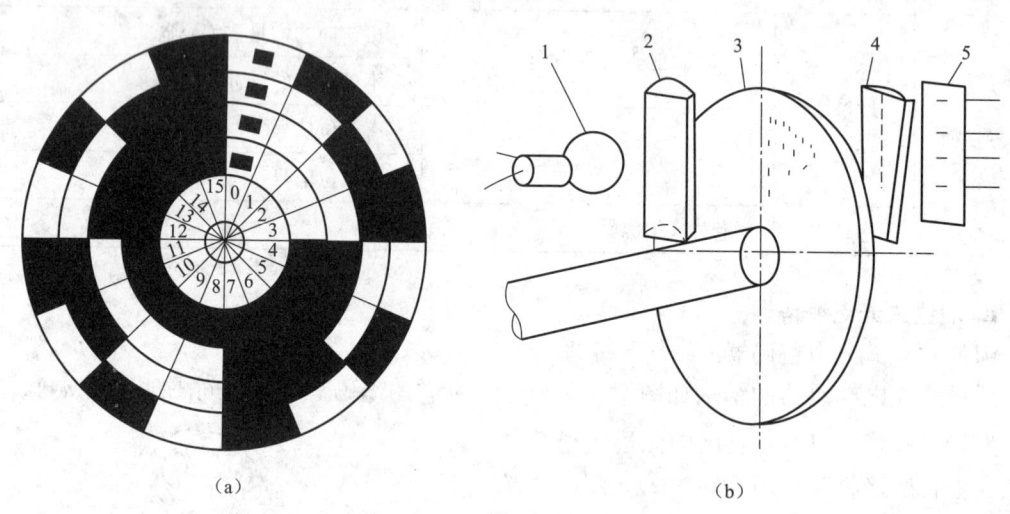

图11-2 绝对式光电编码器的结构

(a) 四位自然二进制编码盘;(b) 光电编码盘结构

1—光源;2—透镜;3—编码盘;4—狭缝;5—光电元件

自然二进制码虽然简单,但存在着使用上的问题,这是由于图案转换点处位置不分明而引起的粗大误差。例如,在由7转换到8的位置时光束要通过编码盘0111和1000的交界处(或称渡越区)。由于编码盘的制造工艺和光敏元件安装的误差,有可能使读数头的最内圈(高位)定位位置上的光电元件比其余的超前或落后一点,这将导致可能出现两种极端的读数值,即1111和0000,从而引起读数的粗大误差,这种误差是绝对不能允许的。

为了避免这种误差,可采用格雷码(Gray code)图案的编码盘,表11-2给出了格雷码和自然二进制码的比较。由表11-2可以看出,格雷码具有代码从任何值转换到相邻值时

字节各位数中仅有一位发生状态变化的特点；而自然二进制码则不同，代码经常有 2~3 位甚至 4 位数值同时变化的情况。这样，采用格雷码的方法即使发生前述的错移，由于它在进位时相邻界面图案的转换仅仅发生一个最小量化单位（最小分辨率）的改变，因而不会产生粗大误差。这种编码方法称作单位距离性码，是常采用的方法。

表 11 – 2　格雷码和自然二进制码的比较

| D（十进制） | B（二进制） | R（格雷码） |
| --- | --- | --- |
| 0 | 0000 | 0000 |
| 1 | 0001 | 0001 |
| 2 | 0010 | 0011 |
| 3 | 0011 | 0010 |
| 4 | 0100 | 0110 |
| 5 | 0101 | 0111 |
| 6 | 0110 | 0101 |
| 7 | 0111 | 0100 |
| 8 | 1000 | 1100 |
| 9 | 1001 | 1101 |
| 10 | 1010 | 1111 |
| 11 | 1011 | 1110 |
| 12 | 1100 | 1010 |
| 13 | 1101 | 1011 |
| 14 | 1110 | 1001 |
| 15 | 1111 | 1000 |

绝对式光电编码器对应每一条码道有一个光电元件，当码道处于不同角度时，经光电转换的输出就呈现出不同的数码，如图 11 – 2（b）所示。它的优点是没有触点磨损，因而允许转速高，最外层缝隙宽度可做得更小，所以精度也很高，其缺点是结构复杂、价格高、光源寿命短。国内已有 14 位编码器的定型产品。

图 11 – 3 所示为绝对式光电编码器测角仪的原理。在采用循环码的情况下，每一码道有一个光电元件；在采用二进码或其他需要"纠错"即防止产生粗大误差的场合下，除最低位外，其他各个码道均需要双缝和两个光电元件。

根据编码盘的转角位置，各光电元件输出不同大小的光电信号，这些信号经放大后送入鉴幅电路，以鉴别各个码道输出的光电信号对应于"0"态或"1"态。经过鉴幅后得到一组反映转角位置的编码，将它送入寄存器。在采用二进制、十进制、度分秒进制编码盘或采用组合编码盘时，有时为了防止产生粗大误差要采取"纠错"措施，"纠错"措施由纠错电路完成。有些还要经过代码变换，再经译码显示电路显示编码盘的转角位置。

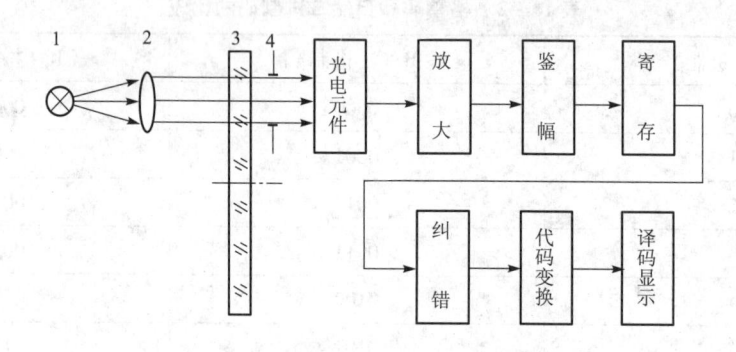

图 11-3 绝对式光电编码器测角仪的原理
1—光源；2—聚光镜；3—编码盘；4—狭缝光栅

（2）绝对式光电编码器的主要技术指标
绝对式光电编码器有如下主要技术指标：

① 分辨率。分辨率指每转一周所能产生的脉冲数。由于刻线和偏心误差的限制，码盘的图案不能过细，一般线宽20~30 μm。进一步提高分辨率可采用电子细分的方法，现已经达到100倍细分的水平。

② 输出信号的电特性。表示输出信号的形式（代码形式、输出波形）和信号电平以及电源要求等参数称为输出信号的电特性。

③ 频率特性。频率特性是对高速转动的响应能力，取决于光敏器件的响应和负载电阻以及转子的机械惯量。一般的响应频率为30~80 kHz，最高可达100 kHz。

④ 使用特性。使用特性包括器件的几何尺寸和环境温度。通常采用光敏元件温度差分补偿的方法，其温度范围可达 -5 ℃ ~ +50 ℃。外形尺寸由 $\phi 30$ ~ $\phi 200$ mm 不等，随分辨率提高而加大。

**3. 光电式编码器的应用**

（1）位置测量

把输出的脉冲 $f$ 和 $g$ 分别输入到可逆计数器的正、反计数端进行计数，可检测到输出脉冲的数量，把这个数量乘以脉冲当量（转角/脉冲）就可测出编码盘转过的角度。为了能够得到绝对转角，在起始位置，对可逆计数器清零。

在进行直线距离测量时，通常把它装到伺服电动机轴上，伺服电动机又与滚珠丝杠相连,当伺服电动机转动时,由滚珠丝杠带动工作台或刀具移动,这时编码器的转角对应直线移动部件的移动量,因此,可根据伺服电动机和丝杠的转动以及丝杠的导程来计算移动部件的位置。光电编码器的典型应用产品是轴环式数显表,它是一个将光电编码器与数字电路装在一起的数字式转角测量仪表,其外形如图 11-4 所示。它适用于车床、铣床等中小型机床的进给量和位移量的显示。

例如,将轴环式数显表安装在车床进给刻度轮的位置,就可直接读出整个进给尺寸,从而可以避免人为的读数误差,提高加工精度。特别是在加工无法直接测量的内台阶孔和用来制作多头螺纹时的分头,更显得优越。它是用数显技术改造老式设备的一种简单易行手段。

轴环式数显表由于设置有复零功能,可在任意进给、位移过程中设置机械零位,因此使用特别方便。

(2) 转速测量

转速可由编码器发出的脉冲频率或脉冲周期来测量。利用脉冲频率测量是在给定的时间内对编码器发出的脉冲计数,然后求出其转速(单位为 r/min),即

$$n = \frac{N_1}{N} \cdot \frac{60}{t}$$

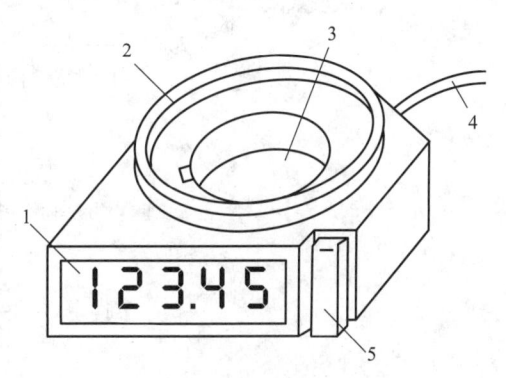

图 11-4 轴环式数显表外形图
1—数显面板;2—轴环;3—穿轴孔;
4—电源线;5—复位机构

式中 $t$ ——测速采样的时间;

$N_1$ —— $t$ 时间内测得的脉冲个数;

$N$ ——编码器每转脉冲数。

编码器每转脉冲数与所用编码器型号有关,数控机床上常用 LF 型编码器,每转脉冲数有 20~5 000 共 36 挡,一般采用 1 024、2 000、2 500 或 3 000 等几挡。

图 11-5 (a) 所示为用脉冲频率法测转速,在给定 $t$ 时间内使门电路选通,编码器输出脉冲允许进入计数器计数,这样可算出 $t$ 时间内编码器的平均转速。

利用脉冲周期测量转速,是通过计数编码器一个脉冲间隔内(脉冲周期)标准时钟的脉冲个数来计算其转速,转速(单位为 r/min)可由下述公式计算,即

$$n = \frac{60}{2N_2 NT}$$

式中 $N_2$ ——编码器一个脉冲间隔内标准时钟脉冲输出个数;

$N$ ——编码器每转脉冲数;

$T$ ——标准时钟脉冲周期,s。

图 11-5（b）所示为用脉冲周期测量转速，当编码器输出脉冲正半周时选通门电路，标准时钟脉冲通过控制门进入计数器计数，计数器输出 $N_2$，即可用上式计算出其转速。

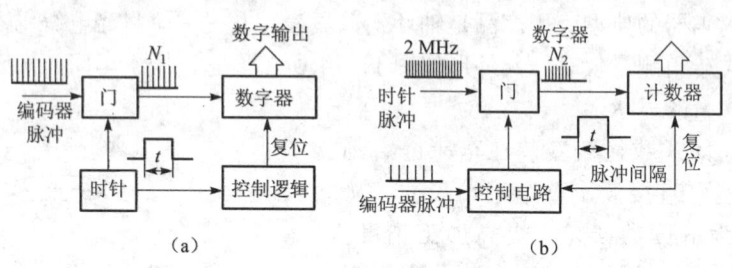

图 11-5 光电编码器测速原理简图
(a) 用频率测转速；(b) 用周期测转速

## 11.2 光栅式传感器

光栅式传感器实际上是光电传感器的一个特殊应用。由于光栅测量具有结构简单、测量精度高、易于实现自动化和数字化等优点，因而得到了广泛的应用。

### 11.2.1 光栅的结构和类型

光栅主要由标尺光栅和光栅读数头两部分组成。通常标尺光栅固定在活动部件上，如机床的工作台或丝杠上。光栅读数头则安装在固定部件上，如机床的底座上。当活动部件移动时，读数头和标尺光栅也就随之做相对的移动。

**1. 光栅尺**

标尺光栅和光栅读数头中的指示光栅构成光栅尺，如图 11-6 所示，其中长的一块为标尺光栅，短的一块为指示光栅。两光栅上均匀地刻有相互平行、透光和不透光相间的线纹，这些线纹与两光栅相对运动的方向垂直。从图 11-6 中光栅尺线纹的局部放大部分来看，白的部分 $b$ 为透光线纹宽度，黑的部分 $a$ 为不透光线纹宽度。设栅距为 $W$，则 $W = a + b$，一般光栅尺的透光线纹和不透光线纹的宽度是相等的，即 $a = b$。常见长光栅的线纹宽度为每毫米 25 线、50 线、100 线、125 线、250 线。

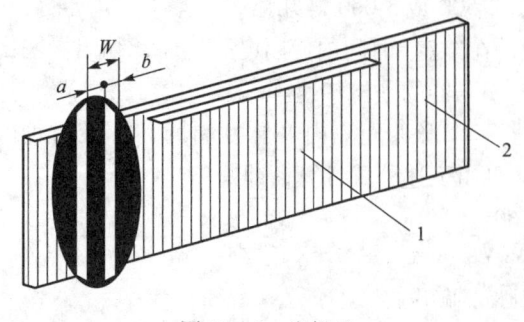

图 11-6 光栅尺
1—标尺光栅；2—指示光栅

**2. 光栅读数头**

光栅读数头由光源、透镜、标尺光栅、

指示光栅、光敏元件和驱动电路组成,如图 11-7 (a) 所示。光栅读数头的光源一般采用白炽灯。白炽灯发出的光线经过透镜后变成平行光束,照射在光栅尺上。由于光敏元件输出的电压信号比较微弱,因此,必须先将该电压信号进行放大,以避免在传输过程中被多种干扰信号所淹没、覆盖而造成失真。驱动电路的功能就是实现对光敏元件输出信号进行功率放大和电压放大。

按光路分,光栅读数头的结构形式除了垂直入射式外,常见的还有分光读数头、反射读数头等,它们的结构如图 11-7 (b)、图 11-7 (c) 所示。

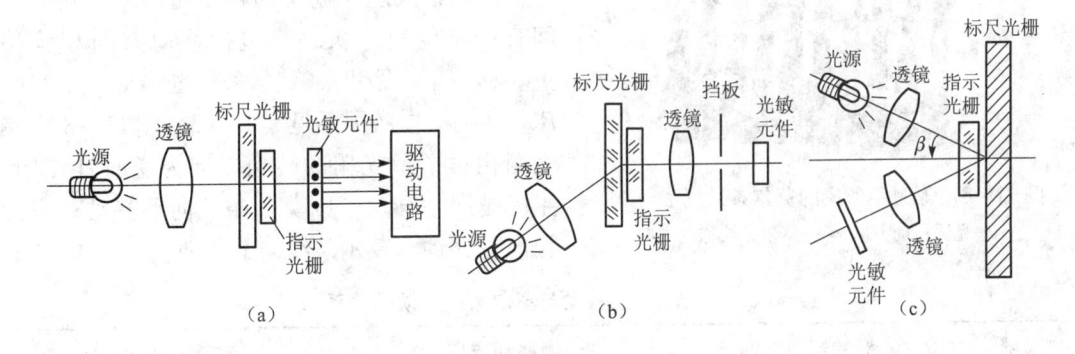

图 11-7 光栅读数头
(a) 垂直入射光栅读数头结构; (b) 分光读数头; (c) 反射读数头

按其形状和用途,光栅可以分成长光栅和圆光栅两类。长光栅用于长度测量,又称直线光栅;圆光栅用于角度测量。按光线的走向,可分为透射光栅和反射光栅。

## 11.2.2 光栅的基本工作原理

**1. 莫尔条纹**

光栅是利用莫尔条纹现象来进行测量的。所谓莫尔(Moire),法文的原意是水面上产生的波纹。莫尔条纹是指两块光栅叠合时,出现光的明暗相间的条纹,从光学原理来讲,如果光栅栅距与光的波长相比较是很大的话,就可以按几何光学原理来进行分析。图 11-8 所示为两块栅距相等的光栅叠合在一起,并使它们的刻线之间的夹角为 $\theta$ 时,这时光栅上就会出现若干条明暗相间的条纹,这就是莫尔条纹。

莫尔条纹有如下几个重要特性:

(1) 消除光栅刻线的不均匀误差

由于光栅尺的刻线非常密集,光电元件接收到的莫尔条纹所对应的明暗信号,是一个区域内许多刻线的综合结果。因此,它对光栅尺的栅距误差有平均效应,这有利于提高光栅的测量精度。

(2) 位移的放大特性

莫尔条纹间距是放大了的光栅栅距 $W$，它随着光栅刻线夹角 $\theta$ 而改变。当 $\theta \leqslant 1$ 时，可推导得莫尔条纹的间距 $B \approx W/\theta$。可知 $\theta$ 越小，则 $B$ 越大，相当于把微小的栅距扩大了 $1/\theta$ 倍。

(3) 移动特性

莫尔条纹随光栅尺的移动而移动，它们之间有严格的对应关系，包括移动方向和位移量。移一个栅距 $W$，莫尔条纹也移动一个间距 $B$。移动方向的关系见表 11-3。图 11-8 中主光栅相对指示光栅的转角方向为逆时针方向。主光栅向左移动，则莫尔条纹向下移动；主光栅向右移动，莫尔条纹向上移动。

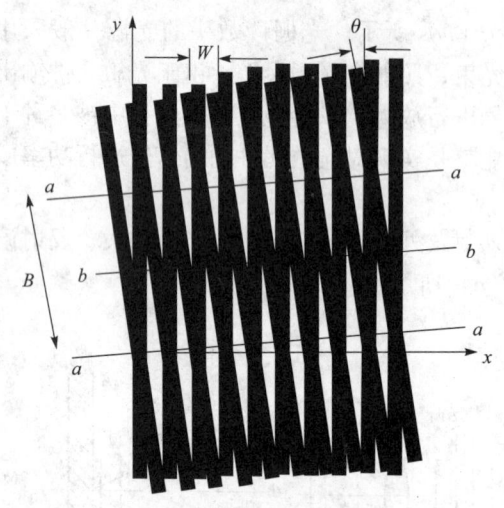

图 11-8 等栅距形成的莫尔条纹（$\theta \neq 0$）
$x$—光栅移动方向；$y$—莫尔条纹移动方向

表 11-3 光栅移动与莫尔条纹移动的关系

| 主光栅相对指示光栅的转角方向 | 主光栅移动方向 | 莫尔条纹移动方向 |
| --- | --- | --- |
| 顺时针方向 | 向左 | 向上 |
|  | 向右 | 向下 |
| 逆时针方向 | 向左 | 向下 |
|  | 向右 | 向上 |

(4) 光强与位置关系

两块光栅相对移动时，从固定点观察到莫尔条纹光强的变化近似为余弦波形变化。光栅移动一个栅距 $W$，光强变化一个周期 $2\pi$，这种正弦波形的光强变化照射到光电元件上，即可转换成电信号关于位置的正弦变化。

当光电元件接收到光的明暗变化，则光信号就转换为图 11-9 所示的电压信号输出，它可以用光栅位移量 $x$ 的余弦函数表示为

$$u_o = U_{av} + U_m \cos(2\pi x/W)$$

式中 $u_o$——光电元件输出的电压信号；
$U_{av}$——输出信号中的平均直流分量。

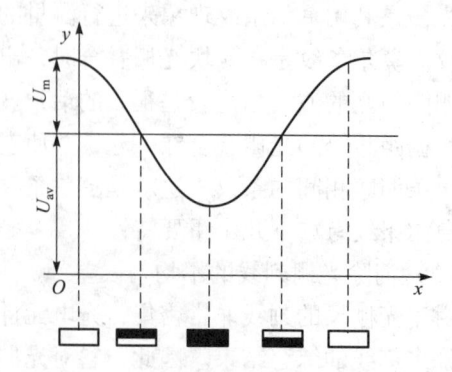

图 11-9 光栅位移与光强输出电压的关系

## 2. 辨向原理

在实际应用中,被测物体的移动方向往往不是固定的。无论主光栅向前或向后移动,在一固定点观察时,莫尔条纹都是做明暗交替变化。因此,只根据一条莫尔条纹信号,是无法判别光栅移动方向,也就不能正确测量往复移动时的位移。为了辨向,需要两个一定相位差的莫尔条纹信号。

图 11-10 所示为辨向的工作原理和它的逻辑电路。在相隔 1/4 条纹间距的位置上安装两个光电元件,得到两个相位差 $\pi/2$ 的电信号 $u_{o1}$ 和 $u_{o2}$,经过整形后得到两个方波信号

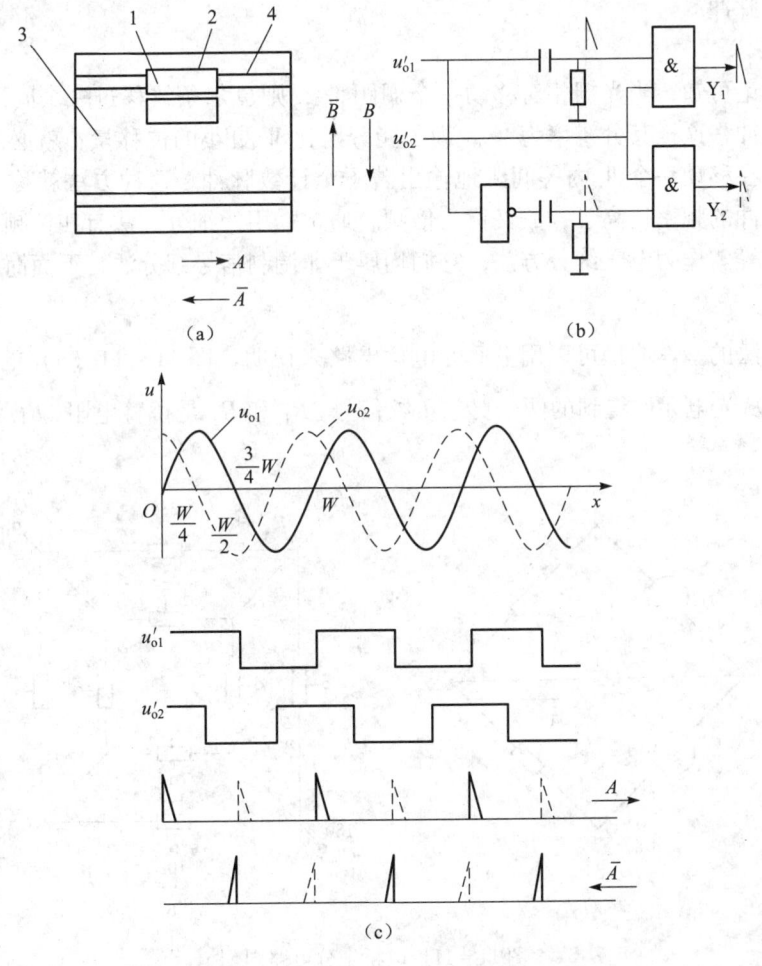

图 11-10 辨向的工作原理及逻辑电路
(a) 两光电元件相对位置;(b) 辨向电路;(c) 波形图
1,2—光电元件;3—指示光栅;4—莫尔条纹
$A(\bar{A})$—光栅移动方向;$B(\bar{B})$—对应 $A(\bar{A})$ 的莫尔条纹移动方向

$u'_{o1}$ 和 $u'_{o2}$。从图 11-10（c）中波形的对应关系可以看出，在光栅向 A 方向移动时，$u'_{o1}$ 经微分电路后产生的脉冲（如图 11-10 中实线所示）正好发生在 $u_{o2}$ 的"1"电平时，从而经与门 $Y_1$ 输出一个计数脉冲。而 $u'_{o1}$ 经反相微分后产生的脉冲（如图 11-10 中虚线所示）则与 $u'_{o2}$ 的"0"电平相遇，与门 $Y_2$ 被阻塞，没有脉冲输出。在光栅向 $\overline{A}$ 方向移动时，$u'_{o1}$ 的微分脉冲发生在 $u'_{o2}$ 为"0"电平时，故与门 $Y_1$ 无脉冲输出；而 $u'_{o1}$ 反相微分所产生的脉冲则发生在 $u'_{o2}$ 的"1"电平时，与门 $Y_2$ 输出一个计数脉冲。因此，$u'_{o2}$ 的电平状态可作为与门的控制信号，来控制 $u'_{o1}$ 产生的脉冲输出，从而就可以根据运动的方向正确地给出加计数脉冲和减计数脉冲。

**3. 细分技术**

由前面讨论可知，当光栅相对移动一个栅距 $W$，则莫尔条纹移过一个间距 $B$，与门输出一个计数脉冲，这样其分辨率为 $W$。为了能分辨比 $W$ 更小的位移量，就必须对电路进行处理，使之能在移动一个 $W$ 内等间距地输出若干个计数脉冲，这种方法就称为细分。由于细分后计数脉冲的频率提高了，故又称为倍频。通常采用的细分方法有四倍频细分、电桥细分、复合细分等。作为电子细分方法，它们均属于非调制信号细分法，下面简要介绍电桥细分法。

电桥细分法的基本原理可以用下面的电桥电路来说明。图 11-11（a）的电桥电路 $\dot{U}_{o1}$ 和 $\dot{U}_{o2}$ 分别为从光电元件得到的两个莫尔条纹信号，$R_1$ 和 $R_2$ 是桥臂电阻，$R_L$ 为过零触发器负载电阻。

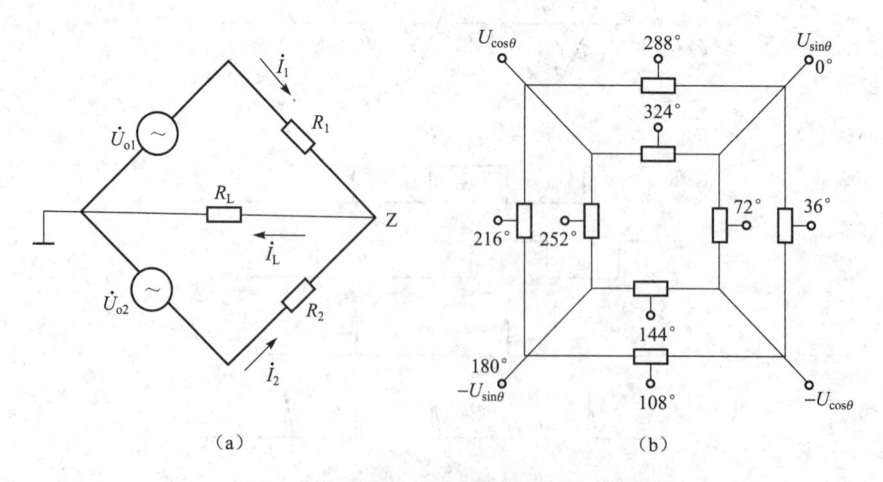

图 11-11 电桥细分电路图
（a）细分电桥；（b）10 倍频细分电桥

设 Z 点的输出电压为 $\dot{U}_Z$，根据电工基础中的节点电压法可知

$$\dot{U}_Z = \frac{\dot{U}_{o1}g_1 + \dot{U}_{o2}g_2}{g_1 + g_2 + g_L}$$

式中 $g_1 = 1/R_1$，$g_2 = 1/R_2$，$g_L = 1/R_L$。

若电桥平衡时，则

$$\dot{U}_Z = 0，\dot{U}_{o1}g_1 + \dot{U}_{o2}g_2 = 0$$

如前所述，莫尔条纹信号是光栅位置状态的正弦函数。令 $\dot{U}_{o1}$ 与 $\dot{U}_{o2}$ 的相位差为 $\pi/2$，光栅在任意位置 $x(2\pi x/W = \theta)$ 时，$\dot{U}_{o1}$ 和 $\dot{U}_{o2}$ 可以分别写成 $U_{\sin\theta}$ 和 $U_{\cos\theta}$，可得

$$-\cos\theta/\sin\theta = R_1/R$$

所以选取不同 $R_1/R$ 值，就可以得到任意的 $\theta$ 值，即在一个栅距 $W$ 以内的任何地方经过零触发器输出一个脉冲。虽然从 $-\cos\theta/\sin\theta = R_1/R$ 看来，只有在第二、第四象限，才能满足过零的条件，但是实际上取正弦、余弦及其反相的四个信号，组合起来就可以在四个象限内都得到细分。也就是说通过选择 $R_1$ 和 $R$ 的阻值，理论上可以得到任意多的细分数。

当然，上述的平衡条件是在 $\dot{U}_{o1}$ 与 $\dot{U}_{o2}$ 的幅值相等、相位差为 $\pi/2$，信号与光栅位置有着严格的正弦函数关系的要求下得出的。因此，它对莫尔条纹信号的波形、两个信号的正交关系以及电路的稳定性都有严格的要求，否则会影响测量精度，带来一定的测量误差。

采用两个相位差 $\pi/2$ 的信号来进行测量和移相，在测量技术上获得了广泛的应用。虽然具体电路不完全相同，但都是从这个基本原理出发的。

图 11 – 11（b）所示为一个 10 倍频细分的电位器桥细分电路，图中标明了各输出口的初相角。电桥接在放大级的后面，因为光电元件输出信号的幅值和功率都很小，直接与电桥相连接，将使后面的脉冲形成电路不能正常工作，此电路最大可进行 12 倍频细分。

细分电桥是无源网络，它只能消耗前置级的功率。细分数越大，消耗功率越多，所以在选择桥臂电阻的阻值时，应考虑前后两级的衔接问题。阻值太大，影响输出，对后级不利；阻值太小，消耗功率太大，对前级加重负载。因此，应根据前级的负载能力、细分数和后级吸收的电流要求来综合考虑。

**4. 光栅数显装置**

光栅数显装置的结构示意图和电路原理如图 11 – 12 所示，图中各环节的典型电路及工作原理前面已经介绍过。在实际应用中，对于不带微处理器的光栅数显装置，完成有关功能的电路往往由一些大规模集成电路（LSI）芯片来实现，下面简要介绍国产光栅数显装置的 LSI 芯片对应完成的功能。这套芯片共分三片，另外再配两片驱动器和少量的电阻、电容，即可组成一台光栅数显表。

（1）光栅信号处理芯片（HKF710502）

该芯片的主要功能是：完成从光栅部件输入信号的同步、整形、细分、辨向、加减控制、参考零位信号的处理、记忆功能的实现和分辨率的选择等。

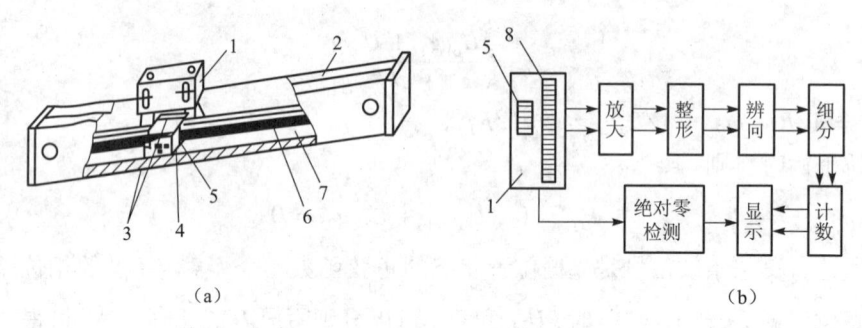

图 11-12 光栅数显装置

(a) 结构示意图；(b) 电路原理

1—读数头；2—壳体；3—发光接收线路板；4—指示光栅座；
5—指示光栅；6—光栅刻线；7—光栅尺；8—主光栅

（2）逻辑控制芯片（HKE701314）

该芯片的主要功能是：为整机提供高频和低频脉冲，完成 BCD 译码、XJ 校验以及超速报警。

（3）可逆计数与零位记忆芯片（HKE701201）

该芯片的主要功能是：接收从光栅信号处理芯片传来的计数脉冲，完成可逆计数；接收参考零位脉冲，使计数器确定参考零位的数值，同时也完成清零、置数、记忆等功能。

### 11.2.3 光栅式传感器的应用

由于光栅式传感器测量精度高、动态测量范围广、可进行无接触测量、易实现系统的自动化和数字化，因而在机械工业中得到了广泛的应用。特别是在量具、数控机床的闭环反馈控制、工作母机的坐标测量等方面，光栅式传感器都起着重要作用。

光栅式传感器通常作为测量元件应用于机床定位、长度和角度的计量仪器中，并用于测量速度、加速度和振动等。

图 11-13 所示为光栅式万能测长仪的工作原理。主光栅采用透射式黑白振幅光栅，光栅栅距 $W = 0.01$ mm，指示光栅采用四裂相光栅，照明光源采用红外发光二极管 TIL-23，其发光光谱为 930 ~ 1 000 nm，接收用 LS600 光电三极管，两光栅之间的间隙为 0.02 ~ 0.035 nm，由于主光栅和指示光栅之间的透光和遮光效应，形成了莫尔条纹，当两块光栅相对移动时，便可接收到周期性变化的光通量。利用四裂相指示光栅依次获得 $\sin\theta$、$\cos\theta$、$-\sin\theta$ 和 $-\cos\theta$ 四路原始信号，以满足辨向和消除共模电压的需要。

由光栅式传感器获得的四路原始信号，经差分放大器放大、移相电路分相、整形电路整形、倍频电路细分、辨向电路辨向进入可逆计数器计数，由显示器显示读出。这是光栅式万能测长仪从光栅式传感器输出信号后读出的整个逻辑，每步逻辑由相应的电路来完成，通常采用大规模集成电路来实现以上功能。

随着微机技术的不断发展，目前人们已研制出带微机的光栅数显装置。采用微机后，可使硬件数量大大减少，功能越来越强。

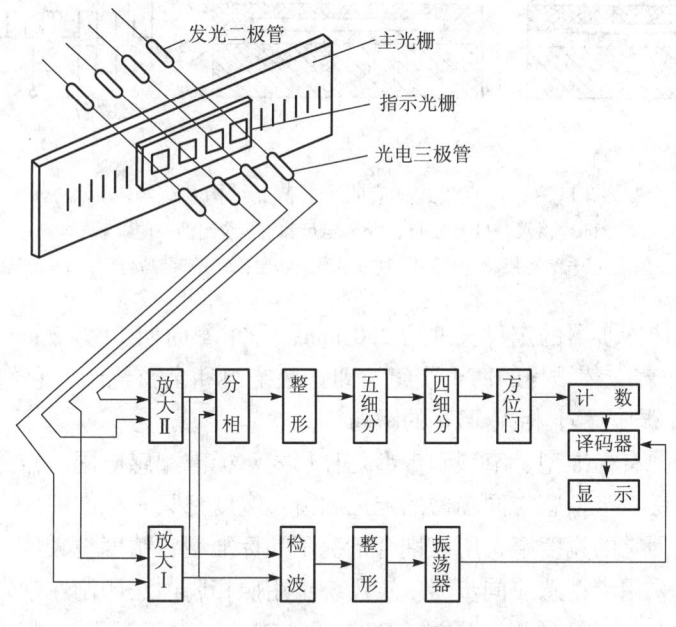

图 11－13　光栅式万能测长仪的工作原理

## 11.3　感应同步器

感应同步器是一种新颖的数字位置检测元件，具有精度高、抗干扰能力强、工作可靠、对工作环境要求低、维护方便、寿命长且制造工艺简单等优点，被广泛应用于自动化测量和控制系统中。

### 11.3.1　感应同步器的结构和类型

感应同步器分为直线式和旋转式（圆盘式）两种基本类型。直线式用于测量直线位移，旋转式用于测量角位移，它们的基本工作原理是相同的。感应同步器是由可以相对移动的滑尺和定尺（对于直线式）或转子和定子（对于旋转式）组成，它们的截面结构如图 11－14 所示。基板材料一般采用低碳钢或者玻璃等非导磁材料。加工后的基板上粘贴绝缘层和铜箔，绝缘层和铜箔要求厚度均匀和平整。一般在保证绝缘强度条件下，绝缘层越薄越好（<0.1 mm），铜箔厚度为 0.04～0.05 mm。采用玻璃基板时则用真空蒸镀铝或银，然

后再用光刻和化学腐蚀工艺将铜箔或铝膜蚀刻成需要的图形。最后进行表面防护处理,在滑尺表面贴上一层铝箔,以防止静电感应。

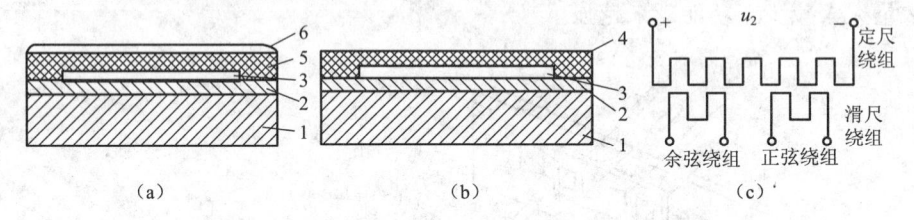

图 11-14　直线式感应同步器截面结构及绕组图形
(a) 滑尺；(b) 定尺；(c) 定尺和滑尺绕组的对应关系
1—基板；2—绝缘层；3—导片；4—耐腐绝缘层；5—绝缘黏合剂；6—铝箔

典型的直线感应同步器的定尺长度为 250 mm,分布着周期 $W$ 为 2 mm 的连续绕组。滑尺长 100 mm,分布着交替排列的两个绕组,即正弦绕组和余弦绕组,它们的周期相等,相位差为 90°电角度,即位置上相差 $W/4$ 的距离。

直线感应同步器有标准型、窄型和带型几种形式。标准型感应同步器是其中精度最高的一种,使用也最广泛;窄型感应同步器的定尺和滑尺宽度都只有标准的一半,主要用于位置受到限制的场合;因它的宽度窄,所以耦合情况不如标准型,精度也较低,当设备上的安装面不易加工时,可采用带型感应同步器。定尺绕组用照相腐蚀法印制在钢带上,滑尺预先安装、调整好并封装在一个盒子里,通过支架与机体连接。由于钢带两端固定点可随设备伸缩,故能减小由于受热变形而产生的测量误差。

当量程较大时,可将标准型感应同步器和窄型感应同步器的定尺拼接使用,带型定尺不需要拼接,但由于其刚性较差,机械安装参数不易保证,其测量精度也比标准型低。各种直线感应同步器的尺寸和精度见表 11-4。

表 11-4　直线感应同步器的尺寸和精度

| 种　　类 | 定尺尺寸/mm | 滑尺尺寸/mm | 精度/μm |
|---|---|---|---|
| 标准型 | 250 × 58 × 9.5 | 100 × 73 × 9.5 | 1.5 ~ 2.5 |
| 窄型 | 250 × 30 × 9.5 | 74 × 35 × 9.5 | 2.5 ~ 5 |
| 带型 | (200 ~ 2 000) × 19 | — | 10 |

## 11.3.2　感应同步器的基本工作原理与信号处理方式

**1. 基本工作原理**

将感应同步器定尺与滑尺面对面地安装在一起,并使两者之间留有约 0.25 mm 的间隙。

在定尺绕组上加上激励电流 $i = I_\mathrm{m}\sin\omega t$，于是滑尺绕组中便产生感应电势，其值为

$$e = K\frac{\mathrm{d}i}{\mathrm{d}t} = KI_\mathrm{m}\omega\cos\omega t = kU_\mathrm{m}\omega\cos\omega t$$

式中，$K$ 是定尺绕组与滑尺绕组的耦合系数，它与许多因素有关，这里值得指出的是，它还与两绕组的相对位置有关。

图 11-15 所示为感应同步器的工作原理。图 11-15（a）的 $A$ 点处滑尺中的余弦绕组与定尺绕组重合，耦合系数 $K_\mathrm{c}$ 最大，而正弦绕组正好跨在定尺绕组上，通过正弦绕组的磁力线左右各半，方向相反，相互抵消，耦合系数 $K_\mathrm{s}$ 为零；图 11-15（a）的 $B$ 点处滑尺向右移 $W/4$，则 $K_\mathrm{c}$ 为零，$K_\mathrm{s}$ 为最大；图 11-15（a）的 $C$ 点处滑尺向右移至 $W/2$ 处，余弦绕组与定尺反向重合，$K_\mathrm{c}$ 为反向最大，正弦绕组又跨在定尺绕组上，$K_\mathrm{s}$ 为零；同理，图 11-15（a）的 $D$ 点处 $K_\mathrm{c}$ 为零，$K_\mathrm{s}$ 为反向最大；图 11-15（a）的 $E$ 点处又重复到图 11-15（a）的 $A$ 点处位置。从以上分析可作出如图 11-15（b）所示的正弦、余弦绕组耦合系数与相对位置的关系曲线。

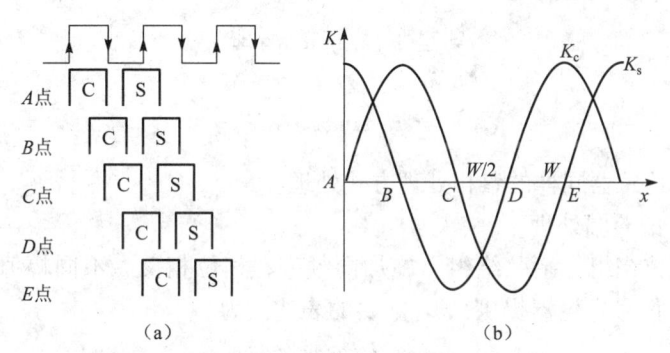

图 11-15 感应同步器的工作原理
（a）定尺和滑尺的相对位置；（b）正弦、余弦绕组的耦合系数与相对位置的关系

正弦绕组、余弦绕组耦合系数与相对位置关系可写为

$$K_\mathrm{s} = K_0\sin\frac{2\pi x}{W}$$

$$K_\mathrm{c} = K_0\cos\frac{2\pi x}{W}$$

式中 $K_0$ ——最大耦合系数；
$x$ ——位移量；
$W$ ——绕组的周期。

综上可得正弦绕组、余弦绕组的感应电动势为

$$e_\mathrm{s} = K_0\sin\frac{2\pi x}{W}U_\mathrm{m}\omega\cos\omega t = E_\mathrm{m}\cos\omega t\sin\frac{2\pi x}{W}$$

$$e_c = K_0 \cos\frac{2\pi x}{W} U_m \omega \cos\omega t = E_m \cos\omega t \cos\frac{2\pi x}{W}$$

式中　$E_m = K_0 U_m \omega$。

利用专门设计的电路对感应电势进行适当处理，就可以把位移量 $x$ 检测出来。

**2. 信号处理方式**

与磁栅式传感器相同，感应同步器输出信号也可采用不同的处理方式。从励磁形式来说，一般可分为两大类：一类是以滑尺（或定子）励磁，由定尺（或转子）取出感应电动势；另一类则相反，目前较多采用的是前一类形式的激励。

依信号处理方式而言，一般可分为鉴相型、鉴幅型和脉冲调宽型 3 种，而脉冲调宽型本质上也是一种鉴幅型的信号处理方式。下面简要介绍感应同步器鉴相型和鉴幅型的信号处理方式。

（1）输出信号的鉴相处理

若正弦绕组、余弦绕组的电动势如下式，即

$$e_s = E_m \cos\omega t \sin\frac{2\pi x}{W}$$

$$e_c = E_m \sin\omega t \cos\frac{2\pi x}{W}$$

则可以用与磁栅式传感器同样的鉴相处理方式处理。

（2）输出信号的鉴幅处理

若在滑尺的正弦绕组、余弦绕组上施加同频率、相位相反、不同幅值的交流励磁电压 $u_s$ 和 $u_c$（由专用的信号发生器提供），$u_s$、$u_c$ 的表达式为

$$u_s = U\cos\varphi\cos\omega t$$

$$u_c = -U\sin\varphi\cos\omega t$$

定尺绕组的感应电动势分别为

$$e_s = -\omega K_0 U\cos\varphi\sin\frac{2\pi x}{W}\sin\omega t$$

$$e_c = \omega K_0 U\sin\varphi\cos\frac{2\pi x}{W}\sin\omega t$$

定尺上的总电动势为

$$e = e_c + e_s = \omega K_0 U\sin\varphi\cos\frac{2\pi x}{W}\sin\omega t - \omega K_0 U\cos\varphi\sin\frac{2\pi x}{W}\sin\omega t$$

$$= \omega K_0 U\sin(\varphi - \theta_x)\sin\omega t = E_m \sin\omega t$$

式中　$\theta_x = \frac{2\pi x}{W}$；

$E_m = \omega K_0 U\sin(\varphi - \theta_x)$。

所以，$e$ 的幅值 $E_m = \omega K_0 U\sin(\varphi - \theta_x)$ 与定尺、滑尺的相对位移就建立了联系，可通过对 $e$ 的幅值的测量，测出定尺、滑尺间的相对位移。

### 11.3.3　感应同步器在数控机床闭环系统中的应用

目前，数控机床控制技术已发展到 CNC（计算机数控）、DNC（直接数控，也称群控或集中控制）、FMS（柔性制造系统）等阶段。这些控制系统的发展，也离不开精确的位移检测元件。由于感应同步器具有抗干扰能力强、可靠性高、对环境的适应性较强、重复精度高、结构坚固和维护简单等一系列优点，使其成为数控机床闭环系统中最重要的位移检测元件，受到国内外的普遍重视。

**1. 定位控制系统**

在自动化加工和控制中，往往要求加工件或控制对象按给定的指令移动位置，这是位置控制系统所应具有的基本功能。定位控制仅仅要求控制对象按指令进入要求的位置，对运动的速度无特定的要求。在加工过程中，主要实现坐标点到点的准确定位。比较典型的是卧式镗床、坐标镗床和镗铣床在切削加工前刀具的定位过程。

图 11-16 所示为鉴幅型滑尺励磁定位控制原理框图，由输入指令脉冲给可逆计数器，经译码、D/A 转换、放大器后送执行机构驱动滑尺。滑尺由数显表函数变压器输出幅值为 $U_m\sin\varphi$ 和 $U_m\cos\varphi$ 的信号，分别励磁滑尺的正弦绕组、余弦绕组，定尺输出幅值为 $U_m\sin(\varphi - \theta_x)$ 到数显表，记下与 $\theta_x$ 同步时的 $\varphi$，并向可逆计数器发出脉冲，如果可逆计数器不为零，执行机构就一直驱动滑尺，数显表不断计数并发出减脉冲送给可逆计数器，直到滑尺位移值和指令信号一致时，可逆计数器为零，执行机构停止驱动，从而达到定位控制的目的。

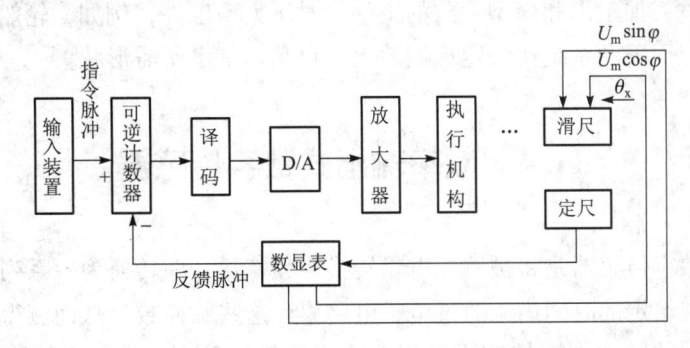

图 11-16　鉴幅型滑尺励磁定位控制原理框图

**2. 随动控制系统**

随动控制系统是在机床主动部件上安装检测元件，发出主动位置检测信号，并用它作为控制系统的指令信号，而机床的从动部件，则通过从动部件的反馈信号和主动部件始终保持着严格的同步随动运动。由于感应同步器具有很高的灵敏度，只要自动控制系统和机械传部件处理得当，使用感应同步器为检测元件的精密同步随动系统可以获得很高的随动精度。

图 11-17 所示为鉴相型滑尺励磁随动控制原理框图，标准信号发生器发出幅值相同的 $\sin\omega t$ 和 $\cos\omega t$ 信号，同时送到主动滑尺和从动滑尺作为励磁信号。主动定尺感应到 $\sin(\varphi + \theta_主)$，从动定尺感应到 $\sin(\varphi + \theta_从)$，两路信号经鉴相器鉴相得出相位差 $\Delta\theta = \theta_主 - \theta_从$。

当 $\Delta\theta \neq 0$ 时，说明从动部分和主动部分的位移不一致，将 $\Delta\theta$ 经放大后驱动电动机 M，使从动部分动作，直到 $\theta_主 = \theta_从$，达到随动控制的目的。

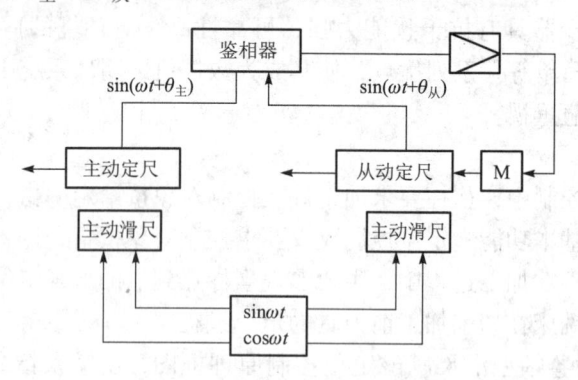

图 11-17  鉴相型滑尺励磁随动控制原理框图

这种随动控制系统可用于仿形机床和滚齿机等设备上。仿形机床是直线运动方式的精密随动控制系统。在加工成形平面的自动化设备中，利用两套直线感应同步器沿工件模型轮廓运动，同时发出两个坐标轴的指令信号，分别控制另外两套感应同步器，就可使电火花切割机、气割焊枪或铣刀加工出和模型一致的工件。对于大型工件，例如，轮船钢板下料，可将模型或图纸缩小，而随动系统按一定比例放大，自动切割出所需形状。

## 11.4  频率输出式数字传感器

频率输出式数字传感器是将被测非电量转换为频率量，即转换为一系列频率与被测量有关的脉冲，然后在给定的时间内，通过电子电路累计这些脉冲数，从而测得被测量；或者用测量与被测量有关的脉冲周期的方法来测得被测量。频率输出式数字传感器体积小、重量轻、分辨率高，由于传输的信号是一列脉冲信号，所以具有数字化技术的许多优点，是传感器技术发展的方向之一。

频率输出式数字传感器一般有三种类型：

① 利用振荡器的原理，使被测量的变化改变振荡器的振荡频率。常用振荡器有 RC 振荡电路和石英晶体振荡电路两种。

② 利用机械振动系统，通过其固有振动频率的变化来反映被测参数。

③ 将被测非电量先转换为电压量，然后再用此电压去控制振荡器的振荡频率，称压控振荡器。

下面以 RC 振荡器式频率传感器为例说明频率输出式数字传感器的工作原理。

**1. RC 振荡器式频率传感器**

温度 - 频率传感器就是 RC 振荡器式频率传感器的一例。这里利用热敏电阻 $R_T$ 测量温度，且 $R_T$ 作为 RC 振荡器的一部分，完整的电路如图 11 - 18 所示。该电路是由运算放大器和反馈网络构成一种 RC 文氏电桥正弦波发生器。当外界温度 $T$ 变化时，$R_T$ 阻值也随之变化，RC 振荡器的频率因此而变化。经推导，RC 振荡器的振荡频率可由下式决定，即

$$f = \frac{1}{2\pi}\left[\frac{R_3 + R_T + R_2}{C_1 C_2 R_1 R_2 (R_3 + R_T)}\right]^{\frac{1}{2}}$$

其中 $R_T$ 与温度 $T$ 的关系为

$$R_T = R_0 e^{B(T-T_0)}$$

式中　B——热敏电阻的温度系数。

$R_T$，$R_0$ 分别为温度 $T(K)$ 和 $T_0(K)$ 时的阻值。电阻 $R_2$，$R_3$ 的作用是改善其线性特性。流过 $R_T$ 的电流应尽可能小，这样可以减小 $R_T$ 自身发热对测量温度的影响。

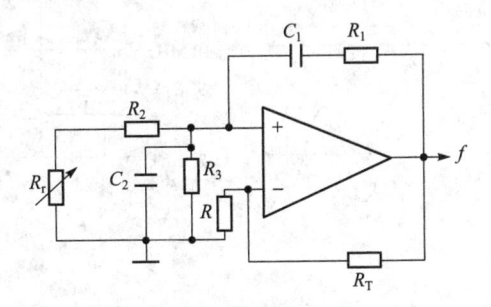

图 11 - 18　RC 振荡式频率传感器

**2. 频率输出式数字传感器的基本测量电路**

频率输出式数字传感器将被测非电量转换成频率信号，因此，可采用两种方式测量：一种是测量其输出信号的频率；另一种是测量其周期。前者适用于振荡频率较高的情况，后者适用于振荡频率较低的情况。两者均可分别采用电子计数的测频和测周期（或测时间）功能测量，如图 11 - 19 所示。或者根据具体情况，自行设计测频和测时专用电路。

根据图 11 - 19 所示的测量频率和周期的原理，则

$$f_x = \frac{N_x}{T_G} \quad \text{或} \quad f_x = \frac{1}{T_x} = \frac{1}{\tau N_0}$$

式中 $N_x$——在闸门时间 $T_G$ 内的被测信号频率的个数；

$\tau$——机内时钟脉冲（时基）$f_0$ 的周期。

必须注意：当被测振荡频率低于所选用的通用计数器的内部石英晶体振荡器的频率（时钟频率）时，必须采用周期或时间间隔测量功能，或者采用等精度计数器，否则将会由于数字仪器固有 ±1 误差而造成极大的测量误差。例如，传感器输出信号频率为 1 Hz，若仍然采用测频方法测量，取测量闸门时间为 1 s，测量结果可能会产生 100% 的误差。在这种情况下，为了提高测量精度，可以利用周期测量法或多周期测量方法。

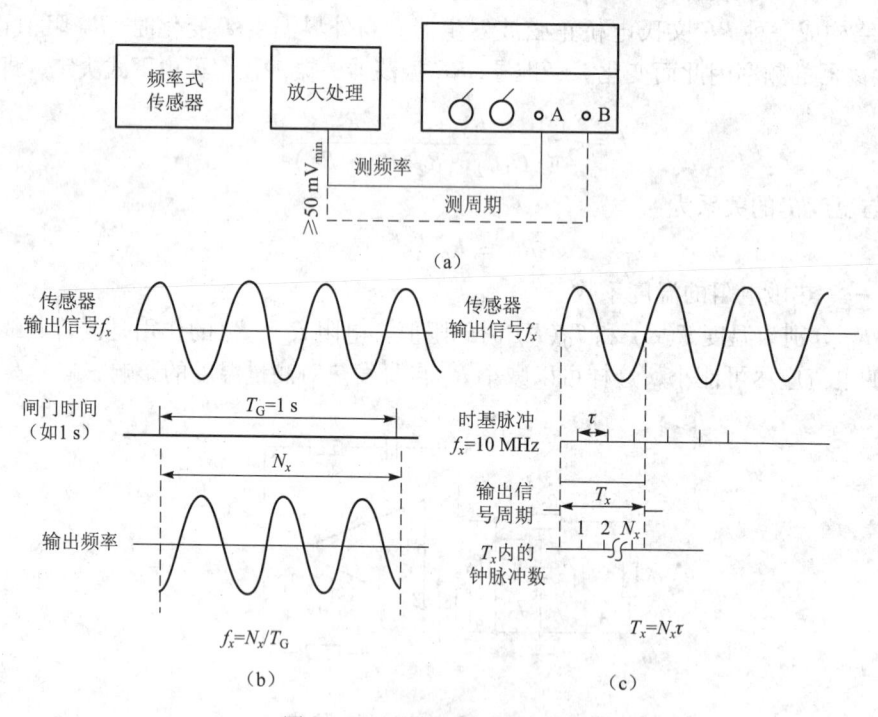

图 11-19 测量方法及波形图
(a) 测量原理框图；(b) 测频波形图；(c) 测周期波形图

## 知识拓展

### 磁栅式传感器

磁栅式传感器是近年来发展起来的新型检测元件。与其他类型的检测元件相比，磁栅式传感器具有制作简单、复制方便、易于安装和调整、测量范围宽（从几十毫米到数十米）、不需要接长、抗干扰能力强等一系列优点，因而在大型机床的数字检测、自动化机床的自动控制及轧压机的定位控制等方面得到了广泛应用，但要注意防止退磁和定期更换磁头。

磁栅可分为长磁栅和圆磁栅两大类。长磁栅主要用于直线位移的测量，圆磁栅主要用于角位移的测量。图 11-20 所示为长磁栅外观示意图。

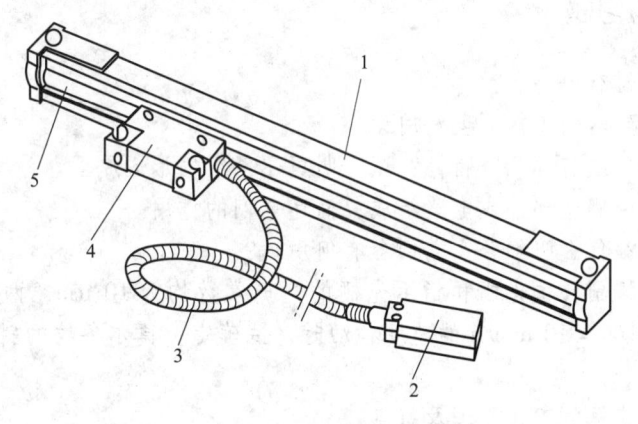

图 11-20　长磁栅外观示意图
1—尺身；2—接插口；3—电缆；4—滑尺（读数头）；5—密封唇

磁栅式传感器有两个方面的应用：

（1）可以作为高精度测量长度和角度的测量仪器用。由于可以采用激光定位录磁，而不需要采用感光、腐蚀等工艺，因而可以得到较高精度，目前可以做到系统精度为 $\pm 0.01$ mm/m，分辨率可达 $1\sim 5$ μm。

（2）可以用于自动化控制系统中的检测元件（线位移）。例如，在三坐标测量仪、程控数控机床及高精度重、中型机床控制系统中的测量装置，均得到了应用。

## 先导案例解决

详见本教材 14 章相关内容（14.2 传感器在 CNC 机床与加工中心中的应用）。

## 本章小结

随着科学技术的进步和生产的发展，对测量提出了大尺寸、数字化、高精度、高效益和高可靠性等一系列的要求，因而近年来出现了新的测量元件——数字式传感器，以适应当前生产和科学技术不断发展的需要。数字式传感器就是将被测量（一般是位移量）转化为数字信号，并进行精确检测和控制的传感器。目前在机床数控技术、自动化技术以及计量技术中已被日益广泛地采用。本章主要介绍了数字编码器、光栅式传感器、感应同步器和频率输

215

出式数字传感器的结构、工作原理及应用。

## 思考题与习题

1. 数字式传感器有何特点？
2. 简述光电编码器的工作原理及用途。
3. 光栅的莫尔条纹有哪几个特性？试说明莫尔条纹的形成原理。
4. 光栅读数头由哪些部件或电路组成，简述它们的作用。
5. 什么叫辨向？什么叫细分？它们各有何用途？
6. 一黑白长光栅副，主光栅和指示光栅的光栅常数均为 10 μm，两者栅线之间保持夹角为 2°，当主光栅以 $v=10$ mm/s 的速度移动时，试确定：莫尔条纹的斜率，莫尔条纹的移动速度。
7. 简述感应同步器的工作原理及特点。
8. 感应同步器的信号处理方式有几种？
9. 频率输出式数字传感器有哪些特点？一般有几种类型？

# 第12章 传感器的选用与标定

**本章知识点**

1. 选择传感器的主要标准因素；
2. 传感器的标定的概念及标定的方法；
3. 传感器的静态标定和动态标定。

## 12.1 传感器选用原则

现代传感器在原理与结构上千差万别，如何根据具体的测量目的、测量对象以及测量环境合理地选用传感器，是在进行某个量的测量时首先要解决的问题。当传感器确定之后，与之相配套的测量方法和测量设备也就可以确定了。测量结果的成败，在很大程度上取决于传感器的选用是否合理。

选择传感器所应考虑的项目各种各样，但要满足所有项目要求却未必。应根据传感器实际使用目的、指标、环境条件和成本，从不同的侧重点，优先考虑几个重要的条件即可。选择的标准主要考虑以下因素：传感器的性能、传感器的可用性、能量消耗、成本、环境条件以及与购置有关的项目等。

### 12.1.1 传感器类型的确定

要进行一个具体的测量工作，首先要考虑采用何种原理的传感器，这需要分析多方面的因素之后才能确定。因为，即使是测量同一物理量，也有多种原理的传感器可供选用，哪一种原理的传感器更为合适，则需要根据被测量的特点和传感器的使用条件考虑以下一些具体问题：量程的大小；被测位置对传感器体积的要求；测量方式为接触式还是非接触式；信号的引出方法；传感器的来源，国产还是进口，价格能否承受，还是自行研制。在考虑上述问题之后就能确定选用何种类型的传感器，然后再考虑传感器的性能指标。

传感器在实际条件下的工作方式，是选择传感器时应考虑的重要因素。例如，接触与非接触测量、破坏与非破坏性测量、在线与非在线测量等，条件不同，对测量方式的要求亦不同。

在机械系统中，对运动部件的被测参数（例如回转轴的误差、振动、扭矩），往往采用非接触测量方式。因为对运动部件采用接触测量时，在许多实际困难，诸如测量头的磨损、接触状态的变动、信号的采集问题，都不易妥善解决，容易造成测量误差。这种情况下采用电容式、涡流式、光电式等非接触式传感器很方便，若选用电阻应变片，则需配以遥测应变仪。

在某些条件下，可以运用试件进行模拟实验，这时可进行破坏性检验。然而有时无法用试件模拟，因被测对象本身就是产品或构件，这时宜采用非破坏性检验方法。例如，涡流探伤、超声波探伤检测等。非破坏性检验可以直接获得经济效益，因此应尽可能选用非破坏性检测方法。

在线测试是与实际情况保持一致的测试方法。特别是对自动化过程的控制与检测系统，往往要求信号真实与可靠，必须在现场条件下才能达到检测要求。实现在线检测是比较困难的，对传感器与测试系统都有一定的特殊要求。例如，在加工过程中，实现表面粗糙度的检测，以往的光切法、干涉法、触针法等都无法运用，取而代之的是激光、光纤或图像检测法。研制在线的新型传感器，也是当前测试技术发展的一个方面。

### 12.1.2 传感器性能指标选择

在考虑上述问题之后就能确定选用何种类型的传感器，然后再考虑传感器的具体性能指标。主要性能指标包括传感器灵敏度、响应特性、线性范围、稳定性和精确度等。

**1. 灵敏度**

一般来说，传感器灵敏度越高越好。因为灵敏度高，就意味着传感器所能感知的变化量小，即只要被测量有一微小变化，传感器就有较大的输出。在确定灵敏度时，还要考虑以下几个问题。

（1）当传感器的灵敏度很高时，那些与被测信号无关的外界噪声也会同时被检测到，并通过传感器输出，从而干扰被测信号。因此，为了既能使传感器检测到有用的微小信号，又能使噪声干扰小，就要求传感器的信噪比越大越好。也就是说，要求传感器本身的噪声小，而且不易从外界引进干扰噪声。

（2）与灵敏度紧密相关的是量程范围。当传感器的线性工作范围一定时，传感器的灵敏度越高，干扰噪声越大，则难以保证传感器的输入在线性区域内工作。不言而喻，过高的灵敏度会影响其适用的测量范围。

（3）当被测量是一个向量，并且是一个单向量时，就要求传感器单向灵敏度越高越好，而横向灵敏度越小越好；如果被测量是二维或三维的向量，那么还应要求传感器的交叉灵敏度越小越好。

**2. 响应特性**

传感器的响应特性是指在所测范围内，保持不失真的测量条件。此外，实际上传感器的响应总不可避免地有一定延迟，只是希望延迟时间越短越好。一般物性型传感器（如利用光电效应、压电效应等传感器）响应时间短，工作频率宽；而结构型传感器，如电感、电容、磁电等传感器，由于受到结构特性的影响和机械系统惯性质量的限制，其固有频率低，工作频率范围窄。

**3. 线性范围**

任何传感器都有一定的线性工作范围。在线范围内输出与输入成比例关系，线性范围越宽，则表明传感器的工作量程越大。传感器工作在线性区域内，是保证测量精度的基本条件。

例如，机械式传感器中的测力弹性元件，其材料的弹性极限是决定测力量程的基本因素，当超出测力元件允许的弹性范围时，将产生非线性误差。

然而，对任何传感器，保证其绝对工作在线区域内是不容易的。在某些情况下，在许可限度内，也可以取其近似线性区域。例如，变间隙性的电容、电感式传感器，其工作区均选在初始间隙附近。而且必须考虑被测量变化范围，令其非线性误差在允许限度以内。

**4. 稳定性**

稳定性是表示传感器经过长期使用以后，其输出特性不发生变化的性能。影响传感器稳定性的因素是时间和环境。

为了保证稳定性，在选择传感器时，一般应注意两个问题：其一，根据环境条件选择传感器。例如，选择电阻应变式传感器时，应考虑到湿度会影响其绝缘性，湿度会产生零漂，长期使用会产生蠕动现象等。又如，对变极距型电容式传感器，因环境湿度的影响或油剂浸入间隙时，会改变电容器的介质。光电传感器的感光表面有尘埃或水汽时，会改变感光性质。其二，要创造或保持一个良好的环境，在要求传感器长期地工作而不需要经常地更换或校准的情况下，应对传感器的稳定性有严格的要求。

**5. 精确度**

传感器的精确度是表示传感器的输出与被测量的对应程度。如前所述，传感器处于测试系统的输入端，因此，传感器能否真实地反映被测量，对整个测试系统具有直接的影响。

然而，在实际中也并非要求传感器的精确度越高越好，这还需要考虑到测量目的，同时还需要考虑到经济性。因为传感器的精度越高，其价格就越昂贵，所以应从实际出发来选择传感器。

在选择时，首先应了解测试目的，判断是定性分析还是定量分析。如果是相对比较性的试验研究，只需获得相对比较值即可，那么应要求传感器的重复精度高，而不是求测试的绝对量值准确。如果是定量分析，那么必须获得精确量值。但在某种情况下，要求传感器的精确度越高越好。例如，对现代超精密切削机床，测量其运动部件的定位精度、主轴的回转运动误差、振动及热形变等时，往往要求他们的测量精确度在 0.1~0.01 m，欲测得这样的精确量值，必须有高精确度的传感器。

除了以上选用传感器时应充分考虑的一些因素外，还应尽可能兼顾结构简单、体积小、质量轻、价格便宜、易于维修、易于更换等条件。

## 12.2 传感器的标定

### 12.2.1 标定的概念

标定是在明确传感器的输入与输出变换关系的前提下，利用某种标准量或标准器具对传感器的量值进行标度。

传感器的标定分为静态标定和动态标定两种。静态标定的目的是确定传感器静态特性指标，如线性度、灵敏度、滞后和重复性等；动态标定的目的是确定传感器动态特性参数，如频率响应、时间常数、固有频率和阻尼比等。有时根据需要还要对横向灵敏度、温度响应、环境影响等进行标定。

### 12.2.2 传感器的标定方法

利用标准仪器产生已知非电量（如标准力、压力、位移）作为输入量，输入到待标定的传感器中，然后将传感器的输出量与输入标准量做比较，获得一系列标准数据或曲线。有时输入的标准量是利用标准传感器检测得到，这时的标定实质上是待标定传感器与标准传感器之间的比较。

标定在传感器制造时已进行了，但使用中还要定期进行，传感器的标定是传感器制造与应用中必不可少的工作。

传感器标定系统一般由以下几个部分组成。

① 被测量的标准发生器，如恒温源、测力机等；
② 被测量的标准测试系统，如标准压力传感器、标准力传感器、标准温度计等；
③ 待标准传感器所配置的信号调节器、显示器和记录器等，其精度是已知的。

为保证各种量值的准确一致，标定应按计量部门规定的检定规程和管理办法进行。

### 12.2.3 传感器的静态标定

传感器的静态特性要在标准条件下标定。

**1. 静态标定的目的**

静态标定的目的是确定传感器静态特性指标，如线性度、灵敏度、滞后和重复性等。标定的关键是由试验找到传感器输入 - 输出实际特性曲线。

**2. 静态标准条件**

静态标准条件是没有加速度、振动、冲击（除非这些参数本身就是被测量）及环境温度影响，一般为室温（20 ℃ ±5 ℃），相对湿度不大于85%，大气压力（101 308 ±7 998）Pa。

标定传感器的静态特性，首先是创造一个静态标准条件，其次是选择与被标定传感器的精度要求相适应的一定等级的标定用的仪器设备，然后才能对传感器进行静态特性标定。

**3. 标定步骤**

① 将传感器全量程（测量范围）分成若干等间距点。

② 根据传感器量程分点情况。由小到大逐渐一点一点地输入标准量值，并记录各输入值相对应的输出值。

③ 将输入值由大到小逐步减少，同时记录与各输入值相对应的输出值。

④ 按照步骤②③所述过程，对传感器进行正、反行程往复多次测试，将得到的输出 - 输入测试数据用表格列出或画成曲线。

⑤ 对测试数据进行必要的处理，根据处理结果就可确定传感器的线性度、灵敏度、滞后和重复性等静态特性指标。

### 12.2.4　传感器的动态标定

**1. 动态标定的目的**

动态标定的目的是确定传感器动态性能指标，即通过线性工作范围（用同一频率不同幅值的正弦信号输入传感器测量其输出）、频率响应函数、幅频特性和相频特性曲线、阶跃响应曲线来确定传感器的频率响应范围、幅值误差和相位误差、时间常数、固有频率等。

**2. 动态标定的方法**

传感器种类繁多，动态标定方法各异。下面介绍几种常用的动态标定方法。

（1）冲击响应法

这种方法具有设备少、操作简单、力值调整及波形控制方便的特点，因此被广泛采用。

例如对力传感器的动态标定，如图 12 - 1 所示。落锤式冲击台根据重物自由下落，冲击砧子所产生的冲击力为标准动态力而制成。提升机构将质量为 $m$ 的重锤提升到一定高度后释放，重锤落下，撞击安装在砧子上的被校传感器，其冲击加速度由固定在重锤上的标准加速度计测出。因此，被标定传感器所受的冲击力为 $ma$。改变重锤下落高度，可得到不同冲击加速度，即不同冲击力。通过一个测试系统测量传感器的输出信号，与输入传感器的标准信号进行比较，可得传感器的各项性能指标。图 12 - 1（b）中，$0 \sim t_1$ 为冲击力作用时间，虚线为冲击波形，附在其上的高频分量和 $t_1 \sim t$ 的自由振荡信号即为测力仪（或传感器）的固有频率信号。

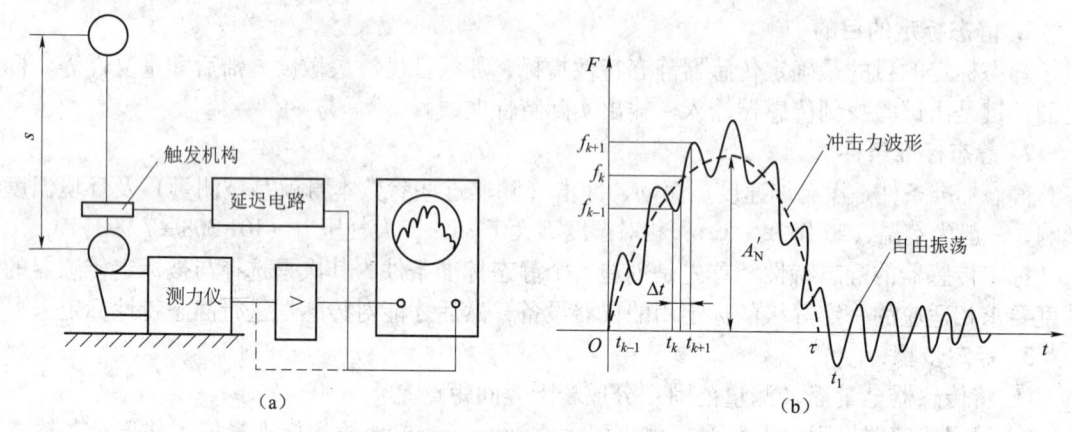

图 12 - 1　力传感器的动态标定
（a）冲击法测量原理图；（b）冲击波形图

为提高校准精度，一般采用测速精度很高的多普勒能测速系统测定落锤的速度，并经微分电路换成加速度信号输出，由此测定力传感器的输入信号。

（2）频率响应法

频率响应法较直观、精度较高，但需要性能优良的参考传感器，非电量正弦发生器的工作频率有限，实验时间长。例如：测力仪的标定。

（3）激振法

通过激振器或振动台对测力仪的刀尖部位施加不同频率（不同幅值）的激振力，求得输出与输入的对应关系。

例如动态切削测力仪，如图 12 - 2 所示。在测力刀杆（或工作合）下方紧压一压电传

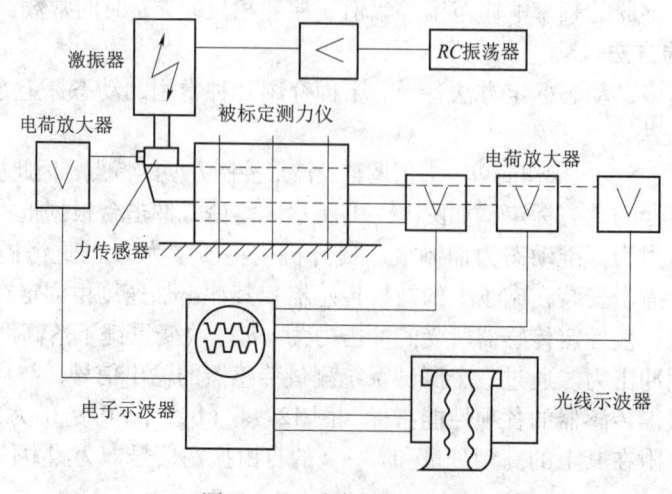

图 12 - 2　动态切削测力仪

感器。力作用在刀尖上时，传感器也接收到一定大小的力并将力信号转化成电荷信号输出，经电荷放大器将电荷信号转化成电压信号并放大，通过仪器显示记录。

（4）阶跃响应法

当传感器受到阶跃压力信号作用时，测得其响应，用基于机理分析的估计方法或实验建模方法求出传感器的频率特性、特征参数和性能指标。

## 本章小结

选择传感器所应考虑的项目各种各样，但要满足所有项目的要求却未必。应根据传感器实际使用目的、指标、环境条件和成本，从不同的侧重点，优先考虑几个重要条件即可。选择的标准主要考虑以下因素：传感器的性能、传感器的可用性、能量消耗、成本、环境条件以及与购置有关的项目等。除了以上选用传感器应充分考虑的一些因素外，还应尽可能兼顾结构简单、体积小、质量轻、价格便宜、易于维修、易于更换等条件。

传感器的标定分为静态标定和动态标定两种。静态标定的目的是确定传感器静态标定指标，如线性度、灵敏度、滞后和重复性等；动态标定的目的是确定传感器动态特性参数，如频率响应、时间常数、固有频率和阻尼比等。有时根据需要还要对横向灵敏度、温度响应、环境影响等进行标定。

## 思考题与习题

1. 在机械系统中，对运动部件的被测参数往往采用什么测量方式？为什么？
2. 对于不同传感器选择的标准主要考虑哪些因素？
3. 在选择传感器时，应考虑的具体性能指标有哪些？
4. 传感器的标定分为哪两种？标定的目的是什么？
5. 在确定传感器灵敏度时，是不是传感器灵敏度越高越好？为什么？

# 第13章 智能传感器

## 本章知识点

1. 智能传感器的概念、功能、特点；
2. 智能传感器实现的途径；
3. 智能传感器输出信号的预处理；
4. 智能传感器数据采集的方式；
5. 智能传感器的数据处理技术；
6. 智能传感器的硬件设计方法。

## 13.1 概　述

传感器在经历了模拟量信息处理和数字量交换这两个阶段后，正朝着智能化、集成一体化、小型化方向发展，利用微处理技术使传感器智能化是20世纪80年代新型传感器的一大进展，通常称之为智能传感器。在美国还有一个通俗的名称 Smart Sensor，含有聪明、伶俐、精明能干的意思。

### 13.1.1 智能传感器的概念

智能传感器这一名称虽然至今未有确切含义，但从字面上看，所谓智能意味着这种传感器具有一定人工智能，即使用电路代替一部分脑力劳动。近年来，传感器越来越多地和微处理机相结合，使传感器不仅有视、嗅、味和听觉功能，还具有存储、思维和逻辑判断、数据处理、自适应能力等功能，从而使传感器技术提高到一个新水平。这一概念最初是美国宇航局在开发宇宙飞船过程中根据需要而产生的，宇宙飞船上天后需要知道它的速度、位置和姿态等数据；为使宇航员正常生活，需要控制舱内的温度、气压、加速度、空气成分等，因而要装置大量的各类传感器。要处理许多传感器所获得的大批数据,需要大型电子计算机,这从快速采集数据和经济性方面都是不合适的。为了实时快速采集数据,同时又降低成本,提出了分散处理这些数据的方案,各类传感器检测的数据,先进行存储、处理,然后用标准串并接口总线方式实现远距离、高精度的传输。具体地说,凡是在同一壳体内既有传感元件,又有信号预处理电路和微处理器,其输出方式可以是通信线 RS-232 或 RS-422 串行输出,也可以是 IEEE-488 标准总线的并行输出,以上这些功能可以由 $n$ 块输出独立的模板构成,装在同一壳体内构成模块智能传感器,图 13-1 所示为一种智能压力传感器的结构。也可以把上述模块集成化为硅片为基础的超大规模集成电路的高级智能传感器,如图 13-2 所示,此结构是将传感器、微处理机都集成在同一硅片上实现集成智能传感器。日本已开发出三维多功能多层结构的智能传感器。由此看来,智能传感器也可以说是一个微机小系统,其中作为系统"大脑"的微处理机通常是单片机。无论哪一种智能传感器,都可用图 13-3 的框图来表示。

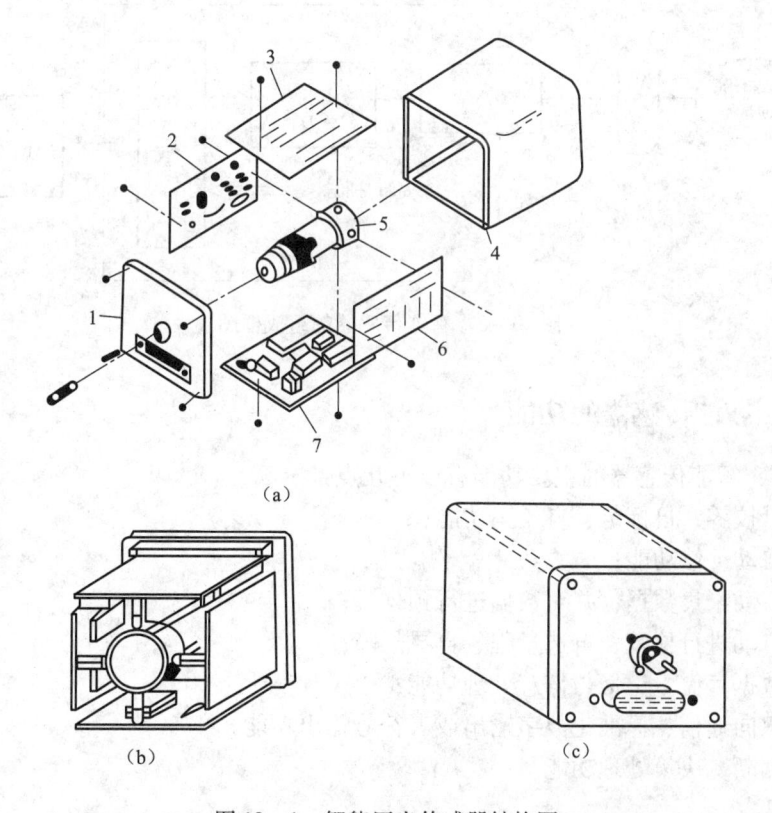

图 13-1 智能压力传感器结构图
(a) 模块分解图;(b) 模块组合图;(c) 外形图
1—后盖板;2—输入模板;3—IEE-488 模板;4—外壳;5—传感器;6—接口模板;7—主机模块

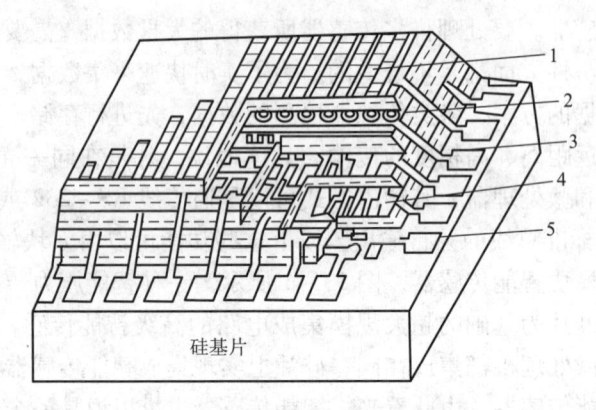

图 13-2 集成一体化的智能传感器
1—光电变换部分；2—信号传送部分；3—存储器；4—运算部分；5—电源驱动部分

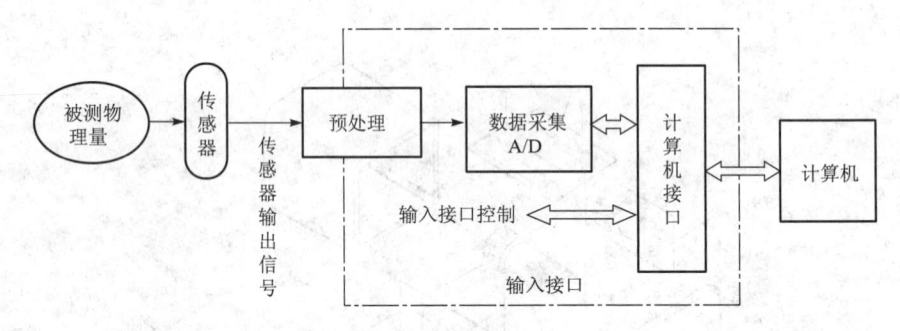

图 13-3 智能传感器的组成框图

## 13.1.2 智能传感器的功能

概括而言，智能传感器的主要功能有以下几点：
① 具有自校零、自标定、自校正功能；
② 具有自动补偿功能；
③ 能够自动采集数据，并对数据进行预处理；
④ 能够自动进行检验、自选量程、自寻故障；
⑤ 具有数据存储、记忆与信息处理功能；
⑥ 具有双向通信、标准化数字输出或者符号输出功能；
⑦ 具有判断、决策处理功能。

## 13.1.3 智能传感器的特点

与传统传感器相比，智能传感器的特点是：

**1. 精度高**

智能传感器有多项功能来保证它的高精度,如:通过自动校零去除零点;与标准参考基准实时对比以自动进行整体系统标定;自动进行整体系统的非线性等系统误差的校正;通过对采集的大量数据进行统计处理以消除偶然误差的影响等,从而保证了智能传感器的高精度。

**2. 高可靠性与高稳定性**

智能传感器能自动补偿因工作条件与环境参数发生变化后引起的系统特性的漂移,如:温度变化而产生的零点和灵敏度的漂移;在当被测参数变化后能自动改换量程;能实时自动进行系统的自我检验、分析、判断所采集到数据的合理性,并给出异常情况的应急处理(报警或故障提示)。因此,有多项功能保证了智能传感器的高可靠性与高稳定性。

**3. 高信噪比与高分辨率**

由于智能传感器具有数据存储、记忆与信息处理功能,通过软件进行数字滤波、相关分析等处理,可以去除输入数据中的噪声,将有用信号提取出来;通过数据融合、神经网络技术,可以消除多参数状态下交叉灵敏度的影响,从而保证在多参数状态下对特定参数测量的分辨率,故智能传感器具有高的信噪比与高的分辨率。

**4. 自适应性强**

由于智能传感器具有判断、分析与处理功能,它能根据系统工作情况决策各部分的供电情况与高/上位计算机的数据传送速率,使系统工作在最优低功耗状态和优化传送速率。

**5. 性价比高**

智能传感器所具有的上述高性能,不是像传统传感器技术追求传感器本身的完善、对传感器的各个环节进行精心设计与调试、进行"手工艺品"的精雕细琢来获得,而是通过与微处理器/微计算机结合,采用廉价的集成电路工艺和芯片以及强大的软件来实现的,所以具有很高的性价比。

由此可见,智能化设计是传感器传统设计中的一次革命,是世界传感器的发展趋势。作为商品,在20世纪80年代初期有美国霍尼韦尔公司的压阻式ST-300型压力(差)智能变送器,后有用于现场总线控制系统中的智能传感/变送器,如,美国SMAR公司生产的LD302系列电容式智能压力(差)变送器;美国罗斯蒙特公司生产的电容式智能压力(差)变送器系列;日本横河电气株式会社生产的谐振式EJA型智能压力(差)变送器。此外,世界各国正在利用计算机和智能技术研究、开发各种其他类型的智能传感/变送器,如智能气体传感器。

## 知识拓展1

### 智能检测技术

由于微电子技术、计算机技术、软件技术、网络技术的高速发展，以及它们在各种测量技术与仪器仪表上的应用，使新的测试理论、测试方法、测试领域以及仪器结构不断涌现并发展成熟，在许多方面已经冲破了传统仪器的概念，电子测量仪器的功能和作用也发生了质的变化。另外在高速发展的信息社会，要在有限的时空上实现大量的信息交换，必然带来信息密度的急剧增大，要求电子系统对信息的处理速度越来越快，功能越来越强，这使得系统日趋复杂，对体积、耗电和价格的要求促使系统及IC的集成密度越来越高。同时激烈的市场竞争又要求产品的价格不断下降，研制生产周期缩短。目前的测试技术在如下几方面受到挑战：

① 要求测试仪器不仅能做参量测量，而且要求测量数据能被其他系统所共享。

② 微处理器和DSP（数字信号处理器）技术的飞速发展以及它们加工成本的不断降低，改变了传统仪器就是电子线路设计的概念，而代之以所谓仪器软件化的概念。

③ 仪器的人机界面所含的信息显示和人机交互的便易性，要求传统的仪器反映的信息量增加。

④ 把计算机的运算能力和数据交换能力"出借"给测试仪器，即利用计算机已有的硬件，再配接适当的接口部件，构造测量系统。

⑤ 计算机不仅可以完成测试仪器的一些功能，在需要增加某种测试功能时，只需增加少量的模块化功能硬件即可。

可见，一方面电子技术的迅速发展从客观上要求测试仪器向自动化及柔性化发展；另一方面，计算机硬件技术的发展也给测试仪器向自动化发展提供了可能。在这种背景下，智能检测技术的产生成为一种必然。

#### 1. 检测技术的发展

机电工程中检测技术及检测系统经历了由机械式仪表到普通光学-机械仪表、电动仪表、自动化检测系统及智能仪器、虚拟仪器的发展历程，如图13-4所示。

20世纪80年代，随着计算机科学技术的发展，特别是微处理器和个人电脑的出现，推动了以检测

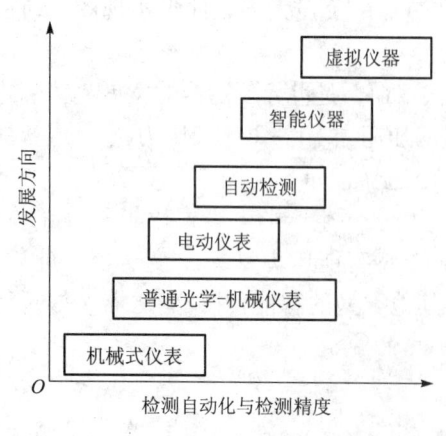

图13-4 检测技术发展进程

仪器与微处理器相结合为特征的智能仪器的产生。这些智能仪器不仅能进行测量并输出测量结果，而且能对结果进行存储、提取、加工与处理。

1986 年 National Instruments 公司开发了 Lobview 1.0 软件工具，使仪器的开发简化为"软件"设计，并逐渐形成一个全新概念的新型仪器——"虚拟仪器"（Virtual Instrument），成为当今仪器仪表发展的又一个新方向。其基本思想是：用计算机资源取代传统仪器中的输入、处理和输出等部分，实现仪器硬件核心部分的模块化和最小化；用计算机软件和仪器软面板实现仪器的测量和控制功能。

到 20 世纪 90 年代，微机械研究获得巨大的成功，实现了传感器的微型化，并进而实现传感器与信号调理电路和微处理机的集成，从而产生了高度集成的智能传感器（Smart Sensor）。人工智能原理及技术的发展，人工神经网络技术、专家系统、模式识别技术等在检测中的应用，更进一步促进了检测智能化的进程，成为 21 世纪检测技术的发展方向。

**2. 检测智能化**

智能化已经成为近几年使用频率最高的词汇之一，智能仪表、智能制造、智能控制、智能 CAD、智能家电、智能大厦等词汇经常出现在文献资料及报纸杂志上。那么什么是智能呢？一般说来，"智能"是指一种能随外界条件的变化，确定正确行动的能力。也就是说智能是随外界条件的变化正确地进行分析判断和决策的能力。例如，在炎热的夏天或寒冷的冬天，你下班后推开家门，几秒钟后空调会自动开启，而当你家里来了很多客人时，你不用担心空调的制冷量不够，空调会自动调节风量，使房间始终保持舒适的温度。而当你离家后，即使忘记关空调，你也不必担心，它会自动关闭，这就是智能空调。它可以根据房间内是否有人和人数的变化确定空调的开、关或运行状态。这已不是科学的幻想，而是正在市场上销售的智能家电产品。

从信息科学的角度来看，信息技术的发展可以分为"信息化""自动化""最优化""智能化"四个层次。"信息化"是把客观事物模型化、抽象化，用计算机可以识别的编码表示事物，以便于数据的存储和处理。"自动化"则是按照一定的逻辑顺序或规则进行重复的处理。"最优化"是按照某一个或几个预定的目标，通过一定的算法求出使目标函数最大或最小的解答。而"智能化"则应包括理解、推理、判断、分析等一系列功能，是数值逻辑与知识的综合分析能力。实际上，在不同的领域，"智能"及"智能化"具有不尽相同的含义。在检测技术领域，智能化检测可分为三个层次，即初级智能化、中级智能化及高级智能化。

（1）初级智能化

初级智能化只是把微处理器或微型计算机与传统的检测方法结合起来，它的主要特征是：

① 实现数据的自动采集、存储与记录。
② 利用计算机的数据处理功能进行简单的测量数据的处理，例如，进行被测量的单位

换算和传感器非线性补偿；利用多次测量和平均化处理消除随机干扰，提高测量精度等。

③ 采用按键式面板通过按键输入各种常数及控制信息。

(2) 中级智能化

中级智能化是检测系统或仪器具有部分自治功能，它除了具有初级智能化的功能外还具有自动校正、自动补偿、自动量程转换、自诊断、自学习功能，具有自动进行指标判断及进行逻辑操作、极限控制及程序控制的功能。目前大部分智能仪器或智能检测系统属于这一类。

(3) 高级智能化

高级智能化是检测技术与人工智能原理的结合，利用人工智能的原理和方法改善传统的检测方法，其主要特征为：

① 具有知识处理功能。利用领域知识和经验知识通过人工神经网络和专家系统解决检测中的问题，具有特征提取、自动识别、冲突消解和决策的能力。

② 具有多维检测和数据融合功能，可实现检测系统的高度集成并通过环境因素补偿提高检测精度。

③ 具有"变尺度窗口"。通过动态过程参数预测，可自动实时调整增益与偏置量，实现自适应检测。

④ 具有网络通信和远程控制功能，可实现分布式测量与控制。

⑤ 具有视觉、听觉等高级检测功能。

例如德国 PIB 的坐标测量机和意大利的专家坐标测量机是具有部分高级智能的坐标测量机，可以根据被测零件图纸自行确定测量策略，自动实现编程和测量方案优化，实现信息自动化和决策智能化。智能坐标测量机具有 CAD 文件特征识别系统、零件位置识别系统、测量路径规划系统和数据库、知识库及人机交互接口。CAD 文件特征识别系统可根据 CAD 设计图形文件提取测量信息，生成零件定义模型；零件位置识别系统可利用计算机视觉处理零件图像，完成零件在测量机中的位置测量，建立零件坐标系；测量路径规划系统则根据坐标测量机知识库的知识，自动规划测量顺序，选择测头及附件，设计测量点的分布。系统统一的数据结构和统一的数据库便于数据的传输和数据库、知识库的维护。

**3. 智能检测装置的主要形式**

智能检测装置主要有四种实现方式，即智能传感器、智能仪表、虚拟仪器和通用智能检测系统。

(1) 智能传感器 (Smart Sensor)

美国加州 Janusz Bryzak 认为，智能传感器是内置有智能的传感装置，智能传感器是将微加工 (Micromachining) 制造的硅基传感器与信号处理电路、微处理器集成在同一芯片上或封装在一起的器件。但集成制造的传感器并不是都可以称为智能传感器，这取决于其内置的智能水平。

智能传感器的智能主要由信号调理、存储、自检与自诊断或输出处理实现。信号调理包括漂移补偿、灵敏度校准、非线性补偿、温度补偿等。例如 Lucas Nova Sensor 公司生产的智能压力传感器，其压力敏感部分是微加工制造的硅压电装置。

图13-5所示为智能传感器系统框图。智能部分是数字信号处理器，可以进行温度补偿和校准，其修正系统由主控计算机下载并存储在可擦除存储器 EEPROM 中。Motorola 公司则采用传感器与信号处理集成电路分别制造并封装在一起的方法，提高传感器设计制造的柔性和性能稳定性。

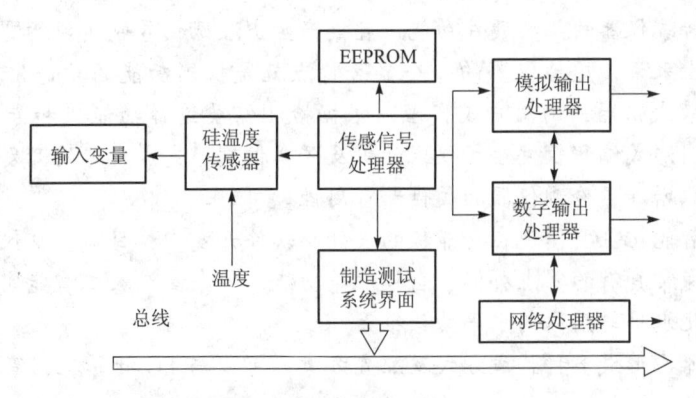

图13-5 智能传感器系统框图

由传感器与信号调理电路集成而形成的智能传感器，其智能是有限的，其自补偿、自校正功能也只能补偿传感器部分的漂移和非线性，但成本低廉，所以它是当前智能传感器的主要形式。

目前已将微处理器与传感器集成，形成高级智能传感器，实际上成为微型智能仪器，例如美国 Sndia 国家实验室开发的智能传感器，集成了250个微传感器和微处理器，已形成了 IC 器件测试系统。

(2) 智能仪表

智能仪表是最早出现的智能检测装置。1973年推出了第一批商品化智能仪器，例如，HP 公司的1722A 示波器，它的微处理机部分是用 HP-55 计算器改装的。早期的智能仪器都采用4位微处理器，如美国 DANA 公司的9000计时/计数器，Systron Douner 公司的7115数字电压表等。1980年以后逐渐采用8位微处理器构建智能仪器，例如英国 Solartron 7055/7065型和 Datron 公司的1071型电压表，采用了 MC6800 微处理器。有些智能仪器还采用两个微处理器，例如 HP 公司的3455A 型电压表，具有两个微处理器，一个用作数据采集，一个用于数据处理。

20世纪80年代以后，随着计算机科学技术的发展，仪器智能化有了迅速的发展，从小型智能电表、智能通用测试仪器发展到智能大型检测仪器与系统，出现了智能化轮廓仪、圆度仪以及三坐标测量机等。英国泰勒公司的表面轮廓仪 Talysurf 5 采用三个微处理器 5P、5L、5Z，使用电感式探头，可用于测定表面粗糙度、波度和轮廓波形，可给出表面的粗糙度特征值以及表征表面特性的特征值，还可提供多种图形输出。

（3）虚拟仪器

虚拟仪器是以通用微型计算机为基础，采用插入通用功能板的方式构建的专用仪器，主要是以计算机为核心，通过最大限度地利用计算机系统的软件和硬件资源，使计算机在仪器中不但能像在传统程控化仪器中那样完成过程控制、数据运算和处理工作，而且可以用强有力的软件去代替传统仪器的某些硬件功能，直接产生出激励信号或实现所需要的各项测试功能。从这个意义上来说，虚拟仪器的一个显著特点就是仪器功能的软件化。它更像是"定制式"仪器或组装式仪器，由用户或代理商根据检测需要选择功能板和专用机箱组合成仪器，并利用专用图形式编程软件生成仪器面板及逻辑控制，完成仪器的开发过程，从而缩短了仪器开发时间，增加了检测仪器的柔性和可用性。

虚拟仪器的智能化主要体现在功能板的设计及软件开发中，目前虚拟仪器的功能模板已具有了智能仪器通常具有的零点补偿、自校准等功能，但在高级人工智能实现方面还有较大的困难，其智能化水平与用户的水平关系很大。

目前虚拟仪器已形成多种构成方式及配置方案，可以与 PC 计算机、笔记本电脑及专用机箱组合。

（4）通用智能检测系统

这种检测系统不采用嵌入式微处理器，而采用通用的微型计算机构建检测系统，实现数据采集与处理，并可以与其他控制和执行系统组合，组成智能测控系统。

**4. 检测智能化方法**

检测智能化的水平和实现方法因检测对象、检测要求和应用环境的不同而异。不同的检测应用对智能化水平的要求也不相同，片面追求高智能化通常会增加不必要的系统开发成本与维护费用。因此检测系统智能化功能的确定应根据检测系统的要求与应用环境而定。对检测精度要求较高、自动化水平较高或在环境恶劣条件下工作的检测系统，其智能水平也应较高。在一般的检测系统中，则可以采用较初级的智能化功能，以提高功能性价比。

检测智能化的方法大致可以分为两类：一类是传感信号处理方法，一类是以知识为基础的决策处理方法。典型的智能检测系统经常是两种方法或子系统的混合。

图 13-6 所示为典型智能检测系统框图。传感信号处理系统以传感信号调理为主，主要通过硬件和少量软件实现。敏感元件感受被测参数，经信号调理电路可实现量程切换、自校正、自补偿功能。

知识处理系统涉及知识库、数据库与推理机，利用显式及隐式存储知识及数据，通过专家系统、人工神经网络、模式识别等人工智能的方法，实现环境识别处理和信息融合，从而达到高级智能化水平。

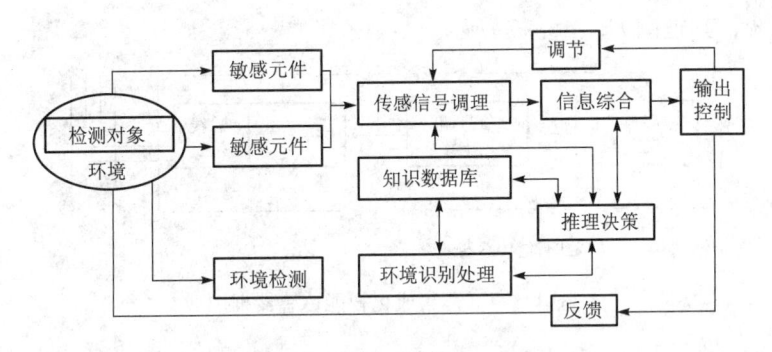

图 13 – 6　智能检测系统框图

智能传感器通常是传感器与信号调理器和微处理器的集成，因此其智能化主要是用传感信号处理方法实现的，采用硬件方式实现传感器本身的性能补偿和优化，一般还不能实现整个仪器的补偿和智能化。

智能仪器和虚拟仪器是从不同的思路实现仪器与微处理器融合的两种方式。智能仪器将微处理器嵌入仪器内部形成基于微处理器的独立仪器，而虚拟仪器则是将仪器功能板插入计算机，或直接与微型计算机连接，使计算机具有仪器的功能。这两类仪器都可以采用传感信号处理方法与知识处理方法实现检测智能化，但是智能仪器由于用途专一，因而更便于提高智能化水平。而虚拟仪器由于考虑到柔性与重用性，为便于用户自行构建检测系统，一般智能化水平稍差，采用知识处理方法提高智能化的难度较大。

通用智能检测系统由于采用通用微型计算机，可以充分发挥计算机内存量大、运算速度快的特点，利用知识处理方法实现高级智能。例如用于质量保证的智能化加工检测与诊断系统，系统中包括趋势分析模块和规则式专家系统模块。系统根据检测的传感器信息（切削力、主轴振动、切削温度及声发射信息）经人工神经网络数据融合，预测加工尺寸及表面粗糙度数值。趋势分析模块对传感信息及预测信息进行趋势分析，得到加工过程及质量参数的连续变化轨迹，并由专家系统模块对生产过程及质量状态做出智能决策。

## 13.2　智能传感器实现的途径

目前传感技术的发展是沿着三条途径实现智能传感器的。

### 13.2.1　非集成化的实现

非集成化智能传感器是将传统的经典传感器（采用非集成化工艺制作的传感器，仅具有获取信号的功能），信号调理电路，带数字总线接口的微处理器组合为整体而构成的一个智能传感器系统，其框图如图13-7所示。

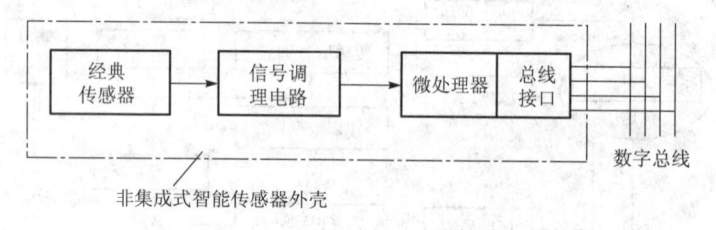

```
┌─────────────────────────────────────────┐
│  ┌──────┐   ┌──────┐   ┌──────┐  ┌────┐ │
│  │ 经典 │──▶│信号调│──▶│微处理│─▶│总线│─┼──── 
│  │传感器│   │理电路│   │  器  │  │接口│ │    数字总线
│  └──────┘   └──────┘   └──────┘  └────┘ │
└─────────────────────────────────────────┘
         ▲
    非集成式智能传感器外壳
```

图13-7 非集成化智能传感器框图

图13-7中的信号调理电路是用来调理传感器输出信号的，即将传感器输出信号进行放大并转换为数字信号后送入微处理器，再由微处理器通过数字总线接口接在现场数字总线上，这是一种实现智能传感器系统的最快途径与方式。例如美国罗斯蒙特公司、SMAR公司生产的电容式智能压力（差）变送器系列产品，就是在原有传统式非集成电容式变送器基础上附加一块带数字总线接口的微处理器插板后组装而成的，并配备可进行通信、控制、自校正、自补偿、自诊断等功能的智能化软件，从而实现智能化。

这种非集成化智能传感器是在现场总线控制系统发展形势的推动下迅速发展起来的。因为这种控制系统要求挂接的传感器/变送器必须是智能型的，对于自动化仪表生产厂家来说，原有的一整套生产工艺设备基本不变。因此，对于这些厂家而言，非集成化实现是一种建立智能传感器系统最经济、最快捷的途径与方式。

另外，近10年来发展极为迅速的模糊传感器也是一种非集成化的新型智能传感器。模糊传感器是在经典数值测量的基础上，经过模糊推理和知识合成，以模拟人类自然语言符号描述的形式输出测量结果。显然，模糊传感器的核心部分就是模拟人类自然语言符号的产生及其处理。

模糊传感器的"智能"之处在于：它可以模拟人类感知的全过程。它不仅具有智能传感器的一般优点和功能，而且具有学习推理的能力，具有适应测量环境变化的能力，并且能够根据测量任务的要求进行学习推理。另外，模糊传感器还具有与上级系统交换信息、自我管理和调节的能力。通俗地说，模糊传感器的作用应当与一个具有丰富经验的测量工人的作用是等同的，甚至更好。

图13-8所示为模糊传感器的简单结构和功能示意图。其中，经典数值测量单元不仅提取传感信号，而且对其进行数值预处理，如滤波、恢复信号等。符号产生和处理单元是模糊传感器的核心部分，它利用已有的知识或经验（通常存放在知识库中），对已恢复的传感信号进一步处理，得到符号测量结果。符号处理则是采用模糊信息处理技术，对模糊后得到的符号形式的传感信号，结合知识库内的知识（主要有模糊判断规则、传感信号特征、传感器特征及测量任务要求等信息），经过模糊推理和运算，得到被测量的符号描述结果及其相关知识。当然，模糊传感器可以通过学习新的变化情况（如任务发生改变、环境变化等）

来修正和更新知识库内的信息。

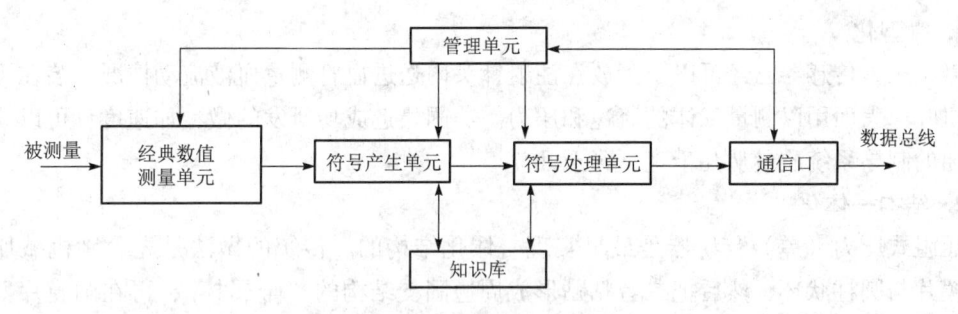

图 13-8 模糊传感器的简单结构示意图

模糊传感器的构成有两部分：硬件层和软件层。模糊传感器的突出特点是具有丰富强大的软件功能。模糊传感器与一般的基于计算机的智能传感器的根本区别在于模糊传感器具有实现学习功能的单元和符号产生、处理单元。它能够实现专家指导下的学习和符号的推理及合成，从而使模糊传感器具有可训练性。经过学习与训练，使得模糊传感器能适应不同测量环境和测量任务的要求。因此，实现模糊传感器的关键就在于软件功能的设计。

### 13.2.2 集成化的实现

这种智能传感器系统是采用微机械加工技术和大规模集成电路工艺技术，利用硅作为基本材料来制作敏感元件、信号调理电路、微处理器单元，并把它们集成在一块芯片上而构成的，故又可称为集成智能传感器，其外形如图 13-9 所示。

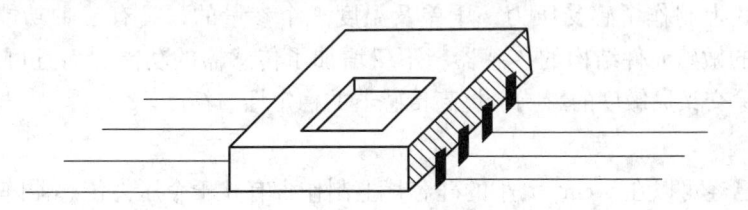

图 13-9 集成智能传感器

随着微电子技术的飞速发展，微米/纳米技术的问世，大规模集成电路工艺技术的日臻完善，集成电路器件的密集度越来越高。它已成功地使各种数字电路芯片、模拟电路芯片、微处理器芯片、存储器电路芯片的价格性能比大幅度下降。反过来，它又促进了微机械加工技术的发展，形成了与传统的经典传感器制作工艺完全不同的现代传感器技术。

现代传感器技术，是指以硅材料为基础（因为硅既有优良的电性能，又有极好的机械性能），采用微米（1 $\mu m \sim 1$ mm）级的微机械加工技术和大规模集成电路工艺来实现各种仪表传感器系统的微米级尺寸化。国外也称它为专用集成微型传感技术，由此制作的智能传感器的特点是：

**1. 微型化**

微型压力传感器已经可以小到放在注射针头内送进血管测量血液流动情况，装在飞机或发动机叶片表面用以测量气体的流速和压力。美国最近成功研发的微型加速度计可以使火箭或飞船的制导系统质量从几千克下降至几克。

**2. 结构一体化**

压阻式压力（差）传感器是最早实现一体化结构的。传统的做法是先分别机械加工金属圆膜片与圆柱状环，然后把二者粘贴形成周边固支结构的"金属杯"，再在圆膜片上粘贴电阻变换器（应变片）而构成压力（差）传感器，这就不可避免地存在蠕动、迟滞、非线性特性。采用微机械加工和集成化工艺，不仅"硅杯"一次整体成形，而且电阻变换器与硅杯是完全一体化的。进而可在硅杯非受力区制作调理电路、微处理器单元，甚至微执行器，从而实现不同程度乃至整个系统的一体化。

**3. 精度高**

比起分体结构，传感器结构本身一体化后，迟滞、重复性指标将大大改善，时间漂移大大减小，精度提高。后续的信号调理电路与敏感元件一体化后可以大大减小由引线长度带来的寄生参量的影响，这对电容式传感器更有特别更重要的意义。

**4. 多功能**

微米级敏感元件结构的实现特别有利于在同一硅片上制作不同功能的多个传感器，如，美国霍尼韦尔公司，20 世纪 80 年代初期生产的 ST - 3000 型智能压力（差）和温度变送器，就是在一块硅片上制作了感受压力、压差及温度三个参量的，具有三种功能（可测压力、压差、温度）的敏感元件结构的传感器。不仅增加了传感器的功能，而且可以通过采用数据融合技术消除交叉灵敏度的影响，提高传感器的稳定性与精度。

**5. 阵列式**

微米技术已经可以在 1 cm$^2$ 大小的硅芯片上制作含有几千个压力传感器阵列，例如，丰田中央研究所半导体研究室用微机械加工技术制作的集成化应变计式面阵触觉传感器，在 8 mm × 8 mm 的硅片上制作了 1 024 个（32 × 32）敏感触点（桥），基片四周还制作了信号处理电路，其元件总数为 16 000 个。

敏感元件组成阵列后，配合相应图像处理软件，可以实现图形成像且构成多维图像传感器。这时的智能传感器就达到了它的最高级形式。

敏感元件组成阵列后，通过计算机/微处理器解耦运算、模式识别、神经网络技术的应用，有利于消除传感器的时变误差和交叉灵敏度的不利影响，可提高传感器的可靠性、稳定性与分辨能力。如目前已成为研究热点的气敏传感器阵列的研究，以期望实现气体种类判别和混合体成分分析与浓度测量。

## 6. 全数字化

通过微机械加工技术可以制作各种形式的微结构。其固有谐振频率可以设计成某种物理参量（如温度或压力）的单值函数。因此可以通过检测其谐振频率来检测被测物理量。这是一种谐振式传感器，直接输出数字量（频率）。它的性能极为稳定，精度高，不需 A/D 转换器便能与微处理器方便地接口。免去转换器，对于节省芯片面积、简化集成化工艺，均十分有利。

## 7. 使用方便，操作简单

智能传感器可以没有外部连接元件，外接连线数量极少，包括电源、通信线可以少至 4 条，因此，接线极其简便。它还可以自动进行整体自校，无须用户长时间地反复多环节调节与校验。"智能"含量越高的智能传感器，它的操作使用越简便，用户只需编制简单的使用主程序。

根据以上特点可以看出：通过集成化实现的智能传感器，为达到高自适应性、高精度、高可靠性与高稳定性，其发展主要有以下两种趋势：

① 多功能化、阵列化，加上强大的软件信息处理功能；
② 发展谐振式传感器，加入软件信息处理功能。

例如，压阻式压力（差）传感器是采用微机械加工技术最先实用化的集成传感器，但是它受温度与静压影响，总精度只能达到 0.1%。在 20 多年时间内，它的温度性能始终无法得到提高，因而有的厂家改为研制谐振式压力传感器，而美国霍尼韦尔公司则发展多功能敏感元件（如：ST-3000 型智能变送器），通过软件进行多信息数据融合处理，从而改善了稳定性，提高了精度。

外形如图 13-9 所示的集成智能传感器，是智能传感器的最终期望形式。如果再具有图像处理功能则是智能传感器的最高级形式。

然而，要在一块芯片上实现智能传感器系统存在着许多困难、棘手的难题。例如：

哪一种敏感元件比较容易采用标准的集成电路工艺来制作？

选用何种信号调理电路，如精度电阻、电容、晶振等，不需要外接元件？

由于直接转换型 A/D 变换器电路太复杂，制作了敏感元件后留下的芯片面积有限，需要寻求其他模/数转换的形式。如：电压/频率变换器、占空比调制式，等等。

由于芯片面积有限以及制作敏感元件与数字电路的优化工艺的不兼容性，微处理器系统及可编程只读存储器的规模、复杂性与完善性受到很大限制。

对功耗与自然、电磁耦合带来的相互影响，在一块芯片内如何消除？

除上述外，还有其他问题，这里不再列举。

### 13.2.3 混合实现

根据需要与可能，将系统各个集成化环节，如：敏感单元、信号调理电路、微处理器单元、数字总线接口，以不同的组合方式集成在两块或三块芯片上，并装在一个外壳里，如图13-10 中所示的几种方式。

集成敏感单元（对结构型传感器）包括弹性敏感元件及变换器。信号调理电路包括多路开关、医用放大器、基准、模/数转换器 ADC 等。

微处理器单元包括数字存储（EPROM、ROM、RAM）、I/O 接口、微处理器、数/模转换器（DAC）等。

图 13-10（a）中，将三块集成化芯片封装在一个外壳里。图 13-10（b）、（c）、（d）中，将两块集成化芯片封装在一个外壳里。

图 13-10（a）、（c）中的（智能）信号调理电路，具有部分智能化功能，如自校零、自动进行温度补偿，因为这种电路带有零点校正电路和温度补偿电路。

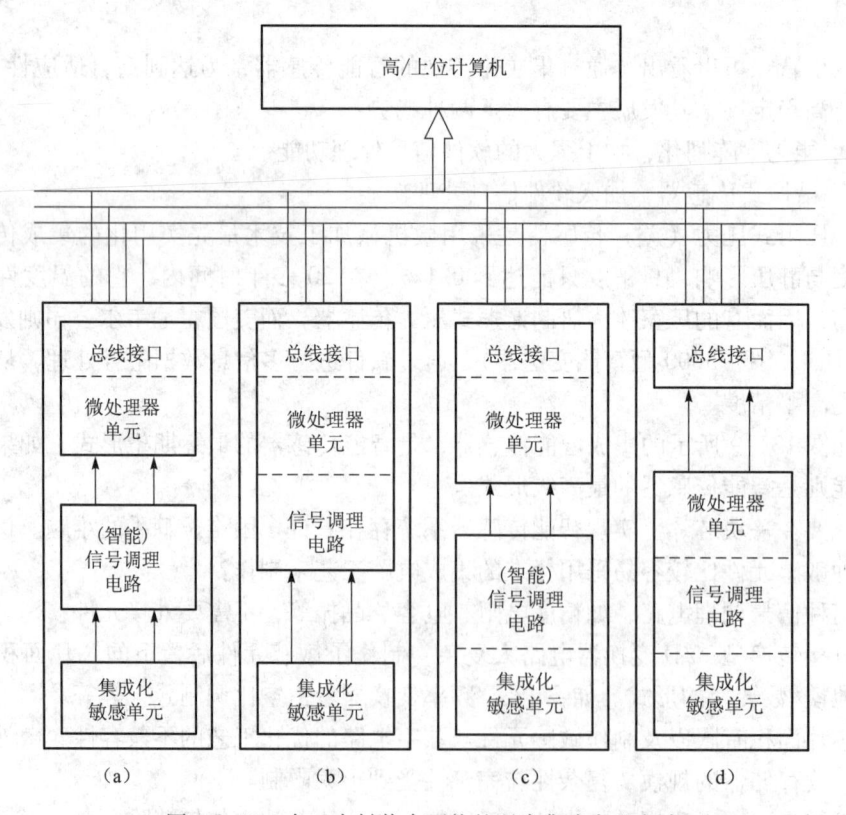

图 13-10 在一个封装中可能的混合集成实现方式

## 13.2.4 集成化智能传感器的几种形式

若按智能化程度来分，集成化智能传感器有三种存在形式。

**1. 初级形式**

初级形式就是环节中没有微处理器单元,只有敏感单元与(智能)信号调理电路,二者被封装在一个外壳里。这是智能传感器系统最早出现的商品化形式,也是最广泛使用的形式,也被称为"初级智能传感器"。从功能来讲,它只具有比较简单的自动校零、非线性的自动校正、温度自动补偿功能。这些简单的智能化功能是由硬件电路来实现的,故通常称该种硬件为智能调理电路。

**2. 中级形式/自立形式**

中级形式是在组成环节中除敏感单元与信号调理电路外,必须含有微处理器单元,即一个完整的传感器系统封装在一个外壳里的形式。它具有完善的智能化功能,这些智能化功能主要是由强大的软件来实现的。

**3. 高级形式**

高级形式是集成度进一步提高,敏感单元实现多维阵列化,同时配备了更强大的信息处理软件,从而具有更高级的智能化功能的形式。这时的传感器系统不仅具有完善的智能化功能,而且还具有更高级的传感器阵列信息融合功能,或具有成像与图像处理等功能。

显然,对于集成化智能传感器系统而言,集成化程度越高,其智能化程度也就越可能达到更高的水平。

综上所述,可以看到,智能传感器系统是一门涉及多种学科的综合技术,是当今世界正在发展的高新技术。因此,作为一个设计智能传感器系统的工程师,除必须具有经典的、现代的传感器技术外,还必须具有信号分析与处理、计算机软件设计、通信与接口、电路与系统等多种学科方面的基础知识。当然,智能传感器系统也需要有多种学科的工程师进行并肩合作、共同努力。

## 13.3 智能传感器输出信号的预处理

### 13.3.1 传感器输出信号的分类

传感器智能化之前必须对传感器输出信号进行预处理,这是因为检测的非电量种类繁多,输出的电信号有模拟量、数字量、开关量等,绝大多数传感器输出信号不能直接作为转换的输入量,必须先通过各种预处理电路将传感器输出信号转换成统一的电压信号或周期信号。微处理机要求输入信号是一定字长的并行脉冲信号,即二进制数字信息。通常可以将传感器输出信号的形式做如下归类:

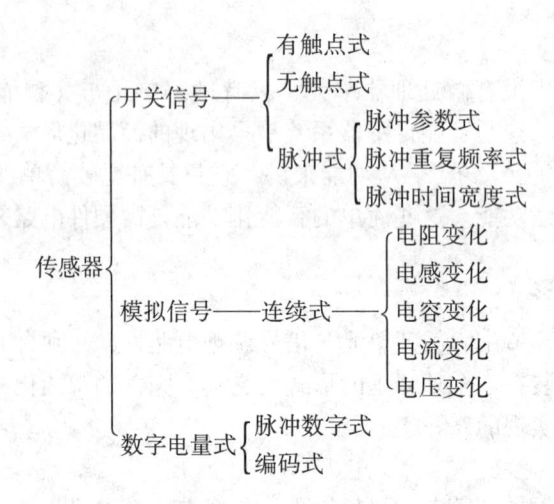

```
                         ┌ 有触点式
           ┌ 开关信号 ─┤
           │             └ 无触点式
           │             ┌ 脉冲参数式
           │   ┌ 脉冲式 ─┤ 脉冲重复频率式
           │   │         └ 脉冲时间宽度式
           │   │                      ┌ 电阻变化
传感器 ─┤   │                      │ 电感变化
           │ 模拟信号 ─ 连续式 ──┤ 电容变化
           │                           │ 电流变化
           │                           └ 电压变化
           │             ┌ 脉冲数字式
           └ 数字电量式 ┤
                         └ 编码式
```

### 13.3.2 开关信号的预处理

当传感器输入的物理量小于某阈值时，传感器处于"关"状态；大于阈值时，处于"开"状态。实际使用中，输入信号经常伴有噪声叠加成分，使传感器不能在阈值点准确地发生跃变。因此，为了消除噪声和改善特性，常接入具有迟滞特性的电路，称为鉴别器，或称脉冲整形电路，如施密特触发器。

### 13.3.3 模拟信号的预处理

模拟脉冲式传感器信号一般需接脉冲限幅电路，使输出变成窄脉冲，方可使脉冲瞬值保持电路将脉冲扩展，以便进行 A/D 转换。多数模拟连续式传感器输出的模拟电压在毫伏或微伏数量级，在信号内还夹杂有干扰和噪声，预处理电路的作用就在于将微弱的低电压信号放大，其零位和放大倍数可以调整，使成为 A/D 转换器所要求的满量程电平。另一方面还可以抑制干扰，降低噪声，从而保证检测的精度，三运放测量放大器是常用的预处理电路之一，如图 13-11 所示，该测量放大器具有高的输入阻抗，低的输出阻抗，较高的共模抑制比，较低的失调电压和温度漂移。

作三运放测量放大器的常用高性能运放有 7650-CMOS 斩波集成运放（图 13-12），它属第四代运放，采用斩波自动稳零结构，其应用方法和应用场合与其他运放相同，和其他运放互换使用的区别在于电源电压 $U_{max} = ±5$ V 和负载驱动能力小（一般接 10 kΩ 负载）。外接的 $C_a$、$C_b$ 电容器应选用高阻抗、瓷介质、

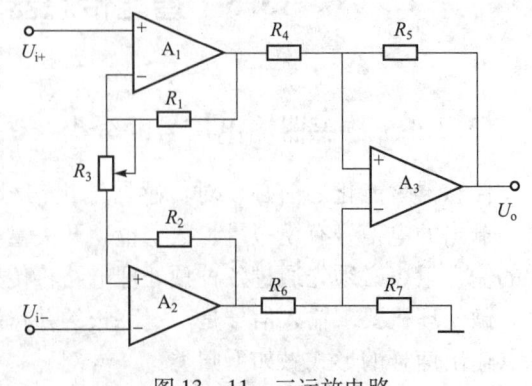

图 13-11 三运放电路

聚苯乙烯材料的优质电容。OP07 高稳定度放大器也可作三运放测量放大器。

传感器智能处理中，尤其是在信号采集时要解决不同传感器信号的接地困难问题，也就是电气隔离问题。TD 系列放大器采用变压器隔离技术，把输入信号放大、调制成高频信号。经高频磁耦合变压器送到相敏检波器解调，使输入输出间在电气上完全隔离，因此具有很高的共模抑制能力。特别是在信号采集时可解决不同的传感器信号的接地困难。

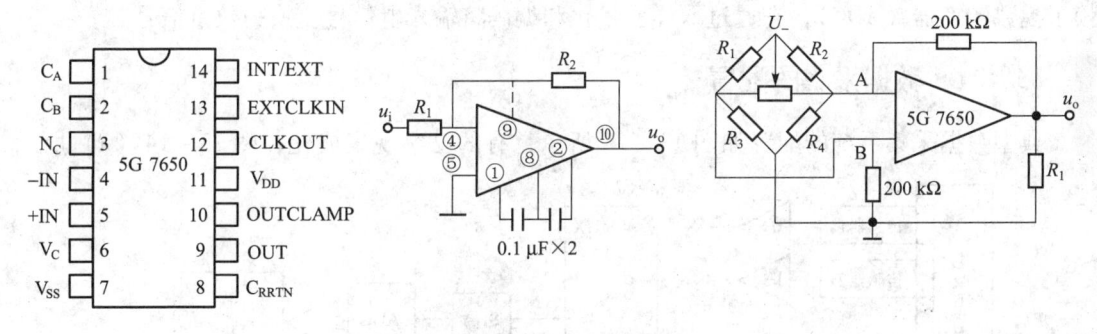

图 13-12　5G 7650 的应用

图 13-13 所示为隔离放大器接口电路中应用的实例，$U_a$ 为系统地和变送器地之间的共模电压，$U_0$ 为变送器与地之间的共模电压。由于 TD 290 的隔离作用，传感器可用其他系统作参考，这样，传感器信号和系统没有公共参考点也能正常工作，真正实现了对传感器信号的浮动测量。除 TD 290 的隔离器外，还可用美国 AD 公司的 AD 202 系列隔离放大器，其输入阻抗高达 $10^{12}\Omega$，输入电压为 $\pm 5$ V，频率范围为 2 kHz，输入电流极小，只有 30 pA。

AD 202 系列隔离放大器内部的方波发生器，通过反馈电阻可改变其运算放大器的放大倍数，并且提供有调制频率为 25 kHz、经隔离的电源提供传感器测量电路中信号调零用。该芯片的缺点是价格贵，输出阻抗较大，有 3~7 kΩ，因此拉长线输出时可先通过一级前置放大器（阻抗变换器）降低其输出阻抗。

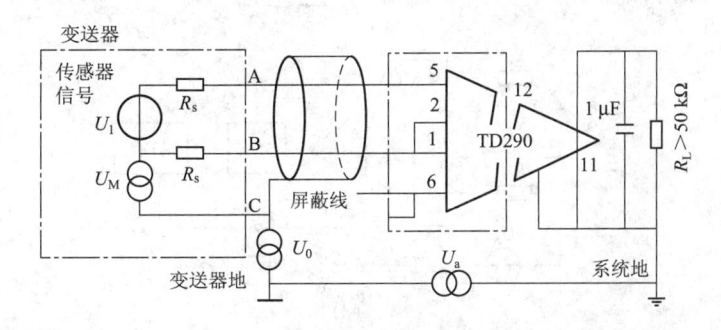

图 13-13　隔离放大器接口电路中的应用

## 13.4 数据采集

传感器信号经预处理成为 A/D 变换器所需要的电模拟信号，模拟电压的数字化则要依赖于模数转换器（ADC），它通过取样、量化和编码将输入电信号变换为数字信号。

### 13.4.1 数据采集的配置

典型数据采集系统的配置如图 13-14 所示，有的已实现集成化，图 13-14（a）所示

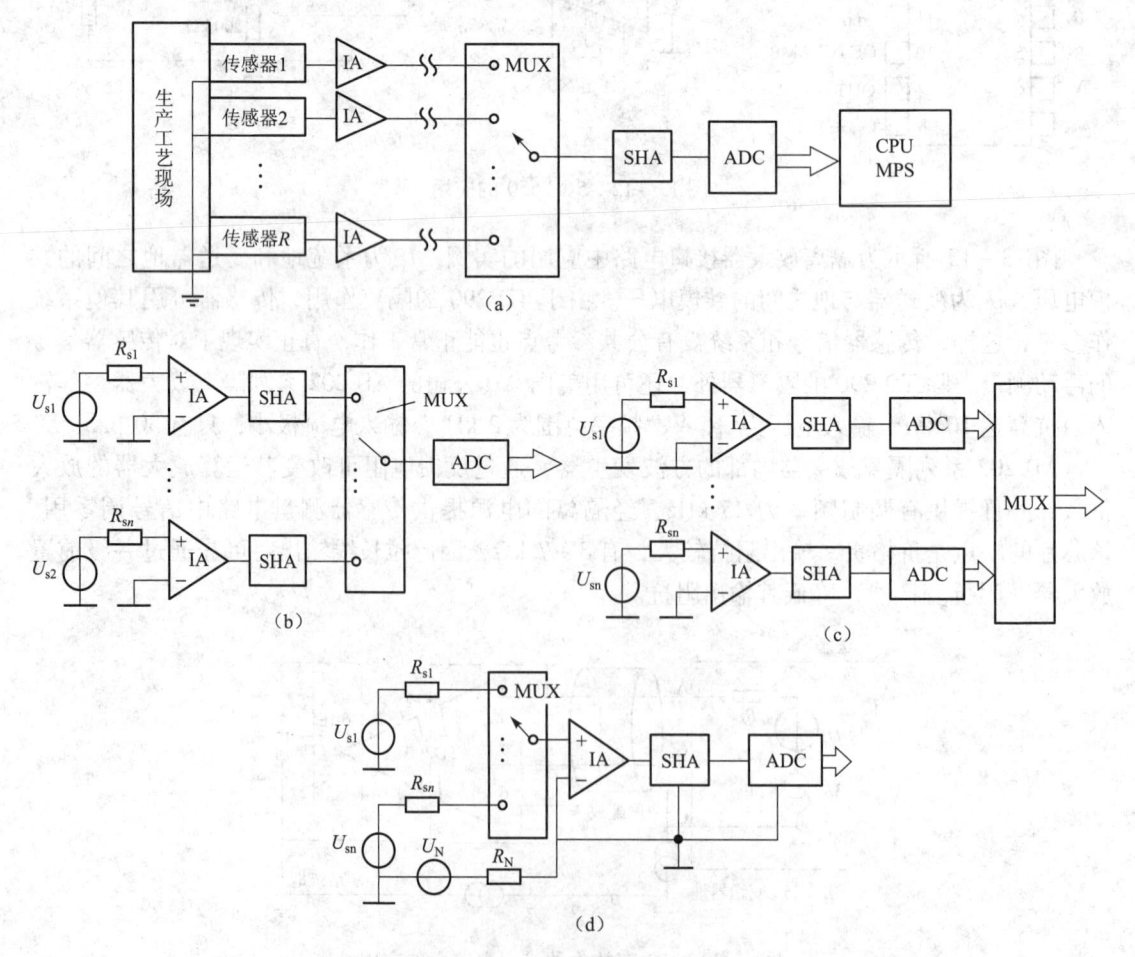

图 13-14 数据采集系统的配置
（a）典型的数据采集系统配置；（b）同时采集系统；（c）高速采集系统；（d）分时采集系统

为典型的数据采集系统配置方法,多个传感器的预处理电路输出接入多路模拟开关,然后经过取样/保持电路和 A/D 转换后进入 CPU 系统。图 13 – 14(b)所示为同时采集,分时转换存储;可保证获得各取样点同一时刻的模拟量。这时,取样保持电路在多路模拟开关之前。在需要高速取样时,系统中就需要每个传感器有一个 A/D 转换器再进入模拟开关。这样,系统价格会有所提高,如图 13 – 14(c)所示。但很多场合对多个模拟信号的同时实时测量很有必要。

以上几种方案的多路转换器结构全是单端的,各输入信号以一个公共点为参考点,这个公共点可能与预处理放大器和 A/D 参考点处于不同电位而引入干扰电压 $U_N$,造成测量误差。采用图 13 – 15(d)所示的差分配置方式可抑制共模干扰,模拟开关 MUX 采用双输出器件可达到目的。

### 13.4.2 取样周期的选择

对输入信号进行两次采样之间的时间间隔称为取样周期 $T_s$。为了尽可能保持被取样信号的真实性,取样周期不宜太长,要根据取样定理来定。由取样得到的输出函数要能不失真地恢复出原来的信号。实际上,一般使取样频率 $\omega_s$ 等于 2.5 ~ 3 倍的输入信号最大频率 $\omega_{max}$,有时以 $(5~10)\omega_{max}$,根据实际需要而定。取样周期的长短也要涉及配置的 A/D 转换芯片的选择。

### 13.4.3 A/D 转换器的选择

A/D 转换器的种类很多,主要分为比较型和积分型两大类,其中,常用的是逐次逼近型、双积分型和 V – F 转换器。逐次逼近 A/D 转换器转换速度高(1 μs ~ 1 ms),有 8 ~ 14 位精度任选,输出响应快,但抗干扰能力差些。双积分 A/D 转换器有很强的抗噪声能力,精度很高,分辨率可达 12 ~ 20 位,价格便宜,但转换速度较慢(4 ms ~ 1 s)。V – F 转换器是由积分器、比较器和整形电路构成的,它把模拟电压变换成相应频率的脉冲信号,其频率正比于输入电压值,然后用频率计测量。V – F 转换器响应速度快,抗干扰性能好,能连续转换,适用于输入信号动态范围宽和需要远距离传送的场合,但转换速度较慢。

常用的转换器芯片有 5G14433(8 位)、ICL7315(14 位)、ADC0809(8 位)、ADC1210(12 位)、ADC574(12 位)等,还有的单片芯片内含有 A/D 转换器,如 8097 转换器,8097BH 芯片内含有 10 位 A/D 转换器。虽然芯片繁多,性能各异,但从使用角度看,其外特性不外乎有以下四点:

① 模拟信号输入端;
② 数字量的并行输出端;
③ 启动转换的外部控制信号;
④ 转换完毕同转换器发出的转换结束信号。

A/D 转换器的工作大多数受微处理器的控制。当微处理器给出控制信号，A/D 转换器执行一次转换，把模拟信号数字化。

A/D 转换器电路的输出有两种方法：一种是可控的三态门，这时输出线可以与微处理机的数据总线直接相连，并在转换结束后利用读信号 RD 控制三态门，把数据送上总线；另一种是没有可控的三态门电路，由数据输出寄存器直接与芯片管脚相连，这时，芯片的数据输出线不能与系统的数据总线通道直接相连，必须通过 I/O 通道与 CPU 交换，尽管各自的内部结构不一样，任一型号的 A/D 转换器芯片均可与任何型的 CPU 连接，它们的数据总线与地址总线几乎都相同，差异仅在控制信号。因此，在改用不同的 CPU 时，只需根据 A/D 转换器的要求，变动控制信号的连接即可。图 13-15 所示为芯片与 A/D 转换器的连接。

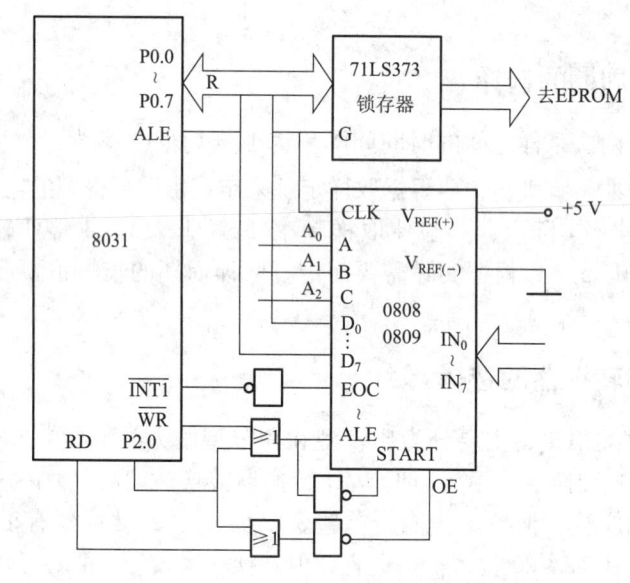

图 13-15　芯片与 A/D 转换器的连接

## 13.5　智能传感器的数据处理技术

传感器的数据输出信号经过 A/D 转换器转换，所获得的数字信号一般不能直接输入微处理机供应用程序使用，还必须根据需要进行加工处理，如标度变换、非线性补偿、温度补偿、数字滤波等，以上这些处理也称软件处理。以软件代硬件也体现出传感器智能化的优越性所在。尽可能多的采用软件设计提高传感器的精度、可靠性和性能价格比，这是设计智能传感器的原则。

### 13.5.1 数据处理包含的内容

对输入数据进行处理首先遇到的是数据本身的存储,要仔细考虑数据存储在什么地方,要便于使用,要决定应该如何组织信息,应采用什么样的数据结构,设计出对组织好的数据进行搜索的方法。任何数据处理都包含下列一个或几个方面的工作。

① 数据收集:汇集所需要的信息。
② 数据转换:把信息转换成适用于微处理器使用的方式。
③ 数据分组:按有关信息进行有效的分组。
④ 数据组织:整理数据或用其他方法安排数据,以便进行处理和误差修正。
⑤ 数据计算:进行各种算术和逻辑运算,以便得到进一步的信息。
⑥ 数据存储:保存原始数据和计算结果,供以后使用。
⑦ 数据搜索:按要求提供有用格式的信息,然后将结果按用户要求输出。

数据的含义是十分广泛的,智能传感器的"数据"主要是指输入非电量、输出电量、误差、特性表格等,一旦可用数据定下以后,怎样使用这些数据是至关重要的。

### 13.5.2 标度变换技术

各种不同传感器都有不同的量纲和数值,被测信号转换成数据量后往往要转换成人们熟悉的工程值,这是因为被测对象各种数据的量纲同 A/D 转换的输入值不一样。例如,压力单位为 Pa(帕)、温度单位为 K(开)、流量单位为 $m^3/h$(立方米/小时),等等,这些参数经过传感器和 A/D 转换器后得到一系列数码,这些数码值仅仅与输入的参数值相对应,因此必须把它转换成带有量纲的数值后才能运算、显示或打印输出,这种转换就是标度变换。

### 13.5.3 非线性补偿技术

在工程检测中,人们总希望显示仪器的值是均匀的,即输出与输入呈线性关系;希望在检测过程中灵敏度是一致的,以便于分析处理。但是检测传感器的输入输出特性往往只在一定范围内近似呈线性,而在某些范围内则明显呈非线性,同时,传感器具有离散性,还可能产生温漂、滞后等。智能传感器可以用软件处理方法来补偿和校正以上误差,从而提高其精度。

### 13.5.4 传感器的温度误差补偿

对于高精度传感器,温度误差已成为提高其性能指标的严重障碍(如硅压阻、应变式、间隙电容式传感器等),尤其在环境温度变化较大的应用场合更是如此。若依靠传感器本身附加一些简单的硬件补偿措施实现温度补偿是很困难的,引入微处理器,利用软件来解决这一难题是一条有效途径。要实现传感器的温度补偿,只要能精确地建立温度误差的数学模型就可获得满意的解决。这种温度补偿的原理如图 13-16 所示。

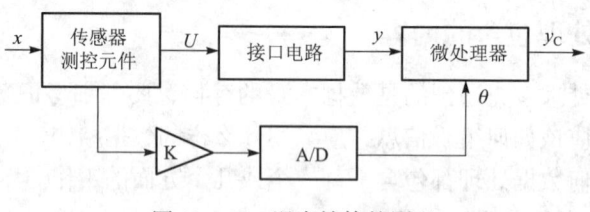

图 13 - 16　温度补偿的原理

通常在传感器内靠近敏感元件的地方安装一个测温元件，用以检测传感器各处的环境温度。常用的测温元件有半导体热敏电阻、AD590 测温管、PN 结二极管等。测温元件的输出经放大及 A/D 转换送到微处理器，由此得到的温度值可按插值法、查表法、多项式等实现温度修正。

### 13.5.5　数字滤波技术

实际测量中，由于被测对象的环境比较恶劣，干扰源比较多，在模拟系统中为了消除干扰常常采用滤波电路、有源滤波等，而在由微处理器对传感器取样时，为了减少取样值的干扰，提高系统的可靠性，常采用数字滤波方法。数字滤波与模拟滤波相比，具有以下优点：

① 不需增加任何硬件设备，只要在程序进入数据处理和控制算法之前附加一段数字滤波软件即可。

② 因没有硬件设备、传感器精度可以提高，不存在阻抗匹配问题。

③ 数字滤波可以多个通道共用，而模拟滤波则每个通道都要有。

④ 可以对频率很低的信号进行滤波，而模拟滤波受电容器量值限制，频率不宜太低。

⑤ 使用灵活方便，可根据需要选择不同的滤波方法和滤波参数。

但是，数字滤波要占用计算时间，速度比硬件（模拟滤波）的慢。

数字滤波方法有许多种，如算术平均滤波法、滑动平均滤波法以及加权平均滤波法，可根据不同的干扰源性质和不同测量参数来选择。

## 13.6　智能传感器的硬件设计

### 13.6.1　正确选择微处理器

由于集成一体化的智能传感器尚处于研究阶段，目前进入实际应用的大多数采用模块化积木式的结构，如图 13 - 17 所示。其中，微处理器是智能传感器的心脏，它的选择至关重要。常用单片机作为智能传感器的中央处理器，它有以下一些优点：

① 硬件通用性强，应用灵活，在不同场合应用时，硬件的结构基本不动，只要改变固化在存储器里的程序，就可更新换代变成新产品。

② 指令系统适合实时控制。

③ 体积小，执行速度快。

④ 可靠性高，抗干扰能力强。

⑤ 可方便地实现多机分布式控制，产品开发周期短，开发效率高，同一系列和配置接口的芯片种类多，功能全，便于挑选。

因此，单片机在智能传感器领域中有着广泛的应用。那么如何选择单片机芯片呢？这里提供几点参考意见：

① 单片机位数和机器周期要与传感器所能达到的精度和速度一致，例如，精度要求高的应选用12位、16位的A/D转换器，速度要求高的应选用16位微处理器。

② 输入输出控制特性要合适，如有无丰富的中断、I/O接口、合适的定时器、带负载能力强等。

③ 单片机的运算功能要满足传感器对数据处理运算能力的要求，还要考虑尽量选用功耗小、价格便宜、使用方便、软件熟悉的芯片。

目前模块式智能传感器有关硬件选择的流程框图如图13-17所示。

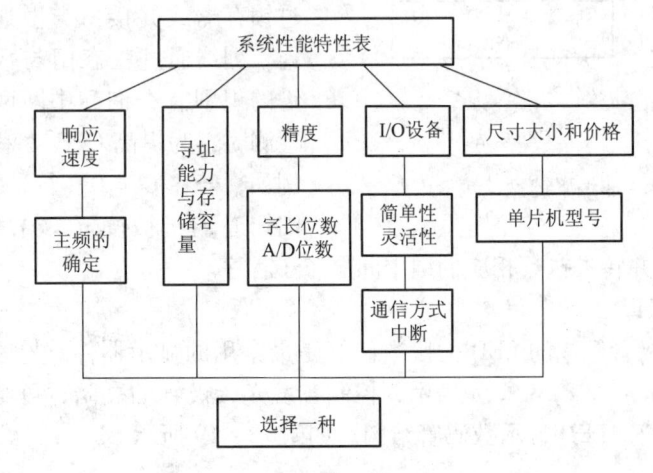

图13-17 选择单片机硬件的流程框图

## 13.6.2 智能传感器的输入输出技术

智能传感器的组成除了中央处理器CPU外，还必须引入输入输出的各种功能要求，所以它又可看作为一个微处理器小系统，广泛采用键盘、LED显示器、打印、串并口输出等，一起构成了人机对话的工具。传感器可通过输入设备十分灵活地接收各种命令和数据，通过输出设备将测量结果、传感器工作状态进行显示打印控制等。

**1. 键盘及其接口**

用键盘输入代替各种传统的按钮或琴键式转换开关、软件硬件配合的方法完成面板输入的基本功能。键盘的优点有：

① 键钮排列成有规则的矩阵，使用方便；
② 采用单触点瞬间接通方式，简单可靠；
③ 只要改变软件便可实现键的配合操作；
④ 只要按下（1）或释放（0）两种状态，便可实现人机对话。

按键有压力开关、接触开关等几种，可分为数字键和功能键。键盘分为全编码和非编码键盘，前者是用硬件检测某键按下并将数据保持到新键按下为止，后者一般由软件程序来分析，是目前应用较多的，图 13－18 所示为一个矩阵非编码键盘与有关接口的例子，矩阵分 4 行 4 列，行线通过锁存器或并接口与微处理机数据总线相连，列线通过三态门与数据总线相连。按键的识别有查询和中断两种方式，在实时检测时，为提高 CPU 效率常采用中断方式，例如，若在 $C_2=0$（行）、$R_3=0$（列）时，则知道 $S_7$ 键被按下，出现一次低电平，可向 CPU 请示中断，并转去执行相应的键中断服务子程序。

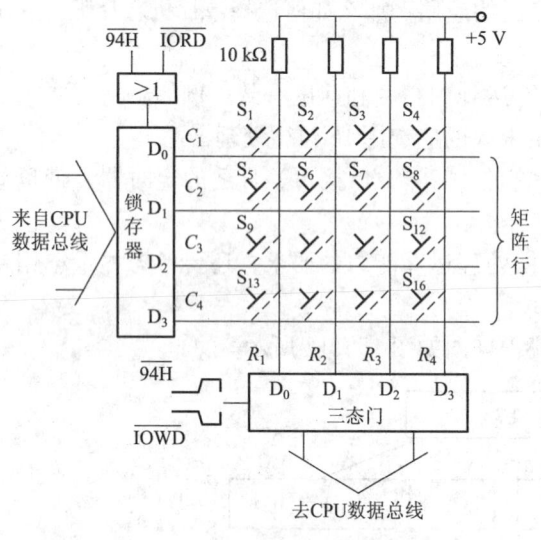

图 13－18 4×4 非编码键盘及接口电路

**2. LED 显示接口**

由七个发光二极管组成的 LED 七段数码管是最常用的显示器件。七段可发光的长条和一个小数点分别以 $a$，$b$，$c$，…，$h$ 表示，控制各发光二极管的亮暗，可组成十进制数码和部分英文字母及字符。LED 显示数码管结构，如图 13－19 所示。

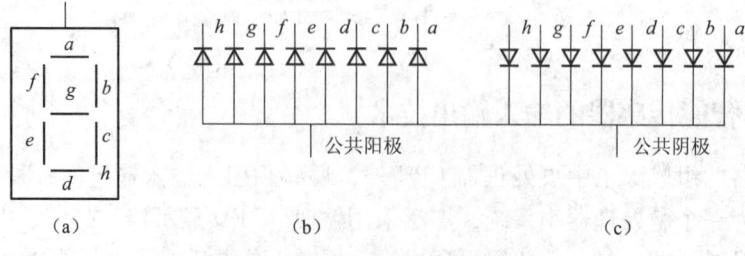

图 13－19 LED 显示数码管结构

### 13.6.3 智能传感器实例

美国 Honeywell 公司研制的 DSTJ-3000 型智能式差压、压力传感器，是在同一块半导体基片上用离子注入法配置扩散了差压、静压和温度三种传感元件，其组成包括变送器、现场通信器、脉冲调制器等，如图 13-20 所示。

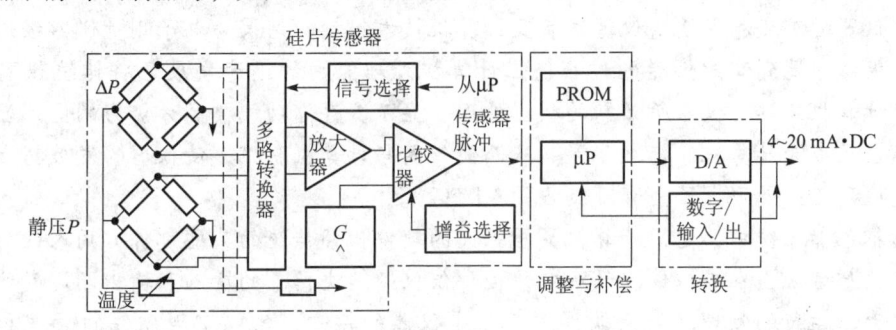

图 13-20 智能传感器方框图

传感器的内部由传感元件、电源、输入、输出、存储器和微处理器组成，级件可以互换，成为一种固态的二线制（4~20 mA）压力变送器。

现场通信器的作用是发信息，使变送器的监控程序开始工作。

传感器脉冲调制器是将变送器的输出变为脉宽调制信号。

DSTJ-3000 型智能压力传感器的量程宽，可调到 100:1（一般模拟传感器仅达 10:1），用一台仪器可覆盖多台传感器的量程；精度高，达 0.1%。为了使整个传感器在环境变化范围内均可得到非线性补偿，生产后逐台进行差压、静压、温度试验，采集每个测量头的固有特性数据并存入各自的 PROM 中。

### 知识拓展 2

#### 虚拟仪器概述

**1. 虚拟仪器**

所谓虚拟仪器（Virtual Instrument，VI）是指具有虚拟仪器面板的个人计算机，它由通用计算机、模块化功能硬件和控制专用软件组成，是通过应用程序将计算机资源（微处理器、存储器、显示器）和仪器硬件（A/D、D/A、数字 I/O、定时器、信号调理器）的测量功能结合起来形成的测量装置和测试系统。用户通过友好的图形界面（称为虚拟面板）操作计算机，就像操作传统仪器一样，通过库函数实现仪器模块间的通信、定时、触发以及数据分析、数据表达，并形成图形化接口。其本质上是利用 PC 机强大的运算能力、图形环境和在线帮助功能，建立具有良好人机交互性能的虚拟仪器面板，完成对仪器的控制、数据分析与显示，通过一组软件和硬件，实现完全由用户自定义、适合不同应用环境和对象的各种功能。形成既有普通仪器的基本功能，又有一般仪器所没有的特殊功能的高档低价的新型仪器。

虚拟仪器的演变和发展是仪器发展及计算机技术推动的结果。电子测量仪器经历了由模拟仪器、数字仪器到智能仪器的过程，但计算机处理能力的迅速发展已将传统仪器抛在后面，同时计算机又具有仪器所必需的数据处理、显示、存储功能，高分辨力的图形显示与大容量硬盘也已成为计算机的标准配置。从而使仪器与计算机联姻，使仪器的发展搭上计算机发展的高速列车，就形成了全部可编程的 VI 仪器。

在虚拟仪器系统中，运用计算机灵活强大的软件代替传统的某些部件，用人的智力资源代替许多物质资源，在虚拟仪器系统中，硬件仅仅是解决信号的输入和输出问题的方法和软件赖以生存、运行的物理环境，软件才是整个仪器的核心，借以实现硬件的管理和仪器功能。使用者只要通过调整或修改仪器的软件，便可方便地改变或增减仪器系统的功能与规模，甚至仪器的性质，完全打破了传统仪器由厂家定义、用户无法改变的模式。给用户一个充分发挥自己才能和想象力的空间。

一些虚拟功率谱分析仪面板，在设计上保持了 Windows 的界面风格，用鼠标单击按钮即可实现数据采集和分析，但显示和处理功能增强了。同时在面板上可以实时改变频率范围、放大倍数，进行加窗处理等。

虚拟仪器的出现是仪器发展史上的一场革命，代表着仪器发展的最新方向和潮流，是信息技术的一个重要领域，对科学技术的发展和工业生产将产生难以估量的影响。经过十几年的发展，不仅虚拟仪器技术本身的内涵不断丰富，外延不断扩展，目前已发展成具有 GBIB、PC-DAQ、VXI 和 PXI 四种标准体系结构的开发技术。可广泛用于电子测量、振动分析、声学分析、故障诊断、航天航空、军事工程、电力工程、机械工程、建筑工程、铁路交通、地质勘查、生物医疗、教学及科研等诸多方面。

### 2. 虚拟仪器的特点

虚拟仪器是一种全新的仪器概念，与传统的测试仪器相比，它具有以下特点：

① 虚拟仪器的功能由用户自行定义和开发。基本硬件确定后，通过调用不同软件即可构成不同功能的仪器。软件技术是虚拟仪器的关键，因此美国国家仪器公司（National Instruments，NI）提出"软件就是仪器"的口号。

② 虚拟仪器系统的控制器——计算机具有开放性，因而容易实现与网络、外设及其他部件相互间的连接，具有易扩展性，可以构成多种仪器。

③ 虚拟仪器系统是多微处理器系统，可进行高速测量和精密测量，并能迅速得到分析处理结果。

④ 计算机强大的图形用户界面（GUI）和数据处理能力，使仪器将测量与数据分析处理相结合，增强了仪器的显示及分析功能。

⑤ 虚拟仪器的设计开发灵活，可与计算机技术同步发展，技术更新快。VI 仪器技术更新周期为 1~2 年，而传统仪器的更新周期为 5~10 年。

⑥ 基于软件体系的结构，大大节省开发维护费用，价格低。

VI 技术已经成为仪器仪表科学的研究开发热点，很多软/硬件产品相继问世，例如采样速率为 1 GHz 的 24 b 精度的数据采集板也已经问市，抗混叠滤波器可按 1/6 倍频衰减 90 dB，开放式开发系统 LabVIEW、LabWINDOWS 和开发工具包 LabVIEW Application Builder，SQL Toolkit，Test Executive，Signal Processing Suit 等为 VI 设计使用提供了完善的环境。

## 本章小结

传感器是获取信息的工具，传感器技术是关于传感器的设计、制造及应用的综合技术，它是信息技术（传感与控制技术、通信技术和计算机技术）的三大支柱之一。

近年来，传感器在发展与应用过程中越来越多地和微处理器相结合，使传感器不仅有视、嗅、触、味、听觉的功能，还具有存储、思维和逻辑判断等人工智能，从而使传感器技术提高到一个新的水平。随着传感器智能化的不断提高，它的功能会更多，精度和可靠性会更高，智能传感器代表着传感技术今后发展的大趋势，也必将使传感器技术发展到一个崭新阶段。

## 思考题与习题

1. 什么是智能传感器？能否说"传感器+微处理器=智能传感器"？
2. 智能传感器应具有哪些主要功能？有哪些优点？
3. 智能传感器由哪些部分构成，是否所有的智能传感器都具有这些组成部分，为什么？
4. 什么是传感器的集成化与智能化，试举例说明。
5. 智能传感器的实现途径有哪些？
6. 智能传感器的数据处理包括哪些内容？
7. 智能传感器是如何对温度进行补偿的？
8. 如何设计智能传感器的硬件？

# 第 14 章 检测系统的抗干扰技术

## 本章知识点

1. 干扰的类型及产生的原因；
2. 抑制干扰的措施；
3. 检测系统的抗干扰技术；
4. 提高自动检测系统可靠性的措施；
5. 传感器的标定与校准；
6. 传感器的合理选用原则。

## 先导案例

目前，检测系统越来越多地采用光电耦合隔离器（或称光耦）来提高系统的抗共模干扰能力。光电耦合隔离器有如下特点：

① 输入、输出回路绝缘电阻高（大于 $10^{10}$ Ω）、耐压超过 1 kV。
② 因为光的传输是单向的，所以输入信号不会反馈和影响输入端。
③ 输入、输出回路在电气上是完全隔离的，能很好地解决不同电位、不同逻辑电路之间的隔离和传输的矛盾。

### 本案例要解决的问题

举一实际电路分析说明光电耦合隔离器如何应用于强电信号的检测与隔离。

测量仪表或传感器工作现场的环境条件常常是很复杂的，各种干扰通过不同的耦合方式进入测量系统，使测量结果偏离准确值，严重时甚至使测量系统不能正常工作，为保证测量装置或测量系统在各种复杂的环境条件下正常工作，就必须要研究抗干扰技术。

抗干扰技术是检测技术中一项重要的内容，它直接影响测量工作的质量和测量结果的可靠性。因此，测量中必须对各种干扰给予充分的注意，并采取有关的技术措施，把干扰对测量的影响降低到最低或容许的限度。

## 14.1 干扰的类型及产生

测量中来自测量系统内部和外部，影响测量装置或传输环节正常工作和测试结果的各种因素的总和，称为干扰（噪声）。而把消除或削弱各种干扰影响的全部技术措施，总称为抗干扰技术或防护。

### 14.1.1 干扰的类型

根据干扰产生的原因，通常可分为以下几种类型。

**1. 电和磁干扰**

电和磁可以通过电路和磁路对测量仪表产生干扰作用，电场和磁场的变化在测量装置的有关电路或导线中感应出干扰电压，从而影响测量仪表的正常工作。这种电和磁的干扰对于传感器或各种检测仪表来说是最为普遍、影响最严重的干扰。因此，必须认真对待这种干扰，本章将重点研究这种干扰的抑制措施。

**2. 机械干扰**

机械干扰是指由于机械的振动或冲击，使仪表或装置中的电气元件发生振动、变形，使连接线发生位移，使指针发生抖动，仪器接头松动等。

对于机械类干扰主要是采取减振措施来解决，例如采用减振弹簧、减振软垫、隔板消振等措施。

**3. 热干扰**

设备和元器件在工作时产生的热量所引起的温度波动以及环境温度的变化都会引起仪表和装置的电路元器件的参数发生变化，另外某些测量装置中因一些条件的变化产生某种附加电动势等，都会影响仪表或装置的正常工作。

对于热干扰，工程上通常采取下列几种方法进行抑制。

① 热屏蔽：把某些对温度比较敏感或电路中关键的元器件和部件，用导热性能良好的金属材料做成的屏蔽罩包围起来，使罩内温度场趋于均匀和恒定。

② 恒温法：例如将石英振荡晶体与基准稳压管等与精度有密切关系的元件置于恒温设备中。

③ 对称平衡结构：如差分放大电路、电桥电路等，使两个与温度有关的元件处于对称平衡的电路结构两侧，使温度对两者的影响在输出端互相抵消。

④ 温度补偿元件：采用温度补偿元件以补偿环境温度的变化对电子元件或装置的影响。

**4. 光干扰**

在检测仪表中广泛使用各种半导体元件，但半导体元件在光的作用下会改变其导电性能，产生电动势与引起阻值变化，从而影响检测仪表正常工作。因此，半导体元器件应封装在不透光的壳体内，对于具有光敏作用的元件，尤其应注意光的屏蔽问题。

**5. 湿度干扰**

湿度增加会引起绝缘体的绝缘电阻下降，漏电流增加；电介质的介电系数增加，电容量增加；吸潮后骨架膨胀使线圈阻值增加，电感器变化；应变片粘贴后，胶质变软，精度下降等。通常采取的措施是：避免将其放在潮湿处，仪器装置定时通电加热去潮，电子器件和印刷电路浸漆或用环氧树脂封灌等。

**6. 化学干扰**

酸、碱、盐等化学物品以及其他腐蚀性气体，除了其化学腐蚀性作用将损坏仪器设备和元器件外，还能与金属导体产生化学电动势，从而影响仪器设备的正常工作。因此，必须根据使用环境对仪器设备进行必要的防腐措施，将关键的元器件密封并保持仪器设备清洁干净。

**7. 射线辐射干扰**

核辐射可产生很强的电磁波，射线会使气体电离，使金属逸出电子，从而影响到电测装置的正常工作。射线辐射的防护是一种专门的技术，主要用于原子能、工业等方面。

## 14.1.2 干扰的产生

**1. 放电干扰**

① 天体和天电干扰：天体干扰是由太阳或其他恒星辐射电磁波所产生的干扰。天电干扰是由雷电、大气的电离作用、火山爆发及地震等自然现象所产生的电磁波和空间电位变化所引起的干扰。

② 电晕放电干扰：电晕放电干扰主要发生在超高压大功率输电线路和变压器、大功率互感器、高电压输变电等设备上。电晕放电具有间歇性，并产生脉冲电流。随着电晕放电过程将产生高频振荡，并向周围辐射电磁波。其衰减特性一般与距离的平方成反比，所以对一般检测系统影响不大。

③ 火花放电干扰：如电动机的电刷和整流子间的周期性瞬间放电，电焊、电火花、加工机床、电气开关设备中的开关通断的放电，电气机车和电车导电线与电刷间的放电等。

④ 辉光、弧光放电干扰：通常放电管具有负阻抗特性，当和外电路连接时容易引起高频振荡，如大量使用荧光灯、霓虹灯等。

**2. 电气设备干扰**

① 射频干扰：电视、广播、雷达及无线电收发机等对邻近电子设备造成的干扰。

② 工频干扰：大功率配电线与邻近检测系统的传输线通过耦合产生的干扰。

③ 感应干扰：当使用电子开关、脉冲发生器时，因为其工作中会使电流发生急剧变化，形成非常陡峭的电流、电压前沿，具有一定的能量和丰富的高次谐波分量，会在其周围产生交变电磁场，从而引起感应干扰。

### 14.1.3 信噪比和干扰叠加

**1. 信噪比**

干扰对测量的影响必然反映到测量结果中，它与有用信号交连在一起。衡量干扰对有用信号的影响常用信噪比（$S/N$）表示

$$S/N = 10\lg\frac{P_S}{P_N} = 20\lg\frac{U_S}{U_N} \tag{14.1}$$

式中 $P_S$——有用信号功率；

$P_N$——干扰信号功率；

$U_S$——有用信号电压的有效值；

$U_N$——干扰信号电压的有效值。

从式（14.1）可知，信噪比越大，干扰的影响越小。

**2. 干扰的叠加**

（1）非相关干扰源电压相加

各干扰电压或干扰电流各自独立地互不干扰时，它们的总功率为各干扰功率之和。其电压之和为

$$U_N = \sqrt{\sum U_{Ni}^2} \tag{14.2}$$

（2）两个相关干扰电压之和

当两个干扰电压并非各自独立，存在相关系数 $\gamma$ 时，其总干扰电压为

$$U_N = \sqrt{U_{N1}^2 + U_{N2}^2 + 2\gamma U_{N1} U_{N2}} \tag{14.3}$$

显然，$\gamma = 0$ 时为非相关；$\gamma$ 在 $0\sim1$ 或 $-1\sim0$ 时，两电压为部分相关。

### 14.1.4 干扰的途径与作用方式

噪声通过一定的途径侵入测量装置才会对测量结果造成影响，因此有必要讨论干扰的途径及作用方式，以便有效地切断这些途径，消除干扰。干扰的途径有"路"和"场"两种形式。凡噪声源通过电路的形式作用于被干扰对象的，都属于"路"的干扰，如通过漏电流、共阻抗耦合等引入的干扰；凡噪声源通过电场、磁场的形式作用于被干扰对象的，都属

于"场"的干扰，如通过分布电容、分布互感等引入的干扰。

**1. 通过"路"的干扰**

（1）漏电流耦合形成的干扰

它是由于绝缘不良，由流经绝缘电阻的漏电流所引起的噪声干扰。漏电流耦合干扰经常发生在下列情况下：当用传感器测量较高的直流电压时，在传感器附近有较高的直流电压源时，在高输入阻抗的直流放大电路中。

（2）传导耦合形成的干扰

噪声经导线耦合到电路中去是最明显的干扰现象。当导线经过具有噪声的环境时，即拾取噪声，并经导线传送到电路而造成干扰。传导耦合的主要现象是噪声经电源线传到电路中来。通常，交流供电线路在生产现场的分布，实际上构成了一个吸收各种噪声的网络，噪声可十分方便地以电路传导的形式传到各处，并经过电源引线进入各种电子装置，造成干扰。实践证明，经电源线引入电子装置的干扰无论从广泛性和严重性来说都是十分明显的，但常常被人们忽视。

（3）共阻抗耦合形成的干扰

共阻抗耦合是由于两个电路共有阻抗，当一个电路中有电流流过时，通过共有阻抗在另一个电路上产生干扰电压。例如，几个电路由同一个电源供电时，会通过电源内阻互相干扰，在放大器中，各放大级通过接地线电阻互相干扰。

**2. 通过"场"的干扰**

（1）静电耦合形成的干扰

电场耦合实质上是电容性耦合，它是由于两个电路之间存在寄生电容，可使一个电路的电荷变化影响到另一个电路。

（2）电磁耦合形成的干扰

电磁耦合又称互感耦合，它是在两个电路之间存在互感，一个电路的电流变化，通过磁铰链会影响到另一个电路。例如，在传感器内部，线圈或变压器的漏磁是对邻近电路的一种很严重的干扰；在电子装置外部，当两根导线在较长一段区间平行架设时，也会产生电磁耦合干扰。

（3）辐射电磁场耦合形成的干扰

辐射电磁场通常来源于大功率高频电气设备、广播发射台、电视发射台等。如果在辐射电磁场中放置一个导体，则在导体上产生正比于电场强度的感应电动势。输配电线路，特别是架空输配电线路都将在辐射电磁场中感应出干扰电动势，并通过供电线路侵入传感器造成干扰。在大功率广播发射机附近的强电磁场中，传感器外壳或传感器内部尺寸较小的导体也能感应出较大的干扰电动势。例如，当中波广播发射的垂直极化波的强度为 100 mV/m 时，长度为 10 cm 的垂直导体可以产生 5 mV 的感应电动势。

## 14.2 检测系统的抗干扰技术

### 14.2.1 抑制干扰的基本措施

干扰的形成必须同时具备三项因素,即干扰源、干扰途径以及对噪声敏感性较高的接收电路——检测装置的前级电路。三者之间的关系如图 14-1 所示。

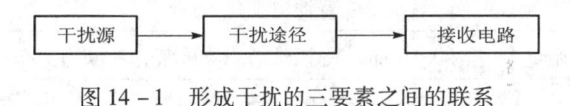

图 14-1 形成干扰的三要素之间的联系

要想抑制干扰,首先应对干扰有全面而深入的了解,然后从形成干扰的三要素出发,在三个方面采取措施。

**1. 消除或抑制干扰源**

消除干扰源是积极主动的措施,继电器、接触器和断路器等的电触点,在通断电时的电火花是较强的干扰源,可以采取触点消弧电容等。接插件接触不良、电路接头松脱、虚焊等也是造成干扰的原因,对于这类可以消除的干扰源要尽可能消除。对难以消除或不能消除的干扰源,如某些自然现象的干扰、邻近工厂的用电设备的干扰等,就必须采取防护措施来抑制干扰源。

**2. 破坏干扰途径**

① 对于以"路"的形式侵入的干扰,可以采取提高绝缘性能的办法来抑制漏电流的干扰;采用隔离变压器、光电耦合器等切断地环路的干扰途径,引用滤波器、扼流圈等技术,将干扰信号除去;改变接地形式以消除共阻抗耦合干扰等;对于数字信号可采用整形、限幅等信号处理方法切断干扰途径。

② 对于以"场"的形式侵入的干扰,一般采取各种屏蔽措施。

**3. 削弱接收电路对干扰信号的敏感性**

根据经验,高输入阻抗电路比低输入阻抗电路易受干扰;布局松散的电子装置比结构紧凑的电子装置更易受外来干扰;模拟电路比数字电路的抗干扰能力差。由此可见,电路设计、系统结构等都与干扰的形成有着密切关系。因此,系统布局应合理,且设计电路时应采用对干扰信号敏感性差的电路。

### 14.2.2 抗干扰技术

**1. 装置配线技术与信号电缆的选择**

正确设计布线系统、正确选择传感器和正确设计信号处理装置是一个重要的问题。目前国内外工业控制技术的发展动向主要有3个方面：① 趋向计算机化，即智能化；② 工业控制系统体积小型化；③ 采用标准化、通用化的组合系统。但是，干扰信号通过各种线缆侵入电控装置所占的比例可达90%以上，因而控制装置的配线技术是首先应该考虑的。对于静电噪声，可在信号线上包一层导体屏蔽层，若将屏蔽层两端接地则效果更好。各种信号电缆的静电屏蔽效果见表14-1。

表14-1 各种信号电缆的静电屏蔽效果

| 商品型号 | 规　格 | 屏蔽效果/dB |
| --- | --- | --- |
| CVV（日本产） | 普通电缆 | 0 |
| CVV-SB | 屏蔽电缆（由0.16 mm$^2$的铜丝纺织物屏蔽，密度为70%） | 40 |
| CVV-S | 屏蔽电缆（0.1 mm厚铜带） | 58.4 |
| CVV-SLA | 屏蔽电缆（0.25 mm厚铝带，0.55 mm$^2$漏电金属线） | 62 |

对于电磁感应噪声，配线应尽量使信号线远离强电线，以便减小互感，减小电磁感应噪声。信号电缆还可用导磁体来屏蔽，并使屏蔽的两端接地。各种信号电缆的电磁屏蔽效果见表14-2。

表14-2 各种信号电缆的电磁屏蔽效果

| 商品型号 | 规　格 | 屏蔽效果/dB |
| --- | --- | --- |
| CVV（日本产） | 普通电缆 | 0 |
| CVV-S | 屏蔽电缆（0.1 mm厚铜带，0.1 mm厚铁带） | 2.73 |
| CVV-TX（Fe）ZV-S（Cu） | 屏蔽电缆（0.1 mm厚铜带两条，附有涂层的双层屏蔽结构） | 7.95 |
| CVV-AIE | 轻屏蔽电缆（1.4 mm厚铝护套，0.2 mm厚铁带两条） | 22 |
| TAZV | 重屏蔽电缆（1.4 mm厚铝护套，0.6 mm厚钢带两条） | 26 |
| 电线管+CVV-S | 金属管（薄钢电线管）内屏蔽电缆（0.1 mm厚钢带一条） | 20 |

除此之外，采用双绞信号线对抑制噪声也很有效，因为它们能产生方向相反的感应电压，所产生的磁通相互抵消。

一般说来，从传感器输出的微弱信号需用放大器先进行放大，理想的方法是将这些放大器用双屏蔽层加以防护，即让输入信号的模拟地"浮空"，不与任何点连接，而在它们的外面套上一个屏蔽盒，外屏蔽盒并不与屏蔽线的屏蔽层连接。

降低外部噪声或混入噪声的方法举例：降低外部噪声和传感器电路噪声的方法是在它们

之间实行静电屏蔽,具体做法如图 14-2 所示,把传感器的输出线拧在一起,这样,可以减小磁力线耦合感应的影响。

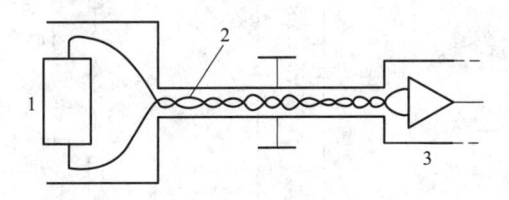

图 14-2 静电屏蔽方法
1—传感器;2—拧线;3—放大器

下面主要讨论设备内部抗干扰的布线问题。

布线包括印制电路板的布线和电气控制箱走线。合理的走线就是要设法减小电路的分布电容、杂散的电磁场所引起的干扰。

(1) 强弱信号线分开,高低压电路分开

强电信号线与弱电信号线捆扎在一起或互相平行且走线距离过长,都可能把 50 Hz 的干扰信号传给回路。在一般仪器或设备中都将交流 220 V 电源通过面板开关又返回变压器。在这种情况下采用双绞线结构如图 14-3 所示,或用屏蔽线将电源线屏蔽。这时一般采用双芯屏蔽线,且金属网一端接地,如图 14-4 所示。

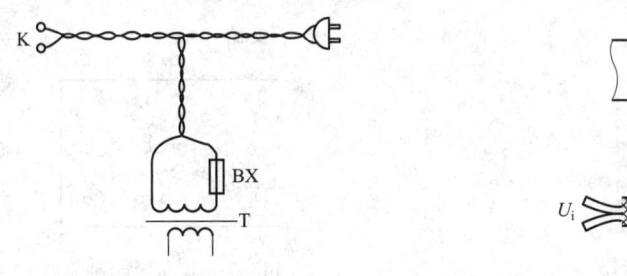

图 14-3 双绞线结构    图 14-4 双芯屏蔽线结构

(2) 大、小电流分开

电路中有电流流过就会产生磁场,流过的电流越大,产生的电磁场越强。有大电流工作的回路,必将是一个大的电磁干扰源,特别是在频率较高时,这种影响更为显著。因此,在设计电路时,应注意将大电流与弱电流回路分开走线,以避免强信号对弱信号产生干扰。在无法完全分开的情况下,应尽量缩短大电流回路的长度和减小环路的面积。从图 14-5 中可知,对于同样的电路,图 (b) 要比图 (a) 优越。

(3) 印制线路板的走线

印制板是整个电路设计的重要环节。一般而言,对于信号回路,印制板铜箔条的相互距

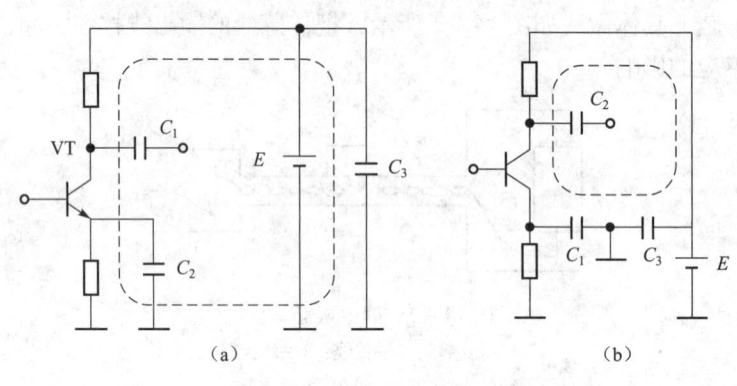

图 14-5　减少电流干扰的方法

离要有足够的尺寸,而且这个尺寸要随信号频率的升高而增大,尤其是频率极高或前沿十分陡的脉冲电路更要注意,这是由于印制板铜箔条之间有分布电容的存在。设计线路时,有时布线要平行走线,从抗干扰的角度要注意如下工艺:

① 采用隔离走线。在许多不得不平行走线的电路中可先考虑采用如图 14-6 所示的方法,即两条信号线中加一条接地的隔离走线。

② 采用短接线。在线路无法排列或只有绕大圈才能走通的情况下,干脆用绝缘"飞线"连接,而不用印制线,或采用双面板印制飞线,或用阻容元件引线直接跨接,如图 14-7 所示。

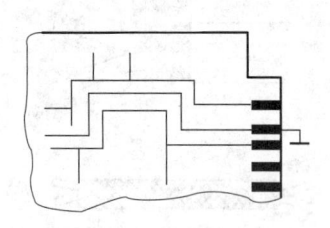

图 14-6　隔离地线的敷设

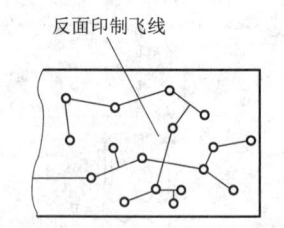

图 14-7　双面板印制飞线

③ 采用屏蔽线。如前所述,也可采用将信号回路屏蔽或将干线屏蔽的方法,将屏蔽线外的金属网接地,从而达到抑制干扰的目的。

**2. 接地技术**

在测量仪器和控制装置中,接地技术是抗干扰性能优劣的关键。接地有两种目的:一种是保护性接地,另一种则用于防止噪声的抗干扰。在控制系统中,地线的种类可分为模拟地、信号地、电源地、屏蔽地(也叫机壳地)以及直流地、计算机地等。这些不同的地线如何处理,是浮地还是接地,是一点接地还是多点接地等,都是值得研究的问题。

若把信号地、模拟地、计算机地、各机架的电源地隔离开,且使它们在系统接地网络中呈放射状排列,最后汇总到系统基准地,就能防止干扰。系统基准地的接地电阻应尽量小于

$2.5\Omega$,各系统内部的各个地要采用并联形式,以免形成回路,如图 14-8 所示。

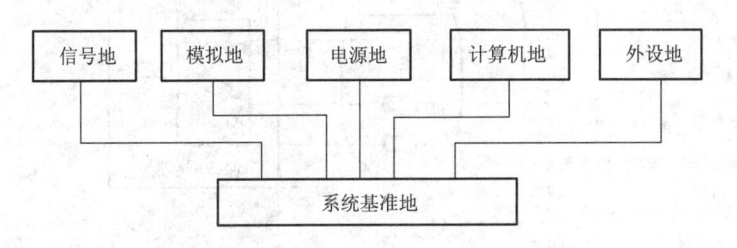

图 14-8  系统基准地的连接方法

理想情况下一个系统的所有接地与大地之间应具有零电阻抗。但实际上系统与大地之间总有一定阻抗而产生电压降。另外,电容及电感耦合干扰等使系统各接地点电位不同,如图 14-9 所示。图 14-9(a)所示出信号源(热电偶、应变片等传感器)的现场地与系统地处于不同电位。两个地之间的共模噪声电压 $U_{CM}$ 产生的地回路电流对系统构成干扰。图 14-9(b)中即使信号源外壳接地,地电位差 $U_{CM}$ 仍会通过信号源与其外壳之间分布电容 $C_1$ 及外壳对地分布电容 $C_2$ 耦合而影响系统。因此,系统良好的接地是抑制外部噪声最重要的措施之一。

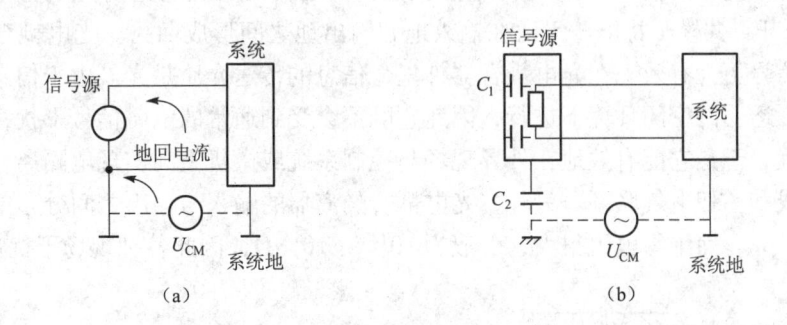

图 14-9  共模噪声电压 $U_{CM}$ 产生的地回路电流对系统构成干扰

在测量装置中,由信号源(或传感器)发出的几十毫伏的微弱信号,经放大器与变换器到控制装置(或计算机)模拟地的接法极为重要。测量装置的信号放大器公共地线不接外壳或大地则称浮置。测量线路被浮置后,明显加大了系统信号放大器公共地与地(或外壳)之间的阻抗,短接干扰电流流经自己的通路,如图 14-10 所示,信号线屏蔽外皮 A 点接保护屏蔽端 G,不接机壳 B。信号源的信号用双花信号屏蔽线传输,$R_1$、$R_2$ 为信号传输线电阻,$R_3$ 为屏蔽外皮电阻。$Z_1$、$Z_2$ 为信号传输线对地阻抗(包括传输线漏电阻、对地分布电容等),$Z_3$ 为新加保护屏蔽层相对机壳的绝缘阻抗。

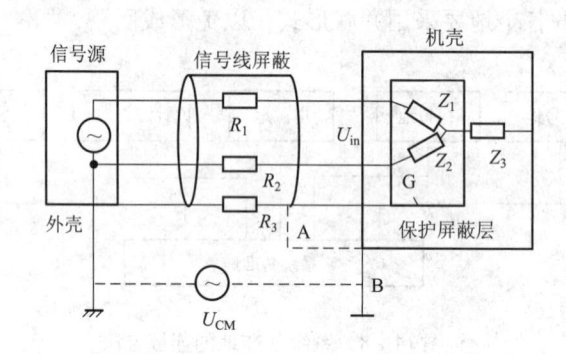

图 14 – 10  共模噪声电压 $U_{CM}$ 的消除

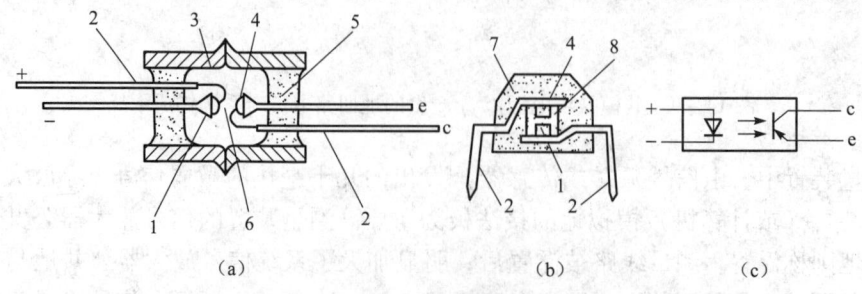

**3. 广泛使用光电耦合隔离器**

光电耦合隔离器是一种电→光→电耦合器，它的输入量是电流，输出量也是电流，可是两者之间从电气上看却是绝缘的，图 14 – 11 所示为其结构示意图。发光二极管一般采用砷化镓红外发光二极管，而光敏元件可以是光敏二极管、光敏三极管、达林顿管，甚至可以是光敏双向晶闸管、光敏集成电路等，发光二极管与光敏元件的轴线对准并保持一定的间隙。

光电耦合隔离器的输入/输出绝缘电阻很高，而且输出阻抗也比较高，使"模拟地"与"数字地"分开，共模干扰电压无法在输入地和输出地之间形成回路。光电耦合隔离对数字信号、开关信号更为有效。在光电耦合器件里，信息的传送介质是光。由于信息的转换和传送过程是在不透明的密闭环境下进行，因此它既不会受到通常的电磁信号干扰，也不会受到外界光的干扰，于是它能有效地在外界现场与控制系统或微机之间实现电隔离，去掉两部分间的公共地线和一切电气联系。另外，光电耦合隔离器的输入与输出之间分布电容极小，一般为 0.5～1 pF，而绝缘电阻很大，一般为 $10^{12}$～$10^{13}$ Ω，因此各种现场干扰都很难通过。

(a)    (b)    (c)

图 14 – 11  光电耦合隔离器

(a) 管形轴向封装剖面图；(b) 双列直插封装剖面图；(c) 图形符号

1—发光二极管；2—引脚；3—金属外壳；4—光敏元件；5—不透明玻璃绝缘材料；6—气隙；
7—黑色不透光塑料外壳；8—透明树脂

### 14.2.3 抗干扰的特殊对策

以上介绍的几条抗干扰措施是工程中常用的方法。下面主要讨论电子装置抗干扰措施。

**1. 电源回路抗干扰措施**

噪声通过电源线侵入时，因电流大，可能产生浪涌冲击干扰，并有可能在其他回路中产生感应噪声，其抗干扰措施如下：

电源变压器的一次和二次绕组间加静电屏蔽，屏蔽层和二次绕组的一端同时接地，到电源变压器的配线要短，并要独立配线；把电源的往复线用绞线做成最短的配线，用配线槽与其他控制回路的配线完全分开。

**2. 信号的输入输出回路抗干扰措施**

在工业自动化装置中，从信号输入输出回路侵入的电涌噪声造成的故障最多，因此必须采取如下的措施：

在输入电路中不使用微分电路而使用积分电路，如图 14-12（a）所示；图 14-12（b）所示为传感器激励源的波形，显然其供电采取了脉动直流方式。

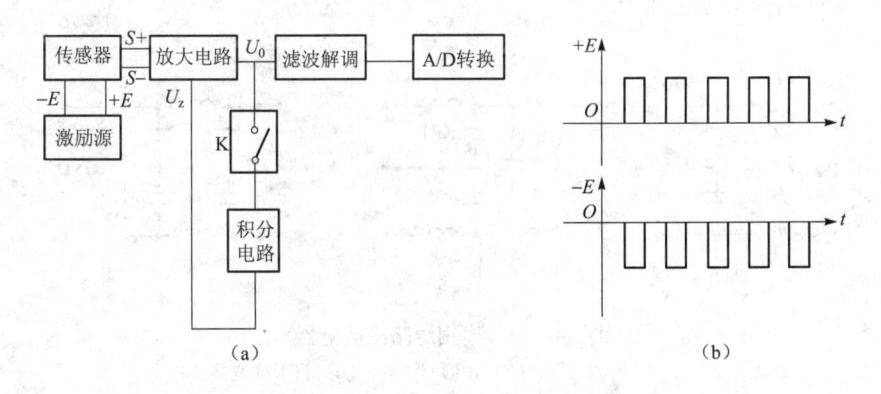

图 14-12 使用积分电路抗干扰示意图
(a) 电路示意图；(b) 激励源波形图

正半周时，传感器输入端有激励源，相应地传感器有信号输出；负半周时，传感器输入端无激励源，因此传感器的输出信号为零。电子模拟开关 K 对应激励源的负半周接通，正半周断开，$U_0$ 是放大电路的输出信号。负半周时，传感器无输出信号，此时放大电路的输出 $U_0$ 即为噪声电平。积分电路输出接到放大电路的 $U_z$ 端。积分电路的设计思路如下：

负半周时，K 接通，积分电路对噪声电平 $U_0$ 进行积分，积分电路的输出信号反馈到放大电路的 $U_z$ 端，使 $U_0$ 逐步降低直至为零。当 $U_0$ 降为零时，积分电路停止工作，此时的 $U_z$ 将被记录下来并保持不变。正半周时，由于 K 断开，所以在负半周积分得到的 $U_z$ 值仍将保持不变。因为噪声电平 $U_o$ 已被 $U_z$ 抵消，所以正半周时放大电路的输出信号已无噪声电平成分，仅和传感器的输出信号成正比，达到了自动消除噪声电平的目的。

**3. 合理选择滤波器**

模拟滤波器主要用于滤去模拟干扰信号。由于干扰信号表现形式不一，测量信号在性质上各异，因而需根据具体情况，选用不同的滤波器。

① 若串模干扰信号频率 $f_n$ 大于被测信号频率 $f_s$，选用低通滤波器。因低通滤波器常采用电感元件，所以常在较大的设备中采用。

② 若串模干扰信号频率 $f_n$ 小于被测信号频率 $f_s$，选用高通滤波器。在电源进线中加接电容，可有效地滤去混入电源中的高频干扰。

③ 若串模干扰信号频率 $f_n$ 超出被测信号频谱范围，选用带通滤波器。

④ 若串模干扰信号频率 $f_n$ 与被测信号频率 $f_s$ 相当，可不使用模拟滤波器。

在控制装置的输入端加滤波电路，可使混杂在有用信号中的交流干扰信号大幅衰减。目前已生产出商用线路滤波器供选择使用，如图 14-13 所示。图中 14-13（a）所示为 T 形滤波器，图 14-13（b）所示为 R 形滤波器，图 14-13（c）所示为 ∏ 形滤波器。合理选择滤波器可使噪声电压衰减数十分贝。

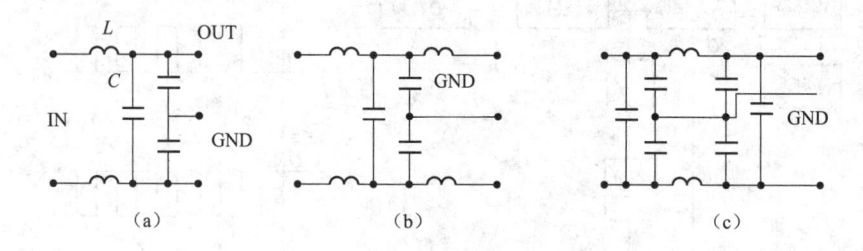

图 14-13　商用线路滤波电器
（a）T 形滤波器；(b) R 形滤波器；(c) ∏ 形滤波器

在由多块印制板组成的仪器和设备中，应在每块印制板的电源进线端加一大电解电容和小容量电容并联的滤波网络，这对于消除直流电源在箱内传输过程中所感应的干扰信号是有利的。小容量电容一般在 4 700 pF ~ 0.02 μF。

在有放大器的电路中，放大器的第一级增加一个稳压滤波网络，可使干扰信号进一步衰减，同时改进一般放大器的设计方法，把供给放大器正端的电压同时也提供给负输入端，如图 14-14 所示。

在有雷击等浪涌冲击侵害的场合，在线路滤波器与电源间应接入压敏电阻及 ZNR 等浪涌吸收器，如图 14-15 所示。

图 14-14　稳压滤波网络

图 14-15　ZNR 等浪涌吸收器

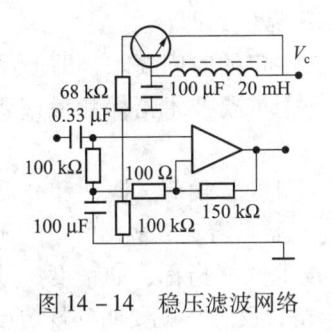

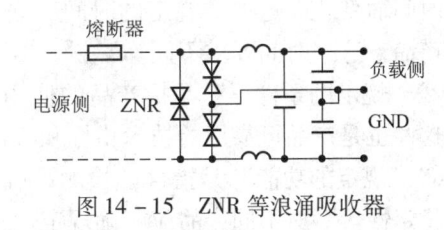

## 14.3　自动检测系统的可靠性

产品质量的可靠性是设计者、生产者和使用者共同关心的问题，也是对产品质量做全面评定的一个重要指标。1957 年，美国先锋卫星只是由于一个价值 2 美元的元件失效，就造成 220 万美元的损失；1986 年，美国"挑战者号"航天飞机的火箭助推器内橡胶密封圈因温度低而失效，结果引起航天飞机爆炸，造成 7 名宇航员全部遇难。由此可见，可靠性问题是直接影响到经济、军事和政治的重大问题。

当今工业技术飞速发展，产品的更新换代加快，结构日趋复杂，使用场所更加广泛，环境更为严酷，因此，产品的可靠性问题就更为突出。可靠性的观点和方法已经成为质量保证、安全性保证、产品责任预防等不可缺少的依据和手段。自动检测系统当然也必须进行可靠性设计和研究，下面简要介绍可靠性的基本概念和提高可靠性的措施。

### 14.3.1　可靠性的基本概念

**1. 问题的提出**

从 20 世纪 50 年代起，国外就兴起了可靠性技术的研究。在第二次世界大战期间，美国有相当数量的通信设备、航空设备、水声设备因失效而不能使用。因此，美国便开始研究电子元件和系统的可靠性问题。德国在第二次世界大战中，由于研制 V-1 火箭的需要，也开始了可靠性工程的研究。1957 年美国发表了《军用电子设备可靠性》的重要报告，被公认为是可靠性的奠基文献。在 20 世纪六七十年代，随着航空航天事业的发展，可靠性问题的研究取得了长足的进展，引起了国际社会的重视，许多国家相继成立了可靠性研究机构，对可靠性理论做了广泛的研究，现今已发展成为一门新兴的工程学科。

**2. 可靠性的基本概念**

（1）可靠性的定义

自动检测系统或机电产品的可靠性，是指在规定的时间内，在规定的条件下，完成规定功能的能力。可见，它是从三个不同的角度定义了产品的可靠性，即：

① "规定的时间内"是指对保持产品的质量和性能有一定的时间要求，即产品的可靠性随时间而变化。这一"规定的时间"是产品可靠性的一个重要技术指标和考核要求。对不同产品，这一时间要求不同。

② "规定的条件下"是指产品的使用条件，如温度、湿度、载荷、振动和介质等。显然，这些也是产品可靠性的技术指标和考核要求。对不同产品，给定或适用的条件不同。

③ "规定的功能"是指自动检测系统或机电产品的技术性能指标，如精度、效率、强度、稳定性等。对不同产品应明确规定达到什么指标才合格；反之，就要明确规定产品处于什么情况或状态下而失效。

（2）可靠度

在可靠性定义中，涉及三个"规定"和一个"能力"。在规定的时间、规定的条件和规定的功能下，某一产品可能完成任务，也可能完不成任务。也就是说，它可能具有这个能力，也可能没有这个能力。这是一个随机事件，随机事件可用概率定量地描述。因此，在可靠性研究中，为了定量描述产品的可靠性问题，提出了可靠度的概念。产品在规定的时间内，在规定的条件下，完成规定功能的概率，称为产品的可靠度。显然，可靠度是对产品可靠性的概率度量。

（3）失效率

产品的失效率是指产品工作到某一时间后的单位时间内产生失效的概率，即产品工作到一定时刻后，在单位时间内产生失效的产品数与仍在正常工作的产品数之比。自动检测系统或机电产品总有产生失效的时候，对同一产品进行大量试验可得出产品的失效规律。

## 14.3.2 提高可靠性的措施

为了提高自动检测系统和机电产品的可靠性，可采用可靠性更高的元器件代替原系统中失效率的元器件，或者提高工艺质量，如加工质量、焊点质量、文明生产水平和清洁度等，除了这两种可靠性的措施外，还可通过研究可靠性问题，找出一些规律，利用这些规律来达到提高产品可靠性的目的。

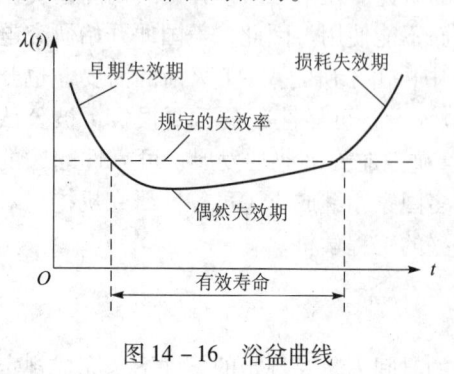

图 14-16 浴盆曲线

**1. 利用失效的规律来提高可靠性**

图 14-16 所示为自动检测系统和机电设备的一般失效曲线，由于曲线的形状酷似浴盆，故称之为"浴盆曲线"。曲线纵坐标是设备的失效率，横坐标是使用时间。平行于横坐标的一条虚线为设备规定的失效率，该虚线与浴盆曲线的两个交点，把曲线划分为三种失效类型，可利用此规律提高可靠性。

（1）早期失效期

设备在启用初期，失效率很高，但经调试或维修后很快减小。这种失效主要是由设计、制造、加工装配等缺陷造成的。通过对这一时期产品失效的分析,可以改进设计、制造、加工装配等薄弱环节,提高产品的可靠性,另外还需对元器件采用人工老化筛选,以保证在自动检测系统中元器件处于稳定工作期。产品的早期失效期,一般应在生产厂内经调试、试运转、检验等手段,考核通过后出厂。早期失效期的失效率 $\lambda(t)$ 随时间而下降,这种失效类型称为早期失效型。

(2) 偶然失效期

经过早期失效期后,设备对规定的使用条件已经适应,即可服役使用。

设备在此期间内,一般只是出于偶然的因素,如突然过载、碰撞等事故性原因而导致失效。在这一阶段,设备的失效率最低,并且稳定,其失效率可视为常数,这种失效类型称为偶然失效型。设备的这段服役期表征了设备的有效寿命。

(3) 损耗失效期

经过一定时间的使用,设备上的某些零部件出现老化、磨损,因而失效率随时间而上升。这种失效类型称为损耗失效型,是机电设备正常的失效形式。该阶段的失效率一般按正态分布。因此,要避免系统中的元器件在此阶段中工作,应对自动检测系统进行定期检修或更换元器件。需要强调指出,"浴盆曲线"反映了自动检测系统和机电设备的一般失效规律,它经历了三种不同的失效类型。但对某一单一的零件、元件或材料,它的失效只是上述三种失效类型中的某一种。

**2. 用重复备用系统来提高可靠性**

在采用上述措施后仍不能满足要求时,可以采用重复备用系统来提高系统的可靠性。并联重复备用系统的总可靠度为

$$P_s = 1 - \left(1 - \prod_{i=1}^{m} P_i\right)^n \tag{14.4}$$

式中  $P_s$——系统的总可靠度;

$m$——系统中相串联的单元数目;

$P_i$——系统中相串联的各单元的可靠度;

$n$——相同备用单元的数目。

图 14-17 所示为三种不同的重复备用系统,其作用的大小也不同。

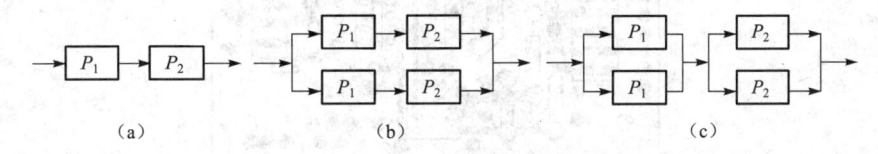

图 14-17 重复备用系统
(a) 串联系统;(b) 串并联系统;(c) 并串联系统

图 14 – 17（a）所示为两单元串联的系统。设 $P_1 = 0.8$，$P_2 = 0.9$，则此系统的可靠度为
$$P_s = P_1 P_2 = 0.8 \times 0.9 = 0.72$$

图 14 – 17（b）所示为串并联重复备用系统，用式（14.4）计算的可靠度为
$$P_s = 1 - (1 - P_1 P_2)^2 = 1 - [1 - (0.8 \times 0.9)]^2 = 0.92$$

图 14 – 17（c）所示为并串联重复备用系统。其可靠度计算式为
$$P_s = [1 - (1 - P_1)^2][1 - (1 - P_2)^2]$$
$$= [1 - (1 - 0.8)^2][1 - (1 - 0.9)^2] = 0.95$$

从上述情况可知，在同样元件数的情况下，并串联重复备用系统具有较高的可靠度。

此外，等待备用系统相当于并联系统，二者不同时开动，只有当一台有故障时，另一台立即开始投入工作。

## 先导案例解决

图 14 – 18 所示为用光电耦合隔离器传递信号并将输入回路与输出回路隔离的电路。光电耦合隔离器的红外发光二极管经两只限流电阻 $R_1$、$R_2$ 跨接到三相电源电路中。当交流接

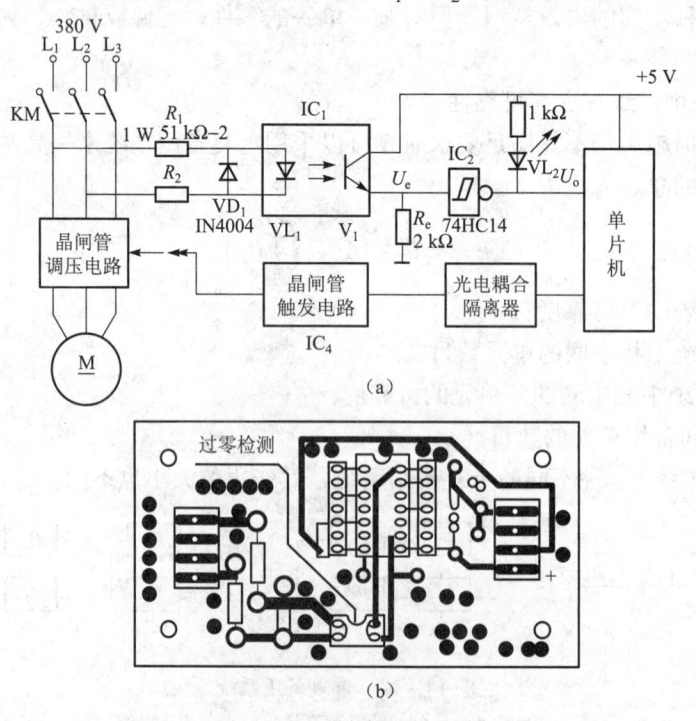

图 14 – 18　光电耦合隔离器用于强电信号的检测、隔离
（a）电路；（b）对应的印制板

触器未吸合时，流过光电耦合隔离器中的红外发光二极管 $VL_1$ 的电流为零，所以光电耦合隔离器中的光敏三极管 $V_1$ 处于截止状态，$U_e$ 为低电平，反相器的输出 $U_o$ 为高电平。

图 14-19 所示为各点的波形图。在 $t_1$ 时刻，当交流接触器得电吸合后，在电源的正半周时，有电流流过 $VL_1$。合理选择 $R_1$、$R_2$、$R_e$ 的阻值，可以使光电耦合隔离器中的光敏三极管在正半周的绝大多数时间里处于饱和状态，$U_e$ 为高电平。经具有史密特特性的反相器反相、整形为边缘陡峭的方波，如图 14-19 中的 $U_o$ 波形。单片机检测到方波信号就可以判断出电源的过零时刻，从而根据既定的程序控制晶闸管的导通角，调节电动机的转速。

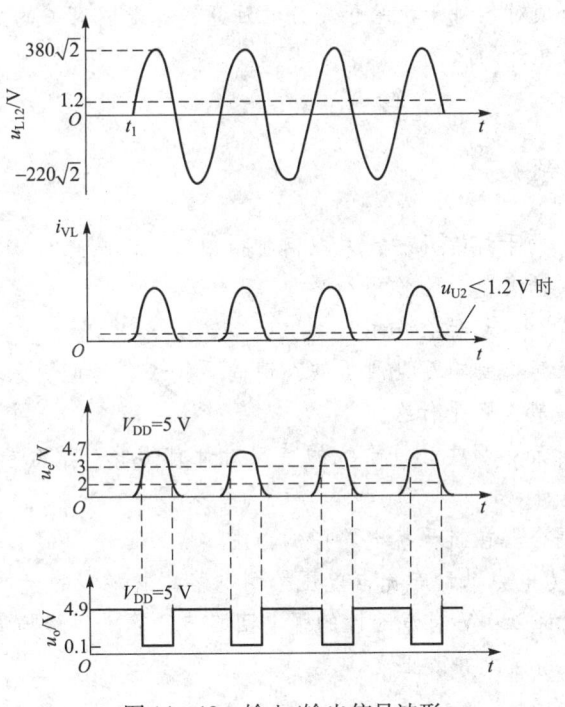

图 14-19 输入/输出信号波形

在这个例子中，光电耦合隔离器的主要作用并不在于传输信号，因为直接将 220 V 电压经电阻衰减后送到反相器也能得到方波信号。但这样做势必把有危险性的强电回路与计算机回路连接在一起，可能会使计算机主板带电，使操作者触电，甚至有烧毁计算机的可能。

采用图 14-18 所示的光电耦合隔离器电路之后，计算机既可得到方波信号，又与强电回路无电气联系，若用测电笔测量计算机的主板电路，就没有带电的现象。这就是光电耦合隔离器既可以传输有用信号，又将输入、输出回路隔离的道理。设计印制板时，光电耦合隔离器的左、右两边电路应严格绝缘，并保证有一定的间隔，以防击穿，请观察图 14-18（b）所示印制板各元件排列的特点。

# 本章小结

测量仪表或传感器工作现场的环境条件常常是很复杂的,各种干扰通过不同的耦合方式进入检测系统,使测量结果偏离准确值,严重时甚至使测量系统不能正常工作,为保证检测装置或检测系统在各种复杂的环境条件下正常工作,就必须要研究抗干扰技术。

抗干扰技术是检测技术中一项重要的内容,它直接影响测量工作的质量和测量结果的可靠性。因此,测量中必须对各种干扰给予充分的注意,并采取有关的技术措施,把干扰对测量的影响降低到最低或允许的限度。

## 思考题与习题

1. 检测装置中常见的干扰有几种?采取何种措施可予以防止?
2. 屏蔽有几种形式?各起什么作用?
3. 接地有几种形式?各起什么作用?
4. 脉冲电路中的噪声抑制有哪几种方法?请简要叙述它的抑制原理。
5. 传感器选择的一般原则是什么?
6. 抗干扰的常用对策有哪些?抗干扰的特殊对策有哪些?试分析一台你熟悉的仪器仪表中采用的抗干扰措施。
7. 简单分析光电耦合器在抗干扰电路中的作用。
8. 图14-20所示为电力助动车充电电压检测电路,电路中的光电耦合隔离器既可以传输充电电压信号,又能将220 V有危险性的强电回路与计算机回路隔离开来。请指出与光电耦合隔离器有关的接线错误,并改正之。

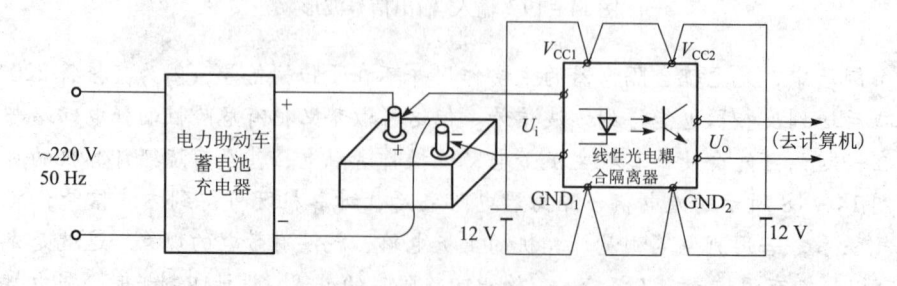

图14-20 电力助动车充电电压检测电路

# 第15章 自动检测与转换技术的综合应用

## 本章知识点

1. 传感器在模糊控制洗衣机中的应用；
2. 传感器在 CNC 机床与加工中心中的应用；
3. 传感器在三坐标测量仪中的应用；
4. 传感器在汽车机电一体化中的应用。

传感器是机电一体化系统（或产品）发展的重要技术之一。机电一体化系统所用传感器的种类很多，大致分类如图 15-1 所示。

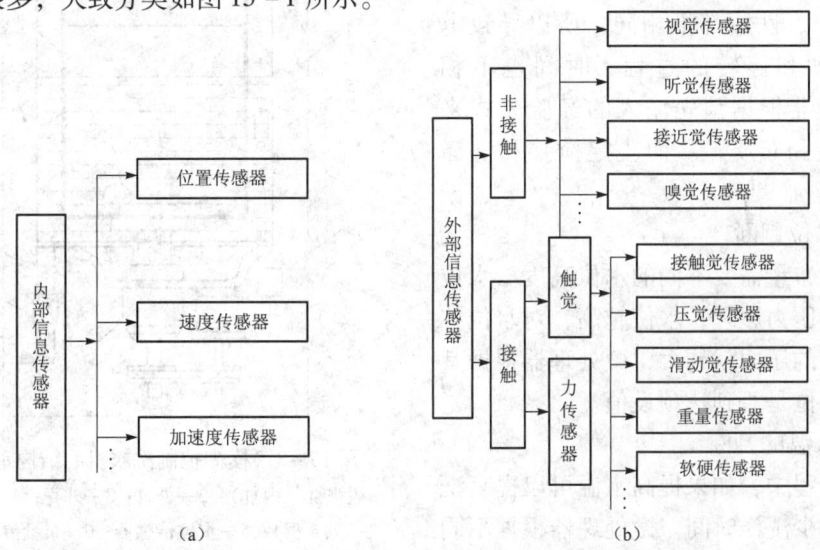

图 15-1 机电一体化系统（或产品）所用传感器的分类
(a) 内部信息传感器；(b) 外部信息传感器

## 15.1 传感器在模糊控制洗衣机中的应用

所谓模糊控制系统是模拟人智能的一种控制系统。它将人的经验、知识和判断力作为控制规则，根据诸多复杂的因素和条件做出逻辑推理去影响控制对象。

模糊洗衣机又称傻瓜洗衣机，能自动判断衣物的数量（质量），布料质地（粗糙、软硬），肮脏程度来决定水位的高低、洗涤时间、搅拌与水流方式、脱水时间等，将洗涤控制在最佳状态。不但使洗衣机省电、省水、省洗涤剂，又能减少衣物磨损。图15-2所示为模糊控制洗衣机的模糊推理示意图，图15-3所示为其结构示意图。

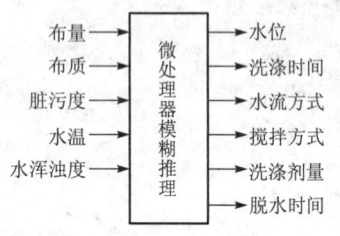

图15-2 模糊控制洗衣机的模糊推理示意图

下面简单介绍模糊洗衣机的洗涤过程及传感器在其中的应用。

（1）布量和布质的判断

在洗涤之前，先注入一定的水，然后启动电动机，使衣物与洗涤桶一起旋转。然后断电，让电动机依靠惯性继续运转直到停止。由于不同的布量和布质所产生的"布阻抗"大小、性质都不相同，所以导致电动机的启动和停转的过程、时间也不相同。微处理器根据预先输入的经验公式来判断出布量和布质，从而决定搅拌和洗涤方式。

（2）水位判断

不同的布量需要不同的水位高度。水位传感器采用压力原理，水位越高，对水位传感器中膜盒的压力就越大，微处理器根据其输出判断水位是否到达预设值。

（3）水温的判断

洗衣过程中，如果提高水温可以提高洗涤效果，减少洗涤时间。微处理器根据不同的衣质决定水温的高低。水温可由半导体集成温度传感器来测定。

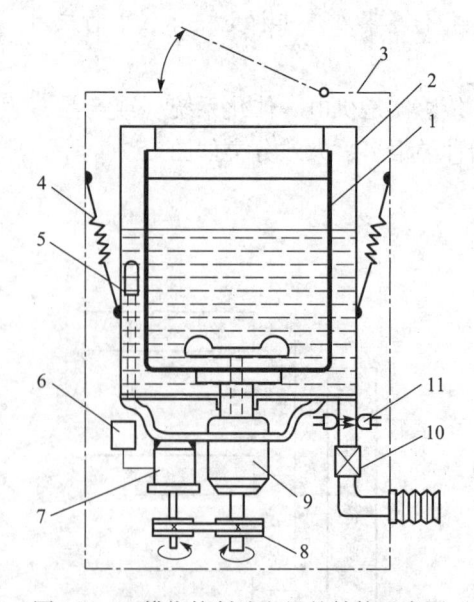

图15-3 模糊控制洗衣机的结构示意图
1—脱水缸（内缸）；2—外缸；3—外壳；4—悬吊弹簧（共4根）；5—水位传感器；6—布量传感器；7—变速电动机；8—皮带轮；9—减速、离合、刹车装置；10—排水阀；11—光电传感器

（4）水浑浊度的测定

浑浊度的检测是采用红外光电"对管"来完成的，它们安装在排水阀的上方。给红外LED通以恒定的电流，它发出的红外光透过排水管中的水柱到达红外光敏三极管，光强的大小反映了水的浑浊程度。

随着洗涤的开始，衣物中的污物溶解于水，使得透光度下降。洗涤剂加入后，透明度更进一步下降。当透明度恒定时，则认为衣物的污物已基本溶解于水，洗涤程序可以结束，打开排水阀，脱水缸高速旋转。由于排水口在脱水时混杂着大量的紊流气泡，使光线散射。当光的透过率为恒值时，则认为脱水过程完毕，然后再加清水漂洗，直到水质变清、无泡沫、透明度达到设定值时，则认为衣物已漂洗干净，经脱水程序后整个洗涤过程完毕。

## 15.2 传感器在 CNC 机床与加工中心中的应用

CNC（Computer Numerical Control）机床和 MC（Machining Center）（即加工中心）是由计算机控制的多功能自动化机床，这类机床多为闭环控制。要实现闭环控制，必须由传感器检测机床各轴的移动位置和速度进行位置数显、位置反馈和速度反馈，以提高运动精度和动态性能。传感器在 CNC 机床和 MC 中的应用见表 15-1。

表 15-1 传感器在 CNC 机床和 MC 中的应用

| 传感器<br>数控机床<br>或加工中心 | 位移（位置） ||||||| 速 度 |||| 限位 |
|---|---|---|---|---|---|---|---|---|---|---|---|---|
| | 磁栅（磁尺） | 旋转变压器 | 光栅 | 编码器 | 容栅 | 感应同步器 | 光电码盘 | 测速发电机 | 磁通感应器 | 编码器 | 霍尔元件 | 行程开关 |
| 工作台 $x$、$y$、$z$ 轴 | √ | √ | √ | √ | √ | √ | √ | √ | √ | √ | √ | √ |

在大位移量中，常用位移传感器有感应同步器、光栅、磁尺、容栅等。

### 15.2.1 传感器在位置反馈系统中的应用

在数控机床中使用的位置传感器，是利用安装在传动丝杠一端的光电编码器，如图 15-4 所示，其产生位置反馈信号 $P_f$，与指令脉冲 $F$ 相比较后形成的位移的偏差信号 $e$ 进行位置伺服控制。

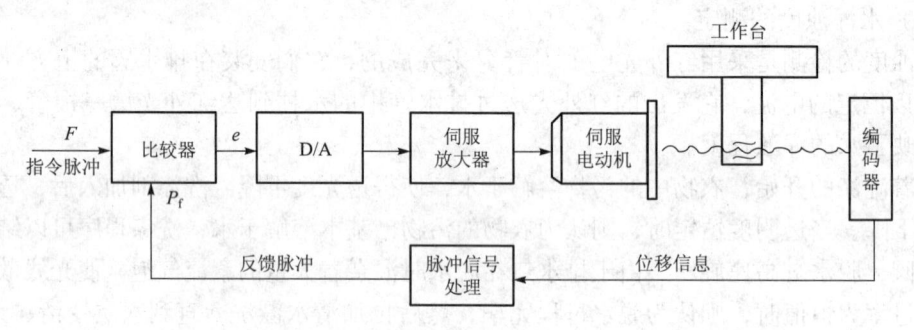

图 15-4 闭环脉冲比较伺服系统框图

## 15.2.2 传感器在速度反馈系统中的应用

图 15-5 所示为测速发电机速度反馈伺服系统框图，图中位置传感器为光电编码器，其检测的位移信号直接送给 CNC 装置进行位置控制，而速度信号则直接反馈到伺服放大器，以改善系统的动态性能。

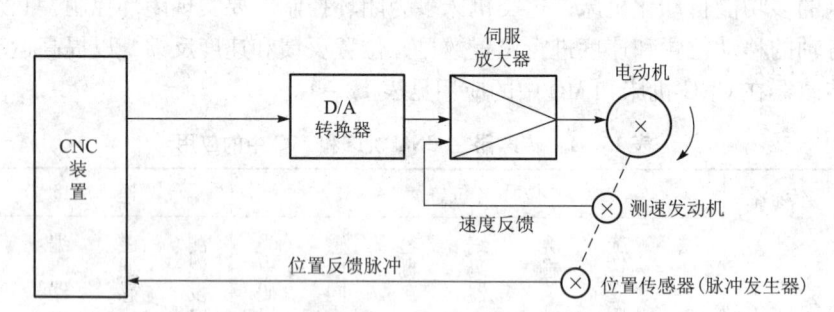

图 15-5 测速发电机速度反馈伺服系统框图

图 15-6 所示为用光电编码器（PE）同时进行速度反馈和位置反馈的伺服系统框图。

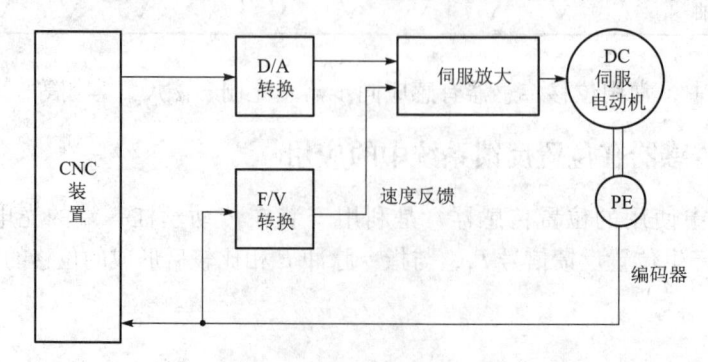

图 15-6 光电编码器速度反馈和位置反馈伺服系统框图

光电编码器将电动机转角变换成数字脉冲信号,反馈到 CNC 装置进行位置伺服控制。又由于电动机转速与编码器反馈的脉冲频率成比例,因此采用 F/V(频率/电压)变换器将其变换成速度电压信号就可以进行速度反馈。

## 15.3 传感器在三坐标测量仪中的应用

三坐标测量仪是一类大型精密测量仪器。它具有空间三个相互垂直的 $x$、$y$、$z$ 运动导轨和相应的三个坐标的位移测量装置,并配有不同性能的测量头,实现对空间点、线、面及其相互位置的测量。

### 15.3.1 三坐标测量仪的传感检测系统

三坐标测量仪的种类较多,性能各异,但其构成框图大多如图 15-7 所示。

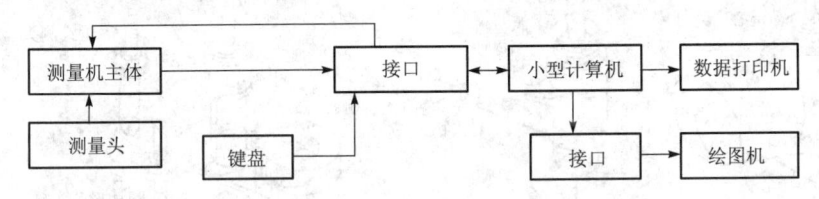

图 15-7 三坐标测量仪构成框图

三坐标测量仪由机械部分、计算机和三坐标测量仪系统软件部分、测量系统、测量头(探头)及附件构成。其中测量系统对三坐标测量仪的测量精度、成本影响较大。测量系统种类很多,按其性质可分为机械式测量系统、光学式测量系统和电学式测量系统。

**1. 机械式测量系统**

机械式测量系统在现代坐标测量仪上应用已经很少。

**2. 光学式测量系统**

最常见的是光栅测量系统,它是利用莫尔条纹原理检测坐标的移动量。由于光栅精度高,信号容易细分,因此,现代三坐标测量仪,特别是计量型测量仪,更多采用这种测量系统,使用中需保持清洁的工作环境。除光栅测量系统外,其他光学式测量系统还有光学读数刻线尺、光电显微镜、光学编码器和激光干涉仪等。

**3. 电学式测量系统**

最常见的是感应同步器测量系统和磁尺测量系统。感应同步器的特点是成本低,对环境的适应性强,不怕灰尘和油污,精度在 1 m 内,通常可达 10 μm,常用于生产型三坐标测量仪。磁尺也有容易制造、成本低、易安装等优点,其精度略低于感应同步器,在 600 mm 内

约为 ±10 μm，在中、高精度三坐标测量仪上应用较少。

### 15.3.2 三坐标测量仪的测量测头

三坐标测量测头安装在各轴的下端，被测物不同，测量测头的形式也不同，图 15-8 所示为常用的几种测头形式。

三坐标测量仪的测量测头按测量方法分为接触式和非接触式两大类。接触式测头应用比较广泛，非接触式测头多用于一些特殊场合的测量。接触式测头可分为硬测头和软测头两类。硬测头多为机械测头，主要用于手动测量和精度要求不高的场合，现代三坐标测量仪（特别是 CNC 三坐标测量仪）较少使用这种测量头。软测头是目前三坐标测量仪普遍使用的测量头。软测头主要有触发式测头和三维测微测头。三维测微测头有模拟测头和数字测头。模拟测头多采用电感传感器；数字测头多采用光栅传感器。这里只介绍触发式测头和三维电感测头。

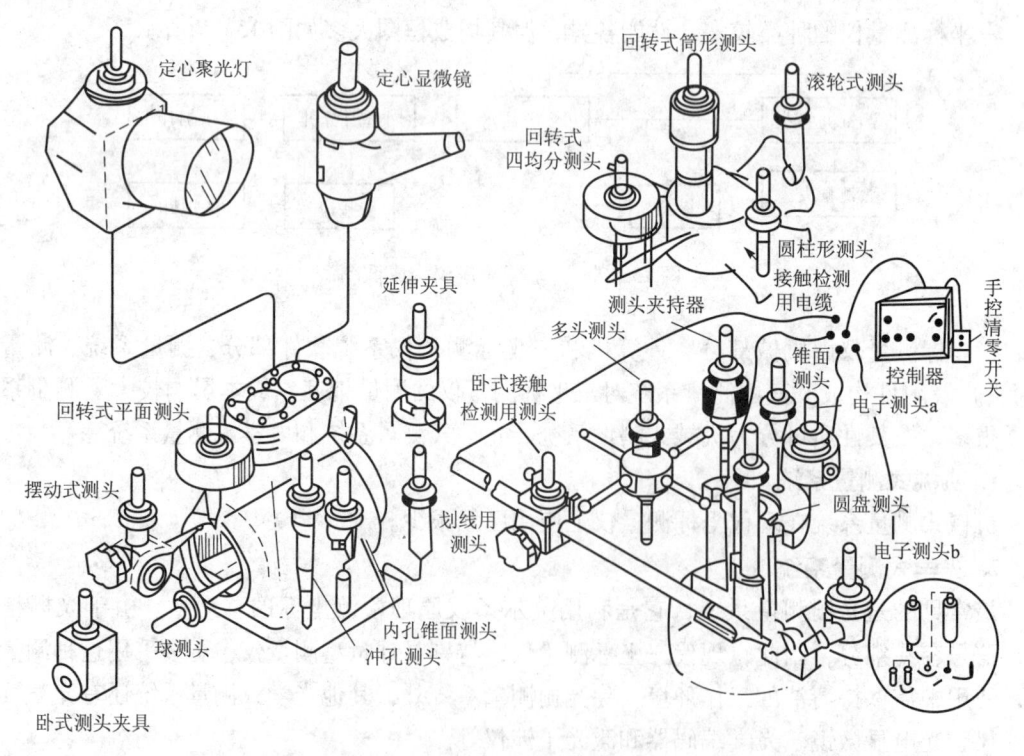

图 15-8 常用的几种测头形式

**1. 触发式测头**

触发式测头亦称电触式测头，其作用是瞄准。它可用于"飞越"测量，即在检测过程中，测头缓缓前进，当测头接触工件并过零点时，测头即自动发出信号，采集各坐标值，而测头则不需要立即停止或退回，即允许若干毫米的超程。触发式测头的结构形式很多，图 15-9 是其中之一。测头主体是由上主体 3 与下底座 10 及三根防转杆 2 组成，用 3 个螺钉紧固成一体。测杆 11 装在测杆座 7 上，其底面装有 120° 均布的 3 个圆柱体 8。圆柱体 8 与装在下底座的 6 个钢球 9 两两相配，组成 3 对钢球接触副。测杆座为一半球形，顶部有一压力弹簧 6 向下压紧，使 3 对接触副自动接触。弹簧力大小用 3 个测力调整螺丝 5 调节。为了防止测杆座在运动中绕轴向转动，采用了防转杆 2。测杆座上的防转槽是为了粗略地防止产生大的扭转角而使接触副错乱。电路导线由插座 4 引出。触发式测头的工作原理相当于零位发信开关。当 3 对钢球接触副均匀接触时，测杆处于零位。当测杆与被测件接触时，测杆被推向任一方向，发生偏转或顶起，此时 3 对钢球接触副必然有一对脱开，电路立即断开，随即发出过零信号，同时指示灯点亮。当测杆与被测件脱离后，外力消失，由于压力弹簧 6 的作用，使测杆回到原始位置。

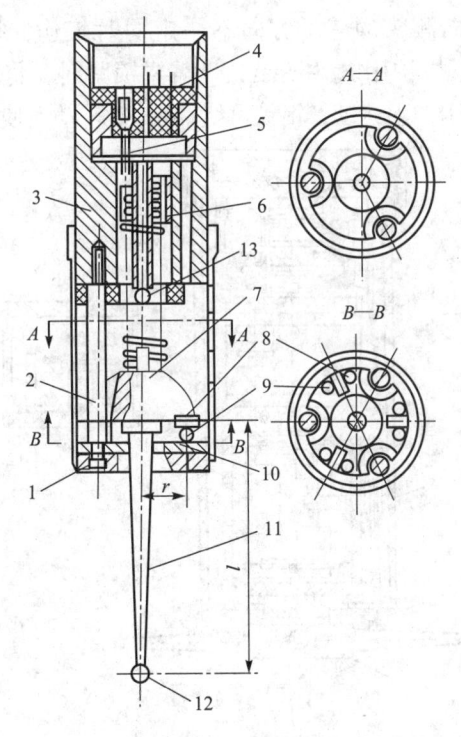

图 15-9 触发式测头

1—螺钉；2—防转杆；3—上主体；4—插座；5—测力调整螺丝；6—压力弹簧；
7—测杆座；8—圆柱体；9—钢球；10—下底座；11—测杆；12—探测头；13—指示灯

这种测头的单向重复精度 $\sigma < 1\ \mu m$。测头测杆长度 $l$ 与触点至中心的半径 $r$ 之间的比例

关系将影响瞄准精度，一般 $r/l$ 的比值越大，瞄准精度越高。测杆轴线方向的测力为 0.3 ~ 1 N，测杆垂直方向的测力为 0.1 ~ 0.3 N。测端直径、测端接触变形及测杆变形的系统值，可按已给定的数值在计算机中修正。

**2. 三维电感测头**

三维电感测头有钢球式、双片簧式等不同的结构形式。其中双片簧式又有不同的结构设计。这里仅介绍一种双片簧式三维电感测量测头。图 15-10 所示为一种三层式的结构形式，三向测微由上至下按 $x$、$y$、$z$ 排列，每层结构基本相同。各层结构均由三部分组成：

① 感受部分，它由电感传感器 7 组成，当测杆发生位移时，各向传感器发出各自的信号。

② 测力机构，采用电磁式测力机构 8，当测杆向一个方向运动时，为了预加测力，电磁测力机构向触测方向产生电磁测力，同时给测杆一个预偏量。当测杆与工件接触时，即推压测杆，直至过零发出信号。这一过程完成后，电磁测力又按新的测量要求施加到该方向。如果一个测微坐标被锁紧，则此坐标的电磁力应释放开。

③ 零位锁紧机构，三向测头的三个方向不一定同时工作，往往需要锁紧一向或两向（有的测头不需锁紧）。锁紧机构用电磁铁操纵，需要锁紧时，将线圈 13 的电流断开，则衔铁 14 被一块永久磁铁 11 吸引向上运动，衔铁可绕片簧 12 转动而使圆锥销 9 插入小座 10 的孔

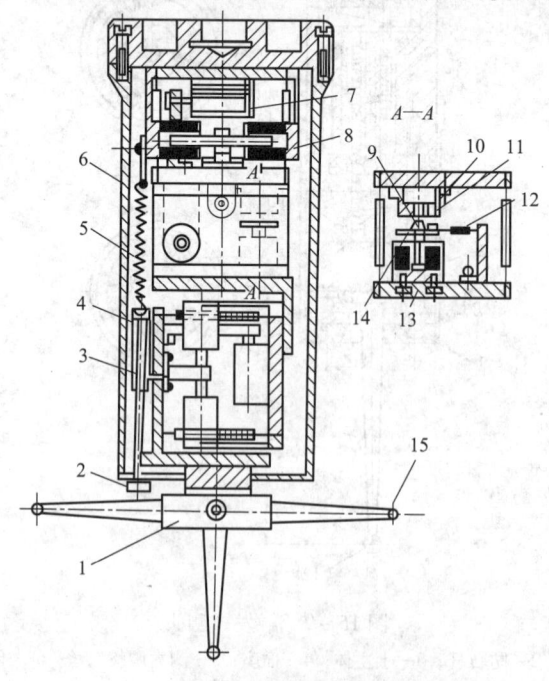

图 15-10 双片簧式三维电感测量测头

1—测杆座；2—螺钉；3—销子；4—螺母；5—弹簧；6—壳体；7—电感传感器；8—测力机构；
9—圆锥销；10—小座；11—永久磁铁；12—片簧；13—线圈；14—衔铁；15—探测头

内，将该方向锁紧在零位上。当需要打开锁紧时，将线圈13通以电流，其电磁力克服永久磁铁11的吸力，将锥销从小座的孔中拔出，成为自由状态。测杆座1装在最下层$z$方向的片簧机构上。为了平衡其重量，采用弹簧5吊挂，并设置螺旋调整机构来调整平衡力的大小。销子3为了防止螺母4转动而设置，它可在螺母4的外圆槽内滑动。测杆座1上装有5个探头，可方便地对各种工件进行测量。

该测头的电感传感器的重复精度为0.1 μm，包括平行片簧机构等在内测头总误差为0.5 μm。

非接触测头的优点在于测头不与被测工件接触，因而无测力，不划伤工件，同时也可快速测量。非接触测头的种类较多，在三坐标测量仪上常用激光测头、光学测头、电视扫描测头等。

## 15.4 传感器在汽车机电一体化中的应用

随着微电子技术和传感器技术的应用，汽车的机电一体化使汽车焕然一新。当今对汽车的控制已由发动机扩大到全车，如实现自动变速换挡、防滑制动、雷达防碰撞、自动调整车高、全自动空调、自动故障诊断及自动驾驶等。

汽车机电一体化的中心内容是以微机为中心的自动控制系统取代原有纯机械式控制部件，从而改善汽车的性能，增加汽车的功能，实现汽车降低油耗，减少排气污染，提高汽车行驶的安全性、可靠性和舒适性。

### 15.4.1 汽车用传感器

现代汽车发动机的点火时间和空燃比的控制已实现用微机控制系统进行精确控制。例如，美国福特汽车公司的电子式发动机控制系统（EEC）如图15-11所示；日本丰田汽车

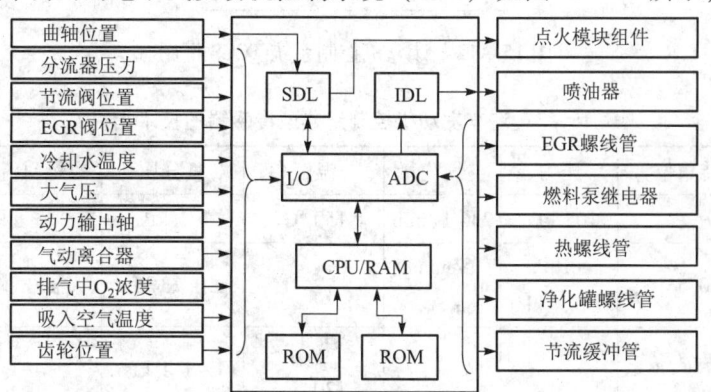

图15-11 发动机控制系统（EEC）框图

SDL—火花放电逻辑；IDL—综合数据逻辑；EGR—废气再循环

公司发动机的计算机控制系统（TCCS）如图 15-12 所示。从图 15-12 中可以看出，控制系统中，必不可少地使用了曲轴位置传感器、吸气及冷却水温度传感器、压力传感器、氧气传感器等多种传感器。表 15-2 列出了汽车发动机控制用典型传感器的技术指标，表 15-3 列出了汽车常用传感器及检测对象，表 15-4 所示为汽车发动机控制用传感器举例。

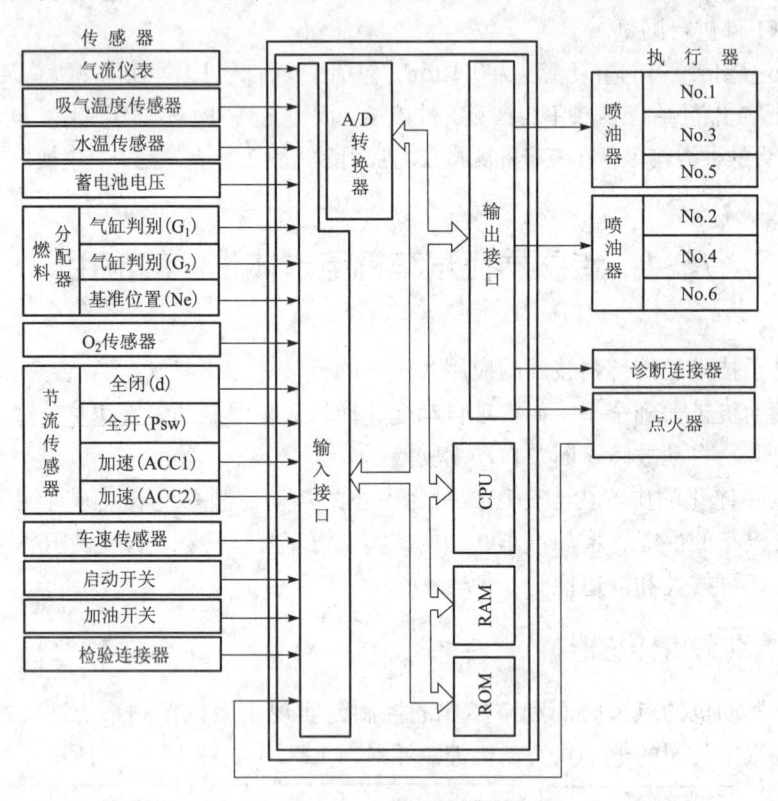

图 15-12 计算机控制系统 TCCS 框图

表 15-2 汽车发动机控制用典型传感器的技术指标

| 性能参数 | 曲轴转角位置 | 压力 | 空气流量 | 温度 | 氧分压 | 燃料流量 | 油门角度 |
|---|---|---|---|---|---|---|---|
| 满度值 | — | 107 kPa | 236 L/min | 150 ℃ | 1.1 kPa | 30 gal[①]/h | — |
| 准确度 | ±0.5° | 40 kPa ±0.4 kPa | 7 L/min 时 ±1% | ±2 ℃ | ±0.13 kPa | 1 gal/h 时 1% | ±1° |
| 量程 | 360° | — | — | -50 ℃ ~ 120 ℃ | 0 ~ 1.1 kPa | — | 90° |

① 加仑，是一种容（体）积单位。

续表

| 性能参数 | 曲轴转角位置 | 压力 | 空气流量 | 温度 | 氧分压 | 燃料流量 | 油门角度 |
|---|---|---|---|---|---|---|---|
| 输出 | 0.25~5 V | 0~5 V | 0~5 V | 0~5 V | 0~1 V | 0~5 V | 0~5 V |
| 分辨率 | ±0.1° | ±14 Pa | 数值的1% | ±0.5 ℃ | ±60 Pa | 数值的1% | 0.1° |
| 响应时间 | 10 us | 10 ms | 1 ms | 空气 1 s 冷却水 10 s | 10 ms | 1 s | — |
| 可靠性 | 4 000 h 0.999 | 2 000 h 0.997 | 2 000 h 0.997 | 4 000 h 0.999 | 2 000 h 0.999 | 2 000 h 0.997 | 4 000 h 0.997 |

注：① 1 UKgal = 4.564 609 2 L；1 USgal = 3.785 43 L。

表 15-3　汽车常用传感器及检测对象

| 项　目 | 检测量、检测对象 |
|---|---|
| 温度 | 冷却水、排出气体（催化剂）、吸入空气、发动机油、室外（内）空气 |
| 压力 | 吸气压（计示压力、绝对压力）、大气压、燃烧压、发动机油压、制动压、各种泵压、轮胎压 |
| 转数、转速 | 曲轴转角、曲轴转数、车轮速度、发动机速度、车速（绝对） |
| 加速度 | 加速度 |
| 流量 | 吸入空气量、燃料流量、排气再循环量、二次空气量 |
| 液量 | 燃料、冷却水、电池液、洗窗器液、发动机油、制动油 |
| 位移、方位 | 节流阀开口度、排气再循环阀升降量、车高（悬挂、位移）、行车距离、行驶方位 |
| 排出气体 | $O_2$、$CO_2$、$NO_2$、碳氢化合物、柴油烟 |
| 其他 | 转矩、爆震、燃料酒精成分、湿度、玻璃结露、鉴别饮酒、睡眠状态、电池电压、灯泡断线、荷重、冲击物、轮胎失效率、液位 |

表 15-4　汽车发动机控制用传感器举例

| 传感器名称 | 测量范围 | 要求精度 | 举　例 |
|---|---|---|---|
| 空气吸入传感器 | 5~500 m³/h （2 000 cc 发动机） | ±2% | *旋转板、电位计式 *卡尔曼涡流式 *涡轮式 *红外线式 *离子漂移式 *超声式 |

续表

| 传感器名称 | 测量范围 | 要求精度 | 举 例 |
|---|---|---|---|
| 吸气管压力传感器、大气压传感器 | 13.3~104 kPa（绝对压力） | ±2% | *真空膜盒气压计/差动变压器式<br>*真空膜盒气压计/电位计式<br>*振动膜/半导体应变计式 { 扩散型 / Au-Cu 蒸发型 / 厚膜电阻<br>*电容器式<br>*振动膜/声表面波式<br>*振动膜/晶体振动式<br>*振动膜/碳堆式 |
| 温度传感器（水温、吸气温度） | -40 ℃~120 ℃ | 2% | *热敏电阻式<br>*绕线电阻式<br>*半导体式<br>*临界温度电阻器式（开关用）<br>*正温度系数热敏电阻式（开关用）<br>*热敏铁氧体式（开关用） |
| 曲柄转角传感器（曲柄基准位置传感器）、发动机转数传感器 | 1°~360° | ±0.5% | *电磁传感器式<br>*磁敏三极管式<br>*磁式<br>*霍尔元件式<br>*压电式<br>*光电式<br>*韦格纳效应式<br>*可变电感式 |
| 位置传感器（排气再循环式阀的升降、节气门角度） | 0~5 mm | ±3% | *电位差式<br>*差动变压器式 |
| 车速传感器 | 0~170 km/h | ±(1%~4%) | *舌簧接点开关式<br>*电磁传感器式 |

续表

| 传感器名称 | 测量范围 | 要求精度 | 举 例 |
|---|---|---|---|
| 氧传感器 | 0.4% ~ 1.4% | ±1% | *$ZrO_2$元件<br>·$TiO_2$元件<br>·CoO元件（低级的空燃比 A/F 传感器） |
| 爆震传感器 | 1 ~ 10 kHz<br>（压力波频率） | ±1% | *压电元件式<br>*磁致伸缩式 |

注：*表示多用（已批量生产）；·表示少用。

发动机控制用传感器的精度多以数值表示，这个数值必须在各种不同条件下满足燃料经济性指标和排气污染指标规定。控制活塞式发动机，基本上就是控制曲轴的位置。利用曲轴位置传感器可测出曲轴转角位置，计算点火提前角，并用微机计算出发动机转速，其信号以时序脉冲形式输出。燃料供给信号可以用两种方法获得：一种是直接测量空气的质量流量；另一种是检测曲轴位置，再由歧管绝对压力（MAP）和温度计算出每个气缸的空气量。燃料控制环路多采用第二种方法，或采用测量空气质量流量的方法。因此，MAP 传感器和空气质量流量传感器都是重要的汽车传感器。MAP 传感器有膜盒线性差动变换传感器、电容盒 MAP 传感器和硅膜压力传感器。在空气流量传感器中，离子迁移式传感器、热丝式传感器、叶片式传感器是真正的空气质量流量计。涡流式、涡轮式是测量空气流速，需把它换算成质量流量。为算出恰当的点火时刻，需要检测曲轴位置的指示脉冲、发动机转速和发动机负荷 3 个参量。其中，发动机负荷可用歧管负压换算。在点火环路中，歧管负压信号响应快，但准确度并不如 MAP 和 AAP 那么高。为了确定发动机的初始条件或随时进行状态修正，还需使用一些其他传感器，如空气温度传感器、冷却水温度传感器等。

为了提高汽车行驶的安全性、可靠性及舒适性，还采用了非发动机用传感器，见表 15 – 5。工业自动化领域用的各类传感器直接或加以改进，即可作为汽车非发动机用传感器。

表 15 – 5　非发动机用汽车传感器

| 项 目 | 传 感 器 |
|---|---|
| 防打滑的制动器 | 对地速度传感器、车轮转数传感器 |
| 液压转向装置 | 车速传感器、油压传感器 |
| 速度自动控制系统 | 车速传感器、加速踏板位置传感器 |
| 轮胎 | 压力传感器 |
| 死角报警 | 超声波传感器、图像传感器 |
| 自动空调 | 室内温度传感器、吸气温度传感器、风量传感器、湿度传感器 |

续表

| 项　　目 | 传　感　器 |
| --- | --- |
| 亮度自动控制 | 光传感器 |
| 自动门锁系统 | 车速传感器 |
| 电子式驾驶 | 磁传感器、气流速度传感器 |

### 15.4.2 传感器在发动机中的典型应用

**1. 曲轴转动位置及转速检测传感器**

图 15-13 所示为曲轴转动位置、转速传感器。这类传感器一般安装在曲轴端部飞轮上或分电器内，由磁电型、磁阻型、霍尔效应型、威耿德（Weigand）磁线型等信号发生器测定曲轴转动位置及转速。磁电型 [图 15-13（a）] 和磁阻型 [图 15-13（b）] 的工作原理是利用齿轮或具有等间隔的凸起部位的圆盘在旋转过程中引起感应线圈产生与转角位置和转速相关的脉冲电压信号，经整形后变为时序脉冲信号，通过计算机计算处理来确定曲轴转角位置及其转速。这类传感器一般安装在曲轴端部飞轮上或分电器内。霍尔效应型 [图 15-13（c）] 也有一个带齿圆盘，当控制电流 $I_c$ 流过霍尔元件时，在垂直于该电流的方向加上磁场 $B$，则在垂直于 $I_c$ 和 $B$ 的方向产生输出电压，经放大器放大输出 $E_o$。利用这种霍尔效应制作的传感器已用于汽车，其中最受重视的是 GaAs 霍尔元件。威耿德磁线传感器是 J.R.Weigand 利用磁力的反向作用研制而成，其原理如图 15-13（d）所示。它利用 0.5Ni-0.5Fe 磁性合金制成丝状，并进行特殊加工，使其外侧矫顽力和中心部位不同。当外部加给磁线的磁场超过临界值时，仅仅在中心部位引起反向磁化。若在威耿德磁线上绕上线圈，则可利用磁场换向产生脉冲电压。因此，威耿德磁线与磁铁配对，可构成磁性传感器。这种传感器不用电源，使用方便，用在汽车上可检测转速和曲轴角。光电型传感器由发光二极管、光纤、光敏三极管等构成，利用光的通断可检测曲轴转角位置与转速。这种传感器具有抗噪声能力强及安装地点易于选择等优点，但不耐泥、油污染。

**2. 压力传感器**

汽车发动机的负荷状态信息通过压力传感器测量气缸负压即可知道，发动机根据压力传感器获取的信息进行电子点火器控制。汽车用压力传感器不仅用于检测发动机负压，还可用于检测其他压力，其主要功能是：

① 检测气缸负压，从而控制点火和燃料喷射；

② 检测大气压，从而控制爬坡时的空燃比；

③ 检测涡轮发动机的升压比；

④ 检测气缸内压；

⑤ 检测 EGR（废气再循环）流量；

⑥ 检测发动机油压；
⑦ 检测变速箱油压；
⑧ 检测制动器油压；
⑨ 检测翻斗车油压；
⑩ 检测轮胎空气压力。

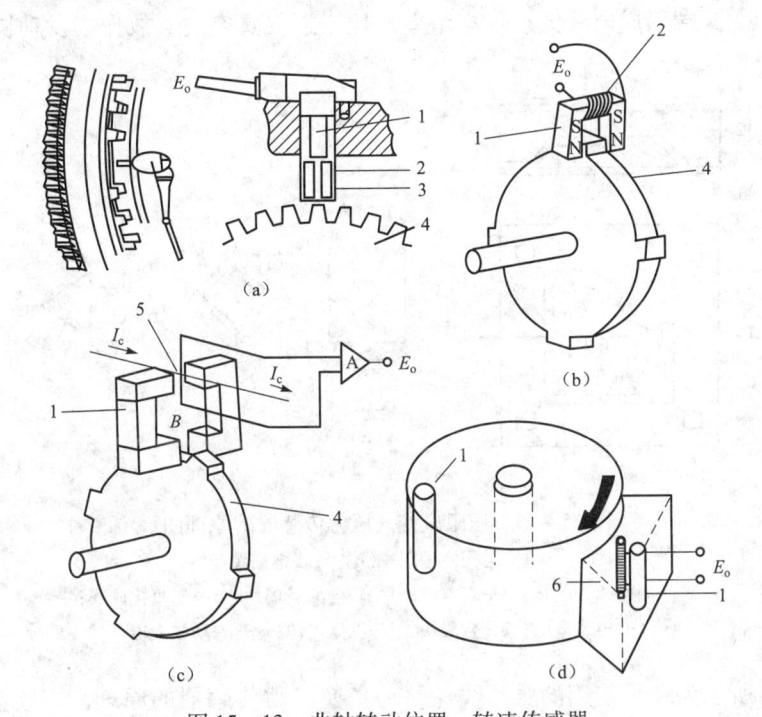

图 15-13 曲轴转动位置、转速传感器
(a) 磁电型；(b) 磁阻型；(c) 霍尔效应型；(d) 威耿德磁线型
1—磁铁；2—感应线圈；3—软铁芯；4—检测用带齿转盘；5—霍尔元件；6—Weigand 组件

汽车用压力传感器目前已有若干种，但从价格和可靠性考虑，当前主要用压阻式压力传感器和静电电容式压力传感器。压阻式压力传感器由 3 mm×3 mm×3 mm 的硅单晶片构成，晶面用化学腐蚀法减薄，在其上面用扩散法形成 4 个压阻应变片膜。这种传感器的特点是灵敏度高，但灵敏度的温度系数大。灵敏度随温度的变化用串联在压阻应变片桥式电路上的热敏电阻进行补偿，不同温度下零点漂移由并联在应变片上的温度系数小的电阻增减进行补偿。

图 15-14 所示为压阻应变式压力传感器（亦称真空传感器）的原理图。它实际上是一个由硅杯组成的半导体应变元件，硅杯的一端通大气，另一端接发动机进气管。其结构原理如图 15-14（a）所示，硅杯的主要部位为一个很薄（3 pm）的硅片，外围较厚（约 250 pm），中部最薄。硅片上、下两面各有一层二氧化硅膜。在膜层中，沿硅片四周有 4 个

应变电阻。在硅片四角各有一个金属块,通过导线与应变电阻相连。在硅片底部粘贴了一块硼硅酸玻璃片,使硅膜中部形成一个真空窗以感应压力。使用时,用橡胶或塑料管将发动机吸气歧管的真空负压连接到真空窗口(真空室)即可。传感器的4个电阻连接成桥形电路,如图 15-14(b)所示,无变形时将电桥调到平衡状态。当硅杯 2 中硅片 1 受真空负压弯曲时,引起电阻值的变化,其中 $R_1$ 和 $R_4$ 的阻值增加,$R_2$ 和 $R_3$ 的阻值等量减小,使电桥失去平衡,从而在 a、b 端形成电势差。此电势差正比于进气真空度,故作为发动机的负荷信号。

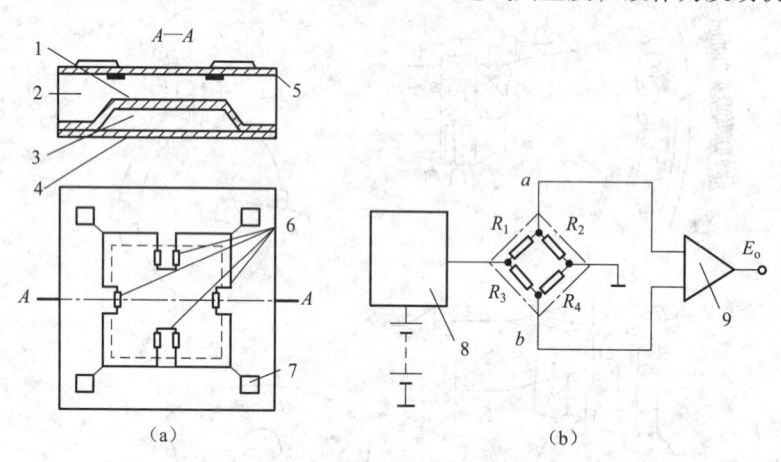

图 15-14 压阻应变式压力传感器的原理图
(a)结构原理图;(b)转换电路图
1—硅片;2—硅杯;3—真空室;4—硼硅酸玻璃片;5—二氧化硅膜;
6—传感电阻;7—金属块;8—稳压电源;9—差动放大器

图 15-15 所示为较早使用的膜盒线性差动变换压力传感器的原理图。膜盒 2 外部腔与吸气歧管相通,随着气压的变化,膜盒 2 带动芯子做直线运动,通过差动变换器 3 将芯子位移信号检测输出,从而计算负压大小。

**3. 爆震传感器**

爆震指燃烧室中本应逐渐燃烧的部分混合气突然自燃的现象。这种现象通常发生在离火花塞较远区域的末端混合气中。爆震时,产生很高强度的压力波冲击燃烧室,所以能听到尖锐的金属部件敲击声。爆震不仅使发动机部件承受高压,而且使末端混合气区域的金属温度剧增,严重的可使活塞顶部熔化。点火时间过早是产生爆震的一个主要原因。由于要求发动机能够发出最大功率,点火时间最好能提早到刚好不至于发生爆震的程度。但在这种情况下,发动机的工况略有改变,就可能发生爆震而造成损害。过去为避免这种危险,通常采用减小点火提前角的办法,但这样要损失发动机的功率。为了不损失发动机的功率及不产生爆震现象,必须研制和应用爆震传感器。发动机爆震时产生的压力波的频率范围为 1~10 kHz。压力波传给缸体,使其金属质点产生振动加速度。加速度计爆震传感器就是通过测量缸体表面的振动加速度来检测爆震压力的强弱，如图 15-16（a）所示。这种传感器用螺纹旋入气缸壁，其主要元件为一个压电元件（压电陶瓷晶体片）1，螺钉使一个惯性配重 2 压紧压电片而产生预加载荷。载荷大小影响传感器的频率响应和线性度。图 15-16（b）所示的爆震压力波作用于传感体时，通过惯性配重 2 使压电元件 1 的压缩状况产生约 20 mV/g 的电动势。传感器以模拟信号（小电流）传输给微型电子计算机，经滤波后，再转换成指示爆震后爆震的数字信号。当逻辑电路感测到爆震数字脉冲时，控制计算机立即发出指令推迟点火时间，以消除爆震。

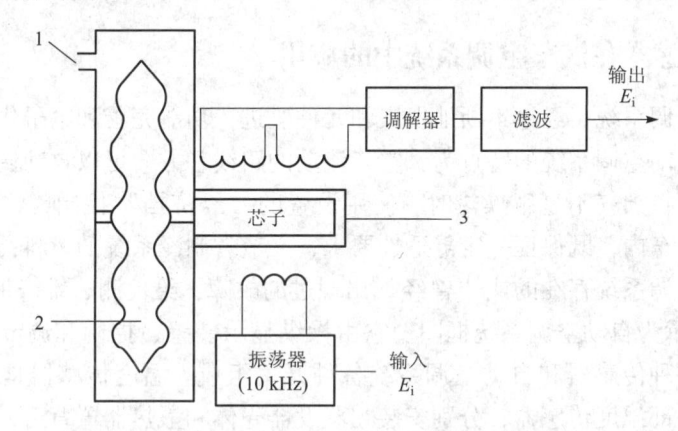

图 15-15　膜盒线性差动变换压力传感器的原理图
1—接吸气歧管；2—膜盒；3—差动变换器

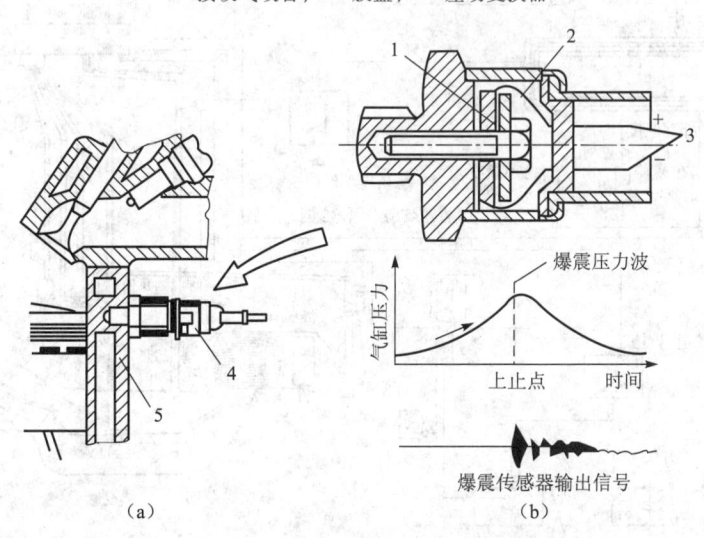

图 15-16　加速度计爆震传感器
（a）测量缸体表面振动加速度来检测爆震压力的强弱；（b）爆震传感器检测、传输于输出信号
1—压电元件；2—惯性配重；3—输出引线；4—传感器；5—气缸壁

**4. 冷却液温度传感器**

目前使用的温度传感器主要是热敏电阻和铁氧体热敏元件。冷却液温度传感器常用一个铜壳,与需要测量的物体接触,壳内装有热敏电阻。一般金属热敏电阻的阻值随温度升高而增加,具有正温度系数。与此相反,由半导体材料(最常用的是硅)制成的传感器具有负温度系数,其电阻值随温度升高而降低。使用时,传感器装在发动机冷却水箱壁上,其输出的与冷却液温度成比例的直流电压作为修正点火提前角的依据。发动机冷却液温度传感器采用正温度系数的热敏电阻。

### 15.4.3 传感器在汽车空调系统中的应用

汽车的基本空调系统,经过不断地发展和元件改进,功能完善和电子化,最终发展成为自动空调系统。自动空调系统的特点为:空气流动的路线和方向可以自动调节,并迅速达到所需的最佳温度;在天气不是很燥热时,使用设置的"经济挡"控制,将空压机关掉,但仍有新鲜空气进入车内,既保证一定舒适性要求,又节省制冷系统的燃料;具有自动诊断功能,能迅速查出空调系统存在的或"曾经"出现过的故障,给检测、维修带来很大方便。

图15-17所示为自动空调系统框图。它由操纵显示装置、控制和调节装置、空调电动机控制装置以及各种传感器和自动空调系统各种开关组成。温度传感器是系统中应用最多的。两个相同的外部温度传感器,分别安装在蒸发器壳体和散热器罩背后,计算机感知这两

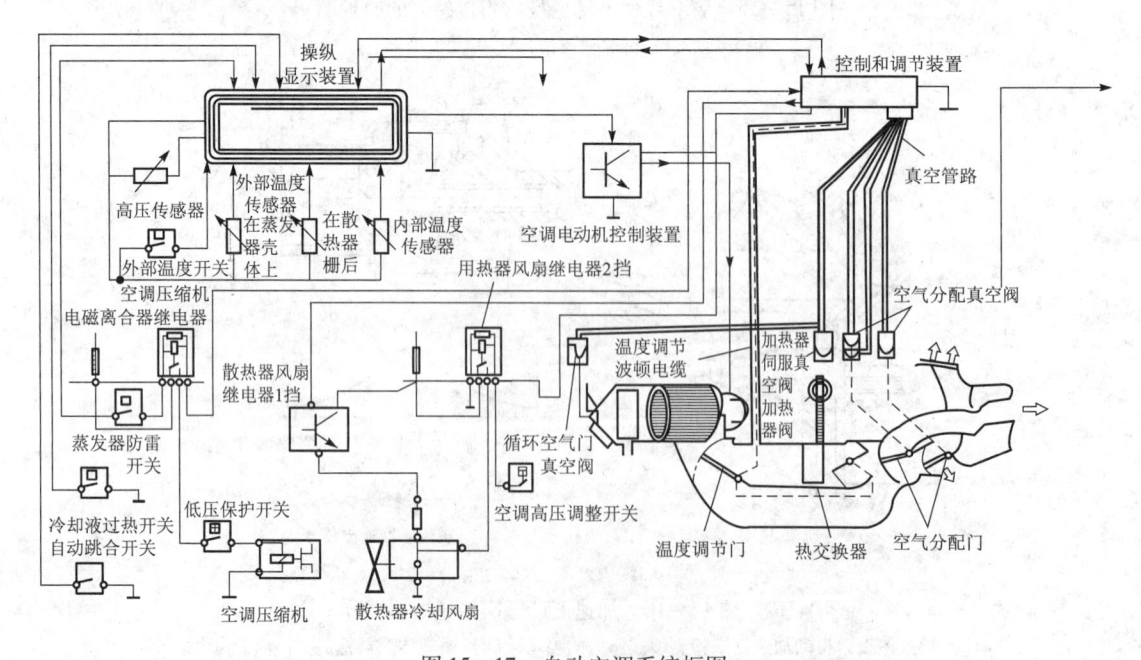

图15-17 自动空调系统框图

个检测值,一般用低值计算,因为在行驶时和停止时,温度会有很大差别。图 15-17 中高压传感器实际上是一个温度传感器,是一个负温度系数的热敏电阻,起保护作用。它装在冷凝器和膨胀阀之间,以保证压缩机在超压的情况下,如散热风扇损坏时,关闭并被保护。各种开关有防霜开关、外部温度开关、高/低压保护开关、自动跳合开关等。当外部温度 $T \leqslant 5\ ℃$ 时,可通过外部温度开关关断压缩机电磁离合器。自动跳合开关的作用是在加速、急踩油门踏板时,关断压缩机,使发动机有足够的功率加速,然后再自动接通压缩机。

奥迪轿车自动空调系统中的传感器、各种开关及各种装置的安装位置如图 15-18 所示。

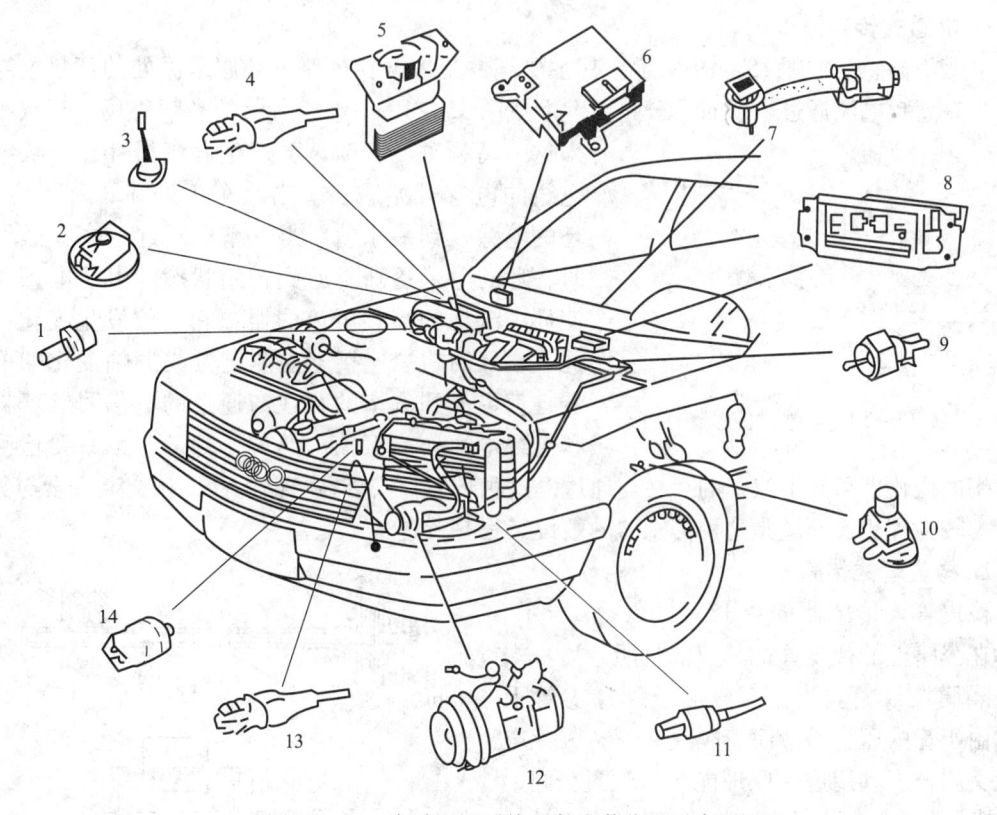

图 15-18 自动空调系统元件安装位置示意图
1—低压保护开关;2—防霜开关;3—外部温度开关;4—安装在蒸发器壳体上的外部温度传感器;
5—空调电动机控制装置;6—控制和调节装置;7—内部温度传感器;8—操纵机构;9—高压
传感器;10—自动跳合开关;11—高压保护开关;12—压缩机;
13—安装在散热器栅处的外部温度传感器;14—水温传感器

自动空调系统无疑带来很大便利,但也使系统更为复杂,给维修带来很大困难。但采用了自动诊断系统后,给查找故障和维修都带来极大方便。奥迪车的自动诊断系统采用频道代码进行自动诊断,即在设定的自检方式下,将空调系统的各需检测的内容分门别类地分到各频道，在各个频道里用不同代码表示不同意义，然后查阅有关专用手册，便可确定系统各部件的状态。

### 15.4.4 公路交通用传感器

为使公路交通系统正常运行，需要检测和监视汽车的流动状态。为此，开发了一些公路交通用传感器来检测汽车的流动信息，以控制交通系统。目前，国外采用的传感器有电感式、橡皮管式、超声波式、雷达式及红外线式。

**1. 电感式传感器**

电感式传感器如图 15-19 所示。其主要部件是埋设在公路下几厘米深处的环状绝缘电线。当有高频电流通过电感时，公路面上形成图 15-19 中虚线所示的高频磁场。当汽车进入这一高频磁场区时，会产生涡流损耗，环状绝缘电线的电感开始减少。当汽车正好在该环上方时，环的电感减到最小值。当汽车离开这一高频磁场区时，环的电感逐渐复原到初始状态。由于电感变化使环中流动的高频电流的振幅和相位发生变化，因此，在环的始端连接上检测电位或振幅变化的检测器，就可得到汽车的存在与通过的电信号。若将环状绝缘电线作为振荡电路的一部分，则只要检测振荡频率的变化即可知道汽车的存在与通过。这种传感器安装在公路下面，从交通安全与美观上考虑较为理想，问题是这种传感器的敷设工程有待进一步完善。

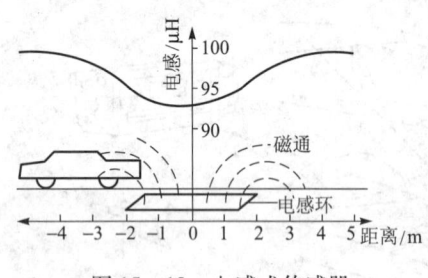

图 15-19 电感式传感器

**2. 橡皮管式传感器**

橡皮管式传感器如图 15-20（a）所示。敷设在公路上的橡皮管，其一端封闭，另一端安装隔膜波纹管。当汽车轮胎压到橡皮管上时，由于管内压力增加而使隔膜变形，因此电气触头闭合。利用这一原理能计数通过公路的汽车辆数。这种传感器的特点是操作简单、价格低；缺点是由于汽车的车轮数（有四轮、六轮等）不同会产生计数误差。橡皮管式传感器还可用于检测车速，其检测方法如图 15-20（b）所示。在公路上按一定间隔敷设许多橡皮管式传感器，还可检测出车型。

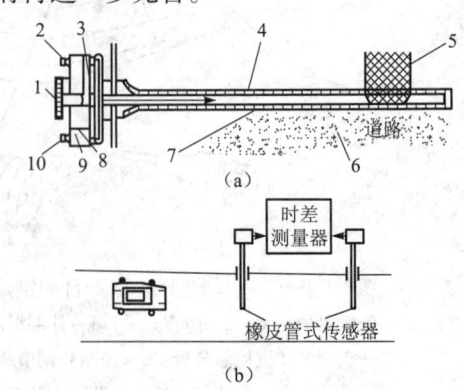

图 15-20 橡皮管式传感器
（a）原理图；（b）检测车速示意图
1—灵敏度校正刻度盘；2,10—接线端；3—空气接点；
4—气室；5—轮胎；6—道路；7—橡皮臂；
8—引线；9—绝缘台

**3. 超声波式传感器**

超声波式传感器的工作原理如图 15-21

所示。发射和接收超声波的压电换能器安装在公路面之上约 5 m 处。换能器先以一定的重复周期在极短的时间内发射一定频率的超声波,然后接收来自路面方向的反射波。所选择的超声波重复周期,要低于超声波往返于路面与换能器之间需要的时间,换能器只接收高于路面位置的汽车顶篷等的反射波。因此,用这种传感器不仅可检测汽车通过的数量,还可检测汽车的存在及经过的时间。

超声波式传感器用于检测结构复杂的汽车可能产生误差,路面积雪还会造成操作失误。但超声波式传感器和前述电感式传感器相比,安装和维护都极为方便,因此,日本普遍采用这种传感器。

**4. 多普勒雷达式传感器**

多普勒雷达式传感器的工作原理如图 15 – 22 所示。在路旁或路的斜上方,由方向性强的定向天线连续发射一定频率的电磁波,并由该天线接收汽车反射回来的电磁波。当汽车靠近时,反射波的频率升高;当汽车远离时,反射波的频率降低。并且,反射波的频率变化量,与汽车的行驶速度和发射频率之积成正比。例如,发射频率为 15.525 GHz 时,若汽车时速为 40 km,则频率变化量为 779.6 Hz。因此,由汽车反射波的频率变化可检测出汽车的通过数量与行驶速度,这是监督车速的最有效方法,北京等地已广泛用于交通调查和交通控制。多普勒雷达式传感器也有许多不足之处,如汽车的复杂形状会导致检测误差,而且价格高,使用还受电波法规定的限制。

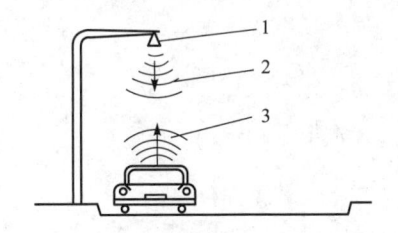

图 15 – 21　超声波式传感器的工作原理
1—超声波换能器;2—发送波;3—反射波

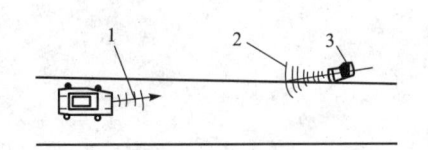

图 15 – 22　多普勒雷达式传感器的工作原理
1—反射波;2—发射波;3—雷达装置

**5. 红外线式传感器**

一些发达国家正在开发和利用红外线式传感器的交通信号控制系统。该系统要求汽车上和信号中继站均配备红外线收发射换能器和信号处理装置,最大通信范围可达 500 m。公路上的汽车一边行驶一边发射红外线,信号中继站接收到信号后,即可检测出汽车的位置、路线和去向,并可将这些信息显示在屏幕上,直到汽车通过为止。

# 本章小结

我们已学过很多种传感器的结构和工作原理,但在实际应用中,往往不像各章节所举的例子那样，单独地使用一个传感器来组成简单的仪表。大多数电气设备都配备了多个不同类型的传感器，并与 COU、控制电路以及机械传动部件组成一个综合系统，来达到某种设定的目的，检测技术就在这些综合系统中得到了综合应用。

### 思考题与习题

1. 工业机器人常用的位移传感器有哪些？将编码器安装在驱动元件轴上为什么能提高分辨率？
2. 采用光电编码器为什么能同时进行位置反馈和速度反馈？
3. 三坐标测量仪由哪几部分组成？其测量系统有哪几种？各有何特点？
4. 汽车机电一体化的中心内容是什么？其目的是什么？
5. 汽车行驶控制的重点内容是什么？
6. 汽车用压力传感器有哪些功能？
7. 爆震产生的主要原因是什么？
8. 简述汽车自动空调系统的特点。
9. 公路交通检测和监视汽车的流动状态多采用哪些传感器？

# 附　录

## 附录一　传感器的命名

命名：由主题词加四级修饰语构成。
① 主题词——传感器。
② 第一级修饰语——被测量，包括修饰被测量的定语。
③ 第二级修饰语——转换原理，一般可后续以"式"字。
④ 第三级修饰语——特征描述，指必须强调的传感器结构、性能、材料特征、敏感元件及其他必要的性能特征，一般可后续以"型"字。
⑤ 第四级修饰语——主要技术指标（量程、精确度、灵敏度等）。

注：四级修饰语在不同场合的顺序有所不同。题目中的用法：在有关传感器的统计表格、图书索引、检索以及计算机汉字处理等特殊场合，应采用上述顺序，如传感器、位移、应变（计）式、100 mm；正文中的用法：在技术文件、产品样本、学术论文、教材及书刊的陈述句子中，作为产品名称应采用与上述相反的顺序，如 10 mm 应变式位移传感器。

**传感器命名构成及各级修饰语举例一览表**

| 主题词 | 第一级修饰语<br>（被测量） | 第二级修饰语<br>（转换原理） | 第三级修饰语<br>（特征描述） | 第四级修饰语（技术指标） ||
|---|---|---|---|---|---|
| | | | | 范围（量程、精确度、灵敏度） | 单位 |
| 传感器 | 速度 | 电位器［式］ | 直流输出 | | |
| | 加速度 | 电阻［式］ | 交流输出 | | |
| | 加加速度 | 电流［式］ | 频率输出 | | |
| | 冲击 | 电感［式］ | 数字输出 | | |
| | 振动 | 电容［式］ | 双输出 | | |
| | 力 | 电涡流［式］ | 放大 | | |

293

续表

| 主题词 | 第一级修饰语（被测量） | 第二级修饰语（转换原理） | 第三级修饰语（特征描述） | 第四级修饰语（技术指标） ||
|---|---|---|---|---|---|
| | | | | 范围（量程、精确度、灵敏度） | 单位 |
| 传感器 | 重量（称重） | 电热［式］ | 离散增量 | | |
| | 压力 | 电磁［式］ | 积分 | | |
| | 声压 | 电化学［式］ | 开关 | | |
| | 力矩 | 电离［式］ | 陀螺 | | |
| | 姿态 | 压电［式］ | 涡轮 | | |
| | 位移 | 压阻［式］ | 齿轮转子 | | |
| | 液位 | 应变计［式］ | 振动元件 | | |
| | 流量 | 谐振［式］ | 波纹管 | | |
| | 温度 | 伺服［式］ | 波登管 | | |
| | 热流 | 磁阻［式］ | 膜盒 | | |
| | 热通量 | 光电［式］ | 膜片 | | |
| | 可见光 | 光化学［式］ | 离子敏感 FET | | |
| | 照度 | 光纤［式］ | 热丝 | | |
| | 湿度 | 激光［式］ | 半导体 | | |
| | 黏度 | 超声［式］ | 陶瓷 | | |
| | 浊度 | （核）辐射［式］ | 聚合物 | | |
| | 离子活［浓］度 | 热电 | 固体电解质 | | |
| | 电流 | 热释电 | 自源 | | |
| | 磁场 | | 粘贴 | | |
| | 马赫数 | | 非粘贴 | | |
| | 射线 | | 焊接 | | |

# 附录二  几种常用传感器性能比较表

| 类型 | 示值范围 | 示值误差 | 对环境的要求 | 特点 | 应用场合 |
| --- | --- | --- | --- | --- | --- |
| 触点 | 0.2～1 mm | 1～2 μm | 对振动较敏感，一般应有密封结构 | 开关量检测，结构简单、电路简单，反应速度快，要求一定输入功率 | 自动分选、主动检测和报警 |
| 电位器 | 2.5～250 mm 以上 | 直线性 0.1% | 对振动较敏感，一般应有密封结构 | 操作简单、结构简单、模拟量检测 | 直线和转角位移 |
| 应变片 | 250 μm 以下 | 直线性 0.3% | 不受冲击、温度、湿度的影响 | 应变检测，电路复杂，动、静态测量 | 力、应力、小位移、振动、速度、加速度 |
| 自感互感 | 0.003～1 mm | 示值范围在 0.1 mm 以下时为 0.05～0.5 μm | 对环境要求低，抗干扰能力强，一般有密封结构 | 使用方便，信号可进行各种运算处理，可给出多组信号 | 一般自动检测 |
| 涡流 | 1.5～25 mm | 直线性 0.3%～1% | — | 非接触式，响应速度最大可达 100 kHz | 一般自动检测 |
| 电容 | 0.003～0.1 mm | 与电感传感器相似 | 易受外界干扰，要考虑良好的屏蔽，要密封 | 差动结构接入桥路零残电压小，能进行高倍放大以达到高灵敏度，频率特性好，信号处理与电感相似 | 一般自动检测，可测带磁工件，可对变介电常数的量进行检测 |
| 光电 | 按应用情况而定 | — | 易受外界杂光干扰，要有防护罩 | 非接触检测，反应速度快 | 检测外观、小孔、复杂形状等特殊场合，或与其他原理结合使用 |

续表

| 类型 | 示值范围 | 示值误差 | 对环境的要求 | 特　点 | 应用场合 |
| --- | --- | --- | --- | --- | --- |
| 压电 | 0～500 mm | 直线性0.1% | — | 分辨率0.1 μm，响应速度高达 10 kHz，限于动态测量 | 检测粗糙度、振动 |
| 霍尔 | 0～2 mm | 直线性1% | 易受外界磁场干扰，易受温度影响 | 响应速度高，可达 30 kHz | 检测速度、转速、磁场、位移以及无接触发信 |
| 气动 | 0.02～0.25 mm | 示值范围在0.04 mm 以下时为 0.2～1 μm | 对环境要求低 | 易实现非接触测量，可进行各种运算，反应速度慢，压缩空气要净化 | 各种尺寸与形位的自动检测，特别是内孔的各种内表面、软材料工件等 |
| 核辐射 | 0.005～300 mm | ±(1 μm + $10^{-2}$ L)① | 受温度影响大（指电离室），要求有特殊防护 | 非接触检测 | 轧制板、带及镀层厚度的自动测量 |
| 激光 | 大位移 | ±(1 μm + $0.1 \times 10^{-6}$ L) | 环境温度、湿度、气流对其稳定性有影响 | 易数字化，精度很高，成本高 | 精度要求高，测量条件好 |
| 光栅 | 大位移 | ±(0.2 μm + $2 \times 10^{-6}$ L) | 油污、灰尘影响工作可靠性，应有防护罩 | 易数字化，精度较高 | 大位移静、动态测量，用于程控、数控机床中 |
| 磁栅 | 大位移 | ±(2 μm + $5 \times 10^{-6}$ L) | 易受外界磁场影响，要有屏蔽层 | 易数字化，结构简单，录磁方便，成本低 | |
| 感应同步器 | 大位移 | ±(2.5 μm/ 250 mm) | 对环境要求低 | 易数字化，结构简单，接长方便 | |

注：① 被测长度。

## 附录三 中华人民共和国法定计量单位

我国的法定计量单位包括：
（1）国际单位制的基本单位（见表1）。
（2）国际单位制的辅助单位（见表2）。
（3）国际单位制中具有专门名称的导出单位（见表3）。
（4）国家选定的非国际单位制单位（略）。
（5）由以上单位构成的组合形式的单位（略）。
（6）用于构成十进倍数和分数单位的词头（见表4）。

表1 国际单位制的基本单位

| 量的名称 | 单位名称 | 单位符号 |
|---|---|---|
| 长度 | 米 | m |
| 质量 | 千克（公斤） | kg |
| 时间 | 秒 | s |
| 电流 | 安［培］ | A |
| 热力学温度 | 开［尔文］ | K |
| 物质的量 | 摩［尔］ | mol |
| 发光强度 | 坎［德拉］ | cd |

表2 国际单位制的辅助单位

| 量的名称 | 单位名称 | 单位符号 |
|---|---|---|
| ［平面］角 | 弧度 | rad |
| 立体角 | 球面度 | sr |

表3 国际单位制中具有专门名称的导出单位

| 量的名称 | 单位名称 | 单位符号 | 其他表示示例 |
|---|---|---|---|
| 频率 | 赫［兹］ | Hz | $s^{-1}$ |
| 力、重力 | 牛［顿］ | N | $kg \cdot m/s^2$ |
| 压力，压强、应力 | 帕［斯卡］ | Pa | $N/m^2$ |

续表

| 量的名称 | 单位名称 | 单位符号 | 其他表示示例 |
|---|---|---|---|
| 能［量］、功、热 | 焦［尔］ | J | N·m |
| 功率、辐射通量 | 瓦［特］ | W | J/s |
| 电荷［量］ | 库［仑］ | C | A·s |
| 电位、电压、电动势 | 伏［特］ | V | W/A |
| 电容 | 法［拉］ | F | C/V |
| 电阻 | 欧［姆］ | Ω | V/A |
| 电导 | 西［门子］ | S | A/V |
| 磁通［量］ | 韦［伯］ | Wb | V·s |
| 磁通［量］密度，磁感应强度 | 特［斯拉］ | T | Wb/m$^2$ |
| 电感 | 亨［利］ | H | Wb/A |
| 摄氏温度 | 摄氏度 | ℃ | — |
| 光通量 | 流［明］ | lm | cd·sr |
| ［光］照度 | 勒［克斯］ | lx | lm/m$^2$ |
| ［放射性］活度 | 贝可［勒尔］ | Bq | s$^{-1}$ |
| 吸收剂量 | 戈［瑞］ | Gy | J/kg |
| 剂量当量 | 希［沃特］ | Sv | J/kg |

表4 用于构成十进倍数和分数单位的词头

| 所表示的因数 | 词头名称 | 词头符号 |
|---|---|---|
| $10^{24}$ | 尧［它］ | Y |
| $10^{21}$ | 泽［它］ | Z |
| $10^{18}$ | 艾［可萨］ | E |
| $10^{15}$ | 拍［它］ | P |
| $10^{12}$ | 太［拉］ | T |
| $10^{9}$ | 吉［咖］ | G |
| $10^{6}$ | 兆 | M |

续表

| 所表示的因数 | 词头名称 | 词头符号 |
|---|---|---|
| $10^3$ | 千 | k |
| $10^2$ | 百 | h |
| $10^1$ | 十 | da |
| $10^{-1}$ | 分 | d |
| $10^{-2}$ | 厘 | c |
| $10^{-3}$ | 毫 | m |
| $10^{-6}$ | 微 | μ |
| $10^{-9}$ | 纳[诺] | n |
| $10^{-12}$ | 皮[可] | p |
| $10^{-15}$ | 飞[母托] | f |
| $10^{-18}$ | 阿[托] | a |
| $10^{-21}$ | 仄[普托] | z |
| $10^{-24}$ | 幺[科托] | y |

## 附录四  本书涉及的部分计量单位

| 量的名称 | 量的符号 | 单位名称 | 单位符号 |
| --- | --- | --- | --- |
| 长度 | $L$ | 米 | m |
| 面积 | $A$ | 平方米 | $m^2$ |
| 直线位移 | $x$ | 米 | m |
| 角位移 | $\alpha$ | 弧度 | rad |
| 速度 | $v$ | 米每秒 | m/s |
| 加速度 | $a$ | 米每二次方秒 | $m/s^2$ |
| 转速 | $n$ | 转每分钟 | r/min |
| 力 | $F$ | 牛［顿］ | N |
| 压力（压强、真空度） | $P$ | 帕［斯卡］ | Pa |
| 力矩（转矩、扭矩） | $T$ | 牛［顿］米 | N·m |
| 杨氏模量 | $E$ | 牛［顿］每平方米 | $N/m^2$ |
| 应变 | $\varepsilon$ | 微米每米（微应变） | μm/m |
| 质量（重量） | $m$ | 千克，吨 | kg，t |
| 体积质量<br>［质量］密度 | $\rho$ | 千克每立方米<br>吨每立方米<br>千克每升 | $kg/m^3$<br>$t/m^3$<br>kg/L |
| 体积流量 | $q$ | 立方米每秒<br>升每秒 | $m^3/s$<br>L/s |
| 质量流量 | $q$ | 千克每秒<br>吨每小时 | kg/s<br>t/h |
| 物位［液位］ | $h$ | 米 | m |
| 热力学温度 | $T$ | 开［尔文］ | K |
| 摄氏温度 | $t$ | 摄氏度 | ℃ |
| 电场强度 | $E$ | 伏特每米 | V/m |

续表

| 量的名称 | 量的符号 | 单位名称 | 单位符号 |
|---|---|---|---|
| 磁场强度 | $H$ | 安培每米 | A/m |
| 光亮度 | $L$ | 坎德拉每平方米 | cd/m$^2$ |
| 光通量 | $\Phi$ | 流明 | lm |
| 光照度 | $E$ | 流明每平方米，勒克斯 | lm/m$^2$, lx |
| 辐射强度 | $I$ | 瓦特每球面度 | W/sr |

# 主要参考文献

[1] 宋雪臣,单振清. 传感器与检测技术[M]. 北京:人民邮电出版社,2014.
[2] 黄炳龙. 自动检测与转换技术[M]. 合肥:安徽科学技术出版社,2008.
[3] 梁森,王侃夫,黄杭美. 自动检测与转换技术[M]. 北京:机械工业出版社,2005.
[4] 蒋敦斌,李文英. 非电量测量与传感器应用[M]. 北京:国防工业出版社,2005.
[5] 张洪亭,王明赞. 测试技术[M]. 沈阳:东北大学出版社,2005.
[6] 任玉田,等. 新编机床数控技术[M]. 北京:北京理工大学出版社,2005.
[7] 董海棠. 机械工程测试技术学习辅导[M]. 北京:中国计量出版社,2004.
[8] 吴道悌. 非电量电测技术[M]. 西安:西安交通大学出版社,2004.
[9] 王化祥,张淑英. 传感器原理及应用[M]. 天津:天津大学出版社,2004.
[10] 廖怀平. 检测与控制[M]. 北京:中国劳动社会保障出版社,2004.
[11] 宋文绪. 传感器与检测技术[M]. 北京:高等教育出版社,2004.
[12] 余成波,胡新宇,赵勇. 传感器与自动检测技术[M]. 北京:高等教育出版社,2004.